"十四五"职业教育国家规划教材

西式烹调工艺与实训

（第三版）

Xishi Pengtiao Gongyi yu Shixun

主　编　丁建军　佟安娜　司连福
副主编　谢文涛　王　菲　徐　迅
　　　　乔　兴　熊昌定

新形态
教材

资源导航

本书另配教学课件、教案、
教学计划、课程标准、测试
题等资源

中国教育出版传媒集团
高等教育出版社·北京

内容提要

本书是"十四五"职业教育国家规划教材。

本书以就业为导向,以培养、构建西餐工艺专业所需的基本能力和素养为核心,以职业能力和素养的养成规律为主线来设计整体内容结构。本书分为四个部分:第一部分为工艺基础,涵盖西餐文化、原料、厨房配备、刀工和原料初加工训练以及职业规范,着重使学生对西餐有初步而全面的认知。第二部分为工艺原理,按照汤菜、开胃菜与沙拉、沙司、主菜的脉络结合实训介绍各类烹调方法和工艺原理。第三部分为工艺提升,以西餐装盘技艺、早餐与快餐、不同烹饪原料产品的制作来强化学生的实际操作等核心技能。第四部分为工艺拓展,介绍了分子料理和西餐酒类知识、甜点制作、西餐宴会的设计与制作以及客前表演的知识和技能。为了利教便学,部分学习资源(如实训视频、文档)以二维码形式提供在相关内容旁,可扫描获取。此外,本书另配有教学课件、教案、教学计划、课程标准、测试题等教学资源,供教师教学使用。

本书既可作为高等职业本科院校、高等职业专科院校旅游大类相关课程教材,也可作为烹饪爱好者学习与参考用书。

图书在版编目(CIP)数据

西式烹调工艺与实训/丁建军,佟安娜,司连福主编.—3版.—北京:高等教育出版社,2024.2(2025.1重印)
ISBN 978-7-04-061815-0

Ⅰ.①西… Ⅱ.①丁… ②佟… ③司… Ⅲ.①西式菜肴-烹饪-高等职业教育-教材 Ⅳ.①TS972.118

中国国家版本馆 CIP 数据核字(2024)第 023697 号

策划编辑	毕颖娟 刘智豪	责任编辑	刘智豪 毕颖娟	封面设计	张文豪	责任印制	高忠富

出版发行	高等教育出版社	网　址	http://www.hep.edu.cn
社　址	北京市西城区德外大街 4 号		http://www.hep.com.cn
邮政编码	100120	网上订购	http://www.hepmall.com.cn
印　刷	上海盛通时代印刷有限公司		http://www.hepmall.com
开　本	787 mm×1092 mm　1/16		http://www.hepmall.cn
印　张	25	版　次	2015 年 2 月第 1 版
字　数	640 千字		2024 年 2 月第 3 版
购书热线	010-58581118	印　次	2025 年 1 月第 2 次印刷
咨询电话	400-810-0598	定　价	49.50 元

本书如有缺页、倒页、脱页等质量问题,请到所购图书销售部门联系调换

第三版前言

本书是"十四五"职业教育国家规划教材。

党的二十大报告指出："推动创新链产业链资金链人才链深度融合。"四链融合从根本上指向产教融合、科教融合的发展路径，是实现高质量发展的主引擎。通过人才培养、技术创新的不断更迭，助力产业结构的转型升级。西餐行业的发展带动了我国西餐职业教育的发展，目前，我国高素质、技能型西餐人才的需求日益旺盛，高职院校西餐专业的招生数量逐年增长。"西式烹调工艺与实训"是西餐工艺专业的专业核心课程，建设一本以西餐技能和素质培养为主线，将相关专业知识有机融合的教材成为当下所需。基于这样的环境背景，在总结相关课程教学资源及经验的基础上，结合当今高等职业院校在专业教学方面突出对学生职业能力和综合职业素养培养的新要求，我们修订出版了本书。

本书全面贯彻党的教育方针，坚持落实立德树人根本任务，以能力素质培养为目标，以本专业学生的就业为导向，以岗位职业能力为依据，根据学生的认知特点，按工作任务流程的结构来展示教学内容，并将职业资格证书和技能大赛的考核要求融入教材内容中。通过理论教学让学生了解西餐烹饪技术的特征，通过实践训练让学生掌握西餐烹饪基本操作技能，通过内容的层层展示加深学生对烹调方法的理解、对操作流程和关键技术的掌握，重点引导学生理论联系实际，厘清烹饪原材料—烹饪方法—操作人员—工具设备之间的协调配合关系，着力提升其岗位适应性和就业创业质量，培养"德育为先、知识够用、技能过硬、终身发展"的高素质技术技能人才。

本书有以下特点：

一、五育并举，融合发展

本书全面落实立德树人的根本任务，全力践行五育并举、融合发展的理念，提升学生的职业核心素养，帮助学生树立正确的价值观、人生观。书中典型菜例中穿插食材营养成分配比（依据《中国食物成分表（第二版）》）、加热烹调过程中营养素的变化以及适宜人群等相关知识；将菜品成本核算纳入实训环节中；注意在专业教学中渗透职业素养教育，根据需要在相关内容后配有"职业素养训练"；提倡以小组合作方式进行学习，引导学生树立正确的从业意识，培养学生诚实守信、善于沟通、团结合作的职业素养和品质，树立环保、节能、安全意识，为发展职业能力奠定良好的基础。

二、打破常规，体系重构

本书打破常规学科体系，探索一种更符合职业教育实际状况的教学模式，坚持以就业为导向,以培养、构建西餐工艺专业所需的基本能力和素养为核心,以职业能力和素养的养成规律为主线,来设计整体内容结构。本书分为工艺基础、工艺原理、工艺提升和工艺拓展四编,在学习完西餐基本知识和单项技能内容后,按照烹调方法和食材类别进行不同模块内容设计,按照西餐单点菜单和宴会菜单循序渐进进行综合技能训练,符合职业能力的养成规律。

三、结构合理,内容新颖

本书以西式烹调行业、企业标准为引领,以培育工匠技能和职业能力为目标,以岗课赛证融通为载体,在内容编排上,贯彻理实一体化的教学思想,遵循职业能力发展规律进行编写。内容体系与厨房实际岗位工作内容相结合,各项业务环环相扣,内容完整,层层推进,步步深化,理论阐述紧密围绕实际操作进行,循序渐进地实现学生职业能力水平的提高。每项学习任务后都配有针对性的课后拓展任务、知识测试、技能达标学习任务,帮助学生实现知识学习与职业技能训练相融通,实现一次学习,完成岗、课、赛、证多项成果。

四、体例新颖,形式活泼

全书每个"认知部分"都设有【认知目标】【认知重点】【知识链接】【拓展任务】【知识测试】【思政拓展】栏目,重点突出,体例新颖,形式活泼,有利于吸引学生学习兴趣,更好地学习相关知识。

五、校企合作,双元开发

本书诚邀大师名匠深度参与编写,深入推动产教融合实践与探索,持续融入产业发展的新技术、新工艺、新规范、新标准。本书是产教融合、校企合作的产物。

六、资源丰富,利教便学

为了利教便学,本书部分学习资源(如实训视频、文档)以二维码形式提供在相关内容旁,可扫描获取。此外,本书另配有教学课件、教案、教学计划、课程标准、测试题等教学资源,供教师教学使用。

本书由辽宁现代服务职业技术学院丁建军、佟安娜、司连福任主编,辽宁现代服务职业技术学院谢文涛、泸州职业技术学院王菲、浙江旅游职业技术学院徐迅、四川旅游学院乔兴、岭南师范学院熊昌定任副主编。丁建军负责总纂全书内容,佟安娜负责教材的总体结构设计,司连福负责总体校对。具体编写分工如下:丁建军编写第二编认知部分;佟安娜编写第四编认知部分;司连福编写第三编认知部分;谢文涛编写第四编实训部分;王菲编写第三编实训部分;徐迅编写第一编认知部分;乔兴编写第二编实训部分;熊昌定编写第一编实训部分;重庆商务职业学院刘雄、黑龙江旅游职业技术学院吴非、太原旅游职业学院窦力、四川省成都市中和职业中学李波和企业专家尚远新、亢亮负责企业资料的收集、整理和审核工作。

本书在编写过程中力求完美,限于水平,书中难免存在疏漏之处,恳请读者批评指正。

编　者

2024 年 2 月

目 录

资源导航

视频

文档

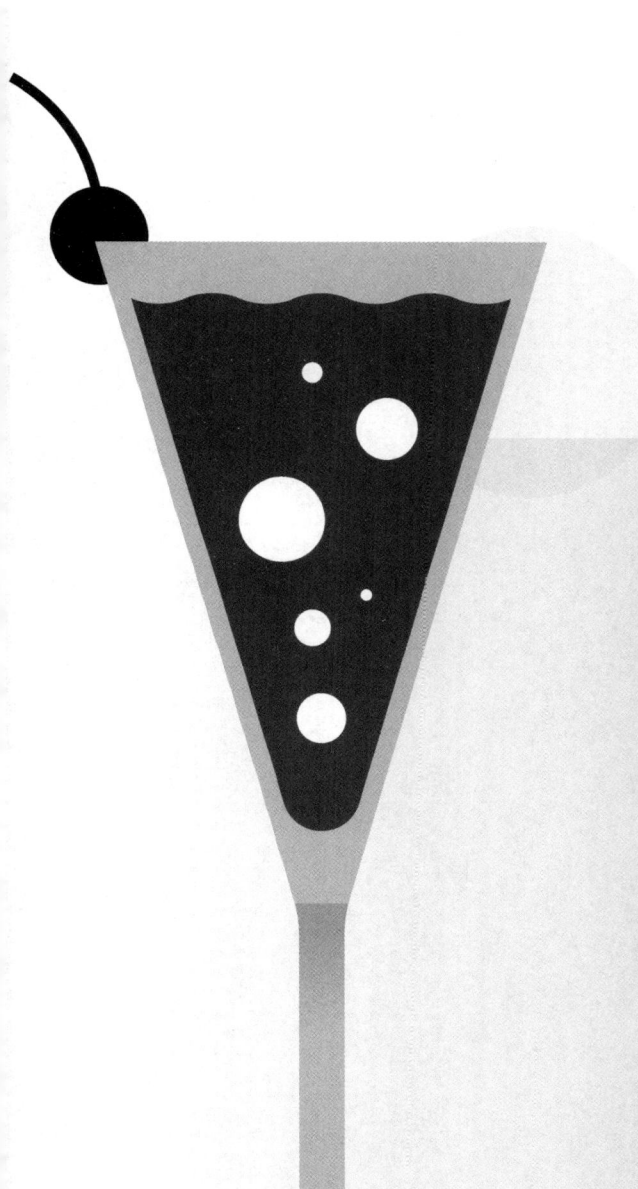

第一编
工艺基础

◎ 认知部分

认知一　西餐概述

　　在人类的发展过程中,必不可少的物质基础就是饮食。由于社会的发展演变,加上地理环境、气候、物产等多种因素的影响和制约,人类的饮食由最初大致相同的"茹毛饮血"的自然饮食状态不断分化,从而形成了枝繁叶茂、争奇斗艳的饮食文化之林。在这个饮食文化之林中,生长着三棵"参天大树",那就是世界上极具影响力的三大主要流派:一是以中国为首的东方饮食文化;二是以意大利、法国为主的西方饮食文化;三是以土耳其为主的中东饮食文化。它们各自都有鲜明的个性特征,随着人类社会相互交流的不断加深,这三种流派之间又相互渗透借鉴、取长补短,共同促进着人类饮食文化的健康发展。文化交流促进文化进步,人类文化的关系是"你中有我,我中有你"的。

一、西方饮食文化的特点

(一)西方及西餐

　　古代的西方是指希腊、罗马文化所及的区域。现代西方不仅包括欧洲和北美的部分国家,也包括大洋洲的澳大利亚、新西兰等国。西餐是中国人及其他东方国家人民对欧美各国菜点的统称,同时也是对西方餐饮文化的统称。

1

知识链接：西餐的分布

　　由于欧洲各国的地理位置较近,历史渊源很深,反映在文化生活上也有着千丝万缕的联系,其中就包括餐饮文化,相互渗透融合,彼此已有很多相同之处。大多数欧洲人在饮食禁忌、进餐习俗方面基本相同。至于南美洲、北美洲和大洋洲,其餐饮文化也与欧洲基本相同。这样,中国人和其他一些东方人就把这部分看起来大体相同、而又与东方饮食文化有着显著差异的西方饮食文化统称为西餐。

（二）西方饮食文化的特点

　　概括起来西方饮食文化有如下几个特点。

　　1. 系统的饮食典籍

　　西餐饮食典籍主要包括四大类:烹饪技术类、烹饪文化与艺术类、烹饪科学类和综合类。

　　2. 独特的饮食科学

　　西方人在饮食科学上的观念是天人相分的生态观,与中国"天人合一"的和谐观念有所不同,合理均衡的营养观,强调人的饮食选择只需适合人体作为独立体的需要,按照人体各部位对各种营养素的需要来均衡,恰当地搭配食物的种类和数量,并且通过对食物原料的烹饪加工,凸显各种原料特有的美味,重在满足人的生理需要。

　　3. 起伏的饮食历史

　　在古代,西方饮食发展中最杰出的是意大利菜,它是西餐的鼻祖。在近代,西方饮食发展中取得辉煌成就、举世瞩目的是法国菜,法餐从 17 世纪到 19 世纪是西餐的绝对统治者,称作"西餐的国王"。在现代,让人耳目一新、感到强烈震撼的是英国菜和美国菜,20 世纪中叶,美国菜成为西餐潮流的领导者,可以说是真正的新贵。

　　4. 精湛的饮食制作技艺

　　（1）在原料使用上非常精细,常常根据原料的不同部位、品质特点选择不同的烹调方法。

　　（2）在刀功上十分简洁,多用基本刀法,少用混合刀法,原料的基本形状比较简单,主菜形状多为大块、厚片。

　　（3）烹饪方法独特,常用空气和固体为传热介质的烹饪方法,如烤、铁扒等。

　　（4）在调味上别具一格,强调在加热之后的浇味,常常单独制作沙司来调味,也多用香料、酒、乳制品来调味。

　　（5）在菜肴的造型与美化方面,强调图案美,装盘讲究简约实用。不仅要简洁大方,而且要自然随意,盘中之物绝大多数是可以食用的,集装饰与实用于一身,很少为装饰而装饰,同时重视美食与美名、美食与美器、美食与美境的结合。

　　5. 众多的饮食品种

　　从菜肴的产生历史和饮食对象划分,西餐可以分为民间菜、宫廷菜、民族菜、市肆菜等;从地域来划分,由于自然条件、物产、人们生活习惯、经济文化的发展状况的不同,西方各国又形成了众多的风味流派,其中最著名和最具代表性的有意大利菜、法国菜、英国菜、美国菜、德国菜、俄罗斯菜等。

　　6. 多彩的饮食民俗

　　（1）在日常食俗方面,西方人以肉食为主、素食为辅,饮品主要是咖啡和酒。在进餐方式上主要采用分餐制,即每人只吃自己那份菜点,具有独立、卫生的特点。

　　（2）在节日习俗方面,西方人也有自己的特色。

1

　　（3）在社交礼俗方面,在行为准则上非常推崇"女士优先",尊重妇女,同时偏重自律。当然,尊敬妇女是全人类共有的美德。

知识链接：西餐在我国的传播与发展

　　西餐在我国已有较长的历史,它是从西方国家逐渐传入我国的,我国人民与西方人民的交往由来已久,远在两千年前就打通了通往西方的"丝绸之路"。但在漫长的封建社会里,这些交往是很有限的,在生活上只限于少数物产的相互交流。到了 17 世纪中叶,西方一些国家的一些商人为了寻找商品市场,陆续来到我国部分沿海地区与我国通商,到我国内地传播西方文化。由于这些人在我国居住的时间较长,西餐技艺在我国就逐渐传播开来。据记载,1622 年来华的德国传教士汤若望在京居住期间,曾以"蜜面"和"鸡卵"制作的"西洋饼"来招待中国官员,食者皆"诧为殊味",这些事实说明,当时西餐在我国已有流传。

　　西餐在我国的广泛发展还是一百多年前的事。19 世纪以来,我国沿海一些城市相继被开辟为商埠,设立租界,西方人大量进入我国,这样,西餐烹调技术也就逐渐传入我国。开始西餐只是在西方人聚居的俱乐部内供应,到了光绪年间,西餐技术逐渐为我国厨师所掌握。在外国人居住较多的上海、北京、广州、天津等地,出现了由中国人经营的西餐厅(当时称"番菜馆"),以及咖啡厅、面包房等,从此,我国有了西餐行业。据清末史料记载,最早的西餐厅是上海福州路的"一品香",继为"海天春""江南春""一江春"和"万家春"等。北京的西餐行业始于光绪年间,最早为"醉琼林",继之是"裕珍园"。1900 年又有两个法国人创办了北京饭店,专营西餐。1903 年,俄国人开设了石根牛奶厂,西班牙人创办了三星饭店,德国人开设了宝珠饭店,希腊人开设了正昌面包房等。从 20 世纪 20 年代初开始,西餐行业得到了迅速发展,出现了大型的西式饭店,如礼查饭店(现浦江饭店)、汇中饭店(现和平饭店南楼)、大华饭店等。劳动人民在吸收西餐技术的同时加以创新,使其也有了中国特色,中国不是外来文化的消极接受者。进入 20 世纪 30 年代,国际饭店、华懋饭店、都城饭店、上海大厦等又相继开业。这些饭店除招待住宿外,都以经营西餐为主。此外,国内还创办了广州的哥伦布餐厅,天津的维克多利餐厅,哈尔滨的马迭尔餐厅等。大部分餐厅仍以西餐为主营业务,但更符合人民群众的口味,与所在城市的文化相得益彰,表达了中国人兼收并包的格局与胸怀。

　　1949 年中华人民共和国成立以后,西餐又有了新的发展。由于当时我国与苏联以及东欧国家交往密切,所以 20 世纪 50 年代主要发展了俄国菜,在北京建成了莫斯科餐厅、友谊宾馆、新侨饭店等。

　　党的十一届三中全会后,随着我国对外开放政策的实施,经济的发展和旅游业的发展,西餐在我国的发展又进入了一个新的时期。20 世纪 80 年代后,在北京、上海、广州等大中型城市相继出现了一批设备齐全的中外合资、独资的现代化饭店,世界上著名的希尔顿、喜来登、假日饭店等新型的饭店集团相继在中国设立大型酒店。这些饭店都聘用了外国厨师和我国香港厨师,他们带来了现代的西餐技术,同时,一些老饭店也不断更新设备和技术,让外国厨师与国内厨师进行交流。通过这些走出去请进来的方式,使西餐在我国得到了迅速发展,菜系也出现以法国菜为主,英、美、意、俄、德等菜式全面发展的格局。

　　步入新时代以来,现代服务业大发展、大繁荣,多样化且亲民的西餐也为广大人民群众所喜爱。希望同学们多多培养工匠精神,学好西餐技术,也学好中餐技术,做文化交流的使者,为有中国特色的西餐发展贡献自己的力量!

1

二、西餐主要菜式的风味特点

(一) 意大利菜

1. 意大利菜的主要特点

意大利菜在原料选择与使用上的特点是区域特色明显。如色拉米肠,是意大利的著名原料之一,有百种之多,肠身呈深色,布满白色圆点的油脂,味道干香;白松露,仅在意大利北部的皮埃蒙特地区才生长,具有特殊浓郁的香味,价格昂贵,是西餐烹调中的珍贵原料。意大利菜在调味上习惯大量使用橄榄油与醋,烹饪技法讲求简洁明快,突出本味,制成品中面食较多。

(1) 讲究原汁原味。意大利菜很早就讲究制作沙司,后来这种方法传到了法国。意大利菜注重食物的本质,原汁原味。

(2) 注重传统菜式。意大利菜历史悠久,传统菜很多,在菜肴制作上比较保守,意大利菜中传统的红烩、红焖的菜肴较多,而现今流行的烧烤、铁扒的菜肴相对较少。

(3) 突出食物的本味。意大利菜讲究直接利用原料自身的鲜美味道,调味直接、简单,常用番茄酱、橄榄油、香草、红花调味。

(4) 以面食做菜,品种丰富。据传 13 世纪意大利旅行家马可·波罗把我国的面条传到意大利,目前意大利面食已闻名世界,仅面条一类就有几十个品种,一般可分成两大类:一是面条或面片,二是带馅的面食,如各种馄饨、披萨饼等。这些面食既可做汤又可做菜,还可做沙拉,以及做配菜。

2. 典型的意大利菜

典型的意大利菜有:威尼斯的烩米饭大豆、米兰的意大利汤和米兰牛肉、威尼斯的墨鱼海鲜面、伦巴第的红花米饭、皮埃蒙特的奶酪蔬菜烩米饭、提利埃斯特的海鲜意面、佛罗伦萨的牛排、热那亚的青酱意面、博罗尼亚的肉酱意面、那不勒斯的披萨等。还有火腿蜜瓜、生牛肉片、茄汁猪排、罗马鸡、酥炸海鲜、提拉米苏等都是意大利很出名的菜品。

知识链接:意大利菜

意大利菜,被称为"欧洲烹饪的鼻祖",是西餐重要代表流派之一。它是意大利悠久历史和丰富文化的结晶。早在两千多年前,古罗马人在烹饪上就显示出他们的才华和对饮食的热爱。古罗马人举办的宴会,丰富多彩,制作水平相当高,特别在面食制作方面,在世界领先。在哈德连皇帝时期,罗马帝国甚至在帕兰丁山建立了一所厨师学校,以发展烹饪技艺。此外,意大利位于欧洲大陆的南部,意大利半岛形如长靴,伸入地中海的腹地,三面临海。优越的地理位置,使得意大利的物产十分丰富,为意大利菜的发展奠定了坚实的物质基础。因此,意大利菜在很早以前就逐渐形成了自己独特的风格,并且在西方世界产生了巨大的影响。

(二) 法国菜

1. 法国菜的主要特点

(1) 原料特点。法国菜在原料的选择与使用上具有三个显著特点:用料广泛、选料新鲜和奶制品多。

① 用料广泛。一般地说西餐在选料上有一定的局限性,而法国菜的选料却很广泛,如各种海鲜、野味、蜗牛、黑菌、洋百合、椰树心、马兰等皆可入菜。西餐的许多流派在选料上一般比较严格,许多原料如动物内脏等副产品,很少用于烹调。但是,法国菜却例外,它在原料的选择

和使用上非常开放和大胆,牛胃、鹅肝、鸡胃、鸡冠等,都可以作为烹饪原料,制作出味道鲜美的法国菜。

② 选料新鲜。法国烹饪讲究口味的自然和鲜美,许多原料使用简单的方法烹调,甚至无需动火,直接食用。对原料的要求非常严格,很精细,不合要求的原料决不使用,用料要求绝对新鲜,滋味鲜美。法国菜追求鲜嫩,要求菜肴原料水分充足,质地鲜嫩。如制作牛扒,一般只要求三四成熟,烤野味、烤牛肉、烤羊腿只需七八分熟,喜欢生食某些海鲜,如牡蛎、金枪鱼、三文鱼则大都生吃。

③ 奶制品多。在法国烹饪中,奶和奶制品的使用频繁而广泛。比如法国的奶酪闻名于世,也是法国烹饪的骄傲,种类有 400 多种,有些制作成沙司,有的直接食用,还有一些作为菜肴的原料。奶酪的运用,使得法国菜丰富多彩,香味浓郁。

(2) 调味特点。法国菜在调味上具有两个明显的特点:沙司多样和重视用酒。

① 沙司多样。法国菜非常重视沙司(sauce,调味汁)的制作,一般要由专门的厨师制作,而且做什么菜用什么沙司,有些基础汤汁要煮制 8 小时以上,而且制作什么菜,用什么汤汁,很有讲究。如牛肉菜肴用牛骨汤汁,鱼类菜肴用鱼骨汤汁,再加上菜肴本身的原汁,使菜肴富有原汁原味的特点。西餐菜肴的最终味道绝大多数取决于沙司的味道,因此,沙司的制作是西餐调味的关键。一个国家烹饪水平的高低,与沙司种类的多少有密切的关系。法国人最早对沙司的制法进行科学的总结归纳,找到了其中的方法和规律,从而制造出大量的沙司,使法国沙司不仅种类最多,而且味道丰富,颜色多样。

② 重视用酒。法国盛产酒类,白兰地、葡萄酒享誉世界。法国菜烹调中喜欢用酒调味,有人形容说"法国菜用酒如同用水一样",而且做什么菜用什么酒都有讲究,用酒量很大,一个菜会多次用几种酒,以致很多法国菜都带有酒香气,如清汤用葡萄酒,海味用白兰地,畜类和禽类用雪利酒,野味用红酒等。

(3) 烹法特点。法国菜在烹饪技法上具有两大特点:一是传统菜肴制作工序复杂,二是现代菜肴制作讲究简单、健康。

① 法国的传统菜肴对菜肴的品质要求十分严格。因此,在制作流程中,对每一道工序都要求精益求精,尤其对沙司的制作更加认真,花费的时间比较长。此外法国菜讲究配菜的制作,一道菜常常有三个以上的配菜,为了突出不同配菜的风味,常常将配菜分开制作,有时甚至采取不同的烹调方法,以求得最佳搭配。

② 现代法国菜起源于 20 世纪 70 年代,新派法国菜在烹调上着重原汁原味,材料新鲜,口味比较清淡。这类菜肴采取简单直接的烹调方法,减少油的使用,沙司多用原肉汁调制,或者使用新鲜水果、蔬菜、香料制作。

(4) 成品特点。目前,法国菜在制成品上的最大特点是有三种不同的风味流派并存:

① 古典法国菜派系。它起源于法国大革命前,是皇宫贵族中流行的菜肴,对烹调的要求十分严格,从选料到最后的装盘都要求完美无缺。

② 家常法国菜派系。它源于法国平民的传统烹调方式,选料新鲜,做法简单。

③ 新派法国菜派系。它起源于 20 世纪 70 年代,在烹调上注重原汁原味,材料新鲜,口味比较清淡。

2. 典型的法国菜

法国菜的著名品种主要有什锦鹅肝冻、尼斯沙拉、法式焗蜗牛、法式洋葱汤、法式白汁烩鸡、香橙烤鸭、苹果挞、红酒烩梨、普罗旺斯海鲜汤、诺曼底煎海鲜、红酒牛排等。

1

知识链接：法国菜

法国菜,被西方誉为"欧洲烹饪之冠",是西餐重要代表流派之一,它是对意大利菜继承、发扬和创新的杰作。早在公元3世纪前后,罗马人高超精湛的烹调技术就对当时法国饮食文化的发展起了很大的促进作用。而法国菜真正的发展和繁荣是从17世纪开始的,这在很大程度上得益于意大利公主嫁入法国王室,将意大利文艺复兴时期盛行的烹调方式、技巧、食谱及华丽餐桌装饰艺术带到了法国,使法国菜获得了一次大好的发展机会。而法国菜的进一步发扬光大,则是在路易十四、十五时代。法皇路易十四曾多次在凡尔赛宫为他的300多名厨师举行烹饪大赛,优秀者由皇后授予绶带。此后的路易十五也崇尚美食,因此历史上法国名厨辈出,并著书立说,使烹调技艺代代相传并被世人接受,所以法国菜在世界烹饪界有着举足轻重的地位。

法国大革命以后,宫廷豪华饮食逐渐走向民间,大量的宫廷厨师在巴黎等地开设餐厅,精美的菜品和高超的技艺以及华丽的就餐风格让人们惊叹于法国烹饪的华美,巴黎成为西方美食的中心。近年来,法国菜不断精益求精,将传统与现代相互融合,使菜肴在烹调上更加讲究风味、个性、天然以及装饰和颜色的配合。

(三) 英国菜

1. 英国菜的主要特点

虽然英国菜相对来说比较简单,但其烹饪加工技术仍有许多值得借鉴之处。

(1) 清淡少油,量少质精。英国菜讲究清淡,很少有浓汁浓味的菜肴,英国的汤菜要求没有浮油,煎鸡蛋要求煎一面,色泽雪白,盘内不带油。

(2) 烹调简单。英国菜的制作大都比较简单,肉类、禽类、野味等大都整只或大块烹制。常用的烹调方法有煮、烩、炸、烤等。烹调工艺不复杂。

(3) 选料局限。英国菜选料的局限性比较大,英国虽是岛国,但渔场较少,英国人不讲究吃海鲜,比较偏爱牛肉、羊肉、禽类、蔬菜等。

(4) 调味简单。英国菜调味比较简单,使用香料不复杂,也不大用酒,但餐桌上的调味品种类却很多,由客人根据自己的喜好调味。

(5) 甜食讲究。英国菜的甜食很讲究,餐后喜欢食用一些甜食,特别是各种布丁和各种派,品种繁多。

(6) 装饰新颖别致,口味甜、香、油而不腻。

2. 典型的英国菜

英国菜分为英格兰菜系、苏格兰菜系、威尔士菜系和北爱尔兰菜系。典型的英国菜有:煎鸡蛋、新英格兰煮牛肉、伦敦牛扒、约克夏布丁、英格兰炸鱼条、爱尔兰烩羊肉、烤鹅填栗子馅、都柏林式咸肉土豆、牛尾浓汤等。

知识链接：英国菜

英国人口约6 000万,主要为英格兰人,约占总人口的83%,此外还有苏格兰人、威尔士人和爱尔兰人。英国的农业不发达,粮食每年都要进口,但畜牧业发达。英国人不像法国人那样崇尚美食,因此英国菜相对来说比较简单,英国人也常自嘲不擅烹调。

英国人习惯清晨起床喝浓茶,俗称"被窝茶",人均茶叶消费量非常大。英国的传统早餐非常丰富,素有"丰盛的早餐"的美称,早餐一般有咸肉、烩水果、麦片粥、煎鸡蛋、果酱、面包、黄油、牛奶、咖啡等。英国人的午餐比较简单,一般只有一汤一菜。晚餐是英国人的主餐,除一汤一菜外,还要加上沙拉和甜食。

另外,英国人还有在下午3点钟左右吃茶点的习惯,一般是一杯红茶或咖啡,再加一份点心。英国人喝茶成癖,平均每人每年消费茶叶3 000多克。英国人把喝茶作为一种享受,也作为一种社交,朋友们在一起一边喝茶一边聊天。此外,在英国许多重要的社交场合常用下午茶来代替宴会,以茶代酒,气氛既隆重又轻松。

(四)美国菜

1. 美国菜的主要特点

美国是典型的多民族国家,由于其中英国移民较多,所以美国菜基本是在英国菜的基础上发展起来的。由于美国的历史短,美国人传统保守思想较少,在生活习惯上善于利用当地丰富的农牧产品,并结合其他欧洲移民和当地印第安人的生活习惯,形成以英国菜为基础,融合不同国家烹饪方法的美国餐饮文化。

(1)喜欢用水果做菜。由于美国盛产水果,所以用水果做菜比较普遍,而且用量也较大,美国菜的沙拉中经常用水果,而且在热菜中也使用水果,在口味上有咸中带甜的特点。

(2)注重营养。美国人的饮食首先看重的是营养,其次才是菜肴的味、香、色,一盘荤菜要配上许多种素菜来保持它的营养成分均衡。不同人群的营养配餐在美国非常普及,发展到现在,美国在饮食上流行低脂肪、低胆固醇的菜肴,甚至出现了一部分"素食主义者"。

(3)开创了火鸡菜肴。火鸡本是北美南部的野生动物,美国人逐渐把它作为在感恩节、圣诞节等重大节日食用的必备菜肴,并影响了不少西方国家。

(4)美国菜在烹饪技法上比较简单,调味追求自然、清淡,用料朴实、简单,制作流程也不复杂,比如沙拉的制作,常常选择蔬菜和水果比较多。在烹饪技法上,偏重拌、烤、扒等简单迅速的制作方式。

(5)美国菜在制成品上总体特点是风格多样,时代感强,打破传统,创新菜肴。在沙拉的烹调和使用上,突破了欧洲烹饪中沙拉在宴席中作为辅助的传统,而将沙拉大胆地使用在各种场合。

2. 典型的美国菜

美国菜主要有路易斯安那菜系、加州菜系、太平洋菜系和新奥尔良菜系。典型的美国菜有:华尔道夫沙拉、烤火鸡配苹果、菠萝明虾、苹果派、菠萝焗火腿等。

知识链接:美国菜

美国人口约3亿,其中约82%是欧洲移民的后裔,约13%是黑人,约3.3%是亚裔,此外还有墨西哥人、阿拉伯人,是典型的移民国家。来自不同地区的人,带来的是不同的文化和风俗。美国气候条件比较好,农业比较发达,饲养业和水产业也很发达,并且盛产各种水果。

美国人生活习惯比较随便,晚上睡得晚,早上起得迟,他们喜欢喝加冰块的凉开水或矿泉水。

(五)俄罗斯菜

1. 俄罗斯菜的主要特点

(1)传统菜油性较大。由于俄罗斯大部分地区气候比较寒冷,人们需要较多的热能,所以传统的俄罗斯菜油性较大,许多菜做完后要浇上少量黄油,部分汤菜上面也有浮油。随着社会的进步,人们的生活方式也在改变,到了20世纪六七十年代后,俄罗斯菜也逐渐趋于清淡。

（2）烹调简单。俄式菜肴的烹饪技术比较简单,烹调技法以煎、煮、炸、炒、烩、烤、熏、炖等为主,擅长肉类的烤制和烟熏。

（3）口味浓厚。俄罗斯菜的口味比较浓厚,酸、甜、咸、微辣各味俱全,喜欢用酸奶调味,并喜欢生吃大蒜、洋葱。

（4）讲究冷小吃。俄式冷小吃是指各种冷菜,其特点是生鲜、味酸咸,常见的有酸黄瓜、酸白菜、腌青鱼、鱼子酱等,其中鱼子酱颇负盛名。

2. 典型的俄罗斯菜

典型的俄罗斯菜有:鱼子酱、罗宋汤、黄油鸡卷、罐焖牛肉、莫斯科烤鱼等。

知识链接：俄罗斯菜

俄罗斯横跨欧、亚大陆,地域广阔,人口约1.5亿,其中俄罗斯族约占人口的83%,大部分人口居住在欧洲。俄罗斯的农业有着悠久的历史,粮食能自给自足。

俄式菜形成较晚,主要是俄罗斯、乌克兰和高加索等地方的菜肴。俄罗斯贵族比较崇尚法国菜,很多菜式来自法国、波兰、意大利。据资料记载,意大利人在16世纪将香肠、通心粉和各种面点带入俄国,德国人在17世纪将德式香肠和水果带入了俄国,法国人在18世纪初期将沙司、奶油汤和法国面点带入俄国,然后俄国人又根据自己的饮食特点,加以改变,形成自己本国的菜式。

（六）德国菜

1. 德国菜的主要特点

德国人喜爱运动,食量较大,以肉食为主。德国菜肴以丰盛实惠、朴实无华著称。它在原料上较多地使用猪肉,口味重而浓厚,菜肴分量足,土豆和酸菜是常见的配菜。

（1）肉制品丰富。德国的肉制品种类繁多,仅香肠一类就有上百种,著名的法兰克福肠早已驰名世界。德国菜中有不少是用肉制品制作的菜肴。

（2）口味以酸、咸为主。德国菜中的酸菜使用非常普遍,常用来做配菜,口味酸、咸、浓而不腻。

（3）食用生鲜菜肴。一些德国人有生吃牛肉的习惯,如著名的鞑靼牛扒,就是将嫩牛肉剁碎,拌以生洋葱末、酸黄瓜末和生鸡蛋黄食用。

（4）用啤酒制作菜肴。德国盛产啤酒,啤酒的消费量居世界之首,用啤酒作为调味料是德国菜烹饪的特色之一。

2. 典型的德国菜

典型的德国菜有:维也纳式牛仔吉列、柏林酸菜煮猪肉、酸菜焖法兰克福肠、汉堡牛扒、鞑靼牛扒、德式土豆沙拉、德国啤酒汤、德式牛肉卷等。

风靡世界的快餐食品"汉堡包"系德式汉堡肉扒的"变种"。

知识链接：德国菜

德国位于欧洲中部,是东西欧之间和斯堪的纳维亚与地中海之间的交通枢纽。其间水、陆、空道路条条通过德国,被称为"欧洲走廊"。人口约8 236万,主要为德意志人。德国加工工业发达,农业以畜牧业为主,农业机械化程度很高,盛产麦类、马铃薯和甜菜等农产品。旅游业发达,资源丰富。

（七）西方其他风味流派

1. 西班牙菜

西班牙处于地中海地区,四面环海,内陆山峦起伏,气候多样,因此,西班牙物产丰富,为西班牙菜的发展奠定了物质基础。另外,西班牙在历史上屡受外族入侵,又受不同宗教的影响,使得西班牙菜融合了外族的特色,丰富多彩,有明显的地中海特色,善于使用海鲜、橄榄油及地中海的特色香料,烹法简洁,口味清新自然,菜式丰富多彩。

西班牙菜的著名品种有:西班牙海鲜饭、西班牙冷汤、烤乳羊、扒羊扒等。

2. 希腊菜

希腊菜以清淡、典雅和原汁原味而著称,常以橄榄油和柠檬汁为调料。希腊人的早餐很清淡,午餐和晚餐常食用汤、奶酪、鸡蛋、青葱和面点。希腊人的开胃菜常用黑鱼子酱、鸡肝、奶酪、热的小肉丸子拌凉菜。希腊有名的菜品有:希腊泡菜、希腊式烤瓢茄子等。

3. 匈牙利菜

匈牙利菜在西餐中有独特的风味,它常以红辣椒为调料,菜肴的味道浓,富有乡土味。习惯使用酸牛奶、洋葱、酸黄瓜等调味。著名的菜品有:匈牙利红烩牛肉、匈牙利瓢青椒等。

4. 澳大利亚菜

澳大利亚四面环海海鲜产量大,牡蛎、龙虾、三文鱼等海鲜均能使人大快朵颐,而体形巨大的帝王蟹,更是名扬海外。澳大利亚的农业和畜牧业十分兴盛,羊肉和牛肉产量丰富,牧羊业的兴旺发达,也使澳大利亚有"羊背上的大陆"之美称。由于居民多为英裔,所以澳大利亚菜具有明显的英国风味。

5. 新西兰菜

新西兰面积约 27 万平方公里,人口约 400 万,地广人稀,空间开阔,景色秀美。广阔的土地和未受污染的环境,是农牧业发展最有利的条件。新西兰牛、羊头数之多令人咋舌,总计全国有 5 000 多万头羊,800 多万头牛,平均每位国民拥有 16 头羊和 2 头牛。新西兰的羊排和鹿肉是征服所有人胃的美食。

三、西餐从业人员职业规范

作为一名高等职业院校学习西餐的初学者,既要学习规范的西餐制作技术,又要养成良好的职业习惯,增强动手操作能力,培养对环境、事物的观察能力、思维能力、适应能力、应变能力和创新能力,具备西餐专业人员的基本素质。只有具备了良好的职业道德和心理素质,才可能在今后的繁杂工作中,做出更大的成绩。

因此,学习和遵循西餐制作职业规范和标准,是成为一名合格的西餐行业人员的重要条件。

（一）西餐厨师的基本素质

（1）西餐厨师必须具有较高的文化知识,了解不同国家和地区客人的风俗习惯、宗教信仰、民族礼仪和饮食喜忌,具备一定的口头和书面组织、表达能力。

（2）西餐厨师应具备查看和分析有关账务报表和成本控制的能力,掌握基本的成本核算和控制方法。

（3）西餐厨师应具备基本英文或法文的读写能力,熟练掌握常用烹饪原料、制作方法和菜单的外文知识。

1

（4）西餐厨师应懂得营养的搭配组合，掌握食物中毒的预防和食品卫生知识。

（5）西餐厨师应熟练掌握烹调工艺和原料学等知识，熟悉烹饪设备和工具的使用和基本维护方法。

（6）西餐厨师应具备一定的色彩搭配及食物造型艺术，掌握一定的实用美学知识。

（7）西餐厨师应具备良好的计划、组织、协调、沟通、创新、激励和解决问题的管理能力。

（二）西餐厨师的职业道德

（1）西餐厨师必须具备良好的思想品德，作风正派、严于律己、品德高尚，有较强的事业心。

（2）西餐厨师应具备良好的职业道德和职业观，敬业爱岗，积极工作，具有较高的职业技能水平。

（3）西餐厨师应热爱烹调工作，勇于突破自我，具备研制、开发受客人欢迎的新菜肴的能力。

（4）西餐厨师应具备良好的卫生习惯和正确的工作态度，吃苦耐劳，任劳任怨。

（5）西餐厨师应具备服务大众的理想，满足大众的需求，奉献社会、服务社会，守时，严格遵守各项规章制度。

（三）西餐制作实验室实训守则

（1）自觉遵守实验室的各项规章制度，进入实验室前必须正确穿戴工作服、工作帽、围裙、胸卡。

（2）进入实验室后，应听从安排到指定实验室上课；严格遵守上课时间，服从上课老师和管理人员的安排；实验完成后不能在实训楼内逗留。

（3）遵守纪律、服从管理、礼貌待人；爱护实训楼内的环境；实训楼内严禁吸烟。

（4）初次进入实验室必须先了解工具设备的使用方法、操作过程和维护常识，经过培训并考核合格后，才能开始使用相关设备工具。

（5）严格遵守实验室安全卫生管理制度和仪器设备操作流程，保持实验室安全、整洁、有序的环境。

（6）在实验过程中认真操作、细致观察；实验完毕后，首先关闭设备的电源，然后清理好设备工具，最后完成整个实验室的清洁卫生。

（7）在实验操作过程中不允许边吃边做，在操作中应注意节约原材料。

（四）实验室卫生要求

（1）实验结束后，将剩余原料放回货架指定原料回收盒里，所有原料、调料存放位置应高于地面 15 厘米。

（2）将所有上课用具清理干净，洗净擦干水渍，按要求放回原位。

（3）清理台面、柜子表面和里面，无水无油无污渍，光亮如新。

（4）扒炉使用后，用钢刷白醋刷净，清水冲洗，开小火烘干后，刷油防锈。炸炉用后将油放出，里外清洗干净，擦干水分；将接油盒内的污水倒掉，冲刷干净，擦干水分。

（5）调料盒内外干净整洁，及时添加各味调料。

（6）将工作区域内墙面、玻璃、地面清理干净，无油无水无污渍。

（7）将各种清洁工具洗净，放回固定位置。

（8）各小组清理完卫生后，请老师检查合格后方可离开。

（9）值日生清理水池、地面以及公共区域卫生,合格后方可离开。

◆ 拓展任务

1.通过社会实地调研和网络查询等途径,做以下调研:

（1）如何做一名合格的西餐烹饪工作人员。

（2）如何制定自己的职业生涯规划。

2.职业素养训练:顶钢碗（或书本）站立5分钟,并往返行走100步,头顶物不掉为合格。

◆ 知识测试

1.西餐的概念是什么?

2.西餐烹饪有哪些特点?

3.意大利菜的特点及著名菜点有哪些?

4.法国菜的特点及著名菜点有哪些?

5.美国菜的特点及著名菜点有哪些?

6.英国菜的特点及著名菜点有哪些?

7.俄罗斯菜的特点及著名菜点有哪些?

8.德国菜的特点及著名菜点有哪些?

9.西餐烹饪实训的卫生要求和标准是什么?

◆ 思政拓展

谁知盘中餐　粒粒皆辛苦

认知二　西餐原料

素养目标:培养学生继承、发展、创新祖国传统烹饪技艺的意识和能力。

知识目标:了解和认识西餐烹饪原料的品种、外观、结构、产地、使用方法及其供应季节等知识。

能力目标:能够准确辨认各原材料;提升对西餐烹饪原料的选择、鉴定和保管的能力。

1. 西餐动物性原料的分类、特点及运用。
2. 西餐植物性原料的分类、特点及运用。
3. 西餐香料的分类、特点及运用。

西餐所用的原料可分为动物性和植物性两大类。动物性原料包括畜肉类、家禽类、水产类、野味类、奶制品类、蛋类、鱼肉制品类;植物性原料包括粮食类、蔬菜类、水果类、调味品类等。西餐在选择烹调原料上,除法式菜比较广泛外,一般没有中餐选料范围广,但用料讲究。

选料严谨。西餐对原料选择十分严谨,追求原料品质和质地的最佳。以动物原料为例,西餐通常只选用牛、羊、猪、鸡、鸭、鱼、虾等原料的净肉部分,如牛的背部和腰柳肉,鸡鸭的胸脯和腿部,鱼身两侧的肉等,基本上不使用头、蹄、爪、内脏、尾等部位。只有法国等少数国家使用动物原料的其他部位,例如鸡冠、鹅肝、牛肾、牛尾等。

讲究新鲜。西餐制作特别注意卫生和营养,尤其是一些可以直接生吃的原料。如制作沙拉的蔬菜,制作沙拉酱的鸡蛋以及牡蛎、牛肉、羊肉等。因此,西餐的烹调,对原料新鲜度的要求非常高。除了卫生等因素外,新鲜的原料,还可以保证菜点营养、质地与口感的最佳。

奶制品多。在烹调中大量使用奶制品,这是西餐重要的特点。西餐的奶制品非常多,如鲜奶、奶油、黄油、奶酪等,每一种奶制品又可以分成不同的品种,其中奶酪就有上百种之多。

知识链接:奶制品在西餐中的应用

奶制品在西餐中的应用非常广泛,而且作用各不相同。鲜奶除直接饮用外,还常用来制作各种沙司,以及用于煮鱼、虾或谷物,或拌入肉馅、土豆泥中,以增加鲜美的滋味。淡奶油在西餐烹调中常用来增香、增色、增稠或搅打后装饰菜点。黄油不仅是西餐常用的油脂,还可以制作各种沙司,并用于菜肴的增香,保持水分以及增加滑润口感。奶酪常常直接食用,或者是作为开胃菜、沙拉的原料;在热菜的制作中常常加入奶酪,起到增香、增稠、上色的作用。

一、家畜肉类

(一) 家畜肉类原料

家畜肉类在世界上的食用历史非常悠久,在烹饪原料中占很大的比重。由于动物蛋白是人体发育及新陈代谢的关键营养素,所以,家畜肉类自然成为人类饮食的主要支柱之一,也是人们日常必不可少的食物,是人体蛋白质、脂肪、矿物质等营养素的主要来源之一,也是西餐烹调的主要原料之一。

一般所说的家畜肉,是指屠宰后的家畜,除去头、蹄、内脏等后的胴体。从烹调原料角度,我们把动物体的可利用部位归纳为:肌肉组织、脂肪组织、结缔组织和骨骼组织。

1. 肌肉组织

肌肉组织是肉的主要结构单位和肉类原料的主要可食部分,就是我们通常所称的"精肉"或"瘦肉"。肌肉因所在部位不同,品质也不同,如里脊肉、外脊肉质量好,相反坐臀肉、夹心肉质量较次,这主要取决于肌肉组织与结缔组织的比例,结缔组织比例越低,瘦肉的质量品质越高。另外,不同种类的肉类,其肌肉组织的质量还与其含有的肌间脂肪的量及存在的形态有关。肌间脂肪含量高而分散于肌肉组织中,则瘦肉的质地变得鲜嫩。如育养良好的家畜,在其结缔组织膜下会沉积一定的脂肪组织,其横切面就会呈现大理石花纹,这是比较理想的肌肉组织,相反则质差。

知识链接:肌肉组织

肌肉组织在动物体内的比例因不同的动物和品种而异,占胴体的 $50\%\sim60\%$。构成肌肉组织的基本单位是肌纤维,$50\sim150$ 根肌纤维集合在一起,由一个结缔组织膜包起来,就形成一个小肌束,数十个小肌束集在一起,再由结缔组织包起来,就组成了大肌束,数十个大肌束集在一起,再由一个较厚的结缔组织膜包起来,就形成了完整的肌肉组织。

肌肉纤维是由许多肌纤维细胞组成的,细胞中的内容物称为肌浆,也即平常所称的肉汁。肉汁是一种半液体状态的低黏度的溶液,含有各种营养素,鲜肉中约含 20% 的蛋白质,其中 80% 左右的蛋白质存在于肌浆中,呈液体状态,可溶于水。这些营养素只有在煮沸、干燥、高压、盐析、搅拌、冻融等情况下,才能流出肌浆。而肌浆的流失则会严重影响肉本身的营养和风味。因此,在烹饪中应根据肉的不同用途,准确加工和烹调肉类原料。

2. 脂肪组织

脂肪大多蓄积于皮肤下,板油为机体储备的脂肪,结缔组织少;网油则为保护内脏器官的脂肪,结缔组织较多,即一层肌肉一层脂肪形成数层夹脂肪结构,如五花肉,每层都由结缔组织连接,使其具有独特风味。肌间脂肪则分布在肌肉中间,使肉的横切面呈现大理石纹状。这种存在于肌纤维束周围的脂肪,使结缔组织失去弹性,肌纤维则容易分离而使其质地变嫩。肌肉中存在大量的肌间脂肪,既可防止水分和肉汁的流失,又能使肉的风味鲜嫩而味美,因此有很高的使用价值和食用价值。

1

知识链接：脂肪组织

　　脂肪组织在家畜类胴体中占 20%～30%，主要沉积在动物体的皮下、内脏周围及腹腔内，一部分与蛋白质结合存在于肌肉组织中。脂肪组织由脂肪细胞构成，脂肪细胞的外围是网状纤维组织的脂肪细胞膜，膜内有层凝胶状的原生质和细胞核，大部分为脂肪滴。如果把脂肪细胞膜破坏，再经加热就可使脂肪流出来。

　　畜体脂肪的含量，又因动物的种类、品种、饲料、生长年龄等不同而有差异。畜体脂肪的含量和质量直接影响到肉类的营养价值，以及质地老嫩。因此，认识畜体各部位肉间脂肪组织的分布特点，才能做到正确地使用好每一部位的肉，做到物尽其用，因料施烹。因此，脂肪是肉品质量的第二因素。

　　3. 结缔组织

　　组成结缔组织的蛋白质，是胶原蛋白、弹性蛋白及网状蛋白。

　　胶原蛋白具有较大的机械牢固性，为白色结缔组织，在 85 ℃以上的水中加热能变成胶质，并可以被人体消化吸收。在白色结缔组织中，像皮肤、软骨及肌腱等结构中，胶原蛋白含量较多。白色结缔组织约占动物机体内蛋白质的 1/3。因此，烹饪中利用白色结缔组织制成肉冻，用于点心和菜肴的制作，以增加口感和风味。

　　弹性蛋白为黄色结缔组织，常温常压下不被水煮所破坏，在 130 ℃的温度下方能水解。因此，弹性蛋白一般不能形成明胶，并且难于消化。弹性蛋白主要分布于血管、韧带等结构之中。

　　网状蛋白，为不定型的结缔组织，主要分布于网油、脂肪组织之中，在湿热处理时不能转变为明胶。因此，结缔组织的存在，以及量的多少都会影响肉的品质和对肉的加工烹调。

知识链接：结缔组织

　　结缔组织是肉品中主要成分之一，和骨架一样是动物的主要支撑结构，几乎遍及动物体的全身，包括腱、腱鞘、韧带、筋膜及肌肉内的外膜等，占胴体的 9%～10%，其主要功能是连接和保护肌肉。

　　结缔组织的分布一般是牛肉多于猪肉，役用畜肉多于菜用畜肉，公畜多于母畜，老畜多于幼畜，经常活动的部位多于静态部位，畜体的前半部多于后半部，下半部多于上半部。结缔组织多的肉，宜用长时间慢火加热烹调方法制作。

　　4. 骨骼组织

　　骨骼组织是动物体的支持组织，也是肌肉组织的依附体。骨骼组织分为硬骨和软骨两种，家畜的骨骼组织以硬骨为主。硬骨主要由管状骨、板状骨、小型骨组成。管状骨端封闭，里面充填着骨髓，根据骨髓的多少和颜色，可判别畜肉的老嫩和新鲜度。板状骨，外附一层紧密的骨质，内部有网状结构，根据这种骨的大小可确定畜体的体重，幼畜的骨骼较软，呈淡红色，成年家畜骨质硬，呈白色。

　　骨骼一般占畜体的 15%～20%，骨骼组织本身并无食用价值，但骨骼组织中含有一定量的钙、磷、镁和 10%左右的脂肪，30%左右的生胶蛋白等。因此，煮骨时，能产生较多脂肪和凝胶，增加了肉汤的鲜美味，且冷却后能产生呈透明且具有弹性的凝胶，所以，骨骼组织是煮汤的良好原料。

　　（二）家畜的品种

　　家畜的种类很多，常用肉用畜类，主要有猪、牛、羊等几种。

1. 牛的品种

知识链接：牛排是烹调革命的产物

几千年前，人类已经开始饲养牛，用以供给人类生活所必需。牛的祖先是野生的西欧野牛。大约在公元前 6 000 年，小亚细亚和希腊首先开始人工饲养这种牛。1627 年，波兰就有了关于驯养繁殖野生种牛的记载，希腊以及以后的罗马把牛肉配以大量的胡椒和其他的调料一起烹制，倒并不是牛肉不新鲜，而是这种牛肉缺少风味。到了 18 世纪，英国人被人们誉为吃牛肉的民族，并在伦敦兴起了一场烹饪革命。牛排成为当时最流行的菜肴，很快在各大菜馆中普及起来。此后在法国，无论是生产牛排的技术设备，还是菜肴的制作、配菜以及调味等方面都有了很大的改进，牛排成为盛大宴会中的主要菜肴之一。而今天美国成为世界上首屈一指的牛肉食用国，在美国每年每人食用牛肉约 29 千克。

牛的种类，就其用途而言，有乳用、肉用、役用以及兼用等几种。现在西餐主要使用肉牛，在我国还使用部分黄牛。品种大致有黄牛、水牛、西方肉牛三种。

（1）黄牛。黄牛是我国饲养数量最多、分布最广的牛种，也是我国特产，遍及全国各地，大部分作役用兼作肉用。常见的品种有秦川牛、南阳牛、鲁西牛、延边牛，另外，还有蒙古型黄牛和华南型黄牛。

① 秦川牛。秦川牛又名关中牛，主要产于陕西渭河流域的陕西关中平原，中等营养水平的牛屠宰率为 53.65%，净宰率为 45.03%。秦川牛骨骼粗壮，肌肉发达，肉质细嫩，前躯发育良好。毛色多为紫红色，少量为浅红色和黄色。秦川牛是大型牛，公牛平均体重 615 千克，母牛平均体重 384 千克。易于育肥，有较高的肉用价值。

② 南阳牛。南阳牛主要产于河南西部和南阳地区，又有山地牛和平原牛之分。按体型大小可分为高脚牛、矮脚牛和短角牛三种类型。由于长期的选种和精细的饲养管理，已形成了稳定的南阳牛品种。南阳牛的毛色以黄色为多，个体高大，肌肉丰满，公牛前躯发达，母牛后躯较大。屠宰率一般在 40%～45% 之间。由于长期役用，所以其肌纤维较粗，肉质一般。

③ 鲁西牛。鲁西牛原产于山东省西部济宁、菏泽地区，毛色多为黄色和红色。鲁西牛体躯高大，骨骼细，肌肉发达，具有肉牛的体型。肥育性能好，肉质细嫩，肌纤维间的脂肪沉积良好，呈大理石状，经育肥后，屠宰率为 55%，净肉率为 45%。有较高的肉用价值，亦向国外出口。

④ 延边牛。延边牛主要产于东北地区，毛色为深浅不一的褐色、黄褐色居多，延边牛育肥速度快，肌肉发达，肉质优良，有较高的肉用价值。

⑤ 蒙古型黄牛。蒙古型黄牛主要产于内蒙古的大兴安岭东西麓。蒙古黄牛品质好，体格高大，屠宰率为 58%～65%。蒙古型黄牛黄褐毛色居多，也有部分纯黑、黑白、杂色，毛粗硬，皮质较厚，少弹性。比较知名的有乌珠穆沁牛、三河牛。乌珠穆沁牛体型方正，体质结实，肌肉丰满，肉质肥嫩适口。三河牛体型宽大，觅食能力强，增重快，屠宰率高。

⑥ 华南型黄牛。华南型黄牛产于长江流域及其以南各地区，毛色以黑色居多，身躯较蒙古型黄牛为小，各部位肌肉丰满，胸部特别发达，屠宰率较高。

（2）水牛。水牛主要分布在我国华南、华中地区，尤以四川、两广、江浙为多，是南方耕田不可缺少的役用牛，水牛体躯比黄牛大，体力比黄牛强，肉色较黄牛深暗，脂肪白色，肉质粗老，煮后缺少鲜味，所以肉用价值较黄牛肉为低。以水牛作肉用牛的国家主要是澳大利亚、菲律宾和马来西亚。此种肉不适宜做西餐。

（3）西方肉牛。近几十年，一些饲养业发达的国家肉用牛的发展速度非常快，涌现出很多优良的肉用牛品种,具有代表性的有海福特牛、安格斯牛、夏洛来牛、西门塔尔牛、利木赞牛等。

① 海福特牛(hereford),原产于英国英格兰的海福特郡,是典型梅肉用牛,头短、额宽、颈粗、肌肉发达,毛色暗红柔软,在头部、颈部、腹线、腿踝、尾尖均有白斑。成年公牛体重 900～1 000 千克,母牛体重 500～720 千克,肉层厚实,肉质肥美多汁。

② 安格斯牛(angus),原产于英国苏格兰的安格斯州,毛色除腹下有少量白色外,均为黑毛,无角,成年公牛体重 900～1 000 千克,母牛体重 500～800 千克。

③ 夏洛来牛(charolais),原产于法国夏洛来以西地区,体躯高大,毛色为白色或乳白色,公牛、母牛均有角,成年公牛体重 1 100～1 200 千克,母牛体重 700～800 千克。胴体脂肪少,肉质细嫩。

④ 西门塔尔牛(simmental),原产于瑞士,现已广布法国、德国、捷克、匈牙利等国。毛色为黄白或红色,成年公牛体重 1 050～1 150 千克,母牛体重 650～780 千克。其肌肉发达,肉层均匀,肉纤维细。

2. 猪的品种

知识链接：中国是世界上养猪最早最发达的国家

中国是世界上养猪最早、最发达的国家,也是最早食用猪肉的国家。因为猪很容易驯养和约束行动,而且杂交繁殖很有前途,因此,欧美国家的猪大部分是来自我国和亚洲其他国家的猪种。

猪肉菜肴在早期美洲食谱中也比较受青睐,是一道较有特色的风味菜,那时猪往往被放在树林里,任其自由活动消耗体内的脂肪。如今猪的各部分都可利用,包括头、内脏和猪爪。

我国生猪饲养遍及全国,猪种达十余种之多。根据猪的身体形态可分华北型猪和华南型猪以及引进的良种猪。

(1) 华北型猪。华北型猪主要分布在淮河、秦岭以北的广大地区,其特点是体躯长而粗、耳大、嘴长、背平直、四肢较高,体表的毛比较多,毛色纯黑,皮厚,水分较少,脂肪硬,肉味浓,这种猪成熟较迟、繁殖力较强,其代表品种有东北民猪、新金猪、定县猪、淮猪等。

(2) 华南型猪。华南型猪主要分布在长江流域、西南和华南地区。这种猪的特点是体躯短阔丰满,皮薄、嘴短、额凹、耳小、四肢短小、腹大下垂、臀高。其代表品种有:宁乡猪、梅花猪、荣乡猪、金华猪、威宁猪等。

(3) 引进的良种猪。近几十年来一些饲养业发达的国家,在减少猪的脂肪、增加瘦肉、缩短育肥时间、降低饲料消耗等方面取得了不少进展。其代表品种有:丹麦的兰德瑞斯,英国的约克夏、巴克夏等。

3. 羊的品种

知识链接：羊的分布

在远古时代人类就开始狩猎野生羊,将其作为食物的来源。羊在外国食用历史相当悠久,也许要追溯到公元前 9 000 年,最早驯养羊的痕迹来自伊拉克北部地区,那里有长着长毛的摩弗仑羊,是一种南欧的野羊,其毛可以利用,以后渐渐将其作为食品,现仍有少量的摩弗仑羊,在法国科西嘉岛和撒丁岛遗存下来。这些古老品种的直系后裔,在各个国家繁殖,如苏格兰的绵羊、英格兰的黑绵羊等。

羊肉主要分绵羊肉和山羊肉两大类。现在新西兰和澳大利亚是世界上羊肉主要的生产国。我国近年来,随着人民生活水平的提高,食物结构也在不断变化,羊肉以其独特的风味受人青睐。羊与牛一样属于反刍动物,我国食用羊主要是绵羊和山羊。

(1)绵羊。绵羊在我国饲养比较普遍,大部分毛、肉兼用,大都腿部短小,腰背宽,腹部大,肌肉发达,肉质较好,育肥好的羊肌肉间可沉积脂肪。主要品种有蒙古肥尾羊、新疆细毛羊。

① 蒙古肥尾羊。蒙古肥尾羊原产于蒙古高原,是我国绵羊体型最大、数量最多的一种,此种羊的头部及四肢多是黑色,故也称为"黑头羊"。蒙古肥尾羊尾部有大量脂肪沉积,头较大,腰背宽阔、腹大而紧凑,肌肉丰满,色暗红,育肥良好的羊肌肉间有脂肪,肉质细嫩肥美。

② 新疆细毛羊。新疆细毛羊原产于新疆,属毛、肉兼用品种。此种羊体质结实有力,颈粗短,胸部发达,背腰平直,四肢较短,皮薄紧凑,肉质嫩,味美,无膻味。

③ 进口肉用羊。肉用羊大都是用绵羊培育而成的,主要进口国是新西兰和澳大利亚。肉用羊较绵羊个体大,肉质细嫩,肌间脂肪多,切面呈大理石花纹,口味肥美,是理想的西餐原料,肉用价值高于其他品种。

(2)山羊。山羊主要分布在我国东北、华北、四川等地,体形较绵羊小,皮厚,无肌间脂肪,肉质略逊于绵羊,在西餐中一般不做肉用,但可做奶用羊。

二、家禽类

我国家禽饲养具有悠久历史,品种很多,又因各地的自然环境、经济条件及培育目的不同,形成许多不同的特点。有的生长快、肉质鲜美,有的产蛋量比较多,有的居于两者之间。

(一)家禽的分类

家禽按其用途可分为肉用型、卵用型和兼用型。

肉用型,以产肉为主,体型较大,躯体宽而身较短,冠小,颈短而粗,肌肉发达,毛蓬松,动作迟缓,性情温顺,觅食力差。

卵用型,以产蛋为主,体型较小,细致紧凑,腿高身长,后躯发达,羽毛紧贴,活泼好动,代谢旺盛,性成熟早,产蛋多,蛋壳薄,肉质差。

其中,肉用型家禽在烹调中使用较多。

(二)鸡的品种

家鸡的祖先是红色原鸡,现仍产于我国云南、广西、海南等地。印度、缅甸等地也有出产。我国养鸡已有4 000多年的历史。鸡是烹饪的重要原料,各国饲养的鸡,品种繁多,各地区培育了许多优质品种。地理条件、饲养方法的不同,使各品种鸡的风味不同,就是同一种鸡的风味也各有差异,适合于做不同的菜肴。

1.九斤黄鸡

九斤黄鸡原产于山东和安徽合肥地区,繁殖于江苏省沿长江下游近海地区。鸡的羽毛和肌肤均呈黄色,体躯硕大,一般公鸡可重达5.5千克,母鸡可达4.5千克,故名"九斤黄"。其生长快,易育肥,肉质肥美。

2.浦东鸡

该鸡产于上海川沙、南汇、奉贤等地。浦东鸡骨粗脚高,体格健壮,羽毛以黄色和麻褐色的居多,皮肤黄色。成年公鸡体重4~4.5千克,母鸡2.5~3千克,产卵期在8~9月间。浦东鸡脂肪丰满,肉质鲜美。

3.萧山鸡

萧山鸡产于浙江省萧山区,毛色淡黄,颈羽黄黑相间,成年公鸡重3~3.5千克,母鸡重2~

2.5千克,其特点是,脂肪布满全身,肉质肥嫩鲜美,风味独特,是国内的卵肉兼用型优良品。

4. 惠阳鸡

该鸡产于广东惠阳地区和东江中下游一带,单冠、羽毛有深黄和淡黄两种,颌下有发达张开的羽毛,状似胡须,故又名"三黄胡须鸡"。成年公鸡重1.75～3千克,母鸡1.25～2千克。其特点是早熟,肥育性能好,沉积脂肪力强,烹调后肉嫩脂丰,皮脆骨酥,滋味鲜美。

5. 狼山鸡

该鸡是我国最优良鸡种之一,原产于江苏南通。狼山鸡的毛色有黑、白两种,以黑色者为佳,狼山鸡骨骼小,胸部肌肉发达,肉质细嫩,易育肥,公鸡重3.5～4千克,母鸡重3～3.5千克。

6. 白洛克鸡

白洛克鸡原产于美国,引进我国后,各地已普遍饲养,全身羽毛丰满、洁白,肌肤白色带淡黄,胸腹饱满,肉质厚实,出肉率高,是著名的肉用鸡,公鸡重达4.5～5千克,母鸡重达3.5～4千克,肉质细嫩多汁。

7. 科尼什鸡

该鸡原产于英国,是著名的肉用鸡。科尼什鸡腿短、鹰嘴、颈粗、翅小、体型大、毛色为红、白两种。公鸡重达5～6千克,母鸡重达3.5～4千克。

(三) 火鸡的品种

火鸡又称吐绶鸡,原产于北美,如今墨西哥仍有野生火鸡。火鸡头颈羽毛稀少,颈部有珊瑚状皮瘤,皮瘤的颜色会变化,颈直而短,体宽,胸部丰满,胸骨宽而直,腿短,尾部发达。最初火鸡为墨西哥的印第安人所驯养,后逐渐在美洲各地普及。15世纪末传到欧洲,至今世界上大部分国家都有饲养。我国较著名的火鸡产地是浙江省的舟山群岛,所产的火鸡名为舟山火鸡,已有一百五十多年的历史。

1. 黑色火鸡

黑色火鸡是传统鸡种,与野火鸡较接近,毛色全黑或间有灰白色,胸部肉色浅白,腿部肉色灰白,这种火鸡我国引进较早,但生长慢,出肉率低,个体较小。雄性火鸡体重6～8千克,雌性火鸡体重3～4千克。

2. 古铜色火鸡

古铜色火鸡也是传统鸡种,但经人工饲养后已有较大变异,毛色大体为古铜色,略带黑白斑纹,体型大,雄性火鸡重达16千克,雌性火鸡重达9千克。

3. 宽胸火鸡

所谓宽胸火鸡是二三十年前西方国家培育出的优良品种,这种火鸡胸部肌肉非常发达,腿部肉也很丰富,生长快、出肉率高、瘦肉多、低脂肪、低胆固醇、高蛋白。其具有代表性的品种有:加拿大的海布里德火鸡、美国的尼古拉火鸡、法国的贝蒂纳火鸡等。

(四) 鸭的品种

家鸭的祖先是绿头鸭和斑嘴鸭,这两种鸭分布很广,现在世界各地普遍饲养。野鸭的驯化是在不同地区各自进行的,我国驯养家鸭至少有3 000年的历史。

鸭也是烹饪的重要原料,鸭肉与鸡肉相比,蛋白质较少,脂肪较多。我国饲养的鸭,品种较多,主要有北京鸭、洋鸭和麻鸭。

1. 北京鸭

北京鸭原产于北京西郊玉泉山一带,北京鸭的优良性经过不断改良得以遗传下来。1873

年传播到英、美,1888 年传入俄国。今天,世界最著名的肉用鸭,无一不含有北京鸭的血统。北京鸭育肥快,毛色纯白,体型大,颈粗,胸部发达,腹部下垂,腿短粗,肉质肥嫩鲜美,皮下脂肪较多。公鸭重 3~4 千克,母鸭重 2.5~3.5 千克。

2. 洋鸭

洋鸭原产于南美洲,引入我国后主要分布在华南沿海各省。洋鸭体质健壮,肌肉丰厚,肉质纹理较粗,脂肪少,毛色有黑、白、杂色数种。公鸭重达 4.5~5.5 千克,母鸭重达 3~4 千克。

3. 麻鸭

麻鸭主要产于长江中下游地区,因其羽毛似麻雀,故名麻鸭。麻鸭的品种很多,著名的有以下几种:

(1) 娄门鸭,又称绵鸭、苏州大鸭,主要产于江苏苏州地区,体型大、肉质好,成年公鸭重 3.5~4 千克,母鸭重达 3~3.5 千克。娄门鸭是麻鸭中最好的一个品种。

(2) 高邮鸭,产于江苏南通一带,是一种大型肉卵兼用鸭的良种。高邮鸭以善产双黄蛋而著称。成年公鸭重 3~3.5 千克,母鸭重达 2.5~3.5 千克。母鸭年产蛋 160 枚,蛋重 80 克左右。

(3) 南京鸭,产于苏、浙、闽三省,此鸭生长快,肉质好,是一种优良的肉用鸭。

(五) 鹅的品种

鹅类肉质鲜美,一般肉用鹅是指饲养一年左右的鹅,如果时间再长,肉质就会变得粗老。

鹅在使用上有幼鹅与成鹅之分,幼鹅是指饲养 5 个月以内的鹅,体重一般不超过 4 千克,这种鹅 9 个月宰杀比较适宜。成鹅体重可达 6 千克左右,10 个月宰杀比较好。

知识链接：家鹅的起源

家鹅源于雁,中国鹅的祖先是鹅雁,欧洲鹅的祖先是灰雁,鹅在世界范围内饲养很普遍。我国养鹅的历史悠久,据推测,我国至少在 3 000 年前就已经饲养家鹅了。

1. 中国鹅

中国鹅是一种古老的品种。分布非常广,现世界各地都有饲养。中国鹅头较大,前额有很大的肉瘤,颈长,胸部丰满,腿长而高,主色有白色和灰色两种,成年的公鹅体重要长到 4~6 千克,母鹅重达 4~5 千克。

2. 狮头鹅

狮头鹅是一种大型的灰棕色鹅,是中国名贵的鹅种,至今已有 100 多年的饲养历史。该鹅原产于广东潮汕地区,由于当地自然环境好,水草肥美,适合水禽生活。这种鹅生长快,70 日龄体重达 5~6 千克,成年鹅重 10~12 千克,最大可养至 15 千克以上,母鹅一般 9~10 千克。狮头鹅宜放养,抗病能力强,肉质厚实,是著名的肉用型鹅。

3. 清远鹅

清远鹅产于广东省清远市,羽毛大部分呈乌棕色,故又名棕鹅或黑棕鹅。其特点是肉质细嫩,滋味鲜美。

4. 太湖鹅

太湖鹅产于江浙两省太湖周围一带。该鹅全身羽毛纯白,体态高昂,姿势优美,生长快,成熟早。成年公鹅体重达 4~5 千克,母鹅重达 3~4 千克。

(六) 鸽的品种

鸽可分为家鸽、岩鸽和原鸽。

1

1. 家鸽

家鸽由原鸽驯化而成。喙短、翼长大，善飞，足短，体呈纺锤形，毛色不等。喜群飞，孵化期约18天，雌雄交替孵卵。家鸽的品种很多，按用途分为玩赏、传书、肉用三大类。肉用鸽体形较大，一般重0.8～1.5千克，成长快，繁殖力强，特别是乳鸽饲养4个星期即可成熟，胸部饱满，肉质细嫩、味美。

2. 岩鸽

岩鸽又称山石鸡，分布于我国东北、西北一带，肉质鲜美。其翼长大于18厘米，两翅折合时有两道明显的横带斑，头和颈呈暗青灰色，肩和上背、颈基、喉、胸等部呈紫绿色光泽，形成很显著的颈环，嘴黑色，性善结群；善飞行和疾走。

3. 原鸽

原鸽也称野鸽或灰鸽，为家鸽的原种。体形大小与家鸽相似，羽毛大体呈灰色，颈呈紫绿色。此鸽食谷类和蔬菜种子；主要分布在欧洲、非洲大陆，以及伊朗、印度等地。

（七）鹌鹑

鹌鹑又称"鹑"，体型小，身长20厘米左右，头小尾秃，其明显的特征是颈和喉为红色，周身羽毛都是白色干纹。目前，我国已大量人工饲养鹌鹑，肉质嫩、味美。

三、肉制品

西方国家的肉制品工业比较发达，生产的肉制品品种非常多，在西餐烹调中使用广泛，其中，德国和意大利生产的肉制品比较著名。肉制品具有耐贮藏、食用方便、风味独特等特点。其产品大体可分为腌肉制品和香肠制品两大类。

（一）腌肉制品

1. 火腿

火腿（ham）是一种在世界范围内流行很广的肉制品，目前除少数国家外，几乎各国都有生产或销售。西式火腿可分为两种类型：无骨火腿与带骨火腿。

制作无骨火腿一般选用猪后腿肉为原料。制作流程为先把剔去骨头的猪后腿净瘦肉用盐水和香料浸泡腌渍入味，然后取出放在特制模型中压制，用线绳捆扎，加水煮制，有的还要进行烟熏处理后再煮制。其外形有方、圆之别，因此有方火腿、圆火腿，简称方腿、圆腿。

（1）方腿。其品质特点是肉质细嫩，咸味适中，鲜香可口。方腿外形整齐，内部无空洞，无骨，色泽鲜艳，切片不松散。方腿分带皮和去皮两种。

（2）圆腿。其品质特点是肉质细嫩，咸味适中，鲜香可口。圆腿的瘦肉中夹有脂肪，肉质较肥，成品为卷筒型，色泽鲜艳，肉筋透明，微带深色。

（3）熏圆腿。将圆腿放入熏房中经过烟熏的称为熏圆腿，具有烟熏味，口味别致，香味浓郁，皮色棕红。

知识链接：整只带骨火腿的制作

一般选用整只带骨的猪后腿制作，这种火腿加工方法比较复杂，加工时间长。一般过程是：先把整只后腿肉用盐、胡椒粉等调料干擦其表面，然后再浸入加有香料的盐水卤中腌制数日，取出风干、烟熏，再悬挂一段时间，使其自熟，形成良好风味。

世界上著名的火腿品种有法国烟熏火腿、苏格兰整只火腿、德国陈制火腿、意大利火腿、苹

1

果火腿等。

火腿在烹调中既可作主料又可作辅料,也可制作冷盘。

2. 培根

培根(bacon)为烟熏咸肉的英文译音,又称咸肉、板肉,是西餐烹调中广泛使用的肉制品。咸肉分五花咸肉和外脊咸肉两种,以五花咸肉较为常见。

知识链接：咸肉的一般加工程序

咸肉的一般加工程序是：把猪的方肉、排骨肉分割成块,用盐、少量亚硝酸钠或硝酸钠、黑胡椒、丁香、香叶、茴香等香料腌渍,再经风干熏制而成。咸肉的品质特点是带皮无硬骨,四周修割整齐,脊骨除净,刀口精细,皮上无毛,皮金黄色,瘦肉色泽鲜艳。咸肉在烹调中常用于早餐和多种菜肴的配菜。

3. 咸肥膘

咸肥膘(salty fat)用干腌法腌制而成,方法是在选好剔净的肥膘上均匀地划上刀口,再反复搓上食盐,腌制而成。咸肥膘可以直接煎食,也可以切成薄片,用牙签插在缺少脂肪的动物性原料上,如各种野味或瘦肉等,再经烤或焖,以增加菜肴的香味。

(二)香肠制品

香肠的种类很多,仅欧美国家就有上千种,其中生产香肠较多的国家有德国和意大利。

知识链接：香肠的制作

制作香肠的主料有猪肉、牛肉、羊肉、鸡肉、兔肉等,其中以猪肉、牛肉最普遍。一般生产过程是把肉绞碎,再加上各种不同的调配料,如鸡蛋、奶油、啤酒、葡萄酒、洋葱、大蒜、土豆粉以及各种香草、香料等,然后再灌入肠衣。常用的肠衣有猪肠、羊肠、人造肠衣等。经过腌渍、烟熏、风干等加工方法制成。

世界上比较著名的香肠品种有：法兰克福肠、萨拉米香肠、意大利肠、腊肠、维也纳牛肉香肠、法国香草萨拉米香肠等。香肠在西餐烹调中可用来做沙拉、三明治、开胃小吃,也可作为热菜的辅料。

1. 法兰克福肠

法兰克福肠(bratwurst)主要产于德国的法兰克福市,是用细腻的猪肉馅,加上各种香草料,灌在用鸡肠制成的肠衣内制成的,一般长 12～13 厘米,直径 2～2.5 厘米,是香肠中最小的一种,烹调中常用煎、煮、烩等方法制作菜肴。

2. 意大利肠

意大利肠(Italian sausage)的肉馅很细腻,加上各种香料,并掺有鲜豌豆粒,一般长 50 厘米左右,直径 13 厘米左右,是香肠中最大的一种。其切面美观,常用于冷菜制作。

3. 萨拉米肠

萨拉米肠(salami)又称干肠,以意大利产为最佳。这种肠是在瘦肉馅中加入少量肥肉丁,然后灌入猪肠制成的肠衣内,经油脂浸泡、风干等工序制成。其味道浓郁、质地硬韧、风味独特,在冷菜中使用较多。

四、水产品

我国地处太平洋的西北岸,幅员辽阔,内陆江河纵横,大小湖泊星罗棋布。我国的海洋,跨

1

越热带、亚热带、暖温带等温度带,水产资源极为丰富。水产品在烹饪行业中主要是指生活于水中的、具有食用价值的动植物原料。水产品的种类繁多,包括鱼、虾、蟹、贝壳等,品质优良,营养丰富,味道鲜美,易消化,是人类所需动物性蛋白质的重要来源。

水产品大致可分为淡水鱼类、海洋鱼类、贝壳类等。西方人对水产品的选用比较讲究,对一些土腥味较大的或鱼刺多的水产品大都不选用。现将西餐中常见的水产品做一简单介绍。

(一) 淡水鱼类

1. 鳜鱼

鳜鱼(mandarin fish),又称桂鱼、花鲫鱼等,是世界上一种名贵的淡水鱼,主要分布于我国南北江河湖泊之中,尤其以长江、松花江、黑龙江流域所产的居多,长江流域以湖南、湖北、江西、安徽为主,一年四季均产,其中二三月份产的最肥。

鳜鱼体侧扁,背部隆起,口大,牙尖利,状凶猛,鳞片细小,体表呈青灰色,腹部灰白,有黑色斑点,背鳍前部有13~15条硬刺,内有毒素,后半部为软条。

鳜鱼是肉食性鱼,其肉质细嫩,刺少,无小刺;味道鲜美,没有腥味,便于加工食用;适用于煎、炸、煮、铁扒等多种烹调方法。

2. 鲑鱼

鲑鱼(salmon)按其英文译音称为"三文鱼",为鲑科鱼类,主要分布于北半球的太平洋北部及欧、亚、美三洲的北部地区。我国主要产于黑龙江、乌苏里江及松花江,俗称大马哈鱼。它是世界著名的冷水性经济鱼类之一,每年9—11月为上市季节。世界上鲑鱼产量最高、质量最优的国家是挪威。

鲑鱼体延长而侧扁,背部隆起,齿尖锐,鳞片细小,银灰色,产卵期有橙色条纹。鲑鱼肉质紧密,色粉红,有弹性,无小刺,味鲜美,是西餐制作中最常使用的鱼类之一,适宜于生食、烤、铁扒、煎、熏、炸等多种烹调方法。加工时切忌过度烹饪,否则会失去鲑鱼的独特风味。

3. 鲟鱼

鲟鱼(sturgeon)属软肉硬鳞类鱼,主要产于我国黑龙江流域和俄罗斯境内的冰河内,产卵期在7—8月间。

鲟鱼体长一般在1米左右,重约5千克,身上有5行列骨板,上面有锐利的棘,背部灰褐色,腹部白色。鲟鱼无小刺,肉质鲜美,常用于熏制,其卵可制成名贵的鱼子酱。

4. 鳟鱼

鳟鱼(trout)属鲑科,品种很多,常见的为虹鳟。鳟鱼能生活在水温较高(25 ℃)的江河、湖泊中,世界上的温带国家都有出产。虹鳟原产于美国加利福尼亚的落基塔山麓的溪流中。

虹鳟鱼体侧扁,底色淡蓝,有黑斑,体侧有一条橘红色的彩带,其肉质发红,无小刺,味美,营养价值高;适宜煮、烤、铁扒、烟熏等烹调方法。

5. 银鱼

银鱼(white bait)又称"白饭鱼",是一种洄游性鱼类,广泛生长于欧、亚、美地区江河湖泊中,在我国分布于山东至浙江沿海地区,盛产于长江流域,而以江苏太湖所产银鱼质量最佳。其体细长无鳞,白色,无骨刺,长约5厘米,一般每年秋季上市,隆冬季节质量最好。银鱼肉质细嫩,味美,多用面糊炸、串烧等烹调方法,还可制成罐头。

(二) 海洋鱼类

1. 比目鱼

比目鱼(flat fish)是世界重要经济海产鱼类之一,分布在大部分海洋的深层,我国主要产于黄海北部和渤海,其中以秦皇岛产的质量最好。比目鱼的盛产期为每年的4—6月份。比目鱼体侧扁,头小,呈灰白色,鳞片小,有不规则的斑点或斑纹。比目鱼的品种较多,常见的有鲆、鲽、鳎、舌鳎类四种。

(1)鲆。鲆两眼在左侧。口通常前位,下颌稍突出。鲆科鱼类在海产鱼类中是较为名贵的品种,质量最好。其肉鲜嫩,味美,全身只有一根大刺,但水分多,易变质。

(2)鲽。鲽的特点是两眼均位于头的右侧,口前位,下颌稍向前突出。一般个体较小,品质较鲆差些。

(3)鳎。鳎的特点是体多延长呈舌状,眼小,位右边,口小,左右腹鳍略对称。体有略呈平行的黑色横带。肉质紧密、细嫩、色白,味鲜美,外皮极易剥下,全身仅有一根脊骨大刺。

(4)舌鳎。舌鳎的特点是身体窄长,两端尖,口小,下位。两眼位于头部左侧。清洗时应去掉有眼一面的鱼皮。肉质细嫩。

2. 鳕鱼

鳕鱼(codfish)是西餐中使用较广泛的鱼类之一,主产于大西洋北部的冷水区域。我国以渤海、黄海及黄海北部为主要产区,但产量不高。鳕鱼体长,一般背鳍3个,臀鳍2个,尾截形,口大,颌部有须一条,鳞细小、灰褐色,有不规则的褐色斑点或斑纹,是世界上主要的白肉型经济鱼类之一。挪威的鳕鱼品种多,质量好,常见的鳕鱼品种有:北极鳕、黑鳕、长身鳕、黑线鳕、单鳍鳕。

3. 鲈鱼

鲈鱼(perch)有河鲈和海鲈两种,西餐中一般用海鲈鱼。我国南北沿海均产,主要产区为渤海、黄海,其中天津北塘产的质量较好。鲈鱼体近纺锤形而侧扁,口大,下颌长于上颌,背厚鳞小,呈青灰色,体侧及背鳍棘部散布黑色斑点,此斑点随年龄的增长而减少。鲈鱼为肉食性鱼类,栖息于近海,有时也进入淡水流域,在咸水、淡水交界的河口处产卵。

鲈鱼肉鲜嫩,呈蒜瓣状,刺少、味美,可用于煎、炸、烤等多种烹调方法。

4. 鳀鱼

鳀鱼(anchovy)又称"黑背鳀",是重要的小型经济鱼类之一,分布于世界各大海洋中,在我国的东海、黄海有丰富的鳀鱼资源,其鱼体延长、侧扁,腹部呈圆柱形,眼和口都大,体长达13厘米,银灰色,肉质细腻,味道鲜美。在西餐厨房中常见的多为罐头制品,俗称"银鱼柳",它是西餐的上等原料,一般用作配料或沙司调料。

5. 金枪鱼

金枪鱼(tuna)俗称"青干",译音为吞拿鱼,分布在太平洋和印度洋的温、热带海区,我国东海和南海亦产,是海洋暖水中上层结群洄游性鱼类。金枪鱼体呈纺锤形,背部青褐色,有淡色斑纹,头大而尖,尾柄细小,有两个背鳍,几乎相连,背鳍和臀鳍后方都有8~10个小鳍,一般长约50厘米,有的可达100厘米。金枪鱼肉质坚实,无小刺,呈暗红色,味美,是名贵的烹调原料,适宜铁扒、煎、炸,也可腌渍或生食。

6. 石斑鱼

石斑鱼(grouper)主要分布于热带及亚热带海洋,我国主要产于东海和南海,其中北部湾及广东沿海产量最多,是暖水性海水鱼类。其体呈椭圆形,侧扁,与鲈鱼相似,但比鲈鱼体宽,色彩变异较多,有5~6条暗褐色横带或红色小斑点,背鳍硬棘与软条相连,口大,牙细尖。常见的石斑鱼有红斑、老鼠斑、青斑、油斑、星斑等。

石斑鱼肉质鲜美,质地稍粗,适宜铁扒、炸、煮等多种烹调方法。

1

7. 沙丁鱼

沙丁鱼(sardine)又称"鳁"或"鰛",广泛分布于南北纬度 6 ℃～20 ℃的热带海洋区域中,是世界上重要的经济鱼类之一。我国产于广东、福建沿海。沙丁鱼鱼体侧扁,臀鳍最后两条鳍扩大。有银白色和金黄色等不同品种。沙丁鱼富含脂肪,味鲜美,其主要用途是制罐头。

8. 鱼子和鱼子酱

鱼子是由新鲜鱼子腌制而成,浆汁较少,呈颗粒状。鱼子酱(caviar)是在鱼子的基础上加工而成,浆汁较多,呈半流质胶状。

鱼子制品有黑鱼子和红鱼子两种,红鱼子主要用鲑鱼卵制成,为名贵冷吃;黑鱼子是用鲟鱼卵制成,比红鱼子更为名贵。

鱼子和鱼子酱味咸鲜,有特殊咸腥味,一般用作开胃小吃或冷菜的装饰品。

(三) 贝壳类

1. 大虾

大虾(prawn)又称明虾、对虾,是个体较大的一种海产虾类,主要产于渤海、黄海及朝鲜西部海面,捕捞旺季为 4—5 月和 9—10 月,春季大虾有虾粉和虾黄,质量佳,秋季大虾无籽、少黄。对虾体长而侧扁,整个身体分头胸部、腹部和尾部三部分,头胸部有坚硬的头胸盔;腹部背有甲壳,有 5 对腹足;尾部有扇状尾肢。雌虾大于雄虾,雌虾的体色常呈青白色,故也称青虾;雄虾则为淡黄色,称之为黄虾。大虾肉质脆嫩,鲜美。

世界大虾种类较多,其中中国对虾、墨西哥棕虾与圭亚那白虾一起并称为世界三大名虾。

2. 龙虾

龙虾(lobster)生长在温、热带海洋中,是虾类个体最大的品种,我国主要产区位于南海和东海南部,以广东的南澳岛所产的质量最好,世界上则以澳大利亚及东南亚各国为主要产地。龙虾因其体小头大形似龙而得名。龙虾体粗壮,呈圆锥形,略扁平,头、胸甲坚硬多刺,触角发达,无鳞片,有 5 对步足,无钳,呈爪状。

龙虾的品种较多,常见的有以下几种:

(1) 锦绣龙虾。锦绣龙虾又称七彩龙虾。其特点是体形大,其头胸甲壳及前部后背有美丽五彩花纹,腹背两侧各有 1～2 个米黄色小斑点,脚爪有黄色横斑。体大质优。

(2) 长脚龙虾。长脚龙虾又称红龙虾。虾身深红、多刺,有短粗而坚硬的触须,眼睛较小,主要产于我国南海、日本及澳大利亚东南。其品质好,味道鲜美。

(3) 中国龙虾。中国龙虾又称青龙虾。虾身青绿色,深浅不一,体重一般为 500～1 500 克。品质一般。

(4) 波士顿龙虾。波士顿龙虾只产于大西洋沿岸深海湾水域,以波士顿为集散地,再远销各地。波士顿龙虾身体肥短,头部生长有两只大螯钳,其肉质结实而鲜美,是西餐中的名贵菜肴,既可做冷菜也可做热菜,适用于多种烹调方法。

3. 扇贝

扇贝(scallop),我国沿海均有出产,世界上以日本北海道和青森出产的质量最佳。扇贝以其闭壳肌为主要食用部分。扇贝有鲜品和干制品,味鲜美,质细嫩,洁白,适于煎、炸、焗、烩等多种烹调方法,可制汤和冷、热头盆菜,其壳加工后还可作为盛菜器皿。

4. 牡蛎

牡蛎(oyster)又称蚝,是一种生长在海边岩石上的贝类,分布在温、热带海洋中。其特点是壳形不规则,下壳较大,附着于他物,上壳较小而平滑,掩覆而盖,壳面有灰、青、紫、棕等颜色。其上市季节一般自 12 月到下一年 4 月,冬季质量最好。牡蛎肉味鲜美,既可生食也可熟食,也可干制或制作罐头。

5. 贻贝

贻贝(mussel)也称青口、青口贝,其个体较小,呈椭圆形,前端呈圆锥形,青黑色相间,有圆心纹,大多为鲜活原料,可带壳用也可去壳用。

6. 蜗牛

蜗牛(snail)形似田螺,品种很多,目前普遍食用的有三种,即法国蜗牛、意大利庭园蜗牛和非洲褐云玛瑙蜗牛。

(1)法国蜗牛。法国蜗牛又称苹果蜗牛、葡萄蜗牛,因其多生活在果园而得名。欧洲中部地区均产,此种蜗牛壳厚呈茶褐色,中间有一白带,肉质呈白色,质量好。

(2)意大利庭园蜗牛。意大利庭园蜗牛多生活在庭园或灌木丛中。此种蜗牛壳薄,黄褐色,有斑点,肉有褐色、白色之分,质量也很好。

(3)非洲褐云玛瑙蜗牛。非洲褐云玛瑙蜗牛原产于非洲,又称非洲大蜗牛,此种蜗牛壳大,黄褐色,有花纹,肉为浅褐色,肉质一般。

蜗牛肉营养丰富,用蜗牛肉制作的菜肴是法国和意大利的传统名菜。

五、乳品和蛋品

动物性烹饪原料,也包括牛乳与鲜蛋以及蛋奶制品。它们与畜肉、禽肉相比,无论是结构和营养,还是品质及烹饪特点都有特殊之处,并且得到广泛使用,是深受广大消费者欢迎的一类食品。

(一)乳品

乳品在人类的饮食中占有重要的地位,是一种优良的食品,是人体较容易消化吸收的食品。乳品对消化道具有独特的刺激功能,能增加食欲,促进肠胃分泌消化液;乳蛋白为完全蛋白质,营养价值高,消化吸收率很高,是一种优质的蛋白。

1. 牛奶

(1)牛奶(milk)的质量鉴别。优质的牛奶应为乳白色,略带浅黄色,无凝块,无杂质,有乳香,平和自然,品尝起来略带甜味,无酸味。牛奶成分的质量鉴别主要有以下几个方面:

① 水分。牛奶中的水分一般占 87%～89%,超过这一比例则不符合质量要求,有可能是掺水了。用测定比重的方法可以检验牛奶是否掺水。

② 蛋白质。牛奶中的蛋白质含量在 3%～4%之间,其主要成分是酪蛋白,是完全蛋白质,人体吸收利用率很高。

③ 脂肪。牛奶中的脂肪含量在 3.4%～3.8%之间,以极微小透明的小球悬浮于乳液上。

④ 乳糖。牛奶中的乳糖含量为 4.5%,是乳品中的特有产物。

(2)牛奶的分类。牛奶按组成变化可分为初乳、常乳和末乳。

初乳是指奶牛从产奶开始一周内所产的奶。初乳含色素较多,常带有黄色,牛乳浓厚,黏度较大,有特殊的气味,一般用来喂养牛犊,不作烹调原料。

常乳是指奶牛产奶 8～305 天这一时期内所产的奶,这段时期所产的牛乳组织成分基本趋于稳定,常乳产量高,用途广,是烹调和加工乳制品的主要原料。

末乳是指奶牛产奶第 306～365 天所产的奶,这种奶味苦、微咸,并带有油脂氧化味,正常情况下,这种奶应停止向市场供应。

（3）保存。保存牛奶一般采用冷藏法,短期储藏可放在温度为 1 ℃～6 ℃的冰箱中。

2. 奶油

奶油(cream)是从牛奶中分离出的脂肪和其他成分的混合物。其最早的制作方法是静置法,现多采用离心法,使奶中的油脂与其他成分脱离来制作。奶油是制作黄油的中间产物,含脂率较低,一般在 15％～25％之间,除脂肪外,奶油中还有水分、蛋白质等成分。

（1）形态特点。乳白色,略带浅黄,呈半流质状态,在低温下较稠,经加热可变为流动液体。若经乳酸菌发酵即成酸奶油,它比鲜奶油要稠,呈乳黄色,其味也更浓郁。

（2）质量鉴别。优质的奶油气味芳香纯正,口味稍甜,组织细腻,无杂物,无结块;劣质奶油有异味,如饲料味或金属味,并有奶团杂物。

（3）保存。奶油保存一般采用冷藏法,温度在 4 ℃～6 ℃,为防止污染,保存时应放在干净的容器内,并加上盖。由于奶油营养丰富,水分充足,很容易变质,所以要注意及时冷藏,其制品在常温下超过 24 小时就不能再食用。

3. 黄油

黄油(butter)是从奶油中进一步分离出来的脂肪,又叫白脱、牛油。

黄油是在奶油基础上经搅拌、洗涤、压炼等工艺去除脱脂乳后加工而成的,目前我国生产的黄油其含脂率在 80％左右。

（1）形态特点。黄油在常温下为浅黄色固体,加热熔化后,有明显的乳香味。

（2）质量鉴别。优质的黄油气味芬芳,组织紧密、均匀,切面无水分渗出;劣质的黄油不香或有异味,质软或松脆,切面有水珠。

（3）保存。黄油含脂率较高,较奶油容易保存,短期存放可放在温度为 5 ℃的冰箱中,长期保存应放在温度为－10 ℃的冰箱中。因其易氧化,所以存放时应避免阳光直射,且应该密封保存。

4. 奶酪

奶酪(cheese)又称计司、吉士、芝士、起士等。目前世界上的奶酪有几千种,以法国、瑞士、意大利、荷兰等国的奶酪较有名,其中法国生产的奶酪品种最多。按照制作原料的不同分:牛奶奶酪、绵羊奶奶酪、山羊奶奶酪及混合奶奶酪。按照不同加工方法制成的奶酪有:硬奶酪、软奶酪、半软奶酪、多孔奶酪、大孔奶酪及带有不同香味的奶酪。

（1）一般制作方法。鲜乳经杀菌后在凝乳酶的作用下使奶中的酪蛋白凝固,再将凝块压成一定的形状,在微生物与酶的作用下,经过较长时间的生长过程而制成。

（2）质量鉴别。优质的奶酪呈白色或淡黄色,表面均匀,细腻,无损伤,切面均匀致密,无裂缝和脆硬现象,切片整齐不碎,具有特有的醇香味。

（3）保存方法。奶酪应存放在 5 ℃左右,相对湿度在 8％～90％的冰箱中,存放时要用保鲜纸包好。

奶酪在烹调中使用非常广泛,常用于制作各种焗类菜肴、冷菜、沙司等,也可切片直接食用。

（二）蛋品

可供食用的蛋类品种很多,西餐中经常使用的蛋有鸡蛋、鹌鹑蛋、鸽蛋等。其中鸡蛋用途最为广泛,早餐、冷菜、热菜、汤都离不了它。鹌鹑蛋小巧美观,除食用外还有装饰作用,常用于冷菜、汤菜等。

1. 蛋的结构

蛋品很多,外观有很大区别,但其结构是相同的,都是由蛋壳、蛋白、蛋黄 3 个主要部分组成。

(1) 蛋壳。蛋壳约占全蛋质量的 11%,由外蛋壳膜、石灰质蛋壳、内蛋壳膜、蛋白膜组成。蛋壳的作用是保护蛋白和蛋黄,一般蛋壳厚度为 0.2～0.4 毫米。

① 外蛋壳膜。其是一层覆在蛋壳表面的胶质薄膜,特点是无定形、透明的水溶性黏蛋白,有防止微生物侵入蛋内和蛋内水分蒸发的作用。但这层外蛋壳膜常因摩擦、潮湿、洗涤或贮存过久而逐渐脱落,失去保护作用。

② 石灰质蛋壳。其主要由碳酸钙构成,质脆,不耐碰撞和挤压,不同蛋品的蛋壳颜色不同,一般颜色越深,蛋壳越厚。蛋壳上有许多小孔,特别在蛋的大头部分较多。这些气孔可为禽类孵化提供呼吸通道,同时外界的空气和微生物容易从气孔进入蛋内,使蛋内的水分从气孔逸出,降低鲜蛋的重量和新鲜度,甚至变质。

③ 蛋壳膜。蛋壳内部有两层膜,即内蛋壳膜和蛋白膜。内蛋壳膜紧贴着蛋壳,组织松散,结构粗糙;蛋白膜附着在内蛋壳膜里面,比较紧细。这两层膜主要起到防止微生物侵入蛋内的作用。

(2) 蛋白。在蛋白膜的内部是蛋白,是一种典型的胶体物质,它分为稀蛋白和稠蛋白两种。靠近蛋壳的部分为稀蛋白,靠近蛋黄部分为稠蛋白。新鲜的蛋类稠蛋白多;随着新鲜度的降低,稠蛋白也逐渐变稀。

(3) 蛋黄。蛋黄是由系带、蛋黄膜、胚胎和蛋黄内容物构成的。

① 系带是由浓稠蛋白构成的,形如粗棉线,粘连在蛋黄的两端。新鲜的蛋品,系带具有弹性,起固定蛋黄的作用。随着贮存时间的延长,新鲜度的下降,系带的弹性会减弱,失去固定作用,而使蛋黄向蛋壳靠拢。

② 蛋黄膜就是蛋黄外面覆的一层薄膜。其作用是防止蛋黄与蛋白混合。蛋黄膜具有弹性,但随着蛋的新鲜度下降,蛋黄膜的弹性消失,蛋清中的水分不断向蛋黄里渗透,蛋黄膜就会破裂,最后形成散黄蛋。

③ 胚胎位于蛋黄膜表面,是近似圆形的小白点,如是受精的胚胎,在适宜的外界条件影响下,会迅速发育而产生血圈和血丝,使蛋的耐贮性降低,贮藏期缩短。

④ 蛋黄内容物是一种黄色不透明的乳状液,也称蛋黄液,是一种浓稠糊状体。由于昼夜代谢率不同和饲料中核黄素的不同,蛋黄有深浅两种不同的颜色。这两种不同颜色的蛋黄相间形成轮状,由外向内分层排列,一般分为 6 层。蛋黄内容物营养丰富,是雏禽孵化的营养来源。

2. 蛋的品种

在西餐烹调中使用较多的是鸡蛋,其次有鹌鹑蛋、鸽蛋等。

(1) 鸡蛋。鸡蛋呈椭圆形,新鲜的鸡蛋有一层白霜,一般呈白色或棕红色,每只约重 50克,鸡蛋是蛋类中营养价值较高的一种,含有丰富的蛋白质、脂肪,维生素含量也较其他蛋类高。

(2) 鹌鹑蛋。鹌鹑蛋外形近似圆形,蛋壳薄,易碎,表面有棕褐色的斑点,鹌鹑蛋个体小,每个重约 5 克。鹌鹑蛋的蛋白质和维生素 A 含量较其他蛋类高。

(3) 鸽蛋。鸽蛋呈椭圆形,白色,蛋壳薄,每个重 15 克左右,鸽蛋外形美观,可作装饰用。

1

六、谷物

谷物的品种很多,在西餐中普遍使用的是大米、麦以及玉米。

(一)大米

1. 大米的结构

大米是由稻谷经去壳碾制而成的,由表皮、糊粉层、胚乳、胚四部分组成。

(1)表皮。表皮是大米的最外层,主要由纤维素、半纤维素和果胶构成。碾米时一般要去除表皮,也可以保留少量皮层,以提高大米的纤维素含量。

(2)糊粉层。糊粉层位于表皮下面,是胚乳的外层组织。糊粉层虽然不厚,但集中了大米的许多重要的营养成分。

(3)胚乳。胚乳是大米的主要成分,占稻谷重量的91%左右,主要成分是淀粉,其次是蛋白质、脂肪以及半纤维素、矿物质和维生素。

(4)胚。胚位于大米的腹面下部,含有较多的蛋白质、矿物质、维生素等,胚部的生命活性较强,大米的霉变往往从胚部开始。

2. 大米的品种

大米的品种很多,其品质有着显著的差别,常见的有粳米、籼米、糯米、黑米。

(1)粳米。粳米是粳型非糯性稻谷制成的大米。其形短圆,长与宽之比约为1.4∶1,横断面接近圆形,色蜡白,透明或半透明,米质紧密,硬度大,不易碎。煮出的米饭黏性强,有光泽,质地细腻柔润适口,但吸水率较低,出饭率低。

(2)籼米。籼米是籼型非糯性稻谷制成的大米,籼米一般呈长椭圆形或细长形,其米粒较粳米长,横截面呈扁圆形,色灰白,半透明或不透明,米质疏松,硬度小,易碎。煮成的米饭黏性低,松散易碎,口感干而粗糙,但其吸水性较强,胀性大,出饭率高。

(3)糯米。糯米是糯性稻谷制成的米,又称江米。其色乳白,硬度低,不透明,但成熟后有透明感。煮出的米饭黏性强,富有光泽,口感油润,但吃水少,出饭率低。其中米粒宽厚呈圆形者黏性大,细长者黏性次之。

(4)黑米。黑米是世界名贵的稻米,有"黑珍珠"的美称。黑米外皮墨黑,质地细密,口感柔润,口味醇香,为米中珍品。

(二)麦

麦为禾本科,1～2年生草本植物,主要分布于北半球的温带地区。常见的麦类有小麦、大麦、燕麦等。

1. 麦的结构

麦没有坚硬的外壳,麦粒多为卵圆形或椭圆形,内部构造与大米相同,也由表皮、糊粉层、胚乳、胚组成。麦的麦皮主要成分为纤维素和半纤维素,人体难以消化,没有食用价值。糊粉层除含有较多的蛋白质外,还含有纤维素、维生素和脂肪,营养价值较高。同时也含有大量的植酸和较高的灰分,其食用品质较差。胚乳也称为"麦心",是麦的主要成分,占麦籽粒重量的80%左右。胚乳的主要成分是淀粉。胚是麦籽粒的独立部分,位于麦粒的背面基部。含有较多的蛋白质、脂类、矿物质和维生素等对人体有益的物质,但胚中集中了麦粒中的酶,其生理活性很强,易加速麦变质。

2. 麦的品种

(1)小麦。小麦是世界上分布最广的粮食作物之一,主要用于磨制面粉,由于加工的精度不同,面粉常见的有特制粉和标准粉。优质小麦是制作意大利面条的主要材料。

① 特制粉。特制粉又称精白粉。去除全部麦皮、糊粉层及胚,用小麦胚乳的心部磨制而成的,符合国家规定的特制粉等级标准的小麦粉称为特制粉。特制粉几乎消除了粗纤维和植酸对人体消化吸收率的不良影响,并且灰分含量低,粉粒细。面筋质在26％以上,水分不超过14.5％,弹性强,延伸性和发酵性能好。用特制粉加工的食品色泽白,口感好,消化、吸收率高。

② 标准粉。去除绝大多数的麦皮、糊粉层,加工精度符合国家规定的标准粉等级的小麦粉称为标准粉。标准粉清除了绝大多数的麦皮和糊粉层,基本上消除了粗纤维和植酸对小麦粉的消化吸收率的影响。另一方面,标准粉中磨入了含有多种维生素和矿物质的外层胚乳和部分糊粉层。所以标准粉不仅出粉率较高,而且营养全面,纤维素含量适中,有益于人体健康。标准粉含麸多,色稍带黄,面筋质不低于24％,水分不超过14％。

知识链接：意大利面

意大利面(pasta),又称为意粉,是西餐品种中最接近中国人饮食习惯,最容易被接受的。关于意大利面条的起源,有的说是源自古罗马,也有的说是由马可·波罗从中国经由西西里岛传至整个欧洲。作为意大利面的法定原料,杜兰小麦是最硬质的小麦品种,具有高密度、高蛋白质、高筋度等特点,其制成的意大利面通体呈黄色,耐煮、口感好。意大利面的形状也各不相同,除了普通的直身粉外,还有螺丝型的、弯管型的、蝴蝶型的、贝壳型的等,林林总总数百种之多。

意大利面既可作为主菜原料,又可以作为配菜,还可以用来制作沙拉。

(2) 大麦。大麦植株与小麦相似,麦秆较软,按麦穗的发育特性可分为多棱大麦、二棱大麦等品种。大麦的麦粒比小麦大,蛋白质和脂肪含量比小麦低,一般整粒使用,常用于做汤。

(3) 燕麦。燕麦起源于西亚的亚美尼亚地区。其品种类型可分为普通燕麦、地中海燕麦和沙地燕麦,其中普通燕麦的品质最好。普通燕麦又可分为裸燕麦和皮燕麦。燕麦是营养价值很高的优质粮食,蛋白质含量高于其他禾谷类粮食。燕麦常被制成麦片,或磨碎制成粗、中、细三种碎麦片。麦片常做成麦片粥,供早餐食用。

(三) 玉米

玉米(corn),亦称玉蜀黍、苞谷、苞米、棒子,粤语称为粟米,闽南语称作番麦,是一年生禾本科草本植物,是重要的粮食作物和重要的饲料来源,也是全世界总产量最高的粮食作物。

玉米主要生产于北方,有黄玉米、白玉米两种,其中黄玉米含有较多的维生素A,对人的视力十分有益。其营养价值超过面粉、大米,经常食用能预防动脉硬化、心脑血管疾病、癌症、高胆固醇血症、高血压等。

七、蔬菜

蔬菜是人们每日膳食必不可少的食品,它含有人体所不可缺少的营养成分,尤其富含维生素和矿物质,是人体维持正常生理活动所必需的营养素。蔬菜在菜肴中既可用作主料,又可作配料,并且许多芳香或辛辣的蔬菜或其种子,可作为调味之用。除此之外,蔬菜还可用于菜肴的围边、装饰、食雕、榨汁等。因此,蔬菜在人们的饮食结构中占据着极其重要的位置,是重要的烹饪原料。

1

（一）蔬菜的分类

我国生产的蔬菜种类繁多,普遍食用的就有六十多种,随着饮食文化的不断发展,人们对菜肴的要求也愈来愈高,市场供应的蔬菜品种也越来越丰富,按照各种蔬菜的可食部位可分叶菜类、茎菜类、果菜类、根菜类、花菜类、食用菌类六大类。

1. 叶菜类

叶菜类是以叶片和叶柄作为可食部位的蔬菜,按其形状的不同又可分为普通叶菜和结球叶菜。

普通叶菜品种很多,常见的有菠菜、生菜、豆瓣菜、茴香、香菜等。结球叶菜有洋白菜、团生菜、甘蓝等。

2. 茎菜类

茎菜类是以肥大的复态茎作为食用部位的蔬菜。按其生长状况的不同可分为地上茎和地下茎。地上茎包括芦笋、芹菜、莴笋等,地下茎包括马铃薯、莲藕等。

3. 果菜类

果菜类是以植物的果实或种子作为可食部位的蔬菜。按其形状不同可分为瓜果、茄果和豆类。

瓜果包括黄瓜、节瓜、南瓜等。茄果包括番茄、茄子、辣椒等。豆类有白扁豆、豌豆、刀豆等。

4. 根菜类

根菜类包括各种萝卜、辣根、红菜头、山药等。

5. 花菜类

花菜类是以植物的花作为可食部分的蔬菜。

常见的花菜有菜花、洋蓟、西蓝花、金针菜等。

6. 食用菌类

食用菌是指可供食用的真菌类植物。常见的食用菌有双孢蘑菇、香菇、羊肚菌、草菇等。

（二）西餐经常食用的蔬菜

1. 甘蓝

甘蓝(cabbage)的品种很多,按其叶球形状的不同可以分为尖头形、圆头形、平头形三种。

（1）尖头形。尖头形菜多为春季上市。叶球较小,呈心状,中心柱高,结球大小不等,叶片较薄,出菜率低,心叶也老,味也差,质量较次。

（2）圆头形。圆头形为中熟品种,上市较尖头形晚。结球中等,圆形结球紧,呈白绿色,质量较好。

（3）平头形。平头形菜为晚熟品种,秋冬季上市。此种菜结球较大,扁圆形,中心柱低,结球紧实叶片厚,耐储藏,品种好。

优质的甘蓝要求新鲜清洁,叶球紧实,形状端正,不带烂叶,大根和泥土并无外伤和病虫害。

甘蓝在西餐中使用非常广泛,可做汤菜、做配菜,也可制作冷菜。

知识链接：甘蓝的生理功效

甘蓝又名卷心菜、洋白菜、圆白菜、椰菜,学名结球甘蓝,属十字花种,原产于欧洲地区地中海沿岸,我国栽培历史很久。北方多为春秋季上市,南方多为春季上市。

甘蓝,叶球大、叶厚,短圆形,粉绿色,后期生长的叶为无柄叶,并相互抱合成叶球,肉叶由于晒不到太阳而呈黄色。

甘蓝能够促进人体新陈代谢，具有清肝的作用。甘蓝含有抗氧化的营养素，有防衰老、抗氧化的效果；甘蓝富含叶酸，这是它的一个优点，所以，怀孕的妇女、贫血患者应当多吃。甘蓝也是重要的美容品；它能提高人体免疫力，预防感冒；甘蓝中含有某种"溃疡愈合因子"，这是一种维生素，对溃疡有着很好的辅助治疗作用，能加速创面愈合，是胃溃疡患者的食疗佳品；多吃甘蓝，可增进食欲、促进消化、预防便秘；甘蓝含有铬，对血糖、血脂有调节作用，是糖尿病和肥胖症患者的理想食物。

2. 菠菜

菠菜(spinach)按其叶片形状的不同可分为尖叶形菠菜和圆叶形菠菜。尖叶形菠菜，叶片呈箭头状，叶长而薄，含纤维素较多，秋冬季上市，质量一般。圆叶形菠菜叶片呈卵圆形或椭圆形，叶片大而厚，叶柄短宽，质地较嫩，但含草酸较多，春夏季上市。

此外，还有一种大叶菠菜，又名洋菠菜、法国大叶菠菜，其叶片浅绿色，大而厚，叶肥梗大，呈箭头形，根大呈青红色，但含草酸味较大，发涩，主要于春、秋两季上市。

菠菜在西餐中使用广泛，可用来做配菜、汤，并可打成菜泥用于调色。

知识链接：菠菜的营养及生理功效

菠菜又名赤根菜，属藜科植物，原产于伊朗，约于唐代初期传入我国栽培。由于它耐性强，在我国许多地方都有传播，古代阿拉伯人称其为"菜中之王"。

从古至今，菠菜备受人们喜爱。菠菜含有丰富的维生素 A、维生素 C 及矿物质，尤其维生素 A、维生素 C 含量是所有蔬菜之冠，人体造血物质铁的含量也比其他蔬菜为多，对于胃肠障碍、便秘、痛风、皮肤病、各种神经性疾病、贫血确有特殊食疗效果。对解酒毒及防止齿槽脓漏现象亦具有食疗效果。常食菠菜，具有通便清热、理气补血、防病抗衰等功效。菠菜对各种贫血症和糖尿病、肺结核、高血压、风火赤眼等诸多疾病可起辅助治疗作用。

3. 芹菜

芹菜(celery)可分为本芹(中国芹)和洋芹(欧洲芹)两种。本芹菜根大，空心，叶柄细长，柄呈绿色或紫色，纤维较粗，香味浓，可食部分较少。洋芹菜根小，棵高，叶柄宽肥，实心，质地脆嫩，香味浓，可食部位较本芹多。芹菜的品质要求大小整齐，不带老梗、黄叶，叶柄无锈斑、虫伤，色泽新鲜，叶柄充实肥嫩者为佳。

芹菜在西餐烹调中使用广泛，可用来制作汤菜、冷菜和配菜。

知识链接：芹菜的生理功效

芹菜为两年生伞形科植物，原产于地中海沿岸，汉朝时，通过"丝绸之路"传入我国。

芹菜含有丰富的维生素 A、维生素 B_1、维生素 B_2、维生素 C 和维生素 P，钙、铁、磷等矿物质含量也多，此外还有蛋白质、甘露醇和食物纤维等成分。叶茎中还含有药效成分的芹菜苷、佛手苷内酯和挥发油，具有降血压、降血脂、防治动脉粥样硬化的作用；对神经衰弱、月经失调、痛风、肌肉痉挛也有一定的辅助食疗作用；它还能促进胃液分泌，增加食欲。特别是老年人，由于身体活动量小、饮食量少、饮水量不足而易患大便干燥，经常吃点芹菜可刺激胃肠蠕动利于排便。

1

4.生菜

生菜(lettuce)按其叶子形状分为团生菜和花叶生菜。

团生菜叶内卷成球状,按其颜色又分为青口、白口、青白口以及紫生菜和红生菜。青口菜根大,色绿,纤维素多;白口棵小,色白,叶片薄,品质细嫩;青白口介于两者之间。紫生菜、红生菜色泽鲜艳,质地较嫩,目前我国栽培较少。

花叶生菜叶长而薄,皱纹浅大,叶边有深刻锯齿,色绿,叶散生不结球,直梗色白粗纤维较多。

生菜主要用于制作冷菜,并可作为各种菜肴的装饰品。

知识链接:生菜的生理功效

生菜又名叶用莴苣,是莴苣的变种,属菊科植物,原产于地中海,现在我国已普遍栽培。具有一定的治疗功效,如镇痛催眠、降低胆固醇、辅助治疗神经衰弱、利尿、促进血液循环、抗病毒等。

5.洋葱

洋葱(onion)以肥大的肉质鳞茎为可食部位,广泛用于各式菜肴及汤汁的制作。

我国洋葱的品种从颜色来分有红皮、黄皮、白皮三种。从形状来分有球形、扁圆形、纺锤形。洋葱以鳞片肥厚抱合紧密,没糖心,不抽芽,不着雨水,不冻,不带土者为佳。

(1)红皮洋葱,呈扁圆形,外皮紫红,鳞片较厚,内呈浅红色。此种葱头水分少,辣味浓质地较粗,适于贮运,一般秋季上市。

(2)黄皮洋葱,呈圆球或扁圆形,外皮黄色,鳞片较薄,内呈黄白色,味微辣并带甜味,质地较嫩,适于贮运,一般夏季上市。

(3)白皮洋葱,又分扁白皮和圆高柱白皮两种。扁白皮洋葱呈扁圆形,个较小,外皮白色,水分较多,味稍辣,一般4—5月份上市;圆高柱白皮洋葱呈圆形,个大,色洁白,鳞片较厚,水分多,质地嫩,味甜,适宜生吃,8—9月份上市。洋葱是西餐的主要蔬菜原料之一。

知识链接:洋葱的生理功效

洋葱性温,味辛甘。有祛痰、利尿、健胃润肠、解毒杀虫等功效。可治肠炎、虫积腹痛、赤白带下等病症。洋葱所含前列腺素A,具有明显降压作用,所含甲苯磺丁脲类似物质有一定降血糖功效。能抑制高脂肪饮食引起的血脂升高,可防止和治疗动脉硬化症。洋葱提取物还具有杀菌作用,可提高胃肠道张力、增加消化道分泌作用。洋葱中有一种肽物质,可减少癌的发生率。洋葱中含有糖、蛋白质及各种无机盐、维生素等营养成分,对促进机体代谢有一定作用,洋葱还能较好地调节神经、增强记忆,其挥发成分亦有较强的刺激食欲、帮助消化、促进吸收等功能。所含二烯丙基二硫化物及蒜氨酸等,可降低血中胆固醇和甘油三酯含量,从而可起到防止血管硬化作用。

6.欧芹

欧芹(scallion coriander)茎直立细长,叶片小,色翠绿,叶柄绿色或淡紫红色,叶具有特殊香气,主要以柔嫩的茎叶供食。欧芹多用于菜肴点缀,也可用于冷热菜肴的调味料。

知识链接：欧芹的营养和生理功效

欧芹又名洋香菜，原产于地中海沿岸，为伞形草本植物，目前在我国有少量栽培。

洋香菜含有大量的胡萝卜素、叶黄素、维生素C、维生素E、维生素K等维生素和矿物质，具有直接或辅助的抗氧化、抗炎、抗衰老、祛斑、增进免疫力、降低胆固醇、降血压、抗血栓、强化骨质等作用，有益于心血管疾患、视网膜退化、关节炎和肿瘤的防治。

7. 大蒜

大蒜（garlic）的品种很多，按其皮色不同可分为紫皮蒜和白皮蒜。紫皮蒜瓣大，瓣数少，辣味浓，品质好。白皮蒜又分为大白皮蒜和狗牙蒜两种，前者蒜头大瓣均匀，后者瓣细小。白皮蒜味淡，宜腌制。

知识链接：大蒜的生理功效

大蒜属百合科，多年生宿根植物，原产于亚洲西部，汉代传入我国。

大蒜有抗菌消炎的作用，可保护肝脏，调节血糖，保护心血管，抗高血脂和动脉硬化，抗血小板凝集。营养学专家发现，大蒜提取液有抗肿瘤的作用，建议每日吃生大蒜3～5克。

8. 石刁柏

石刁柏（asparagus）又名芦笋，是一种宿根性多年生草本植物，可食部位是其地下和地上的幼茎。每年秋季在地下茎的节上着生的鳞芽向上发育成新的地上茎，鳞芽一般于翌春4—5月陆续抽生为茎，刚生长的嫩茎顶端由鳞片叶包裹，在土层下又白又嫩，伸出地面见光后变绿，生长至20～30厘米时即可采收，其嫩茎供食用。

知识链接：芦笋的生理功效

芦笋属百合科，多年生宿根草本植物。原产于地中海东岸及小亚细亚，至今欧洲、亚洲及北美洲草原和河谷地带仍有野生种。最早食用芦笋的是古希腊人。大约在16世纪，荷兰首先育成芦笋的栽培种，17世纪传入美洲，18世纪传入日本，20世纪传入中国。

芦笋不但具有很高的营养价值，而且其药用价值越来越被人们所重视，经常食用芦笋对心脏病、高血压、心率过速、疲劳症、水肿、膀胱炎、排尿困难等病症有一定的疗效。同时，芦笋对心血管病、血管硬化、肾炎、胆结石、肝功能障碍和肥胖的改善均有益。

芦笋所含多种维生素和微量元素的质量优于普通蔬菜。营养学家和素食界人士均认为它是健康食品和全面的抗癌食品。芦笋有助于淋巴结癌、膀胱癌、肺癌、肾结石和皮肤癌的治疗。对白血病等癌症的治疗，也有一定帮助。国际癌症病友协会研究认为，芦笋可以使细胞生长正常化，具有防止癌细胞扩散的功能。

9. 土豆

土豆（potato）按其皮色可分为白皮、黄皮、红皮三种。白皮土豆外皮光滑，呈灰色，茎肉呈乳白色，水分较大。黄皮土豆外皮暗黄，茎肉呈淡黄色，淀粉含量高，口味较好。红皮土豆外皮暗红，质地紧密，水分少，质量较差。

土豆在西餐中使用广泛，营养丰富，既可作为蔬菜制作佳肴，也可作为主粮，被列为世界上五大粮食作物之一，故有"植物之王""地下面包"等美誉。

1

土豆又名马铃薯、洋芋、山药蛋,属茄科植物。土豆原产于南美洲的智利、秘鲁,生长于4 000~5 000米的高山上。于17世纪初期经由"丝绸之路"传入我国。最早在西北地区栽培,以后遍及全国各地。

土豆性平味甘无毒,能健脾和胃,益气调中,缓急止痛,通利大便。对脾胃虚弱、消化不良、脾胃不和、脘腹作痛、大便不畅的患者效果显著。现代研究证明,土豆对调理消化不良有特效,是胃病和心脏病患者的优质保健品。土豆富有营养,是抗衰老的食物之一。

10. 胡萝卜

胡萝卜(carrot)的可食部位是其肥嫩的肉质直根。其品种很多,按颜色可分为黄、红、紫三种。其中黄色胡萝卜长约20厘米,圆锥形,水分多,质脆,味略甜,质量较好。红色、紫色胡萝卜质量次之。

胡萝卜使用广泛,可用来制作配菜及冷、热菜。

知识链接：胡萝卜的生理功效

胡萝卜又名红萝卜、黄萝卜、丁香萝卜等,属伞形科,一年或两年生植物。胡萝卜原产于地中海沿岸和亚洲西部。元代始从西域传入我国。

胡萝卜有健脾和胃、养肝明目、清热解毒、壮阳补肾、透疹、降气止咳等功效,可用于肠胃不适、便秘、夜盲症、性功能低下、麻疹、百日咳、小儿营养不良等症状。胡萝卜富含维生素,并有轻微而持续的发汗作用,可刺激皮肤的新陈代谢,促进血液循环,从而使皮肤细嫩光滑,肤色红润,对美容健肤有独到的作用。同时,胡萝卜也适宜于皮肤干燥、粗糙,或患毛发苔藓、黑头粉刺、角化型湿疹者食用。

11. 辣根

辣根(horseradish)有特殊辣味,含烯丙(基)硫氰酸(C_3H_5CNS),磨碎后干藏,备作煮牛肉及奶油食品的调料,或切片入罐头中调味。

辣根主要用于制作辣根沙司、佐食冷肉类及冻类菜肴。

知识链接：辣根的生理功效

辣根又称马萝卜,属十字花科,多年生宿根草本植物。原产于欧洲南部,现在我国有少量栽培。辣根的可食部位是其肉质根,长约30~50厘米,外皮较厚,暗黄色,根肉白色,水分少,有强烈的辣味。中国的青岛、上海郊区栽培较早,其他城郊或蔬菜加工基地有少量栽培。辣根是一种调味品蔬菜,以保鲜或加工脱水后出口为主,深受日本及欧洲各国消费者的欢迎。中国自古作为药用,有利尿、兴奋神经之功效。现代研究发现,它还具有较强的抗癌效果。

12. 黄瓜

黄瓜(cucumber)按其形状不同分为刺黄瓜、刺鞭黄瓜、鞭黄瓜、短黄瓜和小黄瓜五个类型,前三个品种都是大型黄瓜,后两个是小型黄瓜。

(1)刺黄瓜。其是我国黄瓜品种中著名的品种,嫩瓜表面有10条纵棱和稠密的突起果瘤,瘤上生着白色或黑色的刺毛,果形大,呈棒形,果肉厚,心室小,籽少,肉质脆嫩,味清香,品质佳。

（2）刺鞭黄瓜。其特征是在嫩瓜表面上，没有果瘤或有较少而不太明显的果瘤，刺毛较稠密，果形大，呈棒形，瓤大，籽多，肉质脆嫩，味清香，品质较好。

（3）鞭黄瓜。其是黄瓜中瓜条最长的品种，品形大，似长鞭，表面光滑，无果瘤或刺毛稀少，瓜呈浅绿色，瓜肉较薄，瓜瓤较大，肉质较软，品质次于以上两种。

（4）短黄瓜。其果形小，果面没有果瘤或果瘤很稀少，但刺毛比较稠密。果肉更薄，瓜瓤大，品质较差。

（5）小黄瓜。其果形小，果肉薄，胎座大，最适于腌制用。

黄瓜可用于制作配菜和冷菜。

知识链接：黄瓜的生理功效

黄瓜，又名胡瓜、王瓜、青瓜，属葫芦科一年生草本植物。原产于印度，西汉时传入我国。

生吃黄瓜可以美容养颜，也可以用作减肥的食材。黄瓜能降火气，排毒养颜，黄瓜用来敷在脸上能祛痘。无公害的黄瓜皮不用去掉也可食用。

13. 番茄

番茄(tomato)可食部位是其多汁的浆果。番茄品种很多，按其色泽不同可分为红色、粉色、黄色番茄三种。

（1）红色番茄。果呈火红色，一般是微扁圆球形，脐小，肉厚，味甜、汁多、爽口，熟食生食均可，还可加工成番茄汁和番茄酱，一般每年6—8月份上市。

（2）粉色番茄。果呈粉红色，近圆球形，脐小，肉厚，果面光滑，味甜酸适度，品质较佳，耐热性较差，生食熟食均可。一般于每年6月份陆续上市。

（3）黄色番茄。果呈橘黄色，果大，圆球形，脐小，果肉厚，肉质口感面沙，生食味淡，宜熟食，品质一般，每年7月份陆续上市。

番茄广泛用于配菜装饰，并用于制作汤汁及冷、热菜肴。

知识链接：番茄的营养及生理功效

番茄又叫西红柿、火柿子，属茄科。原野生于南美洲北部，葡萄牙是栽培番茄最早的国家。1811年出版的德文《植物子辞典》中，才有可供食用的记载。所以它们成为食物的历史不长，19世纪末传入我国，现已普遍栽培。

每人每天食用50～100克鲜番茄，即可满足人体对几种维生素和矿物质的需要。番茄含有的"番茄素"，有抑制细菌的作用；富含胡萝卜素、维生素C、维生素A以及维生素B族和钙、磷、钾、镁、铁、锌、铜和碘等多种元素，还含有蛋白质、糖类、有机酸、纤维素等营养物质。番茄中含有丰富的抗氧化剂，而抗氧化剂可以防止自由基对皮肤的破坏，具有明显的美容抗皱的效果。

14. 青椒

青椒(green pepper)的品种很多，按其形状不同可分为弯把青椒、直把青椒、包子椒等。

（1）弯把青椒。果实大，呈灯笼状，表面有3～4条纵沟，把弯，根粗，果肉厚，深绿色，味稍甜，微辣，品质较好。

（2）直把青椒。果实略小于弯把青椒，呈灯笼状，表面有3～4条纵沟，把直，根细，绿色，味稍甜微辣，品质较好。

（3）包子椒。果实小，状似包子，黄绿色，表面有 6 条纵沟，果肉薄，籽多，味淡，品质较次。青椒广泛用于制作冷、热类菜肴。

知识链接：青椒的生理功效

青椒又称柿子椒、灯笼椒，属茄科，一年生或多年生蔬菜。青椒原产于南美，明代传入我国，现在我国已普遍栽培。

青椒辛温，能够通过发汗而降低体温，并缓解肌肉疼痛，因此，具有较强的解热镇痛作用；青椒的有效成分辣椒素是一种抗氧化物质，可阻止肿瘤细胞的新陈代谢，从而降低癌症细胞的发生率；青椒强烈的香辣味能刺激唾液和胃液的分泌，增进食欲，促进肠道蠕动，帮助消化、降脂减肥；青椒所含的辣椒素，能够促进脂肪的新陈代谢，防止体内脂肪积存，有利于降脂减肥。

15. 红菜头

红菜头（beet）的可食部位是其变态的根茎，多呈扁圆锥形，外皮灰黑，根肉含有较多的甜菜红素，呈紫红色或鲜红色，与糖甜菜串色后可呈红白相间的花色。

红菜头色泽鲜艳，常用来制作沙拉、汤及配菜，并可作为菜肴的装饰点缀原料。

知识链接：红菜头的生理功效

红菜头又名紫菜头、根甜菜，是藜科甜菜属植物。红菜头原产于希腊，后传入东欧，清代后期传入我国。

红菜头含较多的糖分，能在肝内合成较多的肝糖原，有解毒保肝作用。红菜头还含有特殊成分——甜菜碱，其能提供甲基制造胆碱，胆碱是合成磷脂的主要原料，能促进肝脏中脂肪的代谢，减少脂肪在肝脏的堆积，有预防脂肪肝和减缓肝硬化发展的作用。可见，红菜头治疗肝病有其独特功效。另外，红菜头还有止吐止泻、治疗胃溃疡、驱除体内寄生虫的功能。其与牛肉片同炒，有补脾健胃、益气养血、强壮身体的作用。

16. 菜花

菜花（cauliflower）的可食部位是其变态的花蕾，按其生长期的不同可分为春菜花和秋菜花。春菜花于 5 月份前后上市，秋菜花于 11 月份左右上市。秋菜花比春菜花个稍长。优质菜花色洁白，肉厚，坚实，无黑斑，无虫咬。菜花常用于制作配菜和冷菜，也可作热菜的辅料。

知识链接：菜花的生理功效

菜花又名花椰菜，系甘蓝的一个变种，属十字花科，原产于南欧，现在我国已普遍栽培。菜花，叶长椭圆形，绿色，绒球状的花枝，顶呈团粒状，簇拥成球状，花球结实，洁白。

菜花含有抗氧化、防癌症的微量元素，长期食用可以减少乳腺癌、直肠癌及胃癌等癌症的发病几率。菜花是含有类黄酮较多的食物之一。类黄酮除了可以预防感染，还是最好的血管清理剂，能够阻止胆固醇氧化，防止血小板凝结成块，因而，可以降低心脏病与中风的风险。

17. 西蓝花

西蓝花（broccoli）介于茎用甘蓝（茎蓝）和菜花之间，其可食部位是顶端群生花蕾及其嫩茎。但结球不紧密。优质的西蓝花色呈深绿色，质地脆嫩，无虫咬，无腐烂。

西蓝花色泽鲜艳，常用于制作配菜，也可作为冷菜及菜肴的装饰，是西餐中较名贵的蔬菜。

知识链接：西蓝花的营养及生理功效

西蓝花又名绿菜花，茎椰菜，属十字花科，也是甘蓝的变种，原产于意大利，现在我国已有栽培。西蓝花中预防癌症最重要的成分是"萝卜硫素"，这种物质有提高致癌物解毒酶活性的作用，并帮助癌变细胞修复为正常细胞。西蓝花还含有丰富的抗坏血酸，能增强肝脏的解毒能力，提高机体免疫力。而其中一定量的类黄酮物质，则对高血压、心脏病有调节和预防的功用。同时，西蓝花属于高纤维蔬菜，能有效降低肠胃对葡萄糖的吸收，进而降低血糖，有效控制糖尿病的病情。

18. 鲜蘑

鲜蘑(button mushroom)属担子菌纲伞菌科。双孢蘑形似伞，边缘内卷，随成熟逐渐展开伞形。优质的鲜蘑个大、均匀，质地嫩脆，口味鲜美。

知识链接：鲜蘑的生理功效

鲜蘑学名双孢蘑菇，也有称白蘑菇、洋蘑菇，是目前唯一进行全球性栽培的食用菌，世界上最早栽培双孢蘑菇的是西欧。

富含微量元素硒的口蘑是良好的补硒食品，喝下口蘑汤数小时后，血液中的硒元素含量和血红蛋白数量就会增加，并且血液中谷胱甘肽过氧化酶的活性会显著增强，它能够防止过氧化物损害机体，降低因缺硒引起的血压升高和血黏度增加，调节甲状腺的工作，提高免疫力。口蘑中含有多种抗病毒成分，这些成分对辅助治疗由病毒引起的疾病有很好的效果。

19. 香菇

我国是世界上栽培香菇(shiitake mushroom)最早的国家，每年立冬到来年清明节为香菇的主要生产季节，天气越凉，产品质量越好。香菇按其产期的不同可分为花菇、冬菇和薄菇。

(1) 花菇，是雪后初晴的产品，菇面冻裂后，经阳光照射又弥合而形成菊花瓣的花纹，菇质肥厚鲜嫩，香味浓郁，朵形完整，菇边内卷，呈褐色，底纹细白干净，菇柄短，是香菇中的上品。

(2) 冬菇，又称厚菇，产于冬季，它的特点是菇质厚实，只形比花菇稍大，背面隆起，边缘向下卷，菇面呈褐色或栗色，无花纹，菇褶密，色白带微黄，香味浓，品质仅次于花菇。

(3) 薄菇，又称平菇，是入春后香菇旺产期与后期的产品，产量最多。菇面平薄，边缘不内卷，平展，肉质较老，味淡，是香菇中的次品。

优质的香菇味浓，菇肉厚，大小均匀，整齐不碎，菇柄短粗，不燥不潮。香菇在西餐烹调中常用于菜肴的配料。

知识链接：香菇的营养及生理功效

香菇又名香菌，属担子菌纲伞菌科，产地广泛，我国南方和欧洲一些国家均产。

香菇是具有高蛋白、低脂肪、多糖、多种氨基酸和多种维生素的菌类食物。

① 机体免疫功能：香菇多糖可提高小鼠腹腔巨噬细胞的吞噬功能，还可促进 T 淋巴细胞的产生，并提高 T 淋巴细胞的杀伤活性。

② 延缓衰老：香菇的水提取物对过氧化氢有清除作用，对体内的过氧化氢有一定的消除作用。

③ 防癌抗癌：香菇菌盖部分含有双链结构的核糖核酸，进入人体后，会产生具有抗癌作用

1

的干扰素。

④ 降血压、降血脂、降胆固醇：香菇中含有嘌呤、胆碱、酪氨酸、氧化酶以及某些核酸物质，能起到降血压、降胆固醇、降血脂的作用，又可预防动脉硬化、肝硬化等疾病。

⑤ 香菇还对糖尿病、肺结核、传染性肝炎、神经炎等起治疗作用，又可用于消化不良、便秘等。

20. 羊肚菌

羊肚菌（morel）既是宴席上的珍品，又是久负盛名的食补良品，民间有"年年吃羊肚、八十照样满山走"的说法。

羊肚菌口味鲜美，是食用菌类的上品，在西餐烹调中常用来制作蘑菇沙司或菜肴的配料。

知识链接：羊肚菌的营养及生理功效

羊肚菌别名羊肚蘑，素羊肚，属马鞍菌科，产于南欧及我国云南、四川等地。羊肚菌是一种稀少的名贵菌类，其菌伞为不规则圆形，顶部有网状蜂窝，内部中空，质地很脆，其形状酷似翻转的羊肚。羊肚菌呈黄色或褐色，菌柄白色，有浅纵沟，基部稍膨大，其下半段的菌柄因含沙多，质地老，故不能食用。

羊肚菌具有益肠胃、消化助食、化痰理气、补肾、壮阳、补脑、提神之功能，对脾胃虚弱、消化不良、痰多气短、头晕失眠有良好的治疗作用；羊肚菌有机锗含量较高，具有强健身体、预防感冒、增强人体免疫力的功效。羊肚菌含有大量人体必需的矿物质元素，每百克干样中钾、磷的含量是冬虫夏草的7倍和4倍，锌的含量是香菇的4.3倍、猴头菇的4倍；铁的含量是香菇的31倍、猴头菇的12倍。

21. 松茸菌

松茸菌（tricholoma matsutake），又名松口蘑，是一种珍贵的菌类食物。味道鲜美，营养丰富，具有很高的药用食疗作用。

知识链接：松茸菌的生理功效

松茸菌秋季生于松林或针阔混交林地上，在我国东北地区和西南地区都有分布，日本和朝鲜也有分布。松茸尚不能进行人工培植，是一种纯天然的珍稀名贵食用菌，国际市场每吨鲜松茸菌售价达3万～5万美元。故称之为"黑金""黑珍珠"。

松茸含有抗瘤活性的"松茸多糖"，能提高人体的自身免疫能力，有抗肿瘤、抗菌、抗病毒、抗真菌、抗糖尿病、抗炎的功效，是食药兼用真菌中药用效果较好的一种。对松茸的研究表明，松茸的组成成分复杂，具有多种有效成分，能预防与治疗多种疾病。

22. 黑菌

黑菌（truffles）又名松露菌或块菌。浑体呈黑色，带有清晰的白色纹路，气味芬芳，是一种珍贵的菌类。全世界有30多种类别不同的黑菌，主要产于法国、英国、意大利等地，而最好的种类主要产于法国西南部的勃艮第地区。这种生长于橡树林内的黑菌口味鲜美又极富营养，有"黑钻石"之美称，与肥鹅肝、鱼子酱并称为世界三大美食。

23. 洋蓟

洋蓟（artichoke）既可作为观赏蔬菜、芳香蔬菜、调味蔬菜、保健蔬菜，又可新鲜生吃，其味清甘鲜润，还可作火锅烫等。其口感类似鲜笋与蘑菇之间，相当可口。

知识链接：洋蓟的生理功效

　　洋蓟，又名食托菜蓟、菜蓟、朝鲜蓟，是一种在地中海沿岸生长的菊科菜蓟属植物，在香港一般按意大利语音译作雅枝竹或亚枝竹，分布于我国陕西省等地。它的花蕾可以用来煮菜，最初是通过意大利料理而传入华人社会。

　　洋蓟具有消渴解酒之功效，可配以精肉、橄榄油、柠檬汁、辣椒、大蒜和盐等调味配料清炒，味道鲜嫩爽口。同时亦可作汤料配以家禽肉类炖、煲，营养丰富，清肝明目，健身养颜。女士食用有助于保护肌肤，颜面润泽。

24. 节瓜

　　在果实形状上，节瓜(zucchini)从短圆柱形到长圆柱形，果皮颜色从浓绿色、绿色到黄绿色都有，品种不少。选购节瓜以瓜身多毛，呈光泽的，才是新鲜的瓜。

知识链接：节瓜的生理功效

　　节瓜又名毛瓜，属葫芦科一年生攀援草本植物，是冬瓜的一个变种。节瓜原产我国南部，是我国的特产蔬菜之一，在岭南各地栽培历史悠久，栽培面积较大。在海南，节瓜栽培也有多年历史。节瓜根系较强大，但比冬瓜弱。茎蔓生，五棱。节瓜具有清热、清暑、解毒、利尿、消肿等功效；对肾脏病、浮肿病、糖尿病的治疗也有一定的辅助作用，故肾脏病、浮肿病、糖尿病患者可多食。

25. 南瓜

　　南瓜(pumpkin)嫩果味甘适口，是夏秋季节的瓜菜之一。老瓜可作饲料或杂粮，所以有很多地方又称为饭瓜。在西方南瓜常用来做成南瓜派，即南瓜甜饼。南瓜子可以做零食。

知识链接：南瓜的营养和生理功效

　　南瓜是葫芦科南瓜属的植物，原产于北美洲。因产地不同，叫法各异，又名麦瓜、番瓜、倭瓜、金冬瓜，在我国台湾地区称为金瓜。南瓜在中国各地都有栽种，日本则以北海道为大宗。南瓜含有丰富的胡萝卜素和维生素C，可以健脾，预防胃炎，防治夜盲症，护肝，使皮肤变得细嫩，并有中和致癌物质的作用。黄色果蔬还富含维生素A和D；维生素A能保护胃肠黏膜，防止胃炎、胃溃疡等疾患发生；维生素D有促进钙、磷两种元素吸收的作用，进而收到壮骨强筋之功，对于儿童佝偻病、青少年近视、中老年骨质疏松症等常见病有一定预防之效。

八、果品

　　果品是一个总称，在西餐中使用非常广泛，其包括鲜果、干果及其加工制品。中国的果品种类很多，一年四季都有不同的品种上市供应，其中以夏、秋两季的果品种类最多。近年来，随着烹饪艺术的发展，创意果品渐渐地在烹饪中占据一定的地位，适合于制作高档的甜菜、清爽可口的冷菜、别具风味的热炒以及拼盘和调味等。

(一) 柑橘类

　　柑橘(citrus fruit)属芸香科，是世界上主要水果之一，是我国长江以南地区生产的主要水果之一，产量高，品种多。我国是大部分柑橘品种的原产地。

　　1. 橘类

　　橘类(tangerine)果形较小而扁，果皮有淡黄、橙黄、米黄等色，皮面平滑或有突起，白皮层

1

较薄,果皮易剥离,果心不充实,橘络较少,核尖细。主要品种有早橘、晚橘、乳橘等。

2. 柑类

柑类(mandarin orange)果实一般比橘大,近于球形,皮呈橙黄色,皮质粗厚,白皮层较厚,果皮比橘紧,但可剥离,橘络较多,汁多味甜,核为白色,一般较橘耐贮存。主要品种有招柑、蜜柑、欧柑等。

3. 橙类

橙(orange)类果实扁平,呈圆形或长圆形,皮稍厚而光滑,果皮与果肉连接紧密,难以剥离,果心充实,核和种仁均呈白色,汁多,味酸甜可口,耐贮存。主要品种有香水橙、柳橙、雪橙等。

4. 柠檬

柠檬(lemon)属芸香科常绿小乔木,原产于地中海沿岸及马来西亚等国。其特点是个头中等,呈长圆形或卵圆形,色淡黄,表面粗糙,两端突出如乳状,皮肉难以分离,有芳香味,果汁充足而酸,在西餐烹调中广泛用于调味。

5. 柚

柚(pomelo)又称文旦,为芸香科常绿乔木,高 5~10 米,叶常绿,每片叶子由一大一小两片叶片组成,形似葫芦;花期 2—5 月,花朵繁多,洁白清香,用"忽如一夜春风来,千树万树梨花开"来形容,一点也不为过;果实硕大,扁球形或梨形,最重者可达 3 千克,果皮光滑,绿色或淡黄色。为亚热带主要果树之一,国内长江以南各省均广泛栽培,根、叶及果皮入药,能消食化痰,理气散结,花、叶、果皮可提取芳香油。

(二) 浆果类

1. 葡萄

葡萄(grape)有着鲜艳的颜色,甜蜜的果浆,不但好生食,风干后,味亦极美,而且还可以制汁酿造葡萄酒、白兰地和香槟酒等。

葡萄属葡萄科落叶本质藤本,是世界古老的水果之一。美洲葡萄原产于北美大西洋沿岸。人工栽种的历史在世界上约有 5 000 年以上。

2. 猕猴桃

猕猴桃(kiwifruit)又名藤梨、羊桃、毛梨,属猕猴桃科藤本植物。原产于我国中南部,现已有许多国家引种,是世界上一种常见水果。猕猴桃呈卵圆形或长圆形,一般重 30~50 克,大者可达 100 克以上,果皮褐色,果面常带有棕褐色茸毛,果肉呈绿色或黄色,中间有放射状小黑籽。

其品质独特,甜酸适口。猕猴桃以果实大、少毛、果细、水分充足者为上品。

3. 草莓

草莓(strawberry)属蔷薇科,为宿根性多年生草本植物,原产于南美。草莓品种很多,目前世界上的草莓约有 2 000 多个栽培品种。草莓的品质一般以个大,果型整齐,色泽鲜艳、汁液多、香气浓、无外伤腐烂者为上品。

4. 树莓

树莓(raspberry),落叶灌木,高 1~2 米,小枝红褐色,有皮刺,幼枝带绿色,有柔毛及皮刺。叶卵形或卵状披针形,长 3.5~9 厘米,宽 2~4.5 厘米,顶端渐尖,基部圆形或略带心形,不分裂或有时作 3 浅裂,边缘有不整齐的重锯齿,两面脉上有柔毛,背面脉上有细钩刺;叶柄长约 1.5 厘米,有柔毛及细刺;托叶线形,基部贴生在叶柄上。花白色,直径约 2 厘米,通常单生在短枝上;萼片卵状披针形,有柔毛,宿存。聚合果球形,直径 1~1.2 厘米,成熟时红色。花期 4—5 月,果期 5—6 月。

（三）硬水果类

1. 苹果

苹果（apple）属蔷薇科落叶乔木，产地非常广泛，产量大。中国苹果又称锦苹果，主要分布在我国长江以北的广大地区。苹果性喜寒冷与干燥的气候。

苹果的品种很多，按其生长期的不同可分为伏苹和秋苹。伏苹为早熟品种，7 月份上市，其果实质地疏松，味多带酸，不耐贮藏，产量较少。秋苹有早秋苹晚秋苹之分，早秋苹 9 月份成熟，质地较伏苹坚实，味多酸甜，适于储存。晚秋苹在 10 月份成熟，果实坚实，脆甜稍酸，果皮较厚适于储存。

2. 梨

梨（pear）属于蔷薇科落叶乔木，是鲜果中仅次于苹果的主要果实，我国梨的产量也仅次于苹果。梨在我国南北都有出产，广泛产于温带地区，但佳种都出自北方，因为梨适于温凉而干燥的气候。梨的品种很多，可分为秋子梨、白梨、沙梨、洋梨四类，品质各异。梨是秋令的佳果，内部结构与苹果相同，外表呈卵圆形、尖圆形或葫芦形，果皮有黄色、黄绿色或红褐色，质地脆嫩，多汁，味甘甜，含有丰富的维生素 C，可生食，也可制冷、热菜和甜食。

3. 鳄梨

鳄梨（avocado）也叫牛油梨，属樟科常绿乔木，是一种著名的热带水果，也是木本油料树种之一。果仁含油量 8%～29%，它的提炼油是一种不干性油，没有刺激性，酸度小，乳化后可以长久保存，除食用外，它也是高级护肤品以及精油按摩的原料之一。

（四）核果类

1. 桃

桃（peach）属蔷薇科小乔木，原产于我国，历史悠久，现在世界各地栽培的桃种大都源于我国。桃的品种很多，按其生态条件和形态特征可分为北方桃、南方桃、黄肉桃、蟠桃和油桃五个品种。

优质的桃形态端正，色泽美观，皮薄易剥，肉色白净，粗纤维少，肉质柔软，汁多，味甜，香浓，但易碰烂难以久存。

2. 樱桃

樱桃（cherry）或樱，又名楔荆桃、车厘子等，是某些李属植物的统称，包括樱桃亚属、酸樱桃亚属、桂樱亚属等。果实可以作为水果食用，色泽鲜艳、晶莹美丽，红如玛瑙，黄如凝脂，营养特别丰富，果实富含糖、蛋白质、维生素及钙、铁、磷、钾等多种元素。我国的主要产地是山东烟台。

3. 橄榄

橄榄（olive），又名青果，因果实尚呈青绿色时即可供鲜食而得名。橄榄果富含钙质和维生素 C，于人有大益。它是一种常绿乔木，原产中国。"桃三李四橄榄七"，橄榄需栽培 7 年才挂果，成熟期一般在每年 10 月左右。新橄榄树开始结果很少，每棵仅生产几千克，25 年后才显著增加，多者可达 500 多千克。橄榄树每结一次果，次年一般要减产，休息期为 1～2 年。故橄榄产量有大小年之分。

4. 杏

杏（apricot）属蔷薇科落叶乔木，原产我国北方，现在世界上已普遍栽培。杏仁是由杏核中剥脱出来的果仁干制而成，一般采用果仁较大的、优质的杏仁制作。优质的杏仁呈扁形，个大，肉质致密，脆而香甜，出油率高。杏仁在西餐中可做多种菜点的配料。

1

（五）热带水果类

1. 香蕉

香蕉（banana）属芭蕉科多年生草本植物，广泛产于亚洲热带地区。香蕉生长很快，一年四季均有生产，翼为长圆条形，果皮易剥落，果肉呈黄白色，无种子，质地柔软，口味芳香甘甜。

香蕉属于后熟果实，在八成熟时就得摘，这样有利于运输。此后还要经过人工催熟才能食用。

2. 菠萝

菠萝（pineapple）又称凤梨，属凤梨科多年生草本植物。菠萝原产南美洲巴西，16～17世纪传入我国。菠萝品种很多，可分为皇后类、卡因类、西班牙类三种。鉴别其质地的方法除观察外形及色泽外，还应根据香味及软硬等来鉴别。凡果形饱满，果身硬挺，果皮老结，色泽鲜艳，散发清香的果实较为新鲜，成熟度也较适宜，质地较好。质量好的菠萝一般要求个大，肉丰，质细，香浓，汁多，味甜。

3. 荔枝

荔枝（lichee）又名丹荔，为亚热带常绿乔木，属无患子科。荔枝是我国特有的果品，至今已有三千年的栽培历史，近百年来印度、美国、古巴等国从我国引种了荔枝，但质量均不如我国。荔枝的品种很多，常见的有三月江、圆枝、黑叶、元红、桂绿等。

荔枝"一日色变，二日香变，三日味变"，故荔枝以新鲜为贵。优质的荔枝要求色泽鲜艳，个大，核小，肉厚，质嫩，汁多，味甜，富有香气。因此，品质优劣首先取决于品种，其次是果实的成熟度。

4. 芒果

芒果（mango），一种原产于印度的常绿乔木，叶革质，互生；性温，花小，黄色或淡红色，成顶生的圆锥花序，产芒果和劣质淡灰色木材。芒果果实含有糖、蛋白质、粗纤维，芒果所含有的维生素 A 的前体胡萝卜素成分特别高，是所有水果中少见的。维生素 C 含量也很丰富。矿物质、蛋白质、脂肪、糖类等，也是其主要营养成分。芒果为著名热带水果之一，因其果肉细腻，风味独特，深受人们喜爱，所以素有"热带果王"之誉称。

5. 火龙果

火龙果（pitaya）又称红龙果、龙珠果，是仙人掌科三角柱属（hylocereus）或蛇鞭柱属（selenicereus）植物果实，呈椭圆形，直径 10～12 cm，外观为红色或黄色。有绿色圆角三角形的叶状体，白色、红色或黄色果肉，种子黑色。

（六）瓜果类

1. 西瓜

西瓜（watermelon），属葫芦科，原产于非洲。西瓜是一种双子叶开花植物，形状像藤蔓，叶子呈羽毛状。它所结出的果实是瓠果，为葫芦科瓜类所特有的一种肉质果，是由 3 个心皮具有侧膜胎座的下位子房发育而成的假果。西瓜主要的食用部分为发达的胎座。果实外皮光滑，呈绿色或黄色，有花纹，果瓤多汁，为红色或黄色（罕见白色）。

2. 甜瓜

甜瓜（melon），又名蜜瓜或香瓜，是一种典型的藤蔓类草本植物，最早于 4 000 多年前在波斯和非洲栽培。

3. 哈密瓜

哈密瓜（cantaloupe），是甜瓜的一个变种。维吾尔语称"库洪"，源于突厥语"卡波"，意思即"甜瓜"。哈密瓜有"瓜中之王"的美称，含糖量在 15％左右。形态各异，风味独特，有的带奶油味、有的含柠檬香,但都味甘如蜜,奇香袭人,饮誉国内外。在诸多哈密瓜品种中,以"红心脆""黄金龙"品质最佳。哈密瓜不但好吃,而且营养丰富,药用价值高。哈密瓜有180多个品种及类型,又有早熟夏瓜和晚熟冬瓜之分。冬瓜耐贮存,可以放到来年春天,味道仍然新鲜。

九、常用的调味品

西方国家对调味品很重视,一些香辛料,在古代曾被视为珍品,在烹调中起着举足轻重的作用。一方面可以用于去除原料本身的腥味和异味,另一方面可以使菜肴的味道得到改善和丰富。西餐中使用的调味品种类非常多,本部分重点介绍在西餐中常用的调味品。

(一)咸味调料

食盐(salt)是人们每天生活中不可缺少的重要调味品,也是在世界上使用最广泛的调味品,其主要成分是氯化钠,此外还含有少量的氯化钾、氯化镁,硫酸钙等成分。

食盐按其来源的不同可分为海盐、湖盐、井盐。其中海盐使用最普遍。海盐因加工的不同又分大盐和精盐。按其组成成分还可分为普通食盐、低钠盐、加锌盐、加碘盐等品种。

1. 大盐

大盐是在沿海地区利用自然条件把海水晒制成饱和溶液,使氯化钠结晶析出而成的盐。大盐颗粒大,结构紧密,色泽灰白,氯化钠含量在94%左右。由于大盐颗粒大,溶解慢,且略带有苦涩味,所以不适合在烹调中调味,只适宜腌制菜肴。

2. 精盐

精盐又称再制盐,是把大盐溶化成饱和溶液后,去除杂质,再经蒸发而成的。精盐呈粉末状,色洁白,质地纯,氯化钠含量在96%以上,溶解快,适宜调味。

优质的食盐色洁白,结晶细小,疏松,不结块,咸味纯正,无苦涩味,吸湿性强。如果环境湿度超过70%,就会使食盐潮解。所以食盐应保存在干燥的容器中,并注意保持清洁。

(二)甜味调料

1. 食糖

食糖(sugar)是烹饪中最常用的一种甜味调品,在调味中占有很重要的位置。食糖是用甘蔗或甜菜为原料,榨汁后加工制成的调味品。食糖的品种很多,现把西餐中常用的品种分述如下:

(1)白砂糖,是食糖中最主要的产品,纯度高,含蔗糖在99%以上,色泽洁白,明亮,晶粒均匀,在西餐中使用广泛。优质的砂糖洁白光亮,颗粒均匀,松散干燥,水溶液透明度高,无杂质,无异味。

(2)绵白糖,其纯度不如砂糖高,含蔗糖在97%~98%,有少量的水分和还原糖,绵白糖质地绵软细腻,色泽白,溶解快,适宜制作快速烹调的菜肴。优质的绵白糖颗粒细,均匀,色泽洁白,不含带色糖粒和杂质,能完全溶解于水。

(3)红糖,又称赤砂糖,是未经提纯的甘蔗制品,由于在生产过程中没有把糖蜜分离,里面所含杂质较多,故呈红色。红糖色泽褐红,光亮,绵软,除甜味外,还带有甘蔗的浓郁香味。红糖营养价值较高,但容易吸水,在空气中常常会返潮结块,不易保管。红糖适宜制作圣诞布丁等甜食。

(4)方糖,是将优质白砂糖磨细后,经润湿、压制和干燥而制成的产品,形状为六面体的正方体,色洁白。方糖主要用于饮料食用,具有洁白、纯净、卫生,在温水中能迅速融化等特点。

2. 蜂蜜

蜂蜜(honey)是蜜蜂采集的花粉经酿制加工而成的淡黄色至红黄色的黏性半透明糖浆。

1

蜂蜜是最早的甜味剂,营养丰富,含有 65%~80% 左右的葡萄糖和果糖,含有 17%~18% 的水分及少量的蔗糖、蛋白质、矿物质、有机酸、酶类、芳香物质等。蜂蜜适宜用来制作甜食,也可制作菜肴。

3. 饴糖

饴糖(maltose)是以大米、大麦、小麦、小米或玉米等粮食经发酵糖化制成的糖类食品。其有软、硬两种,软者称胶饴,硬者称白饴糖,均可入药,但以用胶饴为主,主要用于制作糕点。

(三) 酸味调料

1. 醋

醋(vinegar)是人们日常生活中不可缺少的调味品,与烹调有着密切的联系。因其制作方法不同,可分为发酵醋和人工合成醋两类。在西餐中经常使用的醋有以下几种:

(1) 葡萄醋,是用葡萄或酿葡萄酒的糟渣发酵而成的,有红葡萄醋和白葡萄醋两种。口味酸并带有芳香气味。

(2) 苹果醋,是用酸性苹果、沙果、海棠等,经发酵制成的,色泽淡黄,口味醇、鲜而酸。

(3) 醋精,是用冰醋酸加水稀释而成的,醋酸含量高达 30%,口味纯酸,无香味,使用时应控制用量或加水稀释。

(4) 白醋,是用醋精加水稀释而成的,醋酸含量不超过 6%,其风味特点与醋精相似。

2. 番茄酱

番茄酱(tomato paste)是西餐中广泛使用的调味品。番茄酱是以新鲜的番茄为原料,经洗净去皮、去籽、切成小块,然后加热熬煮,再经磨细,最后加糖和适量的食用色素浓缩而成。优质的番茄酱色泽鲜艳,浓度适中,酱汁滋润,质地细腻,无颗粒,无杂质。

3. 辣酱油

辣酱油(worcestershire sauce)是传统西餐中使用广泛的调味品,19 世纪初传入我国,因其色泽风味与酱油接近,所以习惯上称为辣酱油。辣酱油的主要成分有:海带、香菇、辣椒、洋葱、砂糖、盐、胡椒、大蒜、陈皮、豆蔻、丁香、冰糖等。优质的辣酱油为深棕色的液体,无杂质,口味浓香,酸辣咸甜各味俱全,其中英国产的李派林辣酱油较为著名,目前在西餐中使用较普遍。

4. 柠檬汁

柠檬汁(lemon juice)是新鲜柠檬经榨挤后得到的汁液,酸味极浓,伴有淡淡的苦涩和清香味道。柠檬汁含有糖类、维生素 C、维生素 B_1、维生素 B_2,烟酸、钙、磷、铁等营养成分。可作为常用生活饮品和上等调味品。具有止咳、化痰、生津健脾等功效,能增强人体免疫力、改善记忆、延缓衰老和美容养颜等作用。常用于西式菜肴和面点的制作中。

5. 酸豆

酸豆(tamarindus)又名水瓜柳,原产于地中海沿岸。现常见于法国南部、意大利和阿尔及利亚等地区。我国新疆、西藏等地区亦有出产。喜生于干旱有沙石的低山坡、沙地上。

夏初未开花前收采花蕾,秋季果实将成熟时收采果实。花蕾收采后以醋腌制为香辣料,称为"续随子"。醋浸花蕾,应密藏于玻璃瓶中,并贮于暗处,以保存其风味。腌制花蕾及果实有治疗坏血病的作用。祛风、散寒、除湿,对风湿性关节炎、腰腿痛、关节肿大、四肢发麻等有特殊的疗效。

酸豆味道酸而涩。常用于沙司、沙拉以及海鲜菜肴的制作。

(四) 辣味调料

1. 墨西哥辣椒

辣椒(tabasco)起源于墨西哥,中南美洲。在那里,大自然的力量使辣椒遍布整个大洲。大约 9 000 年前,墨西哥当地人开始种植辣椒,这可能是第一次人为的种植活动。15 世纪时,西班牙人来到墨西哥,发现了辣椒这种可食用的植物,称之为"pepper",从此,辣椒才传播到了世界的其他地方。1982 年哈雷派尼奥辣椒被美国宇航员带入太空,成为第一种被带入太空的辣椒。

2. 美国辣椒汁

美国辣椒汁(tabasco sauce),拥有独特的三年酿造技术,是以辣椒、番茄以及其他原料制作的调味沙司,色泽鲜红,味道比较辣,口味独特,无与伦比。众所周知,辣汁不仅仅是添加了辛辣的、热辣的口味,它更是提升一份食品整体口味的催化剂。区别于别的辣椒酱,美国辣椒汁不仅具有增加辣味的功能,还能将食物中各种味道精炼提升,使食物品尝起来更具层次感,体验到更多的新鲜感受。

3. 红椒粉

红椒粉(paprika)又称甜椒粉。红椒是茄科一年生草本植物,状如柿子椒,果实较大,呈红色,味清香,不辣,略甜,干后可制成粉,呈红色,含有丰富的维生素 C、辣椒素等,主要产于匈牙利。红椒粉在烹调中使用广泛,常用于调味或调色。主要用于匈牙利、西班牙及墨西哥菜肴中。

4. 芥末酱

芥末酱(mustard paste),也称芥末、芥辣或芥辣酱,为一种黄褐色稠状物,具有强烈鲜明的味道,由芥菜类蔬菜的籽研磨掺水、醋或酒类调制而成,亦会添加香料或是其他添加剂借以增香或是增色,如添加姜黄。芥菜类蔬菜的三个种类的籽,包括白或黄芥末籽、褐芥末籽(或称印度芥末)、黑芥末籽都可以用于制作芥末。浓烈的芥末酱多会引起口腔以及呼吸道不适,具有一定的刺激性。常见的是法国的第戎芥末酱。

5. 青芥辣

青芥辣(wasabi),亦称绿芥末,它跟中国传统的芥末是不同的,虽然两者都有类似的冲和辣,但却来自不同的植物,中国的芥末,是芥菜的成熟种子研磨成的一种辣味调料,它的历史悠久,据说,从周代起就已开始在宫廷使用。而绿芥末,原产日本,是用植物山葵的根茎磨成的酱,色泽鲜绿,具有强烈的香辛味。绿芥末含有烯丙基异硫氰酸化合物,是其独特的香味和充满刺激辣呛味的来源,它能除去鱼的腥味,并有杀菌消毒、促进消化、增进食欲的作用。多配生鱼片使用,在日本菜使用比较多。

(五) 香味调料

1. 辛香料

(1) 胡椒(pepper)。胡椒又名浮椒、玉椒,原产于马来西亚、印度尼西亚、印度等地,20 世纪 50 年代初我国开始在海南岛栽培,目前已在广东、广西、云南等地引种。胡椒为被子植物,多年生藤本,夏季开花,果实为黄红色浆果,其香辣成分主要是胡椒碱、辣椒脂以及少量的挥发油。

胡椒在烹调中有去腥,增味提香的作用。一般整粒胡椒用在肉类、汤类、鱼类及腌渍类等食品的调味和防腐中,在调味时用粉状较多。

胡椒按品质及加工方法的不同,又分为黑胡椒和白胡椒。黑胡椒为尚未成熟的、受损伤和风吹自落的果实,经堆放发酵,再经曝晒,其表皮皱缩变黑而成。白胡椒则是种仁饱满,已经成

1

熟的果实,经流水浸泡,去除外皮,洗净、晒干即成。绿色胡椒多用于菜肴的装饰。

优质的胡椒颗粒均匀硬实,香味强烈。白胡椒白净,含水量低于 12%,黑胡椒外皮不脱落,含水量在 15% 以下。

(2)肉豆蔻(nutmeg)。肉豆蔻又名肉果、玉果,原产于印度尼西亚、马鲁古群岛、马来西亚等地,现我国南方已有栽培。肉豆蔻为迦拘勒属豆蔻科的常绿乔木。肉豆蔻近似球形,淡红色或黄色,成熟后剥去外皮取其果仁,经碳水浸泡、烘干后即可。干制后的肉豆蔻表面呈灰色,质地坚硬,切面有花纹,气味芳香而强烈,味辛而微苦,优质的肉豆蔻个大,沉重,香味明显。肉豆蔻在烹调中主要用于调肉馅以及制作面点和土豆泥菜肴。

(3)丁香(clove)。丁香又名雄丁香、支解香、丁子香,原产于马来群岛、马鲁古群岛以及印度尼西亚等地,现我国南方也有栽培。丁香树属桃金娘科常绿乔木,丁香是丁香树的花蕾,在每年 9 月到来年 3 月间由青逐渐转为红色,经采集干燥后所得。其未开放的花蕾称公丁香,品质较优,也有采集其果的,名为母丁香,质量较差。

丁香呈短棒状,长 1.5～2 厘米,上端近圆形,四花瓣抱拢而成,下端花柄圆柱形,有皱纹,棕黄色或棕红色,质脆易折断,断面呈油性。优质的丁香坚实而比重较大,入水即沉,气味芳香微辛。丁香是西餐中常见的调味品之一,可作为腌渍料和烤焖香料。调制甜酒时经常加入丁香香料,美国人常用来撒在烧烤类食物上。

(4)桂皮(cinnamon)。桂皮是菌桂树之皮,菌桂树属樟科常绿乔木,主要产于东南亚及地中海沿岸,我国南方亦产。菌桂树多为山林野生,7 年以上方可开剥取皮,经晒干后即是调味用的桂皮。

桂皮具有浓郁的香味,主要来自挥发性的桂皮油,含水量为 1%～2%,香味纯正,具有芳香和刺激性,甜味,并有凉感。优质的桂皮为淡棕色,并有细纹和光泽,用手折时松脆,带响,用指甲刮时有油渗出。在西餐中常用于腌渍蔬菜,也常用于制作甜点和浓味菜肴,也可以用来制作蜜饯水果、饮料等。

(5)多香果(allspice)。多香果,为桃金娘科常绿乔木多香果的果实,喜生于酷热及干旱地区,原产于西印度群岛和拉丁美洲地区,以牙买加生产的质量为最好。

多香果产生类似肉桂、胡椒、丁香和肉豆蔻的刺激性混合芳香气味,故称多香果。

多香果具有提味作用,最常见于英国、美国和德国的菜肴中,但法国菜中少见。可作为畜类、鱼类、禽类的增香料,是著名巴西烤肉的主香料。

(6)咖喱粉(curry powder)。咖喱粉是由多种香辛料混合调制成的复合调味品。制作方法最早源于印度,后逐渐传入欧洲,目前已在世界范围内普及,但仍以印度及东南亚国家生产的咖喱粉为佳。制作咖喱粉的主要原料是黄姜粉并伴以胡椒、辣椒、肉桂、豆蔻、丁香、莳萝、孜然、茴香等原料。目前我国制作的咖喱粉调味料较少,主要有姜黄粉、白胡椒、茴香粉、辣椒粉、桂皮粉、茴香油等,经混合调匀而成。优质的咖喱粉香辛味浓烈,用热油加热后颜色不变黑,色味佳。

2. 种子

(1)莳萝(dill)。莳萝又称土茴香,香港、广州一带习惯按其译音称"刁草"。莳萝原产于南欧,现北美及亚洲南部地区均产。莳萝属伞形科多年生草本植物,叶为羽状分裂,最终裂片为狭长线形,果实椭圆形,叶和果实都可作为香料。在烹调中主要用其叶调味,用途广泛,常用于海鲜、汤类及冷菜的制作。

(2)大茴香(anise)。药名,为八角科植物八角茴香的果实,气味稍含丁香和甘草的芳香,味微苦、甜,多用来去腥增香,通常用于在炖菜或焖菜中提味,也被用作甜点酒类的添香物。主

1

治寒疝腹痛、腰膝冷痛、胃寒呕吐、脘腹疼痛、寒湿脚气等。

（3）小豆蔻（cardamom）。多年生草本。根茎粗壮，棕红色。叶两列，叶片狭长披针状，叶鞘具棕黄色柔毛。穗状花序由茎基部抽出。花序显著伸长，花排列稀疏，花冠白色。果实呈卵圆形，果皮质韧，不易开裂。种子团分 3 瓣，每瓣种子 5～9 枚，种子气味芳香而峻烈。主产地为越南、斯里兰卡和印度南部的马拉巴（Malabar）海岸。芳香甜美又带有刺激性，味道辛辣微苦，多用于水果和西点中调味。

（4）葛缕子（caraway）。葛缕子的产地遍布世界各地，北非、地中海沿岸国家、中东欧洲、北美都包括在内。若以消耗量来说，荷兰与德国名列前茅。香料葛缕子指的是种子部分，其翠绿的叶子有时可当作香草食用。在古希腊、古罗马时代，葛缕子与其他多种香料一样，身兼食物与医药两角。罗马人喜欢将葛缕子加在蔬菜与鱼类烹调的菜肴中；希腊人则将葛缕子视为自然的胭脂，它可以带给女性健康的肤色；恺撒大帝的军队用来果腹的面包也是由葛缕子的茎与牛奶制作而成的。

葛缕子适合用来去除肉的腥臭味，当与水果和蔬菜结合时，它会产生少许的柠檬香味。

3. 香草

（1）百里香（thyme）。其又名麝香草，香港一带习惯将其译为太晤草。百里香主要产于地中海沿岸，属唇形科，多年生灌木状草本植物，全株高 18～30 厘米，茎为菱形，叶无柄，上有绿点。茎叶富含芳香油，主要成分有百里酚，含量约为 0.5%，百里香的叶及嫩茎可用于调味，干制品和鲜叶均可使用。英、美、法式菜使用较普遍，其主要用于制作汤、肉类菜肴。

（2）迷迭香（rosemary）。香港一带习惯译为柔丝玛利，原产于南欧。迷迭香属唇形科常绿小乔木，高 1～2 米，叶对生，线形，草质，夏季开花，花为唇形，紫红色，轮生于叶腋内。其茎、叶、花都可提取芳香油，主要成分有桉树脑、己酸冰片脂等。迷迭香的茎、叶无论是新鲜或干制品都可用于调味。其常用于调制肉馅和制作烤肉、焖肉时的调味，使用时量不宜过大，否则会有苦味。

（3）他拉根香草（tarragon）。他拉根是英语的译音，又叫茵陈蒿，主产于南欧。与我国药用的茵陈不同，其叶长且呈扁状，干制后为绿色，有浓烈的香味，并有薄荷的味感。他拉根香草用途广泛，常用于禽类菜肴以及汤、鱼类菜肴，也常用其泡在醋中制成他拉根醋。

（4）鼠尾草（sage）。其又称艾草，香港、广州一带习惯按其译音称"茜子"。鼠尾草世界各地均产，其中以南斯拉夫产的为最佳。鼠尾草是多年生灌木，生长缓慢，其叶白、绿相间，嫩茎和叶香味浓郁，可用于肉类内脏食品的除腥提味及家禽和奶酪菜肴的调味。

（5）罗勒（basil）。其俗称"紫苏"，原产于亚洲的热带地区，我国中部、南部均有栽培。罗勒属唇形科一年生芳香草本植物。茎为方形，多分枝，常带紫色，花呈白色略带紫色，茎叶含有挥发油，可作为调味品。带有薄荷香味、辣味和甜味，用于番茄沙司、肉类和鱼类的烹调，也可以用于沙拉及用作装饰材料。

（6）牛膝草（hyssop）。牛膝草常译成马佐林，原产于地中海地区，现已在世界各地普遍种植。牛膝草的叶可用于调味，整片或搓碎使用均可，带有香味和薄荷味，多用于畜肉，家禽和海鲜类菜肴的调味。

（7）阿里根奴（oregano）。其又名牛至，原产于地中海地区，现意大利、墨西哥、美国均产。阿里根奴是薄荷科芳香植物，叶子细长且圆，种微小，花含有一种刺鼻的芳香，其在意大利式菜肴中使用最为普遍，是制作馅饼不可缺少的调味品。

（8）番红花（saffron）。其又称藏红花，原产于地中海地区及小亚细亚、伊朗等地，10 世纪阿拉伯人把番红花传入伊比利亚半岛,以后南区普遍培植。我国早年常经西藏走私入境,故称藏红花。

番红花为鸢尾科植物,多年生草本,开花期为 11 月上旬或中旬,其花蕊干燥后即是番红花。其是名贵的药材也是名贵的调味品,既可调味又可调色,常用于汤类、海鲜类、禽类等菜肴。

(9) 香叶(bay leaf)。其又称桂叶,是桂树的叶子。桂树原产于地中海沿岸及南欧诸国,属樟科植物,为热带常绿乔木,20 世纪 60 年代初我国海南岛开始引种。目前,我国广东、广西、云南、四川等地均有种植。香叶一般两年采摘一次,采集后经日光晒干即成。

香叶可分为两种,一种是月桂树(又称天竺桂)的叶子,形椭圆,较薄,干燥后色淡绿。另一种是细叶桂,其叶较长且厚,背面显著突出,干燥后颜色淡黄。香叶是西餐特有的调味品,带有辛辣及强烈苦味,有除腥防腐的功效。干制品、鲜叶都可使用,用途广泛。

(10) 薄荷(mint)。薄荷为唇形科薄荷属多年生宿根草本植物,性喜温暖,广泛分布于北半球温带地区,我国各地均有分布。薄荷具有令人愉快的芳香和清凉感,并略带甜味。在西餐制作中,将嫩叶撒在牛肉和羊肉菜肴的表面,作为沙拉的用料或配菜,也用于甜点的制作。

(六) 鲜味调料

西餐的鲜味调料主要使用基础汤或原汤,根据制作的原料的不同,有白色鸡原汤,白色牛原汤,白色鱼原汤以及褐色鸡原汤,褐色牛原汤等,在以后的章节中专门讲述。

十、西餐高档原料

(一) 小牛肉

小牛肉(veal)是指牛出生后在 2.5～10 个月之间屠宰的牛肉。小牛肉脂肪少,水分多,肉质鲜嫩,肉味较淡。牛仔出生后 2～3 个月叫乳牛(white veal),这时的牛仔还没有断奶,肉中没有饲料的杂味,只有奶味,肉质细嫩而柔软,是上等原料,目前我国只生产少量的小牛肉,主要从西方国家进口。

小牛肉因部位的不同,其肉质也有差别,但没有成年牛明显。西餐中,小牛肉一般划分为颈部肉、肩部肉、背部肉、腰部肉、腹部肉、大腿肉、小腿肉等几个部位。

(1) 背部肉。背部肉质地很嫩,带骨切成段可做成牛扒,用于煎或铁扒,也可以整条烧烤。

(2) 腰部肉。腰部肉和背部肉相似,也十分柔软,可用于烧烤或焖煮,也可以切成片煎炒。

(3) 大腿肉。大腿肉分为内腿肉、外腿肉和中腿肉。内腿肉和外腿肉细致而柔软,中腿肉纤维较多,肉质较硬。在烹调中,内腿肉和外腿肉可用于制作牛扒,大腿肉较硬的部分适于煮或焖,较软的部位适于烧烤。

(4) 小腿肉和小腿骨。其富含胶质,主要适于煮和焖,或者制作清炖牛仔肉汤。

(二) 小牛核

小牛核(mavericks nuclear)是小牛的胰腺,该器官位于颈胸之间。随着牛的生长,该器官逐渐萎缩,到了成牛阶段,小牛核就完全消失了。小牛核呈扁圆形,形状很像核桃仁,浅褐色,脂肪含量很高,肉质非常柔软。主要货源国家是美国和新西兰。小牛核可以蒸或烩焖,由于小牛核自身味很淡,在烹调中宜加入奶油和酒调味。

(三) 小牛腰子

牛、羊、猪的腰子都能入菜,其中以小牛腰子(calf kidney)质量最好,尤其是未断奶的小牛,其腰子呈红褐色,有光泽,没有异味,外面有一层很厚的脂肪,重量为 1 千克左右。小牛腰子由几个独立的隔脏组成,肉质中几乎无纤维质,柔软适口。小牛腰子可以烧烤,也可以煎或焖。由于小牛腰子质地很嫩,烹调中不宜过火。

(四)牛尾

制作菜肴用的都是成年牛尾(oxtail),成年牛尾一般重 1.5 千克,长 60~80 厘米,牛尾中间是尾骨,尾骨单节长 5 厘米。牛尾上的肉很少,只有牛尾根部肉较多,但肉质坚硬,筋很多,必须长时间煮和焖,煮炖时间越长,汤汁越深越浓厚。牛尾适宜制成汤及煮焖类菜肴。

(五)小羊肉

小羊是指出生后不足一年的羊,一年以上的羊统称为成年羊。小羊肉(lamb)颜色较成年羊肉浅,肉质嫩,被西方人视为上品,其中没有食过草的称为乳羊,肉质更佳。此外,还有一种生长在海滨的羊,吃的是含有盐分的草,称为盐草羊,肉质也很好,且没有膻味。

(六)鹿肉

鹿是典型的野味原料,在传统的西餐中使用很普遍,和其他野味肉一样,生育期越短,鹿肉(vension)越柔软。在欧洲,大都使用獐鹿肉制作菜肴。獐鹿体形略小,以 2~3 年生的獐鹿肉质最好。由新西兰进口的鹿肉是红鹿肉,为人工饲养,其肉质比较柔软,但没有野生动物特有的野味。

我国东北、华北、西北地区都分布有野生鹿,其中东北较多,目前已有人工养殖的鹿。鹿的背部和脊部使用最广。常用于烧烤或制作鹿扒。鹿的后腿和肩部比较硬,大都用于煮和焖。

(七)肥鹅肝

鹅在西餐中的用途不如鸡广泛,但肥鹅肝(fat goose liver)却是西餐烹调中的上等原料。为了得到质量上乘的肥鹅肝,必须预先选择一批小雄鹅,在 3~4 个月之前饲以普通饲料,然后用特制的玉米饲料强制育肥 1 个月,其肝脏可重达 700~900 克。肥鹅肝中含有大量脂肪,因此,在烹调中不要用急火,以免脂肪流失,且鹅肝质地变干。

优质的肥鹅肝有以下特点:

(1)上等的肥鹅肝呈乳白色或白色,其中的筋呈淡粉红色。

(2)上等的肥鹅肝肉质紧,用手指触压后不能恢复原来的形状。

(3)上等的肥鹅肝肉质细嫩光滑,手触后有一种黏糊糊的感觉。

肥鹅肝原则上应当立刻使用,不宜保存。如果制作菜肴剩余一部分肥鹅肝,可将其用于制作肉卷。如需要保存,应将肥鹅肝放进真空薄膜中,封口后置于冰水中。

(八)珍珠鸡

珍珠鸡(guinea fowl),原产于非洲,近来才由野生鸟类驯化而成。珍珠鸡的羽毛非常漂亮,全身灰黑色,羽毛上有规则地散布着点点白色圆斑,形状似珍珠,故名珍珠鸡。在欧美各国,特别是法国,珍珠鸡饲养的数量较大。

(1)珍珠鸡虽属家禽,但和野禽很相近,其肉质和野鸡肉很相似。珍珠鸡肉色深红,鲜有脂肪,肉质柔软且富有野味中的鲜味,但没有野味中的异味。

(2)应选择没有外伤,羽毛隆起的珍珠鸡,饲养 6~10 个月的珍珠鸡味道最好,其中雌性珍珠鸡肉质较雄鸡好。

(3)珍珠鸡的烹调方法和鸡大体相同,可制作整个的烤鸡,也可制作焖烩菜肴。在制作中应注意火候不要过大,以免破坏珍珠鸡肉柔软鲜嫩的口感。

1

十一、西餐常用的调味酒

酒是含酒精饮料的俗称,它是指酒精含量在 0.5％以上的饮料。酒是一种特殊的饮料,因为含有一定量的酒精,因而其主要作用不是为了解渴,而是使人兴奋,带有刺激性。

(一) 酒的分类

酒是人类最古老的饮料。酒的种类五花八门,分类方法很多,下面我们介绍几种主要的分类方法。

1. 按酒的生产工艺分类

(1) 酿造酒。其又称发酵酒,原汁酒,是借酵母作用,把含淀粉和糖质原料的物质进行发酵,产生酒精成分而形成的酒。其生产过程包括糖化、发酵、过滤、杀菌和酿造。主要品种包括葡萄酒、啤酒、黄酒、日本清酒及果酒。

(2) 蒸馏酒。凡以糖质或淀粉质为原料,经糖化、发酵、蒸馏而成的酒,统称为"蒸馏酒"。这类酒的酒精含量较高,常在 40％以上,又称为烈性酒。

世界著名蒸馏酒品种有白兰地、威士忌、金酒、朗姆酒、俄得克、特其拉、中国白酒等。

(3) 配制酒。凡以蒸馏酒、发酵酒或食用酒精为酒基加入香草果实、香料、药材使用勾兑、浸制、混合等特定的工艺手法调制的各种酒类统称为配制酒,主要包括开胃酒类、甜食酒类、利口酒类等。

(4) 混合酒。它是一种由多种饮料混合而成的新型饮品,如鸡尾酒。

2. 按酒精含量分类

(1) 高度酒。酒精含量在 40％以上者归属此类。

(2) 中度酒。酒精含量在 20％～40％之间者归属此类。

(3) 低度酒。酒精含量在 20％以下者归属此类。

(二) 酿造酒

酿造酒的品种很多,其中最具有代表性的品种有葡萄酒、啤酒、中国黄酒、日本清酒及各种果酒,本部分主要介绍在西餐中流行的酒品。

1. 葡萄酒

葡萄酒(wine)是以新鲜成熟的葡萄或葡萄汁经酵母发酵酿制而成的酿造原酒,它是果类酿造酒的代表品种,在西餐中非常流行。

(1) 葡萄酒分类。葡萄酒的分类方法包括按色泽分,按糖的含量分,按酿造方法分和按使用时间分。

① 按色泽可分为红葡萄酒、白葡萄酒和玫瑰红葡萄酒。

红葡萄酒:酒液呈紫红、深红、宝石色,适宜与颜色深、口味重的菜肴配饮。

白葡萄酒:酒液呈白色或浅黄色,外观清澈透明,果香芬芳,幽雅细腻,微酸,常与鱼虾、海鲜配饮。

玫瑰红葡萄酒:又称桃葡萄酒,该酒液呈淡玫瑰红色,或桃花红色,晶莹悦目,它既有白葡萄酒的芳香,又有红葡萄酒的和谐丰满。

② 按糖的含量可分为干葡萄酒、半干葡萄酒、半甜葡萄酒和甜葡萄酒。

干葡萄酒:酒中总糖含量在每升 4 g 以下。

半干葡萄酒:酒中总糖含量为每升 4.1～12.0 g,有微弱的甜味,酸味不大明显。

半甜葡萄酒:酒中总含糖量为每升 12.1～45.0 g,品尝时有明显的甜味。

甜葡萄酒:酒中总含糖量在每升 45 g 以上,甜味明显,无酸味感。

③ 按酿造方法可分为天然葡萄酒、强化葡萄酒和加香葡萄酒。

天然葡萄酒:是指完全用葡萄原汁发酵而不外加糖或酒精的葡萄酒。

强化葡萄酒:是指在葡萄酒发酵之前或发酵中加入部分白兰地或酒精,以提高酒浓度并抑制发酵,留下某种程度的自然糖分,这种酒不易变质。

加香葡萄酒:是指在葡萄酒中加入果汁、香草等制成,有的也可加入药材等。

④ 按饮用时间可分为餐前葡萄酒、佐餐葡萄酒和餐后葡萄酒。

餐前葡萄酒:又称开胃酒,是在餐前饮用的酒品。

佐餐葡萄酒:是在用餐时饮用的葡萄酒。

餐后葡萄酒:其酒度和甜度均较高,一般在餐后与点心一起饮用。

(2)世界著名葡萄酒。

① 法国葡萄酒。法国是世界上最大的葡萄酒生产国,年产量占世界葡萄酒产量的 1/4,其品质是其他国家、地区所无法比拟的,是举世公认的第一葡萄酒王国,其中波尔多和勃艮第地区盛产的红葡萄酒品质为世界之最,闻名世界的葡萄气酒——香槟,产自法国香槟地区。

② 德国葡萄酒。其主要产于莱茵河和摩泽尔河两岸。德国的葡萄酒有 80% 为白葡萄酒,且以干型为主,德国白葡萄酒的甜酸度,控制得很恰当,品质极佳。

③ 意大利葡萄酒。优良的自然环境和悠久的生产历史,使得意大利葡萄酒享誉全世界,意大利生产的红葡萄酒最为著名,同时意大利葡萄酒的包装颇具特色,给人很深的印象。

④ 中国葡萄酒。我国近代葡萄酒工业起源于 19 世纪,以张裕葡萄酒的酿造历史最为悠久,目前我国西餐中常用的国产葡萄酒有张裕、王朝、龙徽、长城等品牌。

2. 啤酒

啤酒(beer)是世界上最古老的饮料,是以大麦为主要原料,以大米、玉米、酒花为辅料,经酵母发酵酿造的酒类,酒精含量很低,素有"液体面包"的美称。

(1)啤酒的分类。啤酒的分类方法很多,常用的有按颜色分类和按原麦浓度分类两种。

① 啤酒按颜色分类可分为淡色啤酒、浓色啤酒和黑色啤酒。

淡色啤酒:俗称黄色啤酒,香气突出,口味优雅,清亮透明。

浓色啤酒:色泽红褐,口味醇厚,苦味较小。

黑色啤酒:色泽深棕红色,红里透黑,故称黑色啤酒。

② 啤酒按原麦浓度可分为低浓度啤酒和中浓度啤酒。

低浓度啤酒:原麦汁浓度 7°P～8°P,酒精含量 2% 左右。

中浓度啤酒:原麦汁浓度 11°P～12°P,酒精含量 3.1%～3.8%,是我国各大型啤酒厂的主要产品。

(2)啤酒在烹调中的应用。啤酒常常用来调和面糊,可使面糊蓬松,同时也可增加菜肴的鲜香味。

(3)啤酒的质量鉴别。

① 看生产日期:啤酒以出厂时间短为好。

② 看色泽:质量好的啤酒应酒液透明,不能有悬浮颗粒,更不能有沉淀,如果啤酒出现失光现象说明质量不合标准。

③ 看泡沫:啤酒有丰富的泡沫,好啤酒的泡沫应洁白、细腻、均匀。

④ 闻香气:优质啤酒应有啤酒花的清香和麦芽焦香,如若闻到生酒花味,铁腥味等不愉快味时为劣质啤酒。

⑤ 品味:优质啤酒入口纯正新鲜,爽口,苦味柔和,香味突出,口味醇厚。

3. 香槟酒

香槟酒(champagne)是用葡萄酿造的汽酒,是一种非常名贵的酒,有着"酒皇"的美称。香槟酒原产于法国北部的香槟地区,是由 300 年前一位叫唐·佩里尼翁的教士首先发明的,讲究采用不同的葡萄为原料,经发酵、勾兑、陈酿转瓶、换塞填充等工序制成,一般需要 3 年时间才能饮用,以 6～8 年的陈酿香槟为佳。

香槟酒色泽金黄透明,味微甜酸,果香大于酒香,缭绕不绝,口感清爽、纯正,各路味觉恰到好处,酒精度为 11°左右,有干型、半干型、糖型三种,其糖分含量分别为 1%～2%、4%～6%、8%～10%。

(三) 蒸馏酒

蒸馏酒的品种很多,下面介绍几种西方较为流行的蒸馏酒。

1. 白兰地

白兰地(brandy),意思是"燃烧的葡萄酒",是指把葡萄酒经蒸馏和放在木桶里经过相当时间的陈酿而制成的酒类,用其他原料制作的酒类习惯上要注明是苹果白兰地或是杏子白兰地。白兰地的种类很多,以法国格涅克地区产的格涅克酒(也称干邑)最著名,有"白兰地之王"的美誉,格涅克酒酒体呈琥珀色。此外德国、意大利、希腊、西班牙、俄罗斯、美国、中国等也都产白兰地。白兰地在西餐烹调中使用非常广泛。

2. 威士忌

威士忌(whiskey)是一种谷物蒸馏酒,主要生产国大多是英语国家,其中以英国的苏格兰威士忌最为著名。威士忌是用大麦为原料,经糖化、发酵、蒸馏、陈酿而成。苏格兰威士忌还讲究把酒储存在盛过西班牙雪利酒的木桶里,以吸收一些雪利酒的余香。陈酿 5 年以上的纯麦威士忌即可使用,陈酿 7～8 年为成品酒,陈酿 15～20 年者为优质成品酒。苏格兰威士忌具有独特的风格,酒色棕黄带红,清澈透亮,气味焦香,略有烟熏味。口感甘冽、醇厚、绵柔,并有明显的酒香气味。威士忌的酒度一般都在 40°以上,但很少超过 50°。除苏格兰威士忌外,较有名气的还有爱尔兰威士忌,此外加拿大、美国也都产有一些质量较好的威士忌。

3. 金酒

金酒(gin)译为毡酒或杜松子酒,始创于荷兰。现在世界上流行的金酒有荷兰式金酒和英式金酒。荷兰式金酒是用大麦、黑麦、玉米、杜松子及香料为原料,经过 3 次蒸馏,再加入杜松子进行第四次蒸馏而制成。荷兰式金酒色泽透明清亮,酒香和调香气味突出,风味独特,口味微甜,酒度 52°左右,适于单饮。英式金酒又称伦敦干金酒,是食用酒精和杜松子及其他香料共同蒸馏(也有将香料直接调入酒精内)制成的。英式金酒色泽透明,酒香和调香浓郁,口感纯美甘冽。除荷兰式金酒和英式金酒外,欧洲其他一些国家也产金酒,但没有以上两种有名。

4. 朗姆酒

朗姆酒(rum)又可译成兰姆酒,是世界上消费量较大的酒品之一,主要生产国有牙买加、古巴、马提尼克岛、瓜德罗普岛、特立尼达、海地等。朗姆酒是以甘蔗为原料,经酒精发酵、蒸馏取酒后再放入橡木桶内陈酿一段时间制成。由于采用的原料和制作方法的不同,朗姆酒可分为五类,即朗姆白酒、朗姆老酒、淡朗姆酒、朗姆长酒和强香朗姆酒。其酒度不等,一般为 45°～50°。

(四) 配制酒

1. 味美思

味美思(vermouth)也称苦艾酒,首创于意大利的吐莲,主要生产国有意大利和法国。味美思是以葡萄酒为酒基,加入多种芳香植物,根据不同的品种再加入冰糖、食用酒精、色素等,然后经搅匀、浸泡、冷澄、过滤、装瓶等工序制成,常用作餐前开胃酒。味美思的品种有干味美思、白味美思、红味美思等,其色泽、香味特点均有不同,除干味美思外,另外三种均为甜型酒,含糖量为 10％～15％,酒度在 15°～18°。

2. 雪利酒

雪利酒(sherry)又译为谢里酒,主要产于西班牙的加的斯,雪利酒以加的斯所产的葡萄酒为酒基,勾兑当地的葡萄蒸馏酒,采用逐年换桶的方式陈酿 15～20 年,其品质可达到顶点,雪利酒常用来佐餐甜食。雪利酒可分为两大类:菲奴(Fino)和奥洛鲁索(Oloroso)。菲奴雪利酒色泽淡黄明亮,是雪利酒中最淡者,香味优雅、清新、口味甘冽、清淡、新鲜爽快,酒度在 15.5°～17°之间。奥洛鲁索雪利酒是强香型酒品,色泽金黄棕红、透明度好、香气浓郁,有核桃仁似的香味,口味浓烈柔绵,酒体丰富圆润,酒度在 18°～20°之间。

3. 马德拉酒

马德拉酒(madeira)主要产于大西洋上的马德拉岛(葡属)上,马德拉酒是用当地产的葡萄酒和葡萄蒸馏酒为基本原料经勾兑陈酿制成,酒度多在 16°～18°左右,既可做开胃酒也可为甜食酒,在烹调中常用于调味。

4. 波尔图酒

波尔图酒(port wine)常被译成钵酒,产于葡萄牙的杜罗河一带,在波尔图贮存销售,故名。波尔图酒是葡萄原汁酒与葡萄蒸馏酒勾兑而成的。在生产工艺上吸取了不少威士忌酒的酿造经验。波尔图酒可分为黑红、深红、宝石红、茶红四种类型。波尔图酒可用于甜食饮用,烹调中常用于调味。

十二、西餐原料的品质鉴定

烹饪原料的质量一般以其品质来衡量,高质量的菜肴必须由优质的烹饪原料作基础。所谓优质的烹饪原料必须是有营养的、新鲜的、安全卫生的。烹饪原料主要来自于自然界,各种原料的品质差异较大,由于生产、收获、运输、销售及加工和贮存等原因造成品质的变化,即使同一种原料,也会产生品质的差异。因此为了挑选优质的原料,必须进行原料的品质鉴定,就是以原料的外部特征的感觉指标、内部结构和化学成分等变化来判断原料的食用价值。烹饪原料的品质是决定菜肴质量的前提,品质越好,食用价值越高。

通过对烹饪原料的品质鉴定,掌握原料的品质和烹调特点,是烹饪技术得以发挥的重要环节。品质鉴定的目的在于了解和掌握烹饪原料质量变化规律,确保烹制出的菜肴色、香、味、质、形俱佳。

(一) 原料品质鉴定的依据和标准

烹饪原料品种繁多,性质各异,品质变化因素复杂,如何鉴定是区分原料品质优劣的关键。然而各类烹饪原料却又保持着品质相对稳定的特点。通过实践我们可以从以下几个方面来判断品质的优劣。

1. 烹饪原料的固有品质

烹饪原料的使用形式一般有活鲜、生鲜和调味加工型等多种类型，每一种类型的原料都有其本身所具有的质量特点，外界的各种因素只能降低原料的品质，因此，以固有品质来衡量烹饪原料的质量是极为有效的依据。

2. 烹饪原料的纯度和成熟度

烹饪原料的纯度是指含杂质污染度和加工净度等，纯度越高，原料的质量越好，含杂物越少，其品质越好。有些加工性的原料其加工精度会影响原料的品质。由此可见，挑选纯度高的原料是保持原料质量的一个重要依据。

烹饪原料的成熟度是指原料的生长年龄和生长时间。不同的生长年龄和时间，原料的成熟度有差异，其品质也发生变化。如畜禽肉类的生长年龄和成熟度的变化，表现为肉的质地的老嫩；水果上市的成熟度，直接反映了口味的不同。因此原料的成熟度恰到好处，其品质就好。

3. 烹饪原料的新鲜度

烹饪原料的新鲜度是指烹饪原料的组织结构、营养物质、风味物质等变化程度。新鲜度越高，烹饪原料的品质就越好。新鲜度的下降会引起原料质量的变化，使其失去食用价值，造成损失。因此，新鲜度是检验烹饪原料品质优劣的最起码的标准。

鉴定烹饪原料新鲜度的高低，一般都从原料的形态、色泽、水分、重量、质地和气味等感官指标来判断。这些感官指标的变化恰恰由原料内部化学成分和组织结构变化所致，因此鉴定原料新鲜度，关键在于了解各种烹饪原料的固有品质和造成新鲜度下降的原因，才能在实践中正确地以感官指标来鉴定其新鲜度。

（二）原料品质鉴定的方法

烹饪原料的鉴定方法大体可以分为理化鉴定和感官鉴定两大类。

1. 理化鉴定

理化鉴定是利用仪器、机械或化学手段鉴定烹饪原料的化学成分，以确定其品质的好坏。其鉴定方法比较科学、准确，能具体而深刻地分析食品的成分，作出原料品质和新鲜度的科学结论，还能查清其变质的原因。理化鉴定比较科学而有效，但需要一定的试验场所、设备和专业人员，厨房工作人员使用起来不方便。

2. 感官鉴定

就是用眼、耳、鼻、手等感觉器官了解原料的外部特征、气味和质地的变化程度，从而判断其品质优劣的一种检验方法。感官鉴定的方法是鉴定烹饪原料品质优劣的最实用、最简便而又有效的检验法，在烹饪实践中广泛应用。

（三）肉类原料的品质鉴定

1. 畜类

畜肉类原料的品质鉴定是由其新鲜度来确定的。按新鲜度可分为新鲜肉、不新鲜肉、腐败肉三种，主要从外观、硬度、气味、脂肪等方面来确定肉的新鲜度。

（1）外观。新鲜肉的表面有一层微干的表皮，有光泽，肉的断面呈淡红色，但不黏，肉汁透明。不新鲜的肉表面有一层风干的暗灰色表皮，肉的断面潮湿，肉汁浑浊，有黏液，肉色暗，有时还有发霉现象。

（2）硬度。新鲜肉的刀断面肉汁紧密、坚实而有弹性，用手指按后能立即复原。不新鲜的肉弹性小,用手指按后不能立即复原,肉质松软。腐败的肉无弹性,用手指按后不能复原,严重时手指会将肉戳穿。

(3)气味。新鲜肉具有各种家畜的特有气味。宰杀不久的家畜肉具有内脏气味,冷却后稍带腥味。不新鲜的肉具有酸气或霉臭气。腐败的肉有浓厚的腐败臭气。

(4)脂肪。新鲜肉的脂肪分布均匀,保持原有的色泽。不新鲜肉的脂肪呈灰色,无光泽,并有些黏手,有轻微的酸败味。腐败肉的脂肪呈淡绿色,质地软,有强烈的酸败味。

2. 禽类

禽类原料主要是从其嘴部、眼部、皮肤、肌肉、脂肪等方面鉴定其新鲜程度。

(1)嘴部。新鲜的家禽嘴部有光泽,干燥,无异味。不新鲜的家禽嘴部无光泽,稍有腐败味。腐败的家禽嘴部软化,口角有黏液,有腐败味。

(2)眼部。新鲜的家禽眼球充满眼窝,角膜有光泽。不新鲜的家禽眼珠部分下陷,角膜无光。腐败的家禽眼球下陷,有黏液,角膜暗淡。

(3)皮肤。新鲜的家禽皮肤呈淡黄色或淡白色,表面光净干燥,不新鲜的家禽皮肤呈淡绿色,表面发潮,有轻度腐败味。腐败的家禽皮肤灰黄,有绿斑,表面潮湿,发黏,有腐败味。

(4)肌肉。新鲜的家禽肌肉结实有弹性,稍湿不黏。不新鲜的家禽肌肉弹性变小,用手指按后有指痕,有酸臭味。腐败的家禽肌肉无弹性,有浓重的腐败味。

(5)脂肪。新鲜的家禽脂肪呈白色或淡黄色,有光泽,无异味。不新鲜的家禽脂肪无光泽,稍带异味。腐败家禽的脂肪呈淡灰色或淡绿色,有明显酸臭味。

3. 鱼类

鱼类的品质鉴定主要从鱼鳃、鱼眼、鱼鳞及整鱼体表的状态等方面来鉴定其新鲜度。

(1)鱼鳃。新鲜鱼的鱼鳃色鲜红或呈粉红色。鳃盖紧闭,黏液少,无异味。不新鲜鱼的鱼鳃呈灰白色。腐败的鱼鳃灰白且有黏液污物。

(2)鱼眼。新鲜鱼的眼珠透明突出。不新鲜鱼的鱼眼稍塌陷,色灰暗,有时由于内部溢血而发红。腐败鱼的鱼眼球破裂。

(3)鱼鳞及鱼体状态。新鲜的鱼表皮上黏液少,清洁,鱼鳞完整,有光泽,肌肉有弹性,头尾挺直,腹部完整。不新鲜的鱼体表黏液增多,鱼鳞松弛,肌肉无弹性。腐败的鱼体表黏液多,鳞片色泽暗淡残缺不齐,腹部破烂,鱼肉离骨,肌肉松软,有腐臭味。

4. 虾类

虾的质量是根据其外形、色泽、肉质等方面确定的。

(1)外形。新鲜的虾头尾完整结合紧密,有一定的弯曲度,虾身较挺实。不新鲜的虾头尾易脱落,不能保持其原有的弯曲度。

(2)色泽。新鲜虾皮壳发亮,呈青绿色或青白色。不新鲜虾皮壳发暗,呈红色或灰紫色。

(3)肉质。新鲜虾肉质坚实,有弹性。不新鲜虾肉质松软,无弹性。

(四)蔬菜类原料的品质鉴定

蔬菜类原料的品质主要从含水量、形态、色泽等方面鉴定。

1. 含水量

新鲜的蔬菜水分充足,流失很少,表面润鲜光亮,刀断面有水分渗出;不新鲜的蔬菜水分流失多,外形干瘪,失去水色光泽。

2. 形态

质好的蔬菜外形整齐,无外伤虫咬。质次的蔬菜外形大小不整,或有外伤、虫咬的痕迹。

3. 色泽

新鲜的蔬菜保持其应有的颜色,而且鲜艳,有光泽。不新鲜的蔬菜都会改变其原有的颜色,且光泽暗淡。

(五) 蛋类原料的品质鉴定

新鲜的蛋,其外壳膜完好,无花斑,表面比较粗糙,壳上附有一层雾状的粉末,没有什么光泽,清洁,无污物,没有裂纹,摇晃无声音。如果将蛋对着光照,横竖都比较透明,而且没有黑点。

鲜蛋在贮存、保管过程中,由于受到温度、湿度和其他外部条件的影响,会发生不同程度的变质。常见的鲜蛋变质有以下几种类型。

1. 陈蛋

这种蛋因保存时间较长,外蛋壳膜已破坏,色泽发暗,光照透视时可见气室稍大,蛋黄暗影小,摇时有声音。这种蛋尚未变质,可以食用。

2. 裂纹蛋

这是蛋壳有裂纹的蛋品,大多是在生产、搬运、贮存及使用时造成的外损伤。这种蛋品因蛋壳有裂缝,外界的微生物容易侵入,蛋内的水分更容易蒸发,因此容易变质。所以一旦发现裂纹蛋应检验其新鲜度,如没有变质,可以食用。

3. 出汗蛋

这种蛋蛋壳上呈现有颗颗水珠,水珠干后有水迹,蛋壳无光泽,透视时可见气室较大,蛋黄明显。其产生原因主要是空气中湿度大,存放地方不通风。这种现象在春、夏之间及天气突变时多见,如处理不及时,很快就会变成全霉蛋。

4. 贴皮蛋

这是由于蛋品贮存时间过长,导致蛋白稀薄,蛋黄膜韧性变弱,蛋黄系带弹性降低使蛋黄贴着蛋壳。如贴皮处呈红色,一般还可以食用;如贴皮处呈深黑色,蛋壳表面有黑斑,有异味,表明已腐败,不能食用。

5. 热伤蛋

热伤蛋是指未受精的蛋受热后胚胎盘增大膨胀的蛋。其胚胎周围出现小黑点或黑丝。这种蛋气室较大,蛋黄不在中心,但与细菌侵入引起的变质不同,一般仍可食用。

6. 霉蛋

大多是蛋品因受潮或雨淋所致,蛋壳表层的保护膜遭到破坏,致使细菌侵入蛋内,引起蛋的气室变大,壳内有灰褐色或黑色霉斑,此种蛋一般不宜食用。

7. 臭蛋

臭蛋是因蛋内细菌腐蚀而造成蛋品腐败。这种蛋不透光,打开后臭气很大,蛋白蛋黄混浊不清,颜色黑暗,不能食用。

十三、西餐原料的保管

(一) 烹饪原料在贮藏过程中的品质变化

1. 蔬菜水果在贮藏过程中的品质变化

新鲜的水果虽已脱离其植株,不能继续生长,但仍保持一定的生命活动,以维持其基本的生理变化。

（1）呼吸作用。呼吸作用是蔬菜水果自身的有机成分（主要是糖类）在氧化还原酶的作用下逐渐分解为二氧化碳和水的过程，与此同时产生热量。蔬菜水果的呼吸作用分有氧呼吸和无氧呼吸两种类型，但无论是哪种类型的呼吸，糖和酸等都将逐渐消耗，从而降低了蔬菜水果的品质。其中无氧呼吸还会产生有毒化合物，引起生理病害，所以应尽量防止无氧呼吸。但适当的有氧呼吸能抵抗微生物的侵害，所以在贮藏中应使蔬菜水果保持微弱的有氧呼吸。

（2）后熟作用。后熟是指蔬菜和水果在贮藏过程中由酶引起的一系列生化变化，如淀粉水解为单糖产生甜味、鞣质聚合使涩味降低、有机酸数量减少、芳香油数量增加等，从而使蔬菜与水果的口味更好。但后熟的蔬菜和水果就很难继续保存了。

（3）萌发和抽薹。萌发和抽薹是两年生或多年生蔬菜终止休眠状态开始新的成长时发生的一种变化。其主要发生在那些以变态的根、茎、叶等作为食用部位的蔬菜，如马铃薯、洋葱、大蒜、萝卜等。适宜的温度、湿度和充足的空气就可以使蔬菜萌发和抽薹，从而使蔬菜中的营养成分大量消耗，组织变得粗老，食用品质大为降低。所以蔬菜在保存过程中要采取低温等措施，防止蔬菜萌发和抽薹。

2. 肉类原料在贮藏过程中的品质变化

家畜在屠宰后就进入保管过程，在这一过程中会发生一系列变化，对肉的品质有一定影响。

（1）尸僵作用。家畜屠宰后，肉中的酶会使肌肉中的糖原分解为乳糖，使肉的酸度下降。与此同时，肉中的三磷酸腺苷也在逐渐减少。由于这些生化变化造成肌肉纤维紧缩、扭曲，从而使肌肉呈僵状，这就是肉的尸僵作用。尸僵阶段的肉弹性差，无香味，烹调时不易煮烂。

（2）成熟作用。在自然温度下，由于肉中的酶类继续作用，引起肉中的乳酸、糖原、呈味物质之间的变化，使尸僵状态的肉变得柔软而有弹性，表面微干，带有鲜肉的自然气味，这种变化叫肉的成熟作用。肉的成熟作用与外界的温度有密切关系，温度越高，烹调时越不易煮烂。

（3）自溶作用。成熟后的肉，在酶的作用下，仍在不停地变化，使肉中的有机物进一步分解，使肉产生不新鲜的气味，肉质变得柔软而松弛，肉色发暗，这种变化叫肉的自溶作用。这种肉虽然还可食用，但质量已大为下降，不宜长期保管。

（4）腐败作用。自溶阶段的肉进一步发展，就会导致肉的腐败。由于肉中含有大量的水分和蛋白质，所以是各种细菌繁殖发育的良好培养基。如果温度、湿度适宜，微生物就会在肉内大量繁殖，并使蛋白质、脂肪等成分分解，产生氨、硫化氢等物质。这些物质大都带有恶臭味，并对人体有害，所以，腐败的肉类不能食用。

（二）烹饪原料的保藏方法

1. 烹饪原料的一般保藏方法

烹饪原料种类很多，保藏方法各异，但一般的保藏方法有以下几种：

（1）低温保藏法。低温保藏是使用最广泛的保藏方法。一般来说，低温不能杀灭细菌，但能有效地抑制微生物的生长繁殖和酶的活性，从而达到防止烹饪原料腐败变质的目的。低温保藏又分为冷藏法和冷冻法，冷藏法的温度为 $4\,℃\sim 8\,℃$，冷冻法的温度在 $-18\,℃\sim 0\,℃$。

（2）高温保藏法。高温保藏法是利用高温破坏酶的活性，从而达到防止烹饪原料腐败变质的目的。此种方法主要在食品加工业中使用。

（3）干燥保藏法。干燥保藏法就是采取各种措施降低原料的含水量，使其呈干燥状态。由于原料中的水分含量降低，微生物的活动和酶的活性受到抑制，从而达到在一定时间内保藏原料的目的。

（4）密封保藏法。密封保藏法是将原料密封在容器内，使其和阳光、空气隔离，以防止原料被污染和氧化。这种方法主要在食品工业中使用。

（5）腌渍和烟熏保藏法。腌渍保藏法常用的是盐腌，就是把原料表面涂盐或浸入盐水中，由于食盐的渗透压作用使原料中水分析出，从而杀灭微生物或抑制其活动，达到保藏原料的目的。在实际工作中，除盐腌外，还有糖渍和酸渍。烟熏保藏法是利用锯末等物不完全燃烧所产生的烟气熏蒸原料的方法。由于烟气中的化学成分具有杀菌防腐的作用，并可以减少原料表层的水分，因而有利于原料保藏。

2. 肉类原料的保藏

肉类原料的保藏应遵循急速冷冻、缓慢解冻的原则。急速冷冻是指把肉置于－23 ℃的温度下，使其迅速冻结，然后放在－18 ℃、相对湿度为 95％～98％ 的库中保藏。缓慢解冻是把肉放在 2 ℃～10 ℃的温度下使其慢慢解冻，这样可保护肉中的汁液少损失，使肉保持鲜嫩的品质。此种方法也适用于禽肉类和水产肉类原料。

3. 蔬菜类原料的保藏方法

蔬菜的品种很多，保藏方法也不尽相同，一般都可以采取冷藏法，即把蔬菜放在 2 ℃～8 ℃的温度下保藏。为了保持蔬菜中的水分，还应保持空气中较高的湿度，但湿度过高，也会对蔬菜的呼吸和微生物的活动有促进作用。

4. 蛋类原料的保藏方法

鲜蛋变质的原因主要是适宜的温度和湿度，以及蛋壳上的气孔和蛋内的酶。保藏蛋品时，应设法闭塞蛋壳上的气孔，防止微生物侵入，并保持适宜的温度、湿度，以抑制蛋内酶的作用。一般采取冷藏法保藏，冷藏的蛋要新鲜清洁，冷藏温度在 0 ℃左右，相对湿度为 82％～87％，冷藏时间不宜过长，一般为 4 个月左右。

◆ 拓展任务

1. 两人一组到蔬菜市场调研，写出 3 种以上西餐生菜的品种、价格和口感特点。

2. 两人一组到西餐调料市场调研，掌握常用西餐香草调味品的性状特点及各种调味品适宜烹调的对应食材。

◆ 知识测试

1. 西餐原料运用的特点是什么？

2. 火鸡的特点是什么，有哪些主要品种？

3. 西餐的常用乳制品有哪些？

4. 西餐烹调中使用的酒主要有哪些品种？

5. 西餐常用的香草有哪些品种？其使用方法是什么？

◆ 思政拓展

最早种植水稻的国家——中国

认知三　西餐烹调营养

素养目标:培养学生树立烹饪营养重要性的意识;形成良好的职业道德和行为规范。

知识目标:了解三大宏量营养素的分类、性质、作用及在烹调中的变化;掌握西餐常用烹饪原料的营养特点。

能力目标:掌握西餐调味品的营养特点和使用方法;提升对烹饪原料合理搭配的能力。

1. 三大宏量营养素的分类、性质、作用及在烹调中的变化。

2. 西餐常用烹饪原料的营养特点。

在人类社会物质文明和精神文明不断发展进步的今天,人们的饮食结构发展到以营养为目的的科学配餐。食品营养作为一门科学将指导人们合理膳食,使身体更健康。作为烹饪工作者,必须掌握营养卫生知识,并运用于烹饪实践,使进餐者最大限度地获得所需的营养。

一、人体所需的营养素

食物中含有能被人体消化吸收,并具有供给热能、满足生长发育、调节生理功能、构成组织结构等生理作用的物质,这些物质称为营养素。

人体所需要的营养素约几十种,可概括为蛋白质、碳水化合物、脂类、维生素、无机盐和水等。每种营养素在体内各自发挥独特的生理作用。

(一) 蛋白质

蛋白质是构成一切细胞和组织结构的重要成分。维持复杂的生命活动,需要各种具有独特功能的蛋白质互相配合才能完成,蛋白质是生命存在的形式,是生命的物质基础,也是所有生命现象中起着决定性作用的物质,没有蛋白质就没有生命。

1. 蛋白质的化学组成

蛋白质是一种复杂的高分子有机化合物,其基本组成元素是碳、氢、氧和氮,有的蛋白质中还含有硫、磷、铁、锌、铜和碘等元素,其中氮元素是蛋白质的特征元素。各种蛋白质的平均含氮量为 16%,1 g 氮相当于 6.25 g 蛋白质,由氮计算蛋白质的折算系数是 6.25。

1

氨基酸是蛋白质的基本组成单位,氨基酸分子是蛋白质的组成物,人体蛋白质由 20 多种氨基酸按不同的排列顺序组合构成,这种顺序就确定了蛋白质的形状和功能。它们之间可以相互结合,产生无数种结构不同的蛋白质。

(1)必需氨基酸。现已确定 9 种氨基酸在人体内不能合成或合成速度不能满足机体的需要,必须由食物蛋白质供给。这些氨基酸称为必需氨基酸,即缬氨酸、亮氨酸、异亮氨酸、苏氨酸、赖氨酸、蛋氨酸、苯丙氨酸、色氨酸和组氨酸。

关于组氨酸,过去认为只是婴幼儿必需氨基酸,但近几年研究认为组氨酸在人体内虽能合成,但速度太慢,因此组氨酸也是成人的必需氨基酸。食物蛋白质中必需氨基酸含量越接近人体需求模式,就越容易被人体所利用,该蛋白质营养价值就越高。

(2)非必需氨基酸。除了上述必需氨基酸,人体需要而且能够在体内合成,无须由食物供给的氨基酸,称非必需氨基酸,它包括甘氨酸、丙氨酸、正亮氨酸、丝氨酸、天门冬氨酸、谷氨酸等。

在合成人体蛋白质时,必需氨基酸与非必需氨基酸具有同等重要的生理作用,缺一不可,它们均是构成蛋白质的基本单位。食物蛋白质分解为氨基酸后被人体吸收,再在人体内合成组织蛋白质及活性物质,故摄入蛋白质不仅要求必需氨基酸的种类齐全,要数量充足。

2.蛋白质的分类

按照各种食物蛋白质中必需氨基酸种类与数量的不同,将蛋白质分为完全蛋白质、半完全蛋白质和不完全蛋白质三大类。

(1)完全蛋白质。完全蛋白质又称优质蛋白质,是指食物中营养价值最高的一种蛋白质,这类蛋白质所含必需氨基酸种类齐全,数量充足,互相之间的比例适当,能维持成人的健康,并能促进儿童的生长发育。乳、蛋、肉、鱼等动物性蛋白质和植物性蛋白质中的大豆蛋白质皆属于完全蛋白质。

(2)半完全蛋白质。半完全蛋白质是指在营养价值上低于完全蛋白质的一类蛋白质。半完全蛋白质的必需氨基酸的组成种类上虽然齐全,但有的氨基酸含量数量不足,比例不适当。半完全蛋白质若作为唯一蛋白质来源,则只能起到维持生命活动的作用,没有促进生长发育的作用。植物性食物大多属于此类。谷类的醇溶蛋白、谷蛋白和小麦的麦胶蛋白就属于半完全蛋白质。

(3)不完全蛋白质。不完全蛋白质的营养价值最低,必需氨基酸种类不齐全,数量不充足,若作为唯一蛋白质来源,既不能维持生命,又不能促进生长发育。玉米的胶蛋白、动物结缔组织和肉皮中的胶原蛋白、豌豆的豆球蛋白等都属于不完全蛋白质。

3.蛋白质的评价

衡量膳食中蛋白质质量的优劣,通常是通过测定蛋白质营养价值的方法来反映,主要是以人体摄入蛋白质的效果为依据。质量高的蛋白质,生物利用率也高,容易被人体消化、吸收和利用。此外,还要结合食物中蛋白质的含量,消化、吸收的情况加以综合评价。常用的蛋白质营养价值评价指标包括以下几个方面:

(1)食物中蛋白质的含量。食物中蛋白质含量的多少,固然不能决定食物蛋白质营养的优劣,但评定食物营养价值时,应以该食物蛋白质的含量为基础。如果某种食物蛋白质营养价值很高,但含量太低,那么这种食物蛋白质的食用价值就不高,亦不能满足机体需要。部分食物蛋白质的含量如表 1-3-1 所示。

表 1-3-1 食物中蛋白质含量(克/100 克)

品 种	含量	品 种	含量	品 种	含量
牛 奶	3.3	鸡 蛋	12.3	瘦牛肉	20.3
瘦猪肉	16.7	半肥瘦猪肉	9.5	整粒大米	8.5
整粒麦子	12.4	干黄豆	36.3	鲜豌豆	6.4
玉 米	8.6	小 米	9.7	绿 豆	23.8
红 豆	21.7	花生仁	24.1	核 桃	15.4
杏 仁	24.9	羊里脊肉	17.1	牛五花	17.2
牛 肚	12.1	龙 虾	19.8	对 虾	20.6
青 虾	16.4	蛤 蜊	10.8	海 蟹	12.2
鲜 贝	14.2	兔 肉	20.1	香 菇	20.1
鸭	16.5	西 瓜	0.3	苹 果	0.4
木 耳	12.4	鸭 梨	0.1	马铃薯	2.3

(2)蛋白质的消化率。蛋白质的消化率主要反映蛋白质在机体内消化酶作用下被分解的程度。蛋白质消化率越高,被机体吸收利用的可能性越大,其营养价值也越高,其公式如下:

$$蛋白质消化率 = 氮吸收量 \div 氮摄入量 \times 100\%$$

许多因素可影响食物蛋白质消化率,一般植物性食品中的蛋白质由于被纤维素包围,与体内消化酶接触程度较低,因此,其蛋白质的消化率通常比动物性食物低。但植物性食物经过烹调加工后,纤维素可被软化或去除,其蛋白质消化率亦可适当提高。因此,一般情况下,经烹调后食物的蛋白质消化率可以提高。几类食物蛋白质的消化率如表 1-3-2 所示。

表 1-3-2 食物蛋白质消化率(%)

食物名称	消化率	食物名称	消化率
肉 类	92~94	蛋 类	98
鱼 类	98	奶 类	98
油 脂	81~98	谷 类	82
薯 类	74~78	豆 类	60~94

(3)蛋白质的生物价。食物蛋白质的优劣,主要看其在体内被消化吸收后的利用程度,生物价是衡量蛋白质被人体利用程度的重要指标,也称生理价值,其表示公式为:

$$蛋白质生理价值 = 保留在人体内的氮量 \div 从食物中吸收的氮量 \times 100\%$$

生物价越高,说明蛋白质被机体利用率越高,即蛋白质的营养价值越高,生物价最高值为100%。常见食物蛋白质生物价如表 1-3-3 所示。

注:表 1-3-1 到表 1-3-9,数据来源于上海市职业培训指导中心组编《西式烹调师(四级)》,上海百家出版社。

1

表 1-3-3   常见蛋白质生物价(%)

食物名称	蛋白质生物价	食物名称	蛋白质生物价
大　米	77	猪　肉	74
小　麦	67	牛　肉	76
小　米	57	羊　肉	69
玉　米	60	牛　奶	85
大　麦	64	鸡　蛋	94
绿　豆	58	鱼	83
生大豆	57	虾	77
熟大豆	64	土　豆	67

4. 蛋白质的互补作用

在自然界中,没有任何一种单一的食物能完全满足人体对营养的需要。在膳食中,将两种或两种以上食物蛋白质混合食用时,其中所含有的必需氨基酸就可相互配合,取长补短,使必需氨基酸比值更接近人体需要的氨基酸模式,从而提高食物中蛋白质的生理价值,这种作用称为蛋白质的互补作用。蛋白质的互补作用,其实是必需氨基酸之间的互补,也是提高食物蛋白质营养价值的一个重要途径。若在植物性食物的基础上添加动物性食物,蛋白质的生物价值就会提高。为了充分发挥蛋白质的互补作用,在膳食中应遵循三个原则:

(1) 搭配的食物种类愈多愈好;

(2) 食物的种属越远越好,可将动物性食物与植物性食物进行混合;

(3) 最好几种食物同时吃,时间间隔最好不超过 5 小时。所以西餐菜肴总是采用"荤素合一""荤素搭配",体现了动、植物蛋白质之间的互补作用。

5. 蛋白质的生理功能

蛋白质是人体重要的组成部分,蛋白质直接合成新组织,以促进生长。

(1) 构成、修补和更新人体组织。蛋白质是生命的基础,是细胞的重要成分。人体各种器官组织都是由蛋白质组成的。如人体的脑、神经、肌肉、内脏、血液、头发、指甲、牙齿等没有一处不含蛋白质。机体组织更新和创伤愈合也需要以蛋白质作为原料。成年人要维持氮平衡,体内脏器与组织细胞内的蛋白质在进行分解代谢的同时,仍进行蛋白质的合成代谢。

(2) 构成体内各种重要的生理活性物质。生命活动有条不紊地进行,有赖于机体中多种生理活性物质的调节。人体内的酶、激素、抗体等活性物质都是由蛋白质组成的。人的身体就像一座复杂的化工厂,一切生理代谢、化学反应都是由酶参与完成的。由蛋白质或蛋白质衍生物构成某些激素如垂体激素、甲状腺激素、胰岛素及肾上腺素等调节着各种生理过程并维持着内环境的稳定。为了保护机体免受细菌和病毒的伤害,人体血液中有一种叫抗体的物质,可提高机体抵抗力。抗体也是由蛋白质构成的。

(3) 供给热量。蛋白质在体内的主要功能并非供给热能,当碳水化合物和脂肪供给能量不足或蛋白质摄入过多时,体内蛋白质分解代谢加速,也将被氧化分解,释放能量。1 克蛋白质在体内生理氧化可产生 16.7 千焦热量。人体每日所需热能的 10%～15% 由蛋白质供给。

6. 蛋白质的食物来源和供应量

含蛋白质数量丰富且质优的食物有肉类、奶类以及大豆类,其次是其他豆类、粮谷类、薯类、硬果类等。

世界各国的蛋白质供给量标准各有差异,WHO(世界卫生组织)提出成人每日 0.8 g/kg 为适宜值。我国制定的标准,成人每日按体重计算,每千克体重需要蛋白质 1~1.2 克,应占进食总热量的 10%~15%。

7. 蛋白质的性质、变化及其在烹饪中的应用

在烹调加工中蛋白质的功能性质主要集中在蛋白质的两性、变性、胶体性等方面。

(1) 两性性质和等电点。氨基酸和蛋白质都含有酸性和碱性基团,同时表现出酸和碱的性质,这叫蛋白质或氨基酸的两性性质。如果溶液的酸性大,则氨基酸要进行碱式电离,从而带上更多的正电荷;如果溶液的碱性大,则氨基酸要进行酸式电离,从而带上更多的负电荷;只有溶液达到一定酸碱度时,氨基酸分子才处于正负电荷相等的电中性,这时溶液的 pH 值称为该氨基酸的等电点。在等电点时,蛋白质的净电荷为零,与水的吸引力小,而且因分子内各部分之间电斥力最弱,分子能更趋紧凑,与水的接触面小,所以水化作用弱,蛋白质可能会沉淀下来,这叫等电沉淀。例如,牛奶中加酸立刻会看到絮状沉淀,利用等电沉淀这一原理可以制作酸奶酪。一般食品蛋白质等电点都偏酸性,所以,烹饪中一般采用加碱的方法而不是加酸方法来改善食品的水化状况,如用碱发干货就是一个例子,此时加碱更能远离蛋白质的等电点,使其带电荷更多,有利于水化作用。

(2) 蛋白质的变性。蛋白质变性是食品加工中最重要和最常见的一种变化。蛋白质变性是指维持天然蛋白质空间构象的各种次级键受一些因素影响而发生变化,从而使原有的空间结构失去,引起蛋白质的理化性质发生改变和丧失原有生物功能的现象。这种次级键变化引起的食品性质改变在烹饪加工中往往十分普遍。那些快速成型食品在烹饪中炒、焯等过程中蛋白质变化主要是由次级键而非化学键变化引起,只有这样,才能保证菜肴的鲜嫩和原有原料的风味。生物活性丧失是蛋白质变性的主要结果,例如大豆、花生、菜豆、蚕豆等的种子存在蛋白酶抑制剂,能抑制人体内蛋白质水解酶,当加热烘烤或烹煮时,它们会变性失去活性。影响蛋白质变性的因素有温度、机械作用力、辐射和化学试剂等。

(3) 蛋白质的胶体性。蛋白质胶体的形成实质上就是蛋白质与水相互作用。在有水的环境中,蛋白质分子与水通过氢键相互吸引,蛋白质表面被一层水分子紧紧包围,这种作用叫水化作用,这层水分子叫水化层。蛋白质水化作用的直接结果是使蛋白质成为亲水胶体:溶胶和凝胶。

① 形成蛋白质溶液(溶胶):蛋白质以单个分子分散到水中形成溶液,具有一定的流动性,例如,蛋清是可溶蛋白与水形成的溶胶。

② 形成蛋白质凝胶:蛋白质间如果吸引力大,即使水化后,蛋白质分子之间仍不能分开,只是水分子分散到蛋白质分子间或分子内,形成凝胶,没有流动性或流动性小。例如,面团是面粉蛋白质在水中吸水后形成的凝胶。

③ 蛋白质的胶凝作用:胶凝作用是指溶胶在一定条件下转变成凝胶的现象,如肉汤冷后成为肉冻、豆浆中加入钙镁盐后凝成豆腐等。蛋白质的胶凝作用与蛋白质溶液的沉淀凝集和凝固不同。沉淀是指由于溶解性完全或部分失去而导致的液固分离;凝固是由蛋白质—蛋白质的强相互作用引起的无序聚集成团的现象;胶凝没有液固分离现象,胶凝中没有水的流失。胶凝作用在许多食品的加工中起着主要作用,如各种乳品、肉冻、肉丸、豆腐、松花蛋等的形成就是蛋白质胶凝作用的结果。

(4) 蛋白质的水解和裂解。食物中的蛋白质在水中加热至 60~70 ℃时会水解成为各种胨、肽、氨基酸及其他含氮小分子化合物,烹饪吊汤时,原料蛋白质主要会发生该变化,让不溶

1

蛋白质变成低分子可溶成分,从而产生鲜味,而且这些低分子水解产物还能进一步发生反应,使食品风味更加多样。所以恰当的水解对食品品质有利。

烹饪中的煸、爆、烤等强热加工中会产生许多可挥发物质,给食品带来浓烈气味,但是在200 ℃以上煎炸、烧烤食品特别是肉、鱼等高蛋白食品时,氨基酸可发生一些环化反应,生成复杂的芳香杂环化合物,其中的杂环胺是一类有致癌作用的化合物。

实例链接

① 芦笋水波蛋配荷兰汁。在制作水波蛋的时候有两个技术制作要领:一个是关火打鸡蛋,另一个是往煮蛋的水中加些清醋。主要原因有以下几点:第一,关火打鸡蛋是防止水沸腾对鸡蛋冲击过大,水波蛋会散黄;第二,食品在蛋白质等电点的时候容易沉淀、凝固,而大多数蛋白质的等电点都是偏酸性的,所以向水中滴几滴清醋,可以使水的 pH 值变小,更接近蛋白质的等电点,这样鸡蛋更容易凝固、结构更紧密。

② 红酒烩牛肉卷配香滑土豆泥。在制作牛肉卷的时候需要用肉锤拍打牛肉片,这主要是由于牛肉的肌肉组织纤维相对鸡肉、猪肉来说比较粗,为了使其口感更加鲜嫩,需要把其牛肉组织纤维拍散,这样更容易入味,并且在烩牛肉卷时肉质能够更嫩滑。

③ 比斯克大虾汤。在制作该款菜肴的时候需要先把大虾炒至大红色,主要是由于大虾、螃蟹等海鲜肉质中含有虾青素,本身是红色的,在这类海鲜没有加热的情况下,虾青素被蛋白质包裹住,本来的颜色被掩盖,当加热后,蛋白质变性,虾青素就和蛋白质分离,显出了本来的颜色。

(二) 碳水化合物

碳水化合物又称糖类,是人体所必需的营养成分之一,是在自然界分布最广、含量最丰富的有机物。人类食物中的糖主要靠植物性食物供给。绿色植物利用水、二氧化碳和光能通过光合作用合成糖。糖是由碳、氢、氧 3 种基本元素组成的。由于大部分糖的分子中氢与氧之比往往是 2∶1,刚好与水分子中氢与氧原子数之比相同,故糖有碳水化合物之称。碳水化合物是广泛存在于生物体内的有机成分,它们在自然界中构成碳骨架并作为能源储备,对人体具有广泛的生理作用。

1. 碳水化合物的分类

在营养学上碳水化合物可以分为单糖、双糖、寡糖和多糖。

(1) 单糖。单糖是指含有 1 个醛基或 1 个酮基的多羟醇,是最简单的单糖的总称。分子结构上有 3～7 个碳原子的糖,是碳水化合物的基本组成单位。单糖在肌体内代谢过程中具有重要的作用。

① 葡萄糖。葡萄糖是一种六碳的多羟醛,它是最常见的单糖之一,是人体内最重要的一种单糖。血液中的糖就是葡萄糖,血糖浓度的稳定性对人体具有极其重要的生理意义。葡萄糖在自然界中分布极广,葡萄中含量高达 20% 左右,故名葡萄糖。游离状态的葡萄糖,不仅存在于植物体中,也存在于动物中。葡萄糖还是双糖和多糖的组成成分。纯净的葡萄糖呈白色结晶,易溶于水,有甜味,甜度相当于蔗糖的 60%。葡萄糖的特点是容易消化吸收,人体吸收的糖类大多转化成为葡萄糖后被人体吸收。葡萄糖可作为营养食品直接食用。

② 果糖。果糖主要存在于水果和蜂蜜中,以蜂蜜中含量最高,是自然界中最甜的一种糖,其甜度相当于蔗糖的 1.75 倍。果糖几乎总是与葡萄糖同时存在于植物中,经人体吸收后代

谢,可转化为葡萄糖被人体利用。

③半乳糖。乳糖经消化后一半转化为半乳糖,一半转化为葡萄糖,是乳糖的分解产物,天然食物中很少存在。它是神经组织的重要成分,在营养学上有重要的意义。

食物中的单糖除了上述3种以外,还有木糖、核糖、甘露醇、山梨醇和阿拉伯糖等。

(2)双糖。双糖是由2个单糖分子脱水聚合而成的糖类。双糖不能直接被人体吸收利用,必须在消化道内经酶水解成单糖后,才被吸收利用。营养学上比较重要的双糖是蔗糖、麦芽糖和乳糖。这三种糖在人体内受消化酶的影响分解为葡萄糖后才能被吸收。

①蔗糖。蔗糖是由一个葡萄糖分子和一个果糖分子失去一个水分子形成的双糖,是日常生活中常用的甜味剂,尤以甘蔗和甜菜中含量最多,日常用的白糖、红糖、冰糖等都是蔗糖。

②麦芽糖。麦芽糖又称饴糖,是由两个葡萄糖的分子缩合失水而成,在酸或酶的作用下水解生成葡萄糖和半乳糖。麦芽糖大量存在于发芽的谷粒,特别是大麦麦芽中,故名麦芽糖。麦芽糖是糕点、面包的配方原料和烹饪的常用原料。麦芽糖的甜味仅是蔗糖的33%。麦芽糖加热时,随温度的升高可产生由浅黄—红黄—酱红—焦黑的色泽变化,赋予食品良好的感官性状。

③乳糖。乳糖是由一个葡萄糖分子和一个半乳糖分子失去一个水分子形成的双糖,主要存在于哺乳动物的乳汁中。牛奶含乳糖4%,人乳中乳糖含量为5.7%。酸牛奶是运用牛奶中的乳糖在乳酸菌作用下分解产生乳酸,而使蛋白质凝固变性的原理制成的。乳糖的甜度为蔗糖的16%。以上的糖类能刺激味蕾产生甜味感觉。

(3)寡糖。寡糖也叫低聚糖,是指由3～10个单糖以糖苷键聚合而成的碳水化合物。目前已知的几种重要的寡糖有低聚果糖、低聚乳糖、低聚半乳糖、低聚异麦芽糖、低聚甘露糖、大豆低聚糖等,其甜度通常只有蔗糖的30%～60%。大多数低聚糖不能被人体消化酶分解,人体难以消化吸收,是理想的功能性甜味剂,对心血管疾病、糖尿病患者有重要的意义。有些低聚糖还可被肠道有益菌——双歧杆菌利用,有利于双歧杆菌的活化和增殖,有利于肠道的健康。另外低聚糖还具有某些食用纤维的生理功能,如降低血清胆固醇和预防肠癌等;不易或难以为龋齿菌所利用,不易形成齿垢或龋变,可以预防口腔疾病等。由于功能性低聚糖具有营养和生理方面的重要意义,目前已被广泛应用于食品工业中,它们在食品加工中可代替或部分代替甜味剂。

(4)多糖。多糖是自然界中分子结构复杂而又庞大的糖类物质,是由许多葡萄糖分子失去相应的水分子而形成的。多糖无甜味,非晶体,部分多糖不溶于水,但经过消化酶的作用可分解为单糖。多糖根据能否被人体消化吸收而分为两大类:能被人体消化吸收的多糖主要有淀粉和糖原;不能被人体消化吸收的多糖有食物纤维。

①淀粉。在当今世界范围内,淀粉是人类膳食中最重要的多糖,也是人类膳食中热能的主要来源。它是由许多葡萄糖分子脱水聚合而成的。淀粉是绿色植物光合作用的产物,主要存在于植物性食物中,以谷类、薯类、根茎类食物中含量居多。

知识链接:淀粉的糊化作用

淀粉无甜味也不溶于冷水,但当水加热至沸点时,就会形成糊状物,称为糊化作用。糊化后的淀粉具有黏稠性,遇冷产生胶凝作用。植物所含淀粉约由1/4的支链淀粉和3/4的直链淀粉组成。淀粉在淀粉酶、糊精酶、麦芽糖酶的作用下,最终可被水解为葡萄糖,从而被人体吸收利用。

②糖原。糖原是由葡萄糖聚合而成的多糖,主要存在于人和动物的肝脏和肌肉中,起着一种储存物质的作用,称为动物淀粉。糖原由血糖合成,需要时再分解成血糖。

③食物纤维。食物纤维也称膳食纤维,是指食物在人体肠道内不被消化的植物性物质。食物纤维主要存在于植物性食品中,是植物细胞壁的主要成分,是植物的支持组织。

食物纤维是由许多葡萄糖分子残基缩合成的高分子化合物。人类的肠道没有分解消化食物纤维的消化酶,所以在一般情况下大部分食物纤维不被人体消化吸收。但是食物纤维是人类治病增寿不可缺少的一种营养物质,被称为第七营养素。

各种糖类的甜度不相同,如表 1-3-4 所示。

表 1-3-4　　　　　　　　　　　　糖的甜度

糖类名称	甜度	糖类名称	甜度
果　糖	170	麦芽糖	33
蔗　糖	100	乳　糖	16
葡萄糖	74	淀　粉	0
山梨醇	60	纤维素	0

2. 糖类的生理功能

(1) 能被人体消化、吸收和利用的糖类的生理功能:

①糖类是人体组织重要的能源物质。糖类是生命的燃料,每克单糖在体内经氧化可产生 16.7 千焦的热量,是人类从膳食中获得的最经济的供能物质。体内许多组织、器官需要糖提供能量,如肌糖原是肌肉活动最有效的热能来源,心脏的活动主要靠磷酸葡萄糖和糖原氧化供给热能;神经系统除葡萄糖外,不能利用其他物质供给热能,所以血中葡萄糖是神经系统热能唯一来源。由于葡萄糖随血液流遍全身,与全身各组织细胞的关系密切,因而血糖水平的变化往往可以反映出体内代谢的情况,血糖浓度在 24 小时内稍有变动就要引起生理反应。

②糖类是构成机体组织细胞的一种重要物质,糖类在人体内主要存在形式是葡萄糖、糖原、核糖和脱氧核糖。糖类是构成细胞膜的糖蛋白、构成结缔组织的黏蛋白以及构成神经组织的糖脂等组织不可缺少的成分,也参与遗传物质 DNA 和 RNA 的构成。

③糖类有节约蛋白质和促进脂肪代谢的作用。糖类有利于机体的氮储留,膳食蛋白质摄入以后以氨基酸形式被吸收,并在体内合成所需蛋白质或其他代谢物。这一过程需要能量,如糖类摄入不足,热能供应不能满足需要,即有部分氨基酸分解用于供给热能。摄入充足的糖类就可以节省这一部分蛋白质的消耗,使氮在体内储留增加,这种作用称为糖对蛋白质的节约作用。

糖与脂肪在体内的代谢有密切关系。脂肪在体内代谢所产生的乙酰基必须与草酰乙酸结合进入三羧酸循环才能彻底氧化,而草酰乙酸是葡萄糖代谢产生的中间产物。所以脂肪在体内的正常代谢必须有糖辅助。

④具有抗生酮作用。脂肪在体内氧化时靠糖来供给热能,体内糖供给不足或身体不能利用糖时,身体所需热能将大部分由脂肪供给。如果糖类摄入不足,草酰乙酸缺乏,脂肪氧化不彻底就会产生过量的酮体。酮体是一种酸性物质,一旦在体内积存过多可导致机体酮体中毒。因此,摄入足量的糖就具有抗生酮的作用。

⑤ 糖类具有保肝解毒作用。人体肝糖原贮存充足时,肝糖原转化产生的葡萄糖醛酸可与某些化学毒物,如四氯化碳、酒精、砷、苯等结合,并排出体外。这样在一定程度上保护了肝脏免受有害物质的损伤。

(2)膳食纤维的生理功能有以下 3 种作用:

① 润肠解毒的作用。膳食纤维能够吸收和保持肠道内水分,每克膳食纤维可以吸收保持相当于其自身重量的 1.5~2.5 倍的水分,这样有利于扩大粪便容积,软化粪便,产生自然通便作用。一部分肠道正常菌群,可以利用膳食纤维吸附肠道内来自于食物本身或肠道细菌产生的有害物质,并使有害物质随膳食纤维一同排出体外,保护肠道不受肠道致病菌的侵袭。膳食纤维还可以促进胃肠蠕动和消化液的分泌,缩短食物在肠道中的滞留时间,减少有害物质对肠黏膜的刺激。

② 增加胆酸排泄的作用。膳食纤维能够增加胆酸的排泄,降低血液中胆固醇浓度,以及预防胆结石和心脑血管疾病。

多数胆结石病人,其胆石的产生与胆汁内胆固醇过度饱和有关。当胆汁酸与胆固醇失去平衡时,就会形成胆结石。胆汁中的胆固醇、胆酸盐经肠、肝循环后 95%~99% 的胆固醇可以重新吸收,而膳食纤维表面带有许多活性基因,与胆酸有较强的结合力,可以吸附胆固醇。因此,膳食纤维能促进胆酸的排泄和降低血液中的胆固醇浓度,减少胆结石、心脑血管疾病的发生。水溶性纤维的降胆固醇作用比非水溶性纤维更明显。

③ 控制血糖的作用。由于食物纤维在胃、肠内吸水膨胀,容积增加,呈胶体状态,能减慢葡萄糖吸收进入血液的速度。经常食用含膳食纤维丰富的食物的人,其空腹血糖水平和口服葡萄糖耐糖量曲线都低于少食用者。糖尿病患者服用水溶性纤维,可以观察到患者餐后血糖上升幅度有所降低。

3. 糖的供给量及食物来源

糖的供给量依工作性质、劳动强度、饮食习惯、生活水平而定。一般认为由糖所提供的热量应占总摄入量的 55%~65%。成年人每日每千克体重需要糖 4~6 克,纯糖不得超过总糖量的 5%。膳食纤维建议一个成年人每日摄入 20~30 克为宜。

膳食中糖类主要来源是谷类和根茎类食品,多以淀粉形式存在,以及含纯糖的食品。蔬菜、水果除含少量的单、双糖外,是食物纤维素的主要来源。常见的食物中糖类含量如表 1-3-5 所示。

表 1-3-5　　　　　　　　常见食物中糖类含量(%)

食物种类	糖含量	食物种类	糖含量
稻　米	77	绿　豆	59
小麦粉	74	土　豆	16
玉　米	73	甜　薯	29
黄　豆	25.3	板　栗	39.9
赤　豆	60	花生仁	22.1
香　蕉	20	苹　果	15
莲　子	62	红　枣	73
桂　圆	65	鲜　枣	24

1

　　4. 糖类的性质、变化及其在烹饪中的应用

　　(1) 单糖和低聚糖。单糖和低聚糖在烹饪中的应用主要表现为着色、保存、赋型和调味四个方面。这些应用的基础是它们的理化性质。

　　① 焦糖化反应和羰氨反应。焦糖化反应,是低分子的糖在没有氨基化合物存在下,加热至其熔点以上时,会变为黑褐色的深色物质并产生特别的香气,这种作用称为焦糖化作用。

　　羰氨反应,也叫美拉德反应,是羰基化合物与氨基化合物经过脱水、裂解、缩合、聚合等反应,生成深色物质和挥发性成分的一系列反应的总称。

　　焦糖化作用和羰氨反应是烹饪加工中重要的上色增香反应,在食品和烹饪中的应用主要是:加热食品使其发生褐变,能使食品颜色变深。烹饪中通过提高加热温度来为菜肴增色便有这方面的原因。焙烤、油炸、煎炒中食品的着色变化也与之有关。给烤制品涂糖液、烹饪中的走红等更是直接利用焦糖化作用;焦糖化和羰氨反应能够产生特殊香气香味,对改善食品风味起重要作用。另外焦糖化反应和羰氨反应还能够改善食品质构、减少水分、增强食品抗氧化和防腐的能力。

　　② 吸湿性和保湿性。糖易吸湿又有较高的渗透压,这一点对于食品的保存具有重要作用,另外糖溶液可增加食品的黏度,烹调中常利用这一特征制作特色菜品。低分子糖溶液浓度越大,黏度也越大。例如点心生产打蛋糖霜中就大量用蔗糖来增加黏度,稳定蛋液。

　　③ 赋型功能。蔗糖化学性质稳定,熔点高,可控范围大,所以在烹饪中经常利用蔗糖来熬制各种用途的糖膏,菜肴的穿糖衣、挂糖霜、拔丝等烹饪操作就是利用这种原理。

　　④ 甜味功能。低分子糖类具有较好的甜味功能,在烹饪中经常利用糖的甜味功能调味。同时糖类还具有去腥解腻、矫正口味的功能。烹调时与盐适当搭配成对比味,还可增加食品的鲜味。

　　(2) 糖的熔化。糖为分子晶体,熔点不太高,加热到其熔点时会熔化为液体(液态糖)。许多糖因纯度不高而熔点下降,表现为在一个温度区域内就软化。烹饪中常用白糖(蔗糖)来熬制各种用途的糖膏,这是因为蔗糖化学性质比其他单糖稳定,熔点又较高,可控范围大。蔗糖加热熬制过程大致可分为以下三阶段:

　　第一阶段:在低温或者加热初期,温度一般在 120 ℃左右。此时,晶体糖并未熔化。若在水或油中发生溶解软化,糖液黏度增大,能起丝,适合制作糖汁,液膏和挂糖霜。它们能重结晶,水溶性大,颜色浅白,仍有甜味。

　　第二阶段:糖浆或糖膏继续加热,黏度迅速增大,并有颜色产生;此时温度大约在糖水溶液的最高沸点和不纯晶体糖的最低熔点之间,为 155 ℃左右。这一阶段因有颜色变深现象,说明糖已开始发生明显的化学反应。这个阶段中,控制温度和时间对熬糖的质量非常重要。此时的糖液适合拔丝,穿糖衣等;冷后黏性大,不变形,也不易返砂结晶,水溶性差,但仍具甜味,复热熔化温度下降并无明显熔点,这是典型的胶态糖。

　　第三阶段:温度上升到 165 ℃以上时,糖的颜色迅速变褐,发生焦糖化作用,这时化学变化占主要地位。烹饪中的糖色就是这个过程的产物。一般温度不要超过 200 ℃,以免糖色过深。当温度超过 180 ℃时,糖的分解反应加快,会有气味物质产生,这就是所称的焦糖香味。此时,糖的甜味已基本消失,有焦苦味;糖的水溶性差,但胶性降低,甚至可能无胶性。特别是焦糖化作用太强,能产生炭化现象,其产物对人体无益。

　　(3) 淀粉的水解。淀粉在食品中重要的化学性质是水解。淀粉很容易水解,在水中加热或加入酸,淀粉能逐步水解成糊精、麦芽糖,最后完全水解为 D-葡萄糖。淀粉酶能高效、快

速地水解淀粉。有时,淀粉类食品会出现"糖心"现象,这就是发酵中淀粉酶过分水解淀粉所致。

(4)淀粉的糊化和老化。淀粉粒在适当温度下在水中溶胀、分裂、形成均匀糊状溶液的作用称为糊化作用。煮饭、蒸馒头、烤面包等加工过程,都有淀粉糊化作用的发生。在烹饪中用淀粉来挂糊、上浆、勾芡都是利用淀粉的糊化作用。淀粉的老化是指糊化后的淀粉在室温或低于室温下放置后会出现失水、沉淀、收缩、变硬和不透明甚至凝结,这种现象称为淀粉的老化,行业上叫"返生"。例如,米饭放久后,会失去可食用性,重新回到生米的状态。在烹饪中可利用淀粉老化现象,如制作粉丝、粉皮、龙虾片等。

对于淀粉的种类来说,一般支链淀粉含量多的食品易发生糊化现象,直链淀粉含量多的食品易发生老化现象。

实例链接

① 法式洋葱汤配蒜蓉包。该款菜肴运用了较多的洋葱,洋葱所含硫化物能促进脂肪代谢,具有降血脂、抗动脉硬化作用,其含有的黄酮类物质具有抗癌、防癌的功效,这款菜肴在炒制洋葱的时候一定要炒成褐色,主要是因为洋葱含有较多的糖类,干洋葱的糖含量高达82%,蛋白质含量也有6%,所以洋葱在加热的情况下产生了美拉德反应,出现了宜人的香气和浓厚的色泽。

② 奶油蘑菇汤。所用的主要菌类为口蘑和干香菇,这两种蘑菇含有丰富的蛋白质和糖类,尤其是干香菇,其碳水化合物含量为60%以上,在炒制蘑菇的时候会出现糖色,主要是美拉德反应的作用。

③ 比斯克大虾汤。在制作的过程中为了使其比较浓稠,汤中添加了大米饭和奶油,主要是利用了大米淀粉糊化后的状态:比较黏稠、易被人体消化、吸收。

④ 英式炸鱼柳。制作菜肴时把面粉,鸡蛋黄,啤酒调成糊状,再把鸡蛋清打成泡沫状,倒入啤酒糊中,轻轻搅匀。鱼条拖上面糊,放入140℃的油中慢慢炸至成熟上色。炸时还可以先炸定型,再复炸上色。这主要是利用面粉的糊化特性,在热油中面粉糊化、变黏稠,在鱼柳表面形成一层壳,不至于直接和热油接触,使得鱼柳能够外焦里嫩,较好地保存了其中的水分。

(三) 脂类

脂类是脂肪和类脂的总称。脂类由碳、氢、氧3种基本元素组成,有的还含有磷和氮等元素。脂类包括脂肪及类脂,脂肪包括油和脂;类脂种类很多,包括磷脂、糖脂、固醇类、脂蛋白等。

脂肪是由一个甘油的分子和三个脂肪酸的分子组成的甘油三酯,又称中性脂肪。脂肪中一般含碳76%、氢12%、氧12%。由于所含碳、氢比例比糖要多,而氧的比例小,因此发热量比糖大。

动物脂肪在常温下一般为固态,习惯上称为脂。植物脂肪在常温下一般为液态,习惯上称为油。动物脂和植物油统称为油脂。

1. 脂肪酸的分类

脂肪水解后生成甘油和脂肪酸。在营养学上,脂肪主要根据其所含脂肪酸的种类进行分类。

(1)饱和脂肪酸。饱和脂肪酸是指脂肪酸的分子结构中不含双键,即与碳原子相对应的氢原子呈饱和状态,分子中氢原子数目恰是碳原子的 2 倍。例如,含有 16 个碳原子的软脂酸,就是被 32 个氢原子所饱和的脂肪酸;含 18 个碳原子的硬脂酸是被 36 个氢原子所饱和的脂肪酸。

含大量饱和脂肪酸的脂肪有黄油、猪油、牛油、羊油、可可油等。

(2)不饱和脂肪酸。在分子中除同样有两个氧原子外,氢原子的数目不是碳原子数目的 2 倍,碳链上的碳原子处于不饱和状态,在分子结构中有双键出现。含有一个双键的脂肪酸叫做单不饱和脂肪酸。含大量单不饱和脂肪酸的脂肪有橄榄油、花生油、菜籽油等。分子结构中含有两个或两个以上双键的脂肪酸称为多不饱和脂肪酸。氢原子缺少越多,脂肪酸的不饱和程度就越高。在营养学上比较重要的有亚油酸、亚麻酸、花生四烯酸等。通常多不饱和脂肪酸以植物油(椰子油例外)含量较高,而动物性脂肪一般含有较多的饱和脂肪酸,但鱼及家禽脂肪含多不饱和脂肪酸较高。

多不饱和脂肪酸,由于人体不能自行合成,必须由食物供给,所以又称"必需脂肪酸",最重要的必需脂肪酸是亚油酸。含亚油酸的脂肪有棉籽油、葵花籽油、豆油、玉米油、红花油等。

2. 脂类的生理功能

脂类以多种形式存在于人体的各种组织中,各种脂类的生理功能有很大的不同。

(1)脂类是体内贮存能量的"仓库"。脂类是人体组织的重要组成成分。脂肪是人体内含量最多的脂类,绝大多数脂肪存在于脂肪组织中,并以油滴状的微粒分布于脂肪细胞的胞质内。脂肪是机体重要的能量贮存物质,每克脂肪在体内彻底氧化可提供给人体 37.6 千焦的热量,比等量的糖和蛋白质大 1 倍多。体内营养物质过多时,过剩的糖、蛋白质等转变成脂肪贮存起来。一旦营养缺乏,又可把脂肪转化为能量供人体所需。

(2)构成机体组织细胞。类脂约占总脂量 5%,是组织细胞的基本成分。类脂中的磷脂、胆固醇和糖脂等是多种物质细胞的组成成分,它们与蛋白质结合成脂蛋白,构成了细胞的各种膜,与细胞的正常生理和代谢活动有密切关系。胆固醇是机体内重要的固醇类物质,既是细胞膜的重要成分,又是维生素 D、胆汁酸、肾上腺皮激素及性激素的前体。参与组织细胞结构成分的各种类脂在体内相当稳定,不受营养状况和机体活动的影响。

(3)提供给人体必需脂肪酸。人体所必需的脂肪酸,主要靠膳食中的脂肪来提供。必需脂肪酸作为合成胆固醇酯和磷脂的成分,对于胆固醇在血液中的流动,防止其在血管壁上沉积具有重要作用;类脂在构成各种细胞膜中,所含的脂肪酸多是必需脂肪酸,因此必需脂肪酸对维持细胞膜的完整性和生理功能有重要作用。此外,必需脂肪酸还是合成人体内前列腺素的原料。还能促进发育,维持皮肤和毛细血管的健康,能减轻放射性所造成的皮肤损伤。必需脂肪酸缺乏还会引起机体病变。

(4)保护脏器,维持体温。人体脂肪分布于皮下、内脏器官周围、关节等处。脂肪可以起到隔热垫和保护垫的作用。由于皮下脂肪组织犹如软垫,可对各种机械撞击起缓冲作用,从而保护内脏、肌肉、关节等组织免受损伤。另外,皮下脂肪组织还可起到隔热保温的作用,使体温达到正常和恒定。

(5)促进脂溶性维生素的吸收。食用油脂是脂溶性维生素 A、D、E、K 的重要来源之一,脂肪是脂溶性维生素的良好溶剂。这些脂溶性维生素随脂肪的吸收而吸收。当膳食中长期脂肪供给不足时,必然会影响到脂溶性维生素的吸收。

(6)膳食脂肪能延迟胃的排空。因为脂肪进入十二指肠,刺激小肠产生肠抑胃素,使肠道蠕动受到抑制。因此,富含脂肪的食物具有较强的饱腹感。

（7）食物中许多物质是脂溶性的。在烹调加热过程中,使用食用油脂,可以促进食物中风味物质的溶出、挥发,从而改善或增进食物的感官性质,促进人们的食欲。

3. 脂肪营养价值的评价

膳食脂肪有动物性和植物性两大类,不同来源的脂肪对人体血脂和血胆固醇有着不同的影响。在能量供给充足的条件下,人们对膳食脂肪的选择,越来越考虑脂肪的营养价值。评价膳食脂肪的营养价值主要有以下几点:

（1）脂肪酸的种类和含量。在不饱和脂肪酸中含必需脂肪酸较多的油脂,其营养价值较高,不饱和脂肪酸中,双键越多,不饱和度越高,脂肪酸的营养价值也就越高。一般植物油中亚油酸含量高于动物脂肪,其营养价值优于动物脂肪。

（2）脂肪的消化率。膳食脂肪的消化率反映脂肪被消化酶分解利用的程度。消化率大小与其熔点密切相关,脂肪的熔点低于体温或接近体温的,在人体内的消化吸收率比较高。含不饱和脂肪酸越多的脂肪,熔点越低,越容易消化。

（3）脂溶性维生素的含量。脂溶性维生素越多的脂肪,其营养价值就越高。动物脂肪几乎不含维生素,器官脂肪中维生素 A 和维生素 D 含量丰富,植物油中富含维生素 E,特别是谷类种子的胚油维生素 E 含量更为突出。

用以上三点衡量脂肪的营养价值,可以认为植物油的营养价值高于动物脂肪。

4. 脂肪的供应量和食物来源

膳食中脂肪的供应量受民族或地方的饮食习惯、季节和气候的影响,变化较大,因此关于膳食脂肪供给量不像蛋白质供给量那样明确,在脂肪适宜摄入量中建议脂肪摄入量应占总热量的 20%～30% 为宜。研究表明,考虑到供给必需脂肪酸、脂溶性维生素以及热能和饱腹感等因素,成人每人每天所需的亚油酸为 4 克～5 克。按此需要量计算,每人每天摄入植物油约 32 克,动物脂 16 克～18 克,共计 50 克脂肪。其中,约 1/3 为动物脂,2/3 为植物油。

膳食中脂肪主要来源于食用油脂、动物性食物和坚果类。

5. 脂肪的性质及其在烹饪中的应用

（1）使食品具有良好的感官性能。油脂在烹饪加工中赋予食品明亮的色泽、滑润的口感和各种特有的香气。食用油脂中的非油脂成分大部分是酯类或醇类物质,带有香味并具有黏度和腻滑性。用油脂烹调食物会产生特别的香味,增加食物亮滑的感觉,增进食欲。用焖、烩等加热时间较长的烹调方法烹制肉类时,如果加入少量的酒,能使肉类的脂肪酸与酒中的乙醇脱水缩合成酯,使菜肴更具浓香味。

（2）油脂的发烟点、闪点和燃点。发烟点是指油脂加热到表面明显冒出青烟时的最低温度,多数纯油脂的发烟点在 200 ℃±20 ℃,纯度下降,发烟点下降。闪点是指油脂在空气中加热发生不连续燃烧（即闪火苗）时候的最低温度。对于烹饪来说闪点就是可加热油脂的最高温度。一般纯油脂的闪点在 250 ℃～300 ℃,实际上,烹饪油温的划分基础就是以这个最高温度为十成油温来进行的,所以每成油温大约为 30 ℃。燃点是指油脂在空气中加热发生连续燃烧时的开始温度。一般纯油脂燃点在 310 ℃～360 ℃。

（3）使食品起酥。所有油脂都有比水黏性高的特点。在制作含淀粉多的食品时,加入油脂后可使面团润滑,由于淀粉颗粒之间被油脂分子分隔,经炸或烘焙后可使食品起酥。

6. 脂肪的安全性

（1）油脂的水解。在烹调加工过程中,油脂会在酸或酶催化作用下,发生不同程度的水解反应,生成游离脂肪酸、一酰甘油、二酰甘油等,水解后油脂的低级脂肪酸易挥发,会导致不良气味出现,引起酸败。食品加工中,应该尽量避免水解反应的发生。

(2)油脂的皂化。脂肪在碱性条件下能发生完全的水解反应,水解作用中生成的游离脂肪酸与碱中和生成相应的脂肪酸盐,这种反应叫做皂化反应。油脂遇碱发生的皂化反应破坏油脂的食用价值,产生严重的肥皂味,失去使用价值,所以要避免油脂与碱性物质接触,以防止发生皂化反应的发生。

(3)反式脂肪酸的形成。动物脂肪多以固态形式存在,植物油脂多以液态形式存在。植物油脂含有大量的多不饱和脂肪酸,含有双键,性质活泼,在控制通入氢气的条件下,可得到半固态或固态的油脂,这就是油脂的氢化,在面点加工中运用的酥油、人造奶油等都是植物油脂氢化后制得的。氢化后的脂肪酸结构由原来的顺式结构变为了反式结构,营养专家认为,反式脂肪酸对人类健康有害。主要表现在它能够形成血栓、影响生长发育、降低记忆力等,所以在日常生活中应尽量少食用含有反式脂肪酸的食品。

(4)油脂的氧化。油脂暴露在空气中,很容易通过自由基反应进行氧化,氧化产物进一步分解产生低级脂肪酸、酮和醛,产生不好的味道,就是烹饪中常提到的哈喇味。在油脂或油脂食品、高油食品中普遍存在自动氧化反应。为了避免油脂的氧化变质,在实际中可以采取以下措施:避光、隔氧、低温、添加抗氧化剂等。

实例链接

黑椒牛排。在煎制牛排的时候,煎盘加植物油烧至 180 ℃,然后放入牛排,并煎至上色,达到要求的成熟度。160 ℃～180 ℃,是六成油温,在烹饪中上色主要是这个温度,对于油脂来说这是安全温度范围。

阿布雷式蔬菜汤。在制作蔬菜汤时里面添加了较多的黄油,主要发挥了油脂在烹饪中的提亮作用。

(四)维生素

维生素俗称维他命,是促进人体生长发育和调节生理功能所必需的一类低分子有机化合物。

1. 维生素的特点

维生素的种类很多,其结构和理化性质也有很大的差异。但是它们都有以下几方面共同特点:

(1)外源性。维生素具有外源性,也就是说多数维生素在人体内不能合成或合成量甚少,也不能大量储存于机体的组织中,虽然需要量很小,但必须由食物供给。

(2)微量性。维生素存在于天然食物中,但含量极微,常以毫克或微克计量,人体一般仅需要少量维生素就能满足机体正常需要。若供给不足就会影响相应的生理功能,严重时会产生维生素缺乏症。

(3)调节性。维生素在体内既不供给能量,也不参与机体组织的构成,主要以辅酶的形式参与新陈代谢过程中的调节作用。

(4)特异性。维生素具有特异性,也就是说各种维生素在调节生命活动过程中往往有独特的作用。

2. 维生素的种类

维生素的名称,常根据发现的先后,在"维生素"之后加上大写拉丁字母 A、B、C、D 等来命名,也有根据它们的化学结构特点或生理功能而命名的,如硫胺素、抗坏血酸等。

维生素按其溶解性质不同分为脂溶性维生素和水溶性维生素两大类。

(1)脂溶性维生素。指能溶于脂肪或脂溶剂而不溶于水的一类维生素的总称,属于脂溶性维生素的有维生素 A、维生素 D、维生素 E、维生素 K。脂溶性维生素在食物中和脂类共同存在,在人体肠道内的吸收往往与食物中脂类的吸收有密切关系,凡能影响脂肪吸收的因素,同样会影响脂溶性维生素的吸收,脂溶性维生素不易排出体外,所以容易在体内蓄积发生中毒。

(2)水溶性维生素。指能溶于水而不溶于脂肪或脂溶剂的一类维生素的总称,水溶性维生素主要有维生素 B_1、维生素 B_2、维生素 B_6、维生素 PP、维生素 B_{12}、叶酸、泛酸、生物素和维生素 C 等。水溶性维生素在体内的排泄率较高,组织达到饱和后,多余的随尿液排出,所以一般不容易在体内蓄积,不易出现中毒现象,但一旦缺乏,会很快出现缺乏症。

3. 膳食中重要的维生素

(1)维生素 A。

① 维生素 A 的性质。维生素 A 又叫抗眼干燥症维生素、视黄醇。维生素 A 纯品为黄色结晶体,是一种比较复杂的不饱和一元醇,易被空气氧化而失去生理作用,紫外光可使其裂解。维生素 A 对热稳定,对酸、碱亦较稳定,在新鲜的油脂中更稳定。一般的烹调方法对食物中维生素 A 无严重的破坏作用,但长时间的高温加热可使维生素 A 破坏。

维生素 A 只存在于动物性食品中,如肝、鱼卵、全奶、禽蛋,而鱼肝油是维生素 A 的主要来源。植物性食品中通常是有色蔬菜含有 β-胡萝卜素,它可在肝内转变为维生素 A,所以称作维生素 A 原,其吸收率及生物效能低于维生素 A。胡萝卜素耐热,在 100 ℃下加热 4 小时才被破坏。

维生素 A 在食物中常和脂肪混在一起,脂肪可帮助维生素 A 吸收。如生吃胡萝卜,90%以上的胡萝卜素不能被吸收,烹调中加油炒,其吸收率达 98%。食物中缺乏维生素 E 或蛋白质,亦可影响维生素 A 的吸收。

② 维生素 A 的生理作用。促进体内组织蛋白质的合成,加速生长发育。维生素 A 能促进生长发育,是因为维生素 A 有提高幼小动物对氮的利用的特殊作用,故能促进体内组织蛋白的合成,加速细胞分裂的速度和刺激新细胞的生长。如果儿童缺乏维生素 A,体内肌肉和内脏器官萎缩,体脂减少,发育缓慢生长停滞,还易感染其他疾病。

维持正常的视觉功能,防治夜盲症。眼视网膜中的杆状细胞和锥状细胞是接受光感的细胞,内含视色素。杆状细胞中的视色素又称视紫红质,锥状细胞中的视色素又称视紫蓝质。视紫红质是维生素 A 和带有赖氨酸的蛋白质相结合的复合物。当视网膜接受光线时,视紫红质发生一系列变化,形成视觉称为"光适应"。由于在光亮处对光敏感的视紫红质被大量消耗,因此一旦由明处到暗处,不能看见暗处物体,则称为夜盲症。如果视网膜处有足量的维生素 A 积存,并与视蛋白结合形成视紫红质,将恢复对光的敏感性,在一定的光照度下的暗处能够看见物体,称为"暗适应"。暗适应的快慢显然与体内维生素 A 营养水平有关。

参与上皮组织的正常形成、发育并维持其结构完整,增加对传染病的抵抗力。维生素 A 具有维持呼吸道、消化道、泌尿道、性腺、腺体的上皮组织、眼睛的角膜和结膜以及皮肤等健康的作用,并能增强上皮组织对细菌、病毒的抵抗能力。如缺乏维生素 A,能使皮肤、黏膜的上皮细胞发生萎缩、角化和坏死,降低机体防卫细菌、病毒入侵的能力,从而引起皮膜、黏膜组织的一系列疾病。

维生素 A 有一定的抗上皮肿瘤发生、发展的作用,防止化学性致癌物的致癌作用,特别是防止上皮肿瘤。

维生素 A 可促进骨骼、牙齿和机体的生长发育和细胞新生,缺乏维生素 A 可出现生长停滞,骨骼和牙齿发育受到影响,还影响生殖能力。

③ 维生素 A 的食物来源。维生素 A 的食物来源主要是动物肝脏、未脱脂乳、乳制品以及蛋类,如表 1-3-6 所示;胡萝卜素的食物来源主要是植物性食物,以绿色、黄色蔬菜的含量最多,如表 1-3-7 所示。

表 1-3-6　　　　　　　　　　含维生素 A 较丰富的食物(IU/100g)

食物名称	维生素 A	食物名称	维生素 A
鸡　肝	50 900	鸡　蛋	1 440
羊　肝	29 900	鸡蛋黄	3 500
牛　肝	18 300	鸡蛋粉	4 860
猪　肝	8 700	牛奶粉	1 400
黄　油	2 700	河　蟹	5 960
奶　油	830	牡　蛎	1 500
牛　奶	140	人　奶	250

表 1-3-7　　　　　　　　　　含胡萝卜素较丰富的食物(mg/100g)

食物名称	胡萝卜素含量	食物名称	胡萝卜素含量
红心甜薯	5.11	甘　蓝	2.00
菠　菜	9.87	茴香菜	2.61
芹菜叶	3.12	香　菜	3.77
南　瓜	2.40	黄胡萝卜	4.05
红胡萝卜	2.11	辣　椒	1.56
杏	1.79	芒　果	3.81
太古菜	2.63	韭　菜	3.21

(2) 维生素 C(抗坏血酸)。

① 维生素 C 的性质。因其具有酸性能防治坏血病,故维生素 C 又称抗坏血酸。维生素 C 为无色结晶,在干燥、酸性溶液中(pH>4)比较稳定,易溶于水,遇热和碱均能破坏,植物在抗坏血酸氧化酶的作用下,很容易被氧化分解,与某些金属,特别是与铜接触破坏更快。由于这些特性,所以维生素 C 在烹调过程中损失可达 30%~50%。所以在烹调过程中应尽力保护维生素 C 不受或少受损失。

② 维生素 C 的生理作用。维生素 C 参与机体重要的氧化还原过程。维生素 C 作为重要的还原剂,它能激发大脑对氧的利用,增加大脑中氧的含量,提高机体对缺氧和低温的耐受能力,减轻疲劳,提高工作效率;参与细胞间质的形成,维持牙齿、骨骼、血管、关节和肌肉的正常

发育和功能,促进伤口愈合。细胞间质胶原的形成,必须有维生素C参加,缺乏维生素C时胶原合成产生障碍,影响结缔组织的坚韧性。

维生素C能增加机体抗体的形成,提高白细胞的吞噬作用,具有抗感染和防病作用。维生素C对有毒物质具有解毒作用,还可以阻断致癌物质亚硝胺的形成。因此维生素C又称为万能解毒剂。维生素C可促进铁的吸收利用,使三价铁还原为二价铁,参与血红蛋白的合成,常用来辅助治疗缺铁性贫血。维生素C还可将体内胆固醇转变为能溶于水的硫酸盐而增加排泄。维生素C也参与肝中胆固醇的羟化作用,以形成胆酸,从而降低血胆固醇含量。此外,肾上腺皮质激素的合成与释放也需维生素C的参与。

缺乏维生素C,主要表现为坏血病,初期病人可能会感到虚弱、倦怠、呼吸短促、创伤不易愈合。继之便是牙龈肿胀及出血,导致轻度感染、口臭,有时牙齿松动或脱落,泪腺、唾液腺和皮肤腺功能丧失。还表现为轻微出血,多集中在腹部、臀部、臂膀和腿部的毛囊周围。这些轻微出血点可合并成较大的皮下出血区或青肿瘀伤。黏膜、关节等处也可能出血。病人在此期间常感到骨骼、关节和肌肉剧痛,最终引起肌肉麻痹和心肌无力、大出血、心脏功能衰竭而死。

③ 维生素C的食物来源。维生素C广泛存在于新鲜蔬菜、水果中,尤其是绿叶蔬菜、酸性水果,如菠菜、柿子椒和花菜,以及柑橘、红果、柚子等,维生素C含量均较多。野生的沙棘、猕猴桃和酸枣等维生素C含量尤其丰富。动物性食物几乎不含维生素C,粮谷类和干豆类也不含维生素C,但干豆类发芽后如黄豆芽、绿豆芽则维生素C含量增加。富含维生素C的食物如表 1-3-8 所示。

表 1-3-8　　　　　　　　　　　富含维生素C的食物 (mg/100 g)

品　种	含量	品　种	含量
红柿子椒	159	绿柿子椒	89
花　菜	85	青　蒜	77
甘　蓝	76	番　茄	8～12
黄　瓜	6～9	四季豆	57
菠　菜	39	心里美萝卜	34
白萝卜	30	酸　枣	830～1 170
柠　檬	40	柑　橘	34
红　果	89	橙	54
草　莓	35	桂　圆	60

维生素C成人每天摄入的标准为 70 mg～75 mg,妊娠期、哺乳期和正在成熟期的青年,维生素C的摄入量要高于一般成人。

(3) 维生素 B_2。

① 维生素 B_2 的性质。维生素 B_2 因色黄,含核糖,所以又称核黄素或黄色酶,味苦。维生素 B_2 在酸性和中性环境中都比较稳定,熔点达 275 ℃～282 ℃,但在碱性环境中加热则易被破坏。维生素 B_2 不溶于脂肪,能溶于水。游离核黄素对光敏感,特别是在紫外线照射下易引起不可逆转的分解破坏,其破坏速度随温度及 pH 值升高而加速。维生素 B_2 在烹调中损失率

较小,肉类为 $15\%\sim20\%$,蔬菜类为 20%。

② 维生素 B_2 的生理功能。维生素 B_2 的主要生理功能是机体物质代谢过程中的递氢体,参与脂肪、氨基酸等代谢,是人体发育和生长所必需的维生素。维生素 B_2 所形成的辅酶是生物氧化过程不可缺少的重要物质,它促进蛋白质、脂肪和碳水化合物的代谢,促进生长,维护皮肤和黏膜的完整性。维生素 B_2 是人体内多种氧化链系统不可缺少的部分,在细胞代谢呼吸链的重要反应中起控制作用,在氨基酸、脂肪酸和碳水化合物代谢中逐步释放能量,供应细胞。缺乏维生素 B_2 会影响生物氧化,引起物质代谢的紊乱,出现如口角炎、唇炎、舌炎、角膜炎、阴囊炎,以及视觉不清、白内障等疾病。

③ 维生素 B_2 的食物来源。维生素 B_2 广泛存在于动植物食品中,在动物性食品中的含量较植物性高,肝、肾、心脏、乳及蛋类中含量尤为丰富。大豆和各种绿叶以及食用菌中亦含有一定数量的维生素 B_2,但从人体需要考虑,维生素 B_2 在膳食中不如其他营养素丰富。

维生素 B_2 是一种比较易缺乏的维生素。特别是膳食中动物内脏、蛋、奶较少时,必须设法加以补充,如多吃新鲜的叶菜和豆类。应根据维生素 B_2 的化学性质,采取各种措施,尽量减少加工中对维生素 B_2 的损失。

（4）维生素 D。

① 维生素 D 的性质。维生素 D 又名钙化醇,抗佝偻病维生素。以维生素 D_2 和维生素 D_3 较为重要,纯维生素 D 为白色,结晶状,无气味物质。其性质稳定,不怕热、不怕光,对氧、酸、碱较为稳定,不易被破坏,如在 $130\ ℃$ 加热 90 分钟仍能保持活性。维生素 D 溶于脂肪和脂溶剂中,不溶于水。

维生素 D_3,以海鱼的肝中含量最为丰富,禽畜肝脏、蛋类和奶类也含有少量维生素 D_3,每 100 克中含有 100 微克以下的维生素 D_3。

② 维生素 D 的生理功能。进入体内的维生素 D 经肝、肾转化为活性形式后才能发挥生物学作用。维生素 D_3 在体内骨骼组织的矿化过程中起重要作用,不仅能促进钙、磷在肠道中的吸收,还能促使钙和磷成为骨骼组织的基本成分。维生素 D 缺乏时,老年人容易导致骨质疏松症,儿童易引起佝偻病,成人（特别是孕妇、乳母）摄入维生素 D 过少,或长时间不摄入脂肪,不晒太阳等,可因维生素 D 缺乏引起骨质软化症。如果维生素 D 摄入过量可导致钙吸收增加,血钙过多,钙可在心脏、血管、肺和肾小管等软组织内沉积造成不必要的钙化,长期和不适当地过量服用维生素 D 可引起中毒。

（5）维生素 E。

① 维生素 E 的性质。维生素 E 又名生育酚、抗不育维生素。维生素 E 是淡黄色油状物,不溶于水而溶于有机溶剂,对氧敏感,易被氧化破坏,在无氧条件下加热至 $200\ ℃$ 以上亦不会被破坏。在酸性条件下较为稳定。

维生素 E 广泛分布于动植物组织中,较好的来源是麦胚油、棉籽油、玉米油、葵花籽油,花生油和芝麻油,几乎所有绿叶植物都含有此种维生素。维生素 E 也存在于肉、奶、奶油、蛋白及鱼肝油中。

② 维生素 E 的生理功能。维生素 E 是人体内的一种强抗氧化剂,能够防止细胞老化,是保护人体新陈代谢正常进行的一个重要原因,可阻止有毒自由基对肌体的伤害。维生素 E 的存在能防止维生素 A、维生素 C 的氧化,保证它们在体内的营养功能。维生素 E 还可以促进生育,延缓衰老,延长细胞寿命,清除自由基,维护细胞膜的正常结构和功能;抗动脉硬化,改善冠脉循环,抗凝血,以及降低血清胆固醇,防止肌肉萎缩。

（6）维生素 K。

① 维生素 K 的性质。维生素 K，又称凝血维生素。维生素 K 在食物中分布很广，如动物性食物来源有肝、蛋黄等；植物性食物来源以菠菜、白菜中含量最为丰富。

维生素 K 属于脂溶性维生素，它最易被碱和光破坏。

② 维生素 K 的生理功能。维生素 K 是形成凝血酶原所必需的成分，而且还能促使肝脏制造凝血酶原，并参与合成胆内其他凝血因子，凝固血液，防止出血。若吸收不足时，血液中的凝血酶即可降低，凝血时间延长。

（7）维生素 B_1。

① 维生素 B_1 的性质。维生素 B_1 又名硫胺素、抗脚气病维生素。呈白色针状结晶，溶于水，不溶于脂肪和有机溶剂，在酸性条件下较稳定，加热 120 ℃仍不分解，遇碱则易被破坏，所以在烹调食品时，如果加碱会造成维生素 B_1 损失。

维生素 B_1 广泛存在于天然食物中，含量丰富的有动物内脏、肉类、豆类、花生及未加工的粮谷类，水果、蔬菜、蛋、奶等也含有少量维生素 B_1。

② 维生素 B_1 的生理功能。维生素 B_1 是构成脱羧辅酶的重要成分，参与碳水化合物代谢。碳水化合物代谢的中间产物丙酮酸，经脱羧辅酶的作用，可变为乙酰辅酶 A，再进一步氧化生成二氧化碳、水和能量。维生素 B_1 可营养心肌，维持心脏功能正常。可促进胃肠蠕动和消化液分泌，增进食欲，并可刺激胃收缩，增加胃内容物排空速率。维生素 B_1 可维持神经、消化、肌肉、循环系统的正常活动。维生素 B_1 是末梢神经兴奋传导不可缺少的物质，可预防和治疗脚气病。另外，老年人有时会产生莫名其妙的下肢轻度浮肿，腿沉重麻木，行走乏力，四肢酸痛，食欲不振，健忘，思想不集中以及表情淡漠，这也是体内缺乏维生素 B_1 的表现。

（8）维生素 PP。

① 维生素 PP 的性质。维生素 PP 又称烟酸、尼可酸，因它具有防治癞皮病的作用，所以又叫抗癞皮病维生素。它是一种白色晶体，其主要以辅酶的形式广泛存在于人体内各组织中，肝内浓度为最高。尼可酸易溶于水和酒精，在酸、碱、光、氧或加热条件下不易被破坏，在高压下温度在 120 ℃、20 分钟也不会被破坏，是维生素中最稳定的一种，一般烹调加工极少损失，但也会随水流失。

尼可酸广泛存在于食物中，植物性食物中存在的主要是尼可酸，动物性食物中以尼可酸胺为主，两者活性相同。尼可酸在肝、肾、瘦畜肉、鱼以及坚果类中含量最丰富，谷类食物中含量也较丰富。

② 维生素 PP 的生理功能。维生素 PP 缺乏症即癞皮病，表现为疲劳、乏力、工作能力下降、记忆力差以及经常失眠。典型症状是皮肤炎、腹泻和痴呆。一般认为，维生素 PP 缺乏常与维生素 B_1、维生素 B_2 及其他营养素缺乏同时存在，故常伴有其他营养素缺乏症状。

（9）维生素 B_6。

① 维生素 B_6 的性质。维生素 B_6 是三种天然化合物吡哆醇、吡哆醛和吡哆胺的集合名称。蔬菜中含有大量的吡哆醇，而吡哆醛和吡哆胺主要存在于动物体内。它们的结构和生理活性都相似，在体内可相互转化，通常用吡哆醇来作为它们的代表。维生素 B_6 溶于水、酒精及酮，易在空气、碱性、紫外线下被破坏分解。三种类型的维生素 B_6 都是白色结晶物质，但在体内它们都是和磷酸结合在一起而存在的。维生素 B_6 是人体内参与蛋白质代谢的重要营养要素。

维生素 B_6 在食物中分布很广，含量较多的食物为蛋黄、鱼、奶、全谷、白菜及豆类。

② 维生素 B_6 的生理功能。缺乏维生素 B_6 可导致眩晕、恶心、呕吐和肾结石,也可引起低血红蛋白贫血、神经系统功能障碍、脂肪肝、脂溢性皮炎,抗体减少,易于感染。

（10）维生素 B_{12}。

维生素 B_{12} 又称钴胺素、抗恶性贫血维生素,它的发现给无数贫血病患者带来了福音。维生素 B_{12} 是目前所知的维生素中分子最大和最复杂的一种,但是人体对它的需要量也许是所有维生素中最少的一种,每天只需 3 微克左右即可。维生素 B_{12} 易溶于水和乙醇,在酸、碱中不稳定;在中性及微酸条件下对热稳定,但能被光照、强酸和碱溶液所破坏。

食物中缺少维生素 B_{12},或机体吸收维生素 B_{12} 不好,会引起恶性贫血。

维生素 B_{12} 来源于动物的肉和肝脏、肾脏。

4. 维生素的稳定性

维生素是食品中很容易变化的成分,特别是人体容易缺乏的维生素 C、硫胺素、核黄素和维生素 A 的稳定性都较差,而且影响它们的因素很多,包括水、油脂、氧气、温度、pH 值、光照、金属、加工时间、食品组织结构的状况和酶等。

实例链接

① 南瓜苹果汤。在制作南瓜苹果汤时,先把南瓜放入到烤箱中 200 ℃加热,烤出南瓜香气,其中比较重要的一点是一定要拌入色拉油再烤,目的是使南瓜的香气更容易出来,因为南瓜的香气成分有很多都是脂溶性的;另外南瓜中含有大量的胡萝卜素,属于脂溶性维生素,加入油,可以使南瓜中的维生素 A 更好地溶于油脂中,使人体更容易吸收。

② 芝士焗扇贝。该款菜肴主要沙司料是荷兰汁,荷兰汁主要配料是蛋黄、黄油和柠檬汁,在西餐中海鲜一般习惯和荷兰汁搭配在一起食用,主要原因是柠檬中的柠檬提取物对细菌有较强的抑菌作用,对病毒也有一定的抑制效果。其中,对耐药金黄色葡萄球菌有明显的抑制作用。另外,柠檬的酸味和特有的水果香气,能消除海鲜的腥味,并能使肉质更加细嫩。大多数海鲜需要用油进行烹制,高温过程中容易产生致癌物质亚硝基胺,而加进一些柠檬汁,因其维生素 C 含量比较丰富,可以快速地阻断亚硝基胺的合成,预防癌症的发生。

（五）无机盐

人体组织中几乎含有自然界环境中存在的各种元素。在这些元素中,已经发现有 20 余种是构成人体组织、维持人体生理功能所必需的基本元素,除碳、氢、氧、氮元素主要以有机化合物形式出现外,其他的元素不论其在体内含量多少,存在形式如何,统称无机盐。人体中共有 7 种常量元素:钙、镁、钾、钠、氯、磷、硫,每种元素占人体重的 0.005% 以上;占人体重的 0.005% 以下的元素称为微量元素或痕量元素,如铁、铜、碘、锌、锰、钼、钴、氟、铬、镍、钒、锡、硅、硒、矽、锶、硼等。

知识链接：无机盐的分类

营养学上将无机盐分为必需元素、非必需元素和有毒元素三种。

（1）必需元素是指在一切机体的正常组织中都存在,而且含量比较固定,一旦缺乏能使组织和生理发生异常的元素。当补充这种元素后即可恢复正常或防止出现异常现象发生。

（2）非必需元素是指人体不需要,但可参与体内正常代谢,并能排出体外的元素。

（3）有毒元素是指人体不需要、不参与人体正常代谢,但能在体内积累,沉淀多了达到中毒剂量时,会引起中毒的元素。

各种无机盐在人体内分布极不均匀,如钙、磷主要分布于骨骼与牙齿,铁主要集中于红细胞内,碘集中于甲状腺组织中,钒则集中于脂肪组织中。

无机盐在人体内代谢的方式不同,它不能在人体中合成,只能从食物中摄取;它也不能在体内代谢过程中消失,不能转化为其他物质,只能通过一定的途径排出体外,如小便、大便、出汗等。

1. 无机盐的生理功能

无机盐是构成机体组织的重要组成部分,无机盐仅占人体很少部分,但却是生物体的必需组成部分。

(1) 无机盐是构成机体组织的重要材料。如钙、磷、镁是构成骨骼和牙齿的主要成分。

(2) 无机盐参与某些具有特殊生理功能物质的组成。如铁是血红蛋白和细胞色素酶系的重要成分;碘是甲状腺素的重要成分;铜是多酚氧化酶的成分;锌是胰岛素不可缺少的成分;氟是牙釉质的成分等。

(3) 无机盐是细胞内、外液的组成成分。细胞内液中普遍含有钾,而细胞外液中普遍含有钠。

(4) 无机盐维持体内酸碱平衡。无机盐中的金属元素钙、镁、钾、钠等是体内碱性物质的贮备源;磷、氯、硫等非金属元素则是体内酸性物质的来源,它们相互配合,共同维持体液 pH 的稳定,而食物中的无机盐则是调节它们的外部条件。

(5) 无机盐维持体液的渗透压。体液的渗透压主要由其中所含的无机盐(主要是 NaCl)和蛋白质来维持。一个 NaCl 分子在溶液中可以电离出一个 Na 和一个 Cl,使质点数比分子状态增加一倍,因此这一体系能维持各组织细胞一定的渗透压,从而使细胞蓄留一定量的水分,保持细胞的紧张状态,并在细胞内外物质的进出方面起着重要的调节作用。

(6) 无机盐维持神经、肌肉的兴奋性。各种组织中的钠、钾、钙、镁离子浓度保持一定比例,可以维持神经、肌肉的兴奋与抑制,维持组织器官的特有生理功能。钙对血液凝固、心脏和肌肉收缩、神经细胞调节均有重要作用;钠、钾、钙的浓度,调节着神经、肌肉的兴奋性,钠、钾浓度增高,神经、肌肉兴奋性增强,而钙、镁浓度偏低,则神经、肌肉兴奋性降低;心肌的兴奋性随钠、钙及钾、镁浓度的变化而变化,钠、钙浓度高,则心肌兴奋性高,钾、镁浓度高,则心肌兴奋性降低。

(7) 无机盐是生物酶系统中的辅助因子和激活剂。镁离子对参与能量代谢的多种酶类有激活作用;氯离子是胃酸的重要组成部分,盐酸对于胃蛋白酶原具有重要作用;钙离子是凝血酶系统的激活剂。由于某些无机盐离子与许多酶活性具有密切关系,因此它们具有机体代谢的调节功能。

各种无机盐在人体新陈代谢过程中,必须保持相对平衡,长期缺少或摄入量过多均可引起人体新陈代谢机制的紊乱,从而导致各种生理和功能性病变。

2. 膳食中重要的无机盐

(1) 钙。钙在人体中的含量仅次于氢、氧、碳、氮,排第五位。

知识链接:人体中的钙

刚出生的婴儿,体内含钙量约 28 g;成年人人体内含钙量达 900 g～1 300 g,为体重的 1.5％～2％,人体内 99％左右的钙集中于骨骼和牙齿中,余下 1％的钙有一半与柠檬酸螯合或与蛋白质结合,另一半则以离子状态存在于软组织、细胞外液和血液中,这部分钙称为混溶钙

1

池。混溶钙池与骨骼中的钙维持着动态平衡，即骨中的钙不断地从骨细胞中释出进入混溶钙池；而混溶钙池中的钙也不断沉积于成骨细胞而形成为骨骼、牙齿的一部分。在人的骨骼内钙的沉淀与溶解一直在不断进行更新。随着年龄的增大，钙的更新速度也发生变化，婴幼儿的骨骼和牙齿中的钙1～2年更新一次。成年以后，骨骼和牙齿中的钙10～12年更新一次。男性在18岁以后，女性则更早一些，骨的生长速度开始稳定，但骨的密度仍在继续增加，40岁以后，钙在骨内的沉淀逐渐减慢，而溶出较多，可出现骨质疏松，易发生骨折。

① 钙的生理功能。第一，构成骨骼和牙齿。骨骼和牙齿是人体内含钙最丰富的组织，钙形成坚固的骨架以支撑整个身体；构成胸腔，保护心、肺，构成脑壳，保护脑髓等。第二，辅助血液凝固。在血液的凝结过程中，纤维蛋白起着主要作用。纤维蛋白的合成离不开凝血酶，而在凝血酶原转变为凝血酶的过程中钙起着催化剂作用。第三，维持肌肉的伸缩性和心跳的规律。钙在血浆中的浓度在正常情况下是恒定的。一旦钙在血浆中明显下降，则神经、肌肉的应激性就会大大增加，导致肌肉、手足痉挛。相反，因输液或其他原因所致的血钙过高则可引起心脏和呼吸的衰竭。

钙还对心脑功能、激素系统有重要影响，对细胞分裂、再生有应激作用。

② 钙的吸收。人体对钙的吸收主要在小肠上部完成。人们从膳食中摄入的钙仅有20%～30%是通过小肠吸收并进入血液中的。其余钙将从粪便、尿和汗中排出，不能吸收，但婴幼儿吸收率高达50%以上。

知识链接：影响人体对钙的吸收的因素

从营养学角度分析，影响人体对钙的吸收的因素很多，从膳食中摄入的钙含量的多少是一个重要的因素；特殊生理阶段机体对钙的需求量要求较高；膳食或机体存在某些原因，也是影响钙吸收的因素。

第一，影响钙吸收的有利因素。维生素D经肝脏、肾脏两次羟化后形成的1, 25—$(OH)_2$维生素D_3可促进钙的吸收和利用。维生素D可诱导体内合成一种钙结合蛋白质，这种蛋白质有利于钙通过肠壁的输送，以增进钙的吸收，膳食中的蛋白质可以增加由小肠吸收钙的速度。这是由于在蛋白质消化过程中所释放出来的氨基酸，特别是赖氨酸和精氨酸，可以与钙形成容易吸收的可溶性钙盐，乳及乳制品中的乳糖可与钙结合形成低分子的可溶性混合物，提高钙的吸收率；凡能增加肠内的酸度的物质都有利于钙的吸收，如乳酸、醋酸、氨基酸等物质。食物中钙的浓度大，以及机体需要量大，也有利于钙的吸收。

第二，影响钙吸收的不利因素。人体对钙的吸收受到食物中草酸、植酸等物质的影响。草酸和植酸可以与钙形成不溶性的草酸钙、植酸钙，影响钙的吸收。粮食中植酸较多，某些蔬菜含草酸较多，所以在选择供钙的食物时，不能单纯地考虑钙的绝对含量，还应注意钙的吸收，所以在食物中钙、磷应有适宜的比例，成人钙磷之比为1：2～1：1，儿童为1.5：1。当钙与磷之比小于1时，会影响钙在体内的贮留而引起骨质疏松。脂肪消化不良，可使未被吸收的脂肪酸与钙结合形成脂肪酸钙（钙皂），而降低钙的吸收。年龄和肠道状态与钙吸收也有关系。钙的吸收随年龄的增大而逐渐减少，所以老年人易骨折，难愈合。腹泻时肠道蠕动太快，食物在肠道停留时间短，有碍于钙的吸收。

此外，患有慢性胃肠炎、肝脏、肾脏功能较差者，钙的吸收率和利用率较低。

③ 钙的供给量和食物来源。目前我国推荐钙的日供给量，成人日钙摄入量为800 mg，孕

妇日钙摄入量为 1 000 mg～1 500 mg,哺乳期妇女日钙摄入量 2 000 mg,儿童日钙摄入量为 500 mg～1 100 mg。

含钙量较高的奶和乳制品易于被人体吸收利用。水产品也是钙的主要来源。鱼类等水产品内含有吸收钙必需的维生素 D,钙、磷比例在 1∶2～1∶1 范围内,有利于钙的吸收。其他含钙较多的食物有:黄豆及其制品、芝麻、新鲜的绿叶菜等。含钙量较高的食物如表 1-3-9 所示。

表 1-3-9　　　　　　　　含钙量较丰富的食物及含量(mg/100 g)

食物名称	含钙量	食物名称	含钙量
人　奶	34	大　豆	367
牛　奶	120	青　豆	240
奶　酪	590	菠　菜	158
蛋　黄	134	虾　皮	2 000
鲜青虾	99	标准粉	24
鲜银鱼	258	木　耳	295
芝麻酱	870	瘦猪肉	11
瘦牛肉	6	瘦羊肉	15
带皮鸡块	11	核桃仁	119

(2) 铁。铁是人体重要的微量元素之一。健康成人体内含铁为 3 g～5 g,其中 60％～70％存在于血红蛋白中,3％在肌红蛋白中,细胞色素酶、过氧化氢酶、过氧化物酶等酶系统中占 1％,其余 26％～36％以铁蛋白或铁血黄素形式在肝、脾、骨髓等组织中储备。

① 铁的生理功能。铁是构成细胞的原料,铁作为血红蛋白和肌红蛋白、细胞色素 A 以及某些呼吸酶的成分参与体内氧与二氧化碳的转运、交换和组织呼吸过程。铁与红细胞的形成和成熟有关。

铁是肌肉、肝、脾、骨髓以及细胞色素酶、细胞色素氧化酶等一些酶的成分,参与体内的氧化还原过程。铁还有许多重要功能,如催化 β-胡萝卜素转化为维生素 A、嘌呤与胶原的合成、抗体的产生、脂类从血液中转运以及药物在肝脏的解毒等作用。

② 铁的吸收。食物中的铁主要以三价铁形式存在,少数是以二价铁形式存在。动物类等食物中的铁约一半是血红素铁(二价铁),植物类的铁主要是非血红素铁(三价铁)。前者在人体内容易吸收,后者在人体中的吸收常受食物因素的影响。

非血红素铁在吸收前,必须与结合的有机物如蛋白质、氨基酸和有机酸等物质分离,也必须在转化为亚铁后方可被吸收,食物中一些还原物质如维生素 C、柠檬酸、盐酸能促进铁的吸收,而磷酸、植酸鞣酸等能与铁形成不溶性的铁盐,影响铁的吸收。谷物类和蔬菜类中植酸盐、草酸盐均可影响铁的吸收。由此可见,不利于铁吸收的物质主要存在于植物性食物中,而动物性食物中铁的吸收率较高。另外,人体胃酸缺乏及腹泻也会影响铁的吸收。

③ 铁的日供给量和食物来源。铁一旦被吸收后,可被身体反复利用,一般除肠道分泌和皮肤、消化道、尿道上皮脱落损失少量外,排出铁的量很少。人体对铁的需要量不多,只要从食物中加以弥补,即可满足机体需要。成人每日供给 12 mg～15 mg 铁就能满足体内需要。

膳食中铁的良好来源为动物肝脏(尤其是猪肝中含量多且人体利用率高)、动物全血、畜禽

1

肉类、鱼类；植物中的大豆、红枣、木耳、绿叶菜等。

（3）碘。碘是人体内重要的微量元素之一。人体内含碘 20 mg～50 mg，其中 20% 存在于甲状腺中，健康成人甲状腺的含碘量为 8 mg～10 mg。

① 碘的生理功能。碘参与甲状腺激素的合成，在人体代谢方面具有重要作用，与身体和智能发育、神经和肌肉组织的功能、循环活动以及各种营养代谢有密切关系。

在膳食中增加碘，如使用加碘盐，可防治碘缺乏症。饮食中长期碘摄入不足，可导致甲状腺素分泌不足，甲状腺激素增加分泌，引起甲状腺代偿性增生、肥大，出现甲状腺肿大。严重缺碘不仅可发生黏液性水肿，还会遗传，使下一代生长停滞、发育不全、智力低下、矮小、形似侏儒，即所谓"克汀病"。

② 碘的供给量和食物来源。人体所需的碘，一般从饮用水、食物和食盐中获得。含碘丰富的食物主要为海产品，如海带、紫菜、海蜇、海虾、海蟹、海鱼和海盐等。

（4）镁。镁是人体不可缺少的重要元素。人体中含镁约 35 g，仅次于钾、钠和钙的含量，大多数存在于骨骼和牙齿中，其余分布在心、肝、肾和血浆中。

① 镁的生理功能。镁是构成骨骼、牙齿和细胞质的主要成分，还可调节神经和肌肉活动，维持体内的酸碱平衡，启动体内的多种酶。镁参与机体骨骼中钙、钾的代谢，并且是构成细胞的重要离子。镁是细胞中的正离子，主要浓集于线粒体中，对很多酶系统的生物活性有重要作用。镁离子是糖代谢不可缺少的辅助因子。脂肪代谢与蛋白质合成也需要镁离子。镁离子对维护心肌的正常结构和功能有重要作用。

人体缺镁表现为肌肉痉挛，心率过快，眩晕倦怠，精神障碍，食欲减退等。长期缺镁会造成骨质变脆、牙齿生长不良，易患肾结石，并易导致冠状动脉粥样硬化。

② 镁的供给量和食物来源。镁普遍存在于各种食物中，几乎所有的食物都含有镁，特别是绿叶蔬菜、小米、燕麦、大米、小麦、豆类、干果仁等都含有丰富的镁，因此机体内一般不会缺乏镁。

（5）钾。钾是人体内的常量元素，正常成人每千克体重约含 2 g 钾。人体内的钾 98% 在细胞内液中，细胞外液中仅占 2%。

① 钾的生理功能。钾作为主要的正离子存在于组织和血细胞中，对酸碱平衡起着重要作用。钾可增加许多种酶的活性，是肌肉收缩不可缺少的物质。钾有维持心肌功能的作用。钾对心肌的营养甚为重要，它协同钙和镁维持心脏的正常功能，维持心肌的自律性、传导性和兴奋性。

钾摄入量减少时，会产生全身疲乏、血压下降、多尿、肠梗阻等症状，严重者可因呼吸困难、心脏病发作而死亡。

② 钾的供给量和食物来源。钾广泛分布于各类食物中，肉类、家禽、鱼类、各种水果和蔬菜都是钾的主要来源。正常膳食中的钾足以满足肌体的需要。健康成人的钾需要量约每日 2.5 g。

引起缺钾的因素有：蔬菜的过度浸泡和烹调，可使钾丢失；长期摄入精制食物，高消耗，过量饮水或饮酒，高盐摄入，都可引起钾缺乏；腹泻、呕吐可使钾丢失。

（6）钠。钠是人体内最重要的常量元素之一，含量大约为体重的 0.2%，其中约 50% 存在于细胞外液中，40% 存在于骨骼中，仅有 10% 存在于细胞内，血浆中的含量约为每 100 g 中含 320 mg 钠。

① 钠的生理功能。参与酸碱平衡的调节；维持神经、肌肉应激性；参与细胞内外液渗透压

的调节;是胰液、胆汁、汗、泪的组成成分。

② 钠的供给量和食物来源。钠的主要来源是膳食中的食盐、海产品、盐腌食品以及蔬果和饮用水。一般纯饮食性缺钠是不易发生的,成人每日摄取钠为 4 g~9 g。相反钠摄取量过多能使血压升高。人体内钠失去平衡,可引起电解质紊乱。

3. 烹饪中重要的无机盐

无机盐在食品加工和烹饪中的作用。食品加工和烹饪中还常用一些无机盐来改善食品的风味、色泽、结构和工艺特性等。但使用这些无机盐必须遵守有关安全规定。例如,甲醛次硫酸氢钠(吊白块,$NaHSO_2 \cdot CH_2O \cdot 2H_2O$)不能用于漂白食品。

调味、防腐作用的常用无机盐 $NaCl$ 是食盐的主要成分,而 $CaCl_2$、$MgCl_2$、$CaSO_4$ 可作为凝固剂、沉淀剂来使用。硝酸盐和亚硝酸盐是常见的发色剂,亚硫酸氢钠($NaHSO_3$)、低亚硫酸(保险粉,$Na_2S_2O_4$)和焦亚硫酸钠($Na_2S_2O_5$)具有漂白、防腐和防褐变作用。磷酸盐常作为保湿剂和酸化剂来使用。用来调节食品酸碱度的常用无机盐有具碱性的氢氧化钠(烧碱,$NaOH$)、碳酸氢钠(小苏打,$NaHCO_3$)、碳酸钠(纯碱,Na_2CO_3)、碳酸氢铵(臭粉,NH_4HCO_3)。

实例链接:芦笋浓汤

芦笋是健康、全面的抗癌食品,含有多种人体必需的矿物质元素。大量元素如钙、磷、钾、铁的含量很高;微量元素如锌、铜、锰、硒、铬等含量丰富而且比例适当。在制作芦笋浓汤之前需要对芦笋进行焯水:沸水放入芦笋再迅速过凉,这样芦笋会更加翠绿,主要原因是:大量的热水,能使芦笋中的叶绿素酶迅速失活,排除蔬菜组织中的氧气,对组织中的有机酸具有稀释和挥发作用,从而减少了叶绿素生成脱镁叶绿素的机会。

4. 无机盐对食品性能的影响

(1) 无机盐对肉及肉制品性状的影响。肉中无机盐的含量一般为 0.8%~1.2%,各种肉类的无机盐含量无重大的种类差异。此外,同一肉类的不同部位,其无机盐的含量通常变化也很小。肉中常量元素以钠、钾和磷的含量较高,微量元素中铁的含量较多。当肉中液体流失后,主要损失常量元素钠、钾,而铁和磷损失较少。因为钠、钾几乎全部存在于组织及体液中。

在肉类组织中,离子平衡对肉的保水性起主要作用。聚磷酸盐在较低的浓度下具有较高的离子强度,使一些蛋白质溶解性增加,特别在加热的时候,水被包围在凝固的蛋白质中,故增加了肉的保水性。同时,聚磷酸盐还可以防止肉中的脂肪酸败,有利于肉品质的改良。

实例链接:肉类腌制码味加工

腌制码味加工,肉的组织结构和化学成分都发生了变化。未经腌制的肌肉中的蛋白质处于非溶解状态或处于凝胶状态;而腌制后由于受适当离子强度的作用,蛋白质水化作用增大,蛋白质失掉网状结构,因而造成更多的水与蛋白质以氢键相结合,使非溶解状态的蛋白质变成溶解状态,或从凝胶状态转变为溶胶状态,增加了肉的保水性。当加热的时候,溶胶状态的蛋白质又形成巨大的凝胶体,将水分及脂肪封闭在凝胶体的网状结构里,从而可大大提高肉的保水性并增大肉的嫩度。

肉的 pH 值增高,膨润度增大;盐水浓度在 8%~10% 时,肉的膨润度最大,而当浸渍盐水的浓度增大时,特别是在盐水浓度超过 22% 时,肉的膨润度反而会显著降低。食盐的浓度越大,浸入盐水越多,水分的增加量反而会越少。

1

（2）无机盐对植物食品的影响。植物食品中的无机盐元素,除极少数以无机盐形式存在外,大部分都与植物中的有机化合物相结合而存在,或者本身就是有机物的组成成分,而不以游离的形式存在。

（六）水

水在自然界中广泛存在,是由 2 个氢原子和 1 个氧原子组成的化合物。水在肌体内的含量最多,占成人体重的 $50\%\sim60\%$ 。水是最重要的一种营养素,它是肌体细胞和细胞外液的重要组成成分,参与体内许多重要的生理、生化过程,如运输、体温调节、代谢生化活动的介质等。由于人体每日从尿液、汗液、粪便和呼出的气体中排出相当数量的水分,所以每天必须从膳食或饮料中补充丢失的水分。

1. 水的生理功能

水是人体需要量最大、最重要的营养素。只要有足够的饮水,人不吃食物仍可存活数周;但没有水,数日便会死亡。可以说人体生理功能都离不开水的参与。

（1）机体的重要成分。水是保持每个细胞外形及构成每一种体液所必需的物质,广泛分布在组织细胞内外,构成人体的内环境。

（2）促进体内物质代谢。水是体内一切生物化学变化必不可少的介质,离开水一切生化反应都无法进行,生命也就停止了。水的溶解力很强,并有较大的电解力,可使水溶物质以溶解状态和电解质离子状态存在,并具有较大的流动性。可作为营养素的溶剂,有利于将其吸收和在体内运送;还可作为代谢产物的溶剂,有利于将其及时排出体外;难溶或不溶于水的物质,如脂类及某些蛋白质能分散于水中成为胶体溶液,水作为体内胶态系统的主要成分,有利于它的形成和稳定。所以,水在消化、吸收循环、排泄过程中,能促进营养物质的运送和废物的排泄,使人体内新陈代谢和生理化学反应得以顺利进行。此外,水还直接参与体内的水解、氧化及还原等过程。

（3）调节和维持体温。水的汽化热很大,汗液中每一克水蒸发汽化时要吸收约 2 426 焦耳热量。当气温升高或剧烈运动,身体产生热量过多时,通过汗液的蒸发可散发大量热量,从而避免体温过度升高。

（4）润滑功能。水以体液的形式存在于身体需要活动的部位,起着润滑剂的作用。如:泪液可减轻眼球与眼睑间的摩擦,可防止眼角膜干燥;唾液可湿润咽喉;关节液可减轻骨端间的摩擦;胸、腹浆液可减轻胸、腹腔中内脏与胸、腹壁间的摩擦。

2. 水的需要量及人体中水的来源

人体每天所需要的水量,随年龄、气候和劳动强度等因素的不同而有差异。为维持体内水的恒定,摄入的水量必须能够补偿经消化道、呼吸道、皮肤和肾脏等途径排出的水量,以保持水平衡。健康成人在一般条件下每天约需水 2 500 毫升。

人体的水有三个来源,即饮用水、食物水、代谢水。普通成人每日饮水和食物中所获得的水,平均约为 2 200 毫升,蛋白质、脂肪、碳水化合物三大产热营养素生物氧化所产生的内生水约为 300 毫升,其中饮水量可因机体需要量及气温等环境的影响而有较大的变动。

饮用水包括茶水、汤和其他液体,是人体水的主要来源,当气候和劳动对水的需要量有变动时,通过饮水可予以调节。

知识链接:科学喝水

水是人类赖以生存的最重要的食物。水能帮助嚼碎和软化食物,供应消化液,促进食物在消化道中的流动。

凉开水、热水瓶中的热开水,其保存期最多不要超过 48 小时,过期必须处理掉,不宜饮用。

烧水刚刚起沸时不宜熄火,要等到持续煮沸 3 分钟之后再熄火取用才合适。但煮沸的时间也不可过于长久,否则又会降低沸水的营养价值。

劳动或运动后不宜马上大量饮水,应休息 20 分钟以后再饮水,因为劳动或运动之后,胃肠道的血管处于收缩状态,多数血液集中到劳动或运动时紧张的肢体肌肉中,大量饮水,胃肠道的吸收能力很差,会引起消化不良和增加心脏负担。

大渴之时宜少饮几口水,停一会儿再饮。也可适当地先喝些淡盐水滋润一下喉咙。采用"多次少量"的方法饮水,对身体健康有益。

不要边吃饭边喝大量的水,这样会导致胃酸浓度下降,不利于食物消化、吸收。

清晨起来空腹喝一杯凉开水有益健康。

---

3. 水在食品中的性质和存在状态

(1) 食品中水的性质及其在烹饪中的应用。水既是食品的主要成分,又构成食品中其他成分存在的环境,在烹饪中发挥分散功能和热媒介功能。

(2) 食品中水的存在状态。一般食品原料含水都很多,但是大多数情况下,并未见到有明显的水渗出流失。将鲜肉切开,不会出现因大量水流动而损失的现象。另一方面,如面粉、饼干等干燥食品,它的含水量也达百分之十几,但却不显"潮湿",这说明食品中的水与纯水的存在状态不同。正如前述,水在食品中能与别的物质相互影响、相互作用,所以其状态和性质与水分子单独存在时不同。根据水与别的物质相互作用的大小,可将水的存在状态分为两种:

① 自由水。自由水是食品中被毛细血管力或其他较弱吸引力维系着的水。这种水存在于食品微细结构中,如微毛细管、大毛细管、细胞、组织囊腔内等,是食品和生物组织、细胞中容易结冰也能溶解溶质的水,它们几乎具有水的全部性质,是食品中容易变化的部分,在食品中既可以以液体形式移动并结冰,也可以以蒸气形式移动。烹饪加工中,如干制、涨发食品时,主要就是自由水在变化。

② 结合水。结合水是食品中被氢键维系着的水,处于束缚状态或结合状态,也称束缚水。当然,比氢键更强的吸引力维系着的水也是结合水,如固体结晶水、强离子作用吸附水,它们以严格的比例与这些物质的分子相吸引,只有在高温(大约 105 ℃)或化学试剂(强脱水剂)作用于原料时,才有可能逸出,一般干燥不能脱去。

自由水和结合水之间并没有严格界限,在结合水和自由水之间难以作定量的划分,但可以根据其物理、化学特性作定性的区分。一般来说,结合水沸点升高、难挥发,呈结合状态,强热、强脱水剂都不能完全脱去它们。例如,100 ℃下结合水不能挥发,也不易结冰(冰点低于 −40 ℃),不能作为溶剂,化学上呈惰性。

知识链接:食品中不同成分结合水的能力不同

食品中大部分的结合水是和蛋白质、糖等相结合。据测定,每 100 克蛋白质可维系的水分平均达 50 克,每 100 克淀粉的持水力在 30～40 克。例如,重 100 克的鲜肉,总含水量为 70～75 克,含蛋白质 20 克,在总含水量中有 10 克左右水是被蛋白质吸附的水,但其余的 60～65 克仍是自由水,不过这些自由水都因肉中各种细胞结构、纤维结构、膜结构的渗透压力、毛细力、表面吸附力固定在各种物质微观结构中,所以,肉中的水几乎都不能流动。用刀切开肉或任水自由滴干时,也只有少许自由水流失,大约 15 克。当往肉中加入盐时,可使更多的水渗出,这些水就是因渗透压改变而从肉的凝胶结构或细胞中流出的,属于胶体吸附水和毛细管

1

水,它们是肉中含量最多的一种水,可达 40 克。

烹饪制糜是通过机械作用破坏肉的结构,加盐改变渗透压,将肉中不可流动的水转变成可流动水,形成一种以水为分散介质的状态的过程。

4. 水分活度

食品中的水,不管是自由水,还是结合水,都受到不同程度的束缚,被束缚的程度越大,则水从溶液中逃逸出来形成水蒸气的趋势就越小。为了更好地说明不同的束缚程度或自由程度,化学中引入了水分活度这一概念。水分活度可以影响食品微生物的生长繁殖、食品中的化学反应、食品中酶的活性及食品的质构特点。

实例链接:核桃仁去皮

在制作华尔道夫沙拉的时候用到了核桃仁,核桃仁往往都是带有桃仁皮的,为了去掉这层皮,需要在水中浸泡。主要原因就是核桃仁细胞里的渗透压大于外界的渗透压,那么水分子就透过核桃仁的皮进入到核桃仁中,浸泡的时间长了,核桃仁就会出现微微的溶胀,外表的皮就破裂了,这样更容易去掉核桃仁的外皮。

二、人体对热量的需要

(一)人体热能的产生

俗话说:"生命在于运动。"人是一个生命体,所说的"运动"不仅是指体育运动及身体活动,人体的各个组织和器官时时刻刻都在运动着。要运动就要消耗能量物质,人体所需的热能是食物中的热原质,即食物中的糖、脂肪、蛋白质在体内通过化学变化提供的能量。热能是指物质燃烧或物体内部分子不规则运动时释放出的能量。对人体来说,能量也称为"热能",既供能也产热以维持体温。

能量在自然界有多种形式,如电能、化学能、机械能等,各种能量之间可以相互转换,为了计量上的方便,能量的国际单位以焦耳(J)为单位来表示,通常多采用千焦(kJ)作为单位。以往在营养学上通常采用千卡(kcal)表示热能单位。焦耳与千卡之间换算关系如下:

$$1 \text{ kcal} = 4.184 \text{ kJ}, \quad 1 \text{ kJ} = 0.239 \text{ kcal}$$

(二)人体的热能来源

1. 三大产热营养素

碳水化合物、蛋白质和脂肪是人类能量的三种来源。其中碳水化合物提供的能量占全天总能量的 55%～65%,蛋白质提供的能量占全天总能量的 10%～15%,脂肪提供的能量占全天总能量的 20%～30%。

2. 热能系数

每克碳水化合物、脂肪、蛋白质在体内氧化所产生的热能值称为热能系数(或能量系数,生理卡价)。1 克碳水化合物产生热能为 16.7 千焦(4.0 千卡);1 克脂肪产生热能为 37.6 千焦(9.0 千卡);1 克蛋白质产生热能为 16.7 千焦(4.0 千卡)。

(三)人体的热能消耗

人体的热能消耗主要有三个方面:基础代谢、体力活动和食物热效应。另外,对于发育中的婴幼儿、儿童、青少年等人群,人体的热能消耗还有身体发育。

1. 基础代谢的能量消耗

基础代谢能量消耗是指人在空腹、清醒、静卧状态下,环境温度为 18~25 ℃条件下的能量消耗量,是维持最基本的生命活动所消耗的能量,包括维持心跳、呼吸、肠蠕动、腺体分泌,维持体温恒定等的耗能。

影响基础代谢能量消耗的因素有以下几个方面:

(1) 体表面积和体型。基础代谢随体表面积增加而增高,瘦高体型者较矮胖体型者高。

(2) 年龄。基础代谢随年龄增大而降低。

(3) 性别。女性较男性基础代谢低 5%~10%。

(4) 内分泌。甲状腺和肾上腺分泌旺盛者基础代谢增高。

(5) 气温。热带居民较温带居民基础代谢低 10%,温带居民较寒带居民又低 10%。

(6) 营养。营养状态良好的基础代谢比长期营养不足者高。

2. 各种体力活动的能量消耗

体力活动的能量消耗是影响人体总能量消耗变动的主要因素。每日从事各种活动消耗的能量,主要取决于体力活动的强度和持续时间:从事重体力劳动比从事轻体力劳动所需要的热能要多;从事体力劳动比从事脑力劳动所需要的热量要多。

我国生理学会营养专家指出,成人的劳动强度大致分为五级:

(1) 极轻体力劳动(以坐为主的工作,如阅读、办公室工作、修理钟表、编写工作等)每日所需热量为 147~167 千焦/千克体重。

(2) 轻体力劳动(以站立工作为主,或以坐为主但伴有不十分紧张的肌肉活动,如教师、酒店服务员、化学实验操作员、电脑操作员、售货员)每日所需热量为 167~188 千焦/千克体重。

(3) 中等体力劳动(如学生日常活动、机动车驾驶员、电工安装、厨师、木工等)每日所需热量为 188~209 千焦/千克体重。

(4) 重体力劳动(非机械化的农业劳动、车工、炼钢工人、舞蹈演员、运动员等)每日所需热量为 209~251 千焦/千克体重。

(5) 极重体力劳动(非机械化作业,如伐木、采矿、铸造等)每日所需热量为 251~293 千焦/千克体重。

3. 食物特殊动力作用的能量消耗

食物特殊动力作用,即指因为食物摄入引起热能消耗增加的现象。不同种类食物产生食物特殊动力作用大小也不同,摄入碳水化合物时耗能相当于碳水化合物本身所产生热能的 5%~6%,脂肪为 4%~5%,蛋白质为 20%。当成人摄入一般的混合膳食时,由于食物的特殊动力作用而额外增加的热能消耗,相当于基础代谢的 10%。

4. 生长发育的能量消耗

生长期儿童及孕妇、哺乳期妇女由于构造新的组织,需要热量,因此每天由食物供给的热量应比自身消耗热量多。

因此,人体总热量消耗量等于基础代谢消耗能量、活动消耗能量、食物特殊动力作用能量的消耗、生长发育所需要的能量消耗的总和。

(四) 保持体内能量的平衡

能量摄入量与消耗量保持平衡对成人来说非常重要。1 克糖在人体内生理氧化可产生热量 16.7 千焦,1 克脂肪在人体内生理氧化可产生热量 37.6 千焦,1 克蛋白质在人体内生理氧

1

化可产生热量 1.67 千焦。摄入的能量如正好满足人体正常的生理活动以及人体的运动、劳动等日常活动消耗,满足机体生长发育的需要,体重将维持恒定。也就是说热量的供耗要维持相对的平衡,无论是能量不足或过剩均会影响身体健康。

提供给人体的热量如果长期达不到人体对热量的需要,那么体内储存的糖原和脂肪将被消耗,以补充热量的不足。热量继续不足,就要消耗体内的蛋白质氧化来补充热量,从而使机体出现消瘦、体重下降、精神萎靡,皮肤干燥、贫血、乏力、抵抗力弱,引起营养不良等多发病。

提供人体的热量如果长期大于人体对热量的实际消耗,过剩的热量将会在人体内转化成人体的脂肪,使皮下脂肪层加厚,体态臃肿,动作迟缓,增加心脏、肺的负担;组织器官内脂肪增多,则会造成血脂增高,血清胆固醇增高,易发生脂肪肝、冠心病、糖尿病及多种心血管疾病。

一个人体重正常可以说明人体内热量供耗的平衡,也可以基本说明人体的营养状况。通过饮食的调节,可以维持正常的体重,以保持健康的身体状况。当然,人体体重正常也不能说明人体就没有疾患。

(五) 能量供给的主要食物来源

我们知道人体的能量来自食物中的蛋白质、脂肪和糖类。那么哪些食物中富含这些营养素呢? 一般食物可分为这几大类:谷类、豆类、畜类、禽类、乳类、蛋类、蔬菜类和水果类,这些食物在每天膳食中都会出现,其中蔬菜和水果类含有少量的糖类,能量含量较低,其他各类食物都含有三大产热营养素,能量较丰富,尤其是谷类,富含糖类,是能量的主要来源,提供每天能量的 55%～65%。

三、烹饪原料的营养特点

(一) 植物性烹饪原料的营养特点

1. 谷类

谷类食品按食用习惯可分为粗粮和细粮。常见的粗粮有高粱、玉米、小米和薯类,细粮有大米、玉麦、大麦和小麦等,它们都是人体热能主要的来源。谷类给人体提供大量的热能和蛋白质,另外它供给的 B 族维生素和无机盐也占有相当的比重。

(1) 谷粒的构造及主要营养成分分布。

谷类的籽粒大都是相似的结构。谷粒是由谷皮、糊粉层、胚乳和谷胚四部分组成的。

谷皮含有纤维素、半纤维素和较多的戊聚糖,还含有一定量的蛋白质、脂肪、维生素和无机盐。糊粉层位于谷皮和胚乳之间,由厚壁细胞组成,为谷粒重量的 6%～7%。含有较多的脂肪和蛋白质,糖分也不少,无机盐的含量比皮层高,纤维素含量较少,谷粒加工后会造成部分成分损失。胚乳是全谷粒的最大部分,占籽粒重量的 87%,含有丰富的碳水化合物,较多的蛋白质和少量的脂肪、无机盐和维生素。谷胚由胚芽、胚轴、胚根和子叶组成,占籽粒重量的 2%～3%,富含蛋白质、脂肪、可溶性糖、B 族维生素和维生素 E,各种无机盐含量也较多。

(2) 谷类的营养价值

① 水分。谷类经晾晒其水分含量一般小于 14%,如果水分含量大于 14%,酶类活动增强,使营养素分解并且产生热量,会导致霉菌、昆虫等生长繁殖,降低食用价值。

② 蛋白质。谷类提供一定的植物蛋白质,燕麦中的蛋白质含量最多,为 15.6%,白青稞为 13.4%,小麦为 10%,大米和小米为 8%左右。谷类蛋白质以醇溶谷蛋白和谷蛋白为主,麦

1

胚和米胚以球蛋白为主,含少量的清蛋白、无醇溶谷蛋白和谷蛋白。但经碾磨加工后蛋白质含量会降低,故精加工的米、粉比粗米、标准粉的植物蛋白质含量低。

③ 碳水化合物。谷类中含量最多的营养成分是淀粉,约占碳水化合物总量的 90%,主要集中在胚乳的淀粉细胞内。淀粉是膳食中热量的主要来源(每 50 克可提供热量 836 千焦)。

④ 脂类。谷类含有少量脂肪,约占 2%,但质量较好,都是不饱和脂肪酸,主要存在于糊粉层和谷胚中。还有少量的磷脂,如在玉米油中所含 4% 的脂肪中,亚油酸的含量高达 60% 以上。

⑤ 无机盐与微量元素。谷类的无机盐与微量元素含量为 1.5%~5.5%,大部分集中在谷皮和糊粉层中。其中主要是钙、磷、钾、铁、铜、锰、锌等。绝大多数以植酸盐形式存在。植酸盐不易为机体吸收利用,其中有 60% 左右将由粪便排出。

⑥ 维生素。谷类制成的食品是膳食中 B 族维生素的重要来源。其中维生素 B_1、维生素 B_2、维生素 PP 含量较多,主要集中在糊粉层中,谷类胚芽中含有较丰富的维生素 E,谷类食品不含维生素 A、D 和 C。

(3) 几种主要谷类的营养特点。

① 稻谷。稻谷中蛋白质含量一般比其他谷物低,但具有优良的营养品质:一是赖氨酸含量较高,约占总蛋白的 3.5%,比其他谷物籽粒高;二是稻米蛋白的氨基酸组成配比比较合理,只有赖氨酸和苏氨酸较欠缺;三是蛋白质利用率高,其生物效价和蛋白质功效比值都好。

稻谷中的淀粉是一种重要的化学成分,而且是含量最高的糖类,一般在 75% 左右,直接向人体提供廉价的能量。稻谷中脂类含量一般为 2.6%~3.9%,胚中含量最高,其次是谷皮和糊粉层。此外,稻谷中含有丰富的 B 族维生素,大米中还含多种矿物质,以磷、钾、硫、镁、钙等含量较多。

② 小麦。小麦中的蛋白质分布不均匀,在胚乳中的蛋白质,其赖氨酸、缬氨酸和蛋氨酸含量较低,而在小麦籽粒的皮层和胚部中的蛋白质,其氨基酸组成比较平衡,特别是赖氨酸和蛋氨酸含量较高。但由于加工常常损失皮层中的蛋白质,因此,从小麦及小麦面粉的营养价值来看,小麦蛋白质中人体必需的赖氨酸含量较低。

小麦中主要糖类是淀粉,小麦胚乳中的 75% 是淀粉,是人体所需能量的主要来源。小麦的脂肪含量很低,分布不均匀,一般在 1.5% 左右,但在加工过程中会使脂肪造成不同程度的损失。小麦中含有维生素 B_1、维生素 B_2、烟酸、维生素 E、胡萝卜素等,以及磷、钾、钙等矿物质,但在小麦籽粒各部分的分布不平衡。

③ 玉米。玉米所含营养成分丰富,玉米粗蛋白含量略低于麦类作物,每 100 克玉米含蛋白质 4 克,在玉米蛋白质中含有较多的谷氨酸。

在粮食作物中,玉米的脂肪含量仅次于大豆,每 100 克含量为 4.3 克,而且富含不饱和脂肪酸,其中 50% 为亚油酸,还含有谷固醇、卵磷脂、维生素 E 等。糖类是玉米中的主要成分,每 100 克玉米含糖类 72.2 克,而且主要是淀粉。玉米是可利用的最廉价的淀粉资源,为人体提供能量。另外,每 100 克玉米中含钙 22 毫克、磷 117 毫克、铁 1.1 毫克,以及维生素 B_1 0.16 毫克、维生素 B_2 0.11 毫克、维生素 E 0.46 毫克,还含有烟酸等营养成分。

随着玉米被世界重新认识,人们发现它具有很强的保健功能。玉米中所含的亚油酸、维生素 E 等物质,具有降低血液中的胆固醇的作用;其次,玉米中的谷胱甘肽是一种抗癌因子,它在人体内能与多种外来的致癌物质相结合而排出体外;再次,玉米中所含的纤维素比较丰富,食后能促进肠蠕动,缩短食物通过消化道的时间,减少有毒物质的吸收和刺激。

（4）谷类加工、储存中营养价值的改变。

① 谷类加工。谷类加工的成品有米和面两种,其加工工艺不同,对粮谷类营养成分有较大的影响。尽管除去了杂质和谷皮,有利于食用和消化吸收,但由于谷粒的一些营养素在谷胚及表层含量较多,若过分提高加工精度将造成营养素大量损失,因此,加工精度越高,出粉、出米率越低,营养成分损失越大。

知识链接:谷物类的加工

随着人们生活水平的提高,对精白米、粉的需求量日益增加,从米、面营养素角度考虑,为保留各种营养成分,其加工精度不宜过高,既要使谷类有较高的消化吸收率及良好的感官性状,又要最大限度地保存营养成分。本着经济和营养兼顾的原则,我国一般将稻米加工成"九二"米,即 100 千克糙米加工成 92 千克白米;将 100 千克小麦加工成 85 千克面粉,即"标准粉"。从营养学的角度上看,标准米、粉中维生素、无机盐含量比精白米、粉丰富,消化率比糙米和全麦粉高,更符合人体需要。同时,出米率和出粉率合适,减少粮食加工过程中的浪费。

② 谷类贮存。粮谷类在贮存期间由于环境温度和湿度不同,谷类自身呼吸氧化以及酶的作用导致许多化学变化,营养素含量会有所改变,对营养价值产生影响。在干燥、低温条件下,蛋白质、氨基酸含量及组成变化不大;当环境温度较高,湿度较大时,在粮谷中的酶和微生物的作用下蛋白质会加速分解。

在贮存期间,粮谷类所含的脂类及脂肪酸,由于氧化作用,尤其是在解脂酶及霉菌产生的解脂酶、水解酶的作用下会发生分解。

粮谷贮存期间,无机盐变化不大,如长期贮存,则有机物质含量减少,无机物质的含量增加。粮谷储存期间,正常情况下,维生素 B_1、B_2、B_6 和维生素 E 较稳定,但在成品粮中易分解。玉米及其加工品中的类胡萝卜素在贮存过程中损失较大,一年损失约达 70%;谷类中含水量在 17% 时,5 个月可损失 30% 维生素 B_1,水分含量在 12% 时,可损失 12%。

因此,粮谷类的贮存应放于避光通风、干燥和荫凉的环境下,以保持其原有的营养成分少受损失。

（5）提高谷类食品食用价值。

① 应提倡粮食混食。由于各种粮食的营养成分不完全相同,混合食用可提高其营养价值。膳食中兼用一部分粗粮和杂粮不仅可增加维生素、无机盐的摄入量,还可以利用它们之间蛋白质的互补作用,提高食物蛋白质的营养价值。

② 合理烹调。谷类食物经烹调后,改善了感官性状,促进了消化吸收,但烹调加工过程中可使某些营养素损失。如淘米要避免过分揉搓,因为,米中含有的水溶性维生素和无机盐均易溶于水,随着搓洗次数增多、浸泡时间长而流失。蒸、烤、烙等烹调方法,对蛋白质、无机盐及 B 族维生素的损失较少。另外,把适当的食品强化剂添加到食品中可以弥补食物固有的营养成分不足,提高谷类营养价值。

2. 豆类

豆类品种繁多,按照豆类中营养成分含量,可将豆类分为两大类:一类是大豆,它们含有较多的蛋白质和脂肪,而糖类相对较少;另一类是杂豆,它们含有较多糖类,中等量的蛋白质和少量的脂肪。

（1）大豆及其制品的营养价值。

① 大豆富含蛋白质。每 100 克大豆含蛋白质 36.3 克,相当于 200 克瘦猪肉、300 克鸡蛋

或 1 200 毫升牛奶中的蛋白质含量。从蛋白质的质量看,大豆蛋白质富含人体不能合成的 9 种必需氨基酸,特别是赖氨酸、亮氨酸、苏氨酸含量比较丰富,属于优质蛋白质。

② 大豆富含脂肪。大豆的脂肪含量为 15%～20%,且不饱和脂肪酸占 85%,其中亚油酸占 51.7%～57%,亚麻酸占 2%～10%。它的多价不饱和脂肪酸和饱和脂肪酸比值(简约 P/S 值)为 4.24,即前者比后者多了 3 倍以上。大豆脂肪不含胆固醇,只含少量的豆固醇,可起到抑制机体吸收动物食品所含胆固醇的作用。大豆中还含有大豆皂甙,能降低血液中胆固醇含量。大豆中含有 1.64% 的磷脂,磷脂是人类营养不可缺少的物质。所有这些都是肉类不能比的,故大豆有"植物肉"的美誉。

③ 碳水化合物含量。大豆中的碳水化合物含量为 20%～30%。主要是纤维素和寡聚糖。大豆中几乎不含淀粉。大豆中含较丰富的维生素,但在加工中大部分被破坏掉了,有意义的是大豆中含有维生素 E,每 100 克大豆含维生素 E 18.9 毫克。大豆中含丰富的无机盐与微量元素,每 100 克中含钙 191 毫克,磷 465 毫克,钾 1 503 毫克,同时还含有钠、锰、锌、铝、铜、钼、硒等微量元素。

实例链接:蛋白质的利用率因大豆烹调方法不同而不同

烹调大豆的方法不同,其蛋白质的利用率也不同。烹制方法得当,大豆蛋白的消化率可达 92%～96%;反之则会浪费一半。这是因为大豆含有最广泛的胰蛋白酶抑制剂,能抑制胃蛋白酶对蛋白质的分解作用。炒熟的大豆消化率仅为 50%;煮熟的大豆消化率为 65%;经过磨细过滤、加热的大豆其消化率可达 85%;如将大豆中的蛋白质凝固变性,制成豆制品其消化率则可提高到 92%～96%。

(2) 杂豆的营养价值。

杂豆类,主要指蚕豆、芸豆、绿豆、赤豆、豇豆等,它们糖类物质的含量为 55%～65%,蛋白质含量为 20%～30%,脂肪含量低于 5%,无机盐和维生素的含量较为丰富。

① 蚕豆。蚕豆中含有大量蛋白质,平均含量 30%,是食用豆类中仅次于大豆的高蛋白质作物,而且蛋白质中氨基酸种类齐全,人体内不能合成的 9 种必需氨基酸中,除色氨酸和蛋氨酸含量稍低外,其余 6 种含量都高,尤其以赖氨酸含量最为丰富,所以蚕豆被誉为植物蛋白质的新来源。蚕豆中维生素含量超过大米和小麦。

② 豌豆。豌豆的蛋白质含量较高,富含人体必需的 9 种氨基酸。它的维生素 B_1 含量相当丰富,每 100 克含 1.62 毫克,比猪肝多 1 倍。鲜豌豆中胡萝卜素、维生素 C 等营养素的含量也很丰富。此外,在发芽的豌豆种子中还含有维生素 E。

③ 绿豆。绿豆营养价值较高,含有丰富的蛋白质、淀粉、各种矿物质、B 族维生素和各种氨基酸,并富含赖氨酸、亮氨酸和苏氨酸。绿豆中含蛋白质 2%～28%,其中蛋白质是完全蛋白质。绿豆芽也是营养极为丰富的蔬菜,富含维生素 C。每 100 克绿豆中还含有 2.5 毫克的泛酸和 393 微克的叶酸。

④ 赤豆。赤豆营养丰富,营养成分较全面。赤豆中淀粉含量在 50% 以上,可溶性糖含量在 4% 左右,人体必需的氨基酸含量丰富,每千克中含维生素 B_1 0.2～0.5 毫克,含维生素 B_2 1.9～2.6 毫克。

3. 蔬菜

蔬菜和水果含有人体所需要的多种营养成分。蔬菜和水果中蛋白质和脂肪的含量很低,但是碳水化合物、无机盐、维生素 C、胡萝卜素的含量很丰富。蔬菜和水果具有良好的感官性状,对增进食欲、帮助消化、维持肠道正常功能具有重要作用。

1

(1) 蔬菜的营养价值。

① 丰富的碳水化合物。蔬菜所含的碳水化合物包括糖、淀粉、纤维素、半纤维素和果胶等。其所含种类及数量因食物的种类和品种不同而有很大的差别。含糖量较高的有胡萝卜、番茄、南瓜等,含淀粉较多的根菜有土豆、芋头、山药等。土豆是膳食热能的重要来源,每100克可提供约336千焦热量。蔬菜是膳食纤维的重要来源。蔬菜中主要含纤维素、半纤维素、木质素。

② 无机盐和微量元素。蔬菜是人体无机盐和微量元素的重要来源,菠菜、芫荽、生菜、胡萝卜等含丰富的钙和铁。蔬菜中的无机盐与微量元素对维持人体酸碱平衡有十分重要的作用。人类膳食中的谷类、肉类、鱼类、蛋类等在人体内经过代谢,最终产物呈酸性;而蔬菜在人体内经过代谢后,最终产物呈碱性。每日膳食中呈酸性和呈碱性食品之间必须保持一定的比例,才能维持人体正常的 pH。

③ 维生素。在蔬菜中广泛存在维生素,其中维生素 C 和胡萝卜素的含量最多。蔬菜中以新鲜深色叶菜类中维生素 C 含量较高。一般每 100 克蔬菜中维生素 C 含量在 30 毫克以上;大多数瓜果类和根茎类蔬菜中维生素 C 含量较低。

④ 蛋白质。蔬菜中蛋白质含量很低,一般在 1%～3%;脂肪含量更少,一般含量在 0.5% 以下。

(2) 几种主要蔬菜的营养价值。

① 菜花。菜花又名花菜,含有多种营养素,每 100 克中含有蛋白质 2.1 克,脂肪 0.22 克,糖 3.4 克,膳食纤维 1.2 克,钙 23 毫克,磷 47 毫克,钾 200 毫克,钠 31.6 毫克,镁 18 毫克,铁 1.1 毫克,硒 0.73 毫克,胡萝卜素 30 微克,维生素 C1 毫克,尼克酸 0.6 毫克,维生素 B_1 0.03 毫克,维生素 B_2 0.08 毫克,维生素 E 0.43 毫克。花菜具有提高免疫力的作用以及抗癌功效。

② 洋白菜。洋白菜又名卷心菜。它属于浅色蔬菜,其中维生素 C 的含量较高,每 100 克卷心菜中含蛋白质 1.5 克,糖类 3.6 克,维生素 B_1 0.03 毫克,维生素 B_2 0.03 毫克,维生素 C 40 毫克,钙 49 毫克。此外,卷心菜富含叶酸。卷心菜炒、煮、凉拌均宜,又易于储藏,深受西方家庭的喜爱。

新鲜的卷心菜中含有植物杀菌素,有抑菌消炎作用,可提高胃肠内膜上皮的抵抗力,使代谢正常化,起到防止胃溃疡的效果。

从保存其维生素 C 和生理活性物质的角度考虑,卷心菜最适合生食,或急火快炒,以最大限度地发挥其营养和保健作用。

③ 西红柿。西红柿又名番茄,每 100 克番茄中含蛋白质 0.9 克,脂肪 0.2 克,糖 3.5 克,钾 163 毫克,钠 5 毫克,镁 9 毫克,钙 10 毫克,铁 0.4 毫克,磷 2 毫克及各种无机盐与微量元素。番茄中含有丰富的维生素 C、胡萝卜素,每 100 克番茄中含维生素 C 19 毫克,胡萝卜素 550 微克,其 B 族维生素的含量并不突出。

从营养素的含量看,番茄不及绿叶蔬菜。但番茄酸性较强,对维生素 C 具有保护作用,即使经过烹调,其中的维生素 C 损失也很小。番茄中的维生素 C 和有机酸对蔬菜中的铁具有还原作用,能够促进人体对铁的吸收。

不能生吃未成熟的番茄,因为没有成熟的番茄含有番茄碱,吃多了会发生中毒现象。这种毒性物质的含量随番茄的不断成熟而逐渐降低,成熟后接近于零。

④ 黄瓜。黄瓜属瓜类蔬菜,胡萝卜素含量较低,矿物质含量也不突出。它的特点是味道清淡爽口,含有一定数量的维生素 C,脂肪含量特别低。100 克黄瓜中含脂肪仅为 0.5 克,蛋白质 0.8 克,维生素 C 9 毫克。

黄瓜可以生食,虽然其营养素不高,但因生食而不会受到烹调的破坏。由于黄瓜的能量含量比水果还要低,故是著名的减肥食品,控制体重的人可以放心食用。近来又发现,黄瓜中有"葫芦素",具有一定抗癌作用。

4. 水果

水果是味甜多汁的植物性食物的总称,其特点是可以不经烹调直接食用,为人体提供水分、糖类、钾、维生素 C、胡萝卜素、膳食纤维等营养成分或保健成分。由于水果中维生素 C 含量丰富,而且含有较多的胡萝卜素和多种有机酸,有机酸在体内较快氧化,有助于钙与铁的吸收。

水果分为鲜果类、干果类和硬果类。

干果是新鲜水果加工干制而成的,维生素 C 损失较多,但干果一般含铁、钙等无机盐与微量元素相对较多。

硬果类食物一般指成熟时果皮坚硬干燥的植物果实。硬果营养丰富,所含能量较高,并可为人体提供脂肪、糖类、维生素 E、B 族维生素、钾、镁、磷、钙、锌、铜等营养成分。其中不饱和脂肪酸和维生素 E 含量高,也是矿物质的极好来源。硬果类维生素 C 和胡萝卜素含量少。

各种硬果因其品种不同,营养价值也稍有差别。

5. 食用菌

食用菌不仅具有丰富的营养,具有独特的功效。食用菌中蛋白质含量十分丰富,不仅人体必需氨基酸齐全,而且氨基酸之间比例恰当,人体利用率高。食用菌在改进食物结构、平衡营养成分、提高蛋白质利用率方面尤其显得重要。

食用菌中的核酸含量为 $2.6\%\sim4.1\%$,有降低胆固醇的作用。食用菌中糖类占 $50\%\sim60\%$,但不含淀粉,这种食用菌多糖类物质对肿瘤有抑制作用。食用菌中膳食纤维的含量也相当可观,膳食纤维能抑制血浆及肝脏中胆固醇的上升。食用菌对糖尿病人和肥胖症患者来说是理想食品,素有"保健食品"的美称。

食用菌中富含多种维生素和矿物质,其中维生素 B_1、B_2 和维生素 PP 含量比肉类高,维生素 B_{12} 的含量比奶酪高。许多食用菌类还含有一般蔬菜中所缺乏的麦角固醇,是维生素 D_2 的前体,能帮助人体对钙质的吸收。食用菌中矿物质成分含量较高,大约是蔬菜的两倍,比牛肉、羊肉还要高。

(二) 动物性烹饪原料的营养价值

1. 肉类

肉类食物一般指家畜家禽的胴体、内脏及肉制品。消费量最大,消费最普遍的肉类食品一般来自牛、羊、猪、鸡和鸭等。肉类食品经过烹调加工,味道鲜美,容易被人体消化、吸收利用,能提供人体所需多种营养素。它们的营养成分含量随种类、年龄、部位及肥瘦程度不同而有着显著差异。

(1) 肉类食品的营养成分。

① 畜禽肉中的蛋白质含量一般为 $10\%\sim20\%$,牛肉高达 20%,猪肉的蛋白质含量平均在 5% 左右,羊肉的蛋白质含量平均在 17%,幼畜和幼禽的蛋白质含量高于成年动物的蛋白质含量。动物身体不同部位的肉,因肥瘦程度不同,其蛋白质含量差异较大,里脊肉蛋白质高达 21%,奶脯肉仅为 8%,鸡胸肉的蛋白质含量约为 20%,鸡翅约为 17%。

② 肉类脂肪含量一般在 $10\%\sim36\%$,肥肉组织脂肪含量高达 80% 左右,并且肉类食物中所含的脂肪酸以饱和脂肪酸为主,也含有较高的胆固醇。肥肉组织的胆固醇要比瘦肉组织高。

1

禽类脂肪的脂肪酸组成中,亚油酸占脂肪含量的20%左右,熔点较低,禽类脂肪营养价值高于畜类脂肪。

③ 肉类食物含有多种矿物质,但分布不均匀,一般瘦肉中的含量高于肥肉,内脏中的含量高于瘦肉。肉类食品无机盐的总量为0.6%～1.2%;肉类是铁和磷的良好来源,每100克肉类含磷达170毫克,100克猪肝含铁超过20毫克,100克牛肾含铁9毫克,是肌肉组织的10倍;钙在肉类食品中含量相对较低。

④ 肉类食品还可以提供多种人体必需的维生素,尤其是在动物内脏中维生素含量最为丰富。它不仅含有丰富的B族维生素,还含有大量的维生素A、维生素D、叶酸、尼克酸等。

⑤ 畜禽类碳水化合物主要以糖原形式贮存于肌肉和肝脏中,含量为1%～5%。

(2) 肉类食品的营养特点:

① 肉类中蛋白质含有人体所必需的各种氨基酸,氨基酸的构成接近人体组织蛋白质所需的模式,易于被人体吸收和利用,营养价值高。它能够维持人体正常的生长和发育,补充代谢的消耗,供给热能调节生理机能,属于完全蛋白质。

② 肉类脂肪以饱和脂肪酸为主,其在猪脂肪中含40%,牛脂肪中含53%,羊脂肪中含57%,其熔点高,不易被人体消化吸收。禽类脂肪熔点较低,易于消化。

③ 肉类含有较多的动物胆固醇,每100克肥肉中的胆固醇含量一般可达100～200毫克,内脏和脑中含量更高。肉类中含有丰富的镁、铁、钙等矿物质,这都是人体所必需的营养物质。

④ 肉类食品通过烹调加工,可以提高蛋白质和脂肪的消化率,并能释放出肌溶蛋白、肌酐、肌肽、肌酸、嘌呤碱和氨基酸等物质,称为氮浸出物和水溶性维生素的溶出,食用汤汁可避免营养素丢失。肉汤中含氮的浸出物越多味道越鲜美,刺激胃液分泌的作用也越大。一般来说幼小动物的肉比成年动物的肉浸出物少,而禽类肉含氮浸出物较多,特别是年龄大的禽类,所以禽类肉汤鲜美。

⑤ 禽类肌肉水分的含量一般在50%以上,其中幼禽肌肉水分高达70%,因此,禽肉比家畜肉鲜嫩,易于消化。

2. 蛋类

蛋类是营养价值很高的一类食品,在营养上具有共性,都是蛋白质和B族维生素的良好来源。蛋类的蛋白质含量在9%～15%。蛋黄中主要为卵黄磷蛋白,蛋黄含量高于蛋清,蛋清主要为卵清蛋白,每只鸡蛋平均可为人体提供6克蛋白质。这是目前天然食物中最好的蛋白质。蛋类氨基酸的组成与人体组织蛋白质所需的模式十分相似,其生物价高达96%,在各种食物蛋白质当中最高,如35%的鸡蛋蛋白和65%的土豆蛋白混食,其生物价是至今食品中最高的。

蛋的脂肪含量也很丰富,每个鸡蛋含7～8克脂肪类物质,98%的脂肪存在于蛋黄中,蛋黄中的脂肪几乎全部以与蛋白质结合的良好乳化形式存在,故容易被人体所吸收。蛋类脂肪62%～65%为中性脂肪,30%～33%为卵磷脂,4%～5%为胆固醇。

蛋类也是人体矿物质的良好来源,主要集中在蛋黄中,并且容易被人体消化吸收。此外,还含有丰富的维生素A、B_2、B_6、D及生物素等。蛋类当中糖类含量极低,营养意义不大。

3. 乳类

(1) 乳品中水分的含量,通常为87%左右,最高为90.69%,最低为80.32%。牛乳中其他成分含量变化时,水分含量就会随之改变,一般说乳品水分过高,乳品的质量会下降。

(2) 乳中的蛋白质按其存在状态可分为溶解和悬浮两大类,乳中蛋白质含量为3%～4%,

其中酪蛋白占 2.8% 左右,白蛋白占 0.5% 左右,球蛋白占 0.1% 左右。它们中含有人体必需的氨基酸,乳中蛋白质的消化率为 87%～89%,生物价为 85%,属于完全蛋白质,容易被人体消化吸收利用。每升牛乳可以满足成年人每日所需的氨基酸。

（3）乳中脂肪呈现极细小的球体,高度均匀地分布在乳汁中。乳脂肪球的平均直径为 1.6～10 微米,脂肪球的大小与乳脂芳香和消化率有密切关系,大的脂肪球香味浓,但消化率低;小的脂肪球消化率高,但香味差。乳中脂肪酸分为水溶性挥发脂肪酸、非水溶性挥发脂肪酸、非溶性不挥发脂肪酸,其中水溶性挥发脂肪酸构成的脂肪风味最好,是其他动、植物脂肪所不能比拟的。

（4）乳汁中的碳水化合物含量约占总重量 5%,其主要存在形式为乳糖,是一种双糖,甜度约为蔗糖的 1/5,能促进肠道内有益的乳酸菌生长,调节胃酸,促进钙、铁和其他无机盐的吸收,也是婴儿肠道内双歧杆菌的生长所必需的,对于幼儿的生长发育具有特殊意义。

（5）乳类含有丰富的矿物质,乳汁中矿物质的含量基本上恒定,为 0.7%～0.75%,主要有钙、磷、镁、钾、钠、硫等多种元素,每 100 克牛乳中含钙 120 毫克。大部分矿物质以可溶性盐类形式存在,容易被人体吸收。

（6）乳汁中所含人体所需要的多种维生素,包括维生素 A、维生素 D、维生素 E、维生素 K、B 族维生素和微量的维生素 C,以维生素 A、维生素 B 和维生素 B_2 为主,是 B 族维生素的良好来源,特别是维生素 B_2。乳汁中的多种维生素含量差异与饲料、季节和光照有关。

（7）酸奶是鲜奶经加热消毒加入纯净的发酵菌嗜酸乳酸杆菌,在 30 ℃左右环境温度,经 3～6 小时发酵培养而制成的奶制品。酸牛奶不但保留了牛奶原有的营养成分,而且酸奶的蛋白质、脂肪变得易于消化,提高了钙、磷、铁的吸收率。乳酸杆菌可在肠道抑制腐败和致病菌的繁殖,维持肠道正常菌丛的平衡;乳酸可增进食欲,促进胃肠蠕动,具有防治老年便秘和小儿不良性腹泻的功效。因此,发酵型酸牛奶适宜于消化不良的病人、老年人和儿童等食用。

4. 水产品

水产品包括海产鱼、江河湖泊的淡水鱼及各种水产动、植物。水产品是属于营养价值较高的一类食品,比肉类食品易被人体消化和吸收,它含有其他食品所缺少的某些营养素,是膳食中蛋白质、无机盐和维生素的良好来源。

（1）鱼类的营养价值。鱼类是一种营养价值很高的食品,蛋白质的含量占总重量的 15%～20%,比一般畜肉类的含量高。其蛋白质中必需氨基酸的组成与肉类很接近,属于完全蛋白质,其蛋白质的生物价在 80% 以上,尤其是蛋氨酸、赖氨酸的含量较高。鱼肉的肌肉组织中肌纤维较细短,间质蛋白质较少,在肌群中存在相当数量的可溶性成胶物质,组织中的水分含量高,组织结构柔软,显得软弱细嫩,是动物性肉类中最容易消化的一种。消化吸收率高达 87%～89%,是老幼皆宜的食物。

鱼类食品的脂肪含量与品种、生长季节和部位等有关。一般喜欢在寒冷环境或深水环境中生长的水产类含脂肪较多,产卵前比产卵后含脂肪多,鱼体的皮下组织、肠系膜内脏器官周围组织、头部等部位含脂肪多。鱼类脂肪大都是不饱和脂肪酸,而且多价不饱和脂肪酸,所占比例很大。所以鱼类脂肪熔点较低,通常呈液态,消化吸收率可达 95%,是人体必需脂肪酸的重要来源。深海鱼的脂肪备受重视,具有降低血液中胆固醇、防止动脉粥样硬化和冠心病的功效。另外长期食用深海鱼有健脑、改善记忆的作用,可预防老年性记忆力衰退和痴呆。

鱼类无机盐含量比肉类高,一般占肌内组织的 1.1%～2.6%,是钙的良好来源,海产鱼钙含量比淡水鱼高,此外,鱼类富含钾、磷、硫、铁、碘等微量元素。

鱼类含维生素 B_1、维生素 PP 比畜肉多,海蟹、河蟹的维生素 B_2 含量都比较高。海产鱼类的肝脏含有丰富的维生素 A 和 D。

(2) 其他水产品的营养价值。甲壳动物和贝类软体动物等水产品营养价值高,虾、蟹类肉质细嫩,味道鲜美,其肉的消化率高达 90% 以上。其含有丰富的呈味物质,鲜味感主要来自核苷酸、氨基酸、肽类物质、酰胺及三甲基胺等成分。贝类除了上述成分外,还含有琥珀酸钠,构成贝类特有的鲜味。

水产品蛋白质含量较高,每 100 克对虾肉含蛋白质 20.6 克,河虾为 17.5 克,河蟹为 14.6 克,贝类为 10 克,其蛋白质氨基酸组成全面,是不可多得的优质蛋白食品。

虾蟹、贝类脂肪含量少,比猪肉低 40% 左右,约在 3% 以下,并且不饱和脂肪酸所占比例大。其胆固醇含量高于肉类,一般每 100 克中含有 77 毫克以上,蟹黄 100 克中含有胆固醇高达 466 毫克。

海产类的无机盐含量高于肉类食品,一般为 1%～2%,主要为钙、磷、钾和碘等,特别是富含碘。此外,还含有丰富的铁,达 150 毫克/100 克;在牡蛎中还含有铜,可达 30 毫克/100 克;虾皮中钙达 991 毫克/100 克,是肉类食品含钙量的 100 倍以上。

鱼类食品的缺点是几乎不含维生素,除了一部分虾、蟹、蛤蜊含有维生素 A 以外,其他几乎找不到维生素。

(三) 其他类烹饪原料的营养特点

1. 调味品

能调节食品色、香、味感官性状的食品称为调味品,包括咸味剂、甜味剂、酸味剂和辛香剂等。烹饪菜肴的滋味,就是通过原料和调味品的恰当配合,不管在烹调前调味,还是烹制过程中的调味或烹调后的调味,均需使用不同的调味品。调味品在烹调过程中用量不多,却应用广泛。它能消除原料原有的不良滋味,发挥原料原有的鲜美滋味和增加菜肴美味,能改善和增加食品感官性状,有促进食欲的作用。

(1) 食盐。食盐是膳食中最主要的调味品,食盐的主要成分是氯化钠,同时含少量水分、杂质及其他铁、磷、碘等元素。食盐不仅能调味,也是体内无机盐的重要来源,对维持体内酸碱平衡、人体血液一定的渗透压及肌肉神经兴奋性等起重要作用。

人体内缺盐时会感到全身无力、头痛、眩晕等,长期过量摄入食盐会增加血流量,使血压升高。因此,正常成年人一日摄入 3 克食盐就能满足生理需要,10 克以下为宜,6 克为佳。

(2) 醋。食醋的酸味主要来自醋酸,食醋中含醋酸 3%～5%,同时含少量的乳酸、苹果酸、柠檬酸、琥珀酸等有机酸。此外,还含有氨基酸、糖、钙、磷、铁和维生素 B_2 等对人体有益的营养成分。

醋具有抑菌杀菌作用和去腥除异味的功效,还有可软化血管、开胃、健脾、促进食欲、降低血压等保健作用。醋能分解溶解植物纤维,分解食物中的钙、磷和铁等促进无机物吸收。醋能保护维生素 C 在加热中少受破坏或不被破坏。

(3) 味精。味精主要成分是谷氨酸钠,并含有少量的氯化钠,味精进入人体内,很快分解出谷氨酸,参与机体内氨基酸代谢,具有合成蛋白质或参与氨的解毒作用以及改善神经系统活动的功能。

味精的鲜味只有在食盐存在的情况下才能呈现,味精中含少量食盐起增味剂作用。

(4) 洋葱。每 100 克洋葱中含有蛋白质 1.1 克,脂肪 0.2 克,糖 8.1 克,膳食纤维 0.9 克,水分 89.2 克,钾 147 毫克,钙 24 毫克,镁 15 毫克,磷 39 毫克,以及丰富的各类维生素。

洋葱具有抗血管硬化和较好的降血脂功效,还有抗癌作用。

(5) 蒜。蒜是一种辛辣味很强的调料,尤其是生食时。蒜的辣味主要成分为蒜素,是由蒜氨基酸经蒜酶作用分解而成。大蒜对多种病菌、病毒甚至肠道寄生虫,均有强大的抑制和杀灭作用。蒜还具有增辣去腥和增香提鲜等调味功效。

2. 饮料

(1) 啤酒。啤酒是以大麦为主要原料,加啤酒花经酵母发酵酿制而成的,有泡沫和特殊的香味,酒精含量在 2.5%～7.5%。啤酒营养丰富,含有人体必需的 9 种氨基酸,发热量高,1 升麦芽汁浓度 12% 的啤酒产热量可达 1 785 千焦。啤酒中含 5% 的糖类,0.5% 的蛋白质,0.3% 的二氧化碳,还含有 B 族维生素等多种维生素及钙、磷、铁等无机物,大多可供人体直接吸收。啤酒中的啤酒花是一种利尿药材。啤酒中的鲜酵母可以促进胃液分泌,增进食欲。因此,适量地饮用啤酒对人体健康有益。

(2) 葡萄酒。用葡萄酿制的葡萄酒是历史悠久的著名饮料,葡萄酒是世界上消费量最大的饮料之一。葡萄酒是人们最爱饮用的酒精饮品。葡萄酒的酒精含量一般在 12%～18%。葡萄酒营养丰富,含有人体能直接吸收的葡萄糖、果糖等糖类和多种氨基酸、B 族维生素和维生素 C,还含有果胶质、黏液质、各种有机酸和矿物质。

葡萄酒具有滋阴补脾、健胃强身、增进食欲、帮助消化、兴奋神经、促进人体新陈代谢、舒筋活血、益气安神的功效,经常适量饮用对人体健康有益无害。以每天饮用 100 毫升以下为宜。

(3) 茶。茶是我国的传统饮料,是世界三大饮料之一。茶叶中所含的成分达 400 多种,主要有以下几大类:

① 蛋白质和酶。茶叶含有蛋白质占总重量的 25%～30%,其中有 22 种氨基酸。茶叶中的酶数量更多,酶可帮助消化,促进身体的各种新陈代谢。

② 维生素。茶叶中含有维生素 A、维生素 D、维生素 E、维生素 K、B 族维生素、维生素 C、维生素 H、维生素 P、维生素 PP 等几十种。维生素是人体物质代谢不可缺少的成分。

③ 糖类。主要含有葡萄糖、果糖、半乳糖、蔗糖、麦芽糖、多糖等。

④ 无机盐。茶叶中含有钙、镁、钠、氯、铁、铜、锌、氟、铝等 30 余种无机盐,其中氟、锰比一般植物高。这些微量元素 50%～60% 可溶于茶水中,对保持记忆力和思维能力,以及促进生长发育、防治龋齿等均有重要作用。

喝茶不仅可以供给我们一定的营养,还对人体具有多种药理功能,能抑制某些细菌在体内生长繁殖,能保持组织的弹性和肌肤表皮的健美,有较明显的抗衰老功能,可防止胆固醇升高。

茶叶中所含的咖啡碱、茶叶碱、可可碱等,可以刺激神经中枢,消除疲倦,提神醒脑,有助于消化以及利尿;能中和酒精,促使酒精排出体外,可增大呼吸量,是尼古丁的有效抗剂,可缓解酒精和尼古丁的中毒症状。

◆ 拓展任务

1. 总结归纳 5 种可以避免烹调中营养损失的方法;

2. 谈谈健康成年人如何合理搭配一天的饮食;

3. 熟记重要营养素含量丰富的西餐常用原材料;熟记具有典型中医食疗保健作用的西餐食材;

4. 了解中医学理论中的食物相生相克关系。

1

◆ 知识测试

1. 碳水化合物、脂类、蛋白质的生理作用各是什么?

2. 脂溶性维生素与水溶性维生素的特点和区别是什么?

3. 人体能量平衡对保护人体健康有什么意义?

4. 如何科学饮水?

◆ 思政拓展

中国茶文化

认知四　常用设备与工具

素养目标：增强学生厨房安全意识；具备"工欲善其事,必先利其器"的匠心精神。

知识目标：了解西餐厨房常用设备和工具；掌握西餐厨房刀具的使用方法。

能力目标：具备西餐厨房设备使用和维护保养的能力。

认知和掌握西餐厨房炉灶设备的使用及维护。

明确西餐厨房刀具的使用方法。

厨房设备即厨房加工、配份、烹调以及与之相关、保证烹饪生产得以顺利进行的各类器具。优良的设备和工具是人类从事物质生产的必要条件。现代烹调技术正朝着科学化、机械化生产的方向发展,它是大批量生产食品最重要的物质条件之一,因此,正确使用保养各种设备,对制作优良菜点有极其重要的意义。

一、常用设备

用于制作食品的器具很多,即使是同一功能的设备,其外形、构造、性能等也有所不同,但就其主要的结构性能来说还是一致的。因此,本节只对厨房常用设备和工具的共性特征、性能和最基本的使用与保养方法作一简单介绍。

(一) 炉灶设备

1. 炉灶

大多数饭店的厨房都使用燃气灶,现代西餐燃气炉灶(stove)是由钢或不锈钢制成,主要由旺火燃烧器、暗火烤箱燃烧器和控制开关等构成。旺火灶一般有 4～6 个旺灶燃烧器灶眼,下部附有暗火烤箱,上部附有旺烤焗炉,较高级的炉灶还有自动点火和温度控制等功能。

现代燃气炉灶显著的特点是便于控制,使用方便,适用于各种烹调方法,易于清洁卫生,操作时劳动强度低,是西餐烹饪中必不可少的基本加热设备。

2. 烤炉

烤炉(oven)又称烤箱,是食品直接受热烘烤的加热设备。从其热能来源上可分为燃气烤箱和远红外电烤箱,从其烘烤原理上可分为对流式烤箱和辐射式烤箱两种。

(1) 对流式烤箱。它的工作原理是利用鼓风机将热空气不断地在整个烤箱内循环,使热

1

空气均匀地传递给食品。这种炉是由烤箱外壳、风机、燃烧器、食品架、控制开关、定时器等部分组成。对流式烤箱的优点是换热效率高,烘烤时间短,适用范围广。

（2）辐射式烤箱。它的工作原理主要是通过电能的红外辐射产生热能,还有炉腔热空气对流及炉膛食品架的钢板与烤盘之间的热传导来传热,其主要由烤箱外壳、电热元件、控制开关、温度仪、定时器、炉膛架等组成。

辐射式烤箱的优点是能在短时间内使食物成熟上色。辐射式烤箱的不利因素是菜单的设计受一定限制。

3. 微波炉

微波炉（microwave oven）是现代烹饪采用的烘烤设备,其工作原理是将电能转换成微波,通过高频电磁场对介质加热的原理,使原料分子剧烈振动,而产生高热。微波电磁场电磁控管产生微波穿透原料,使原料内外同时受热。

用微波炉对菜点加工的主要优点是:加热均匀,食品营养损失少,成品率高,缺点是烘烤的菜肴没有传统烘烤方法而产生的金黄色外壳,风味较差。

因此,微波炉一般用于菜点的再热加工和作迅速解冻肉类的设备使用。

烹调食物时根据种类的不同,调节控制板上的定时器。达到预定时间后,微波炉会自动终止烹调。另外,微波会影响人身体健康,因此,微波炉门都有自动控制装置,当打开炉门时就自动切断电源,以免微波外溢。在使用微波炉时切忌金属盛器放入炉中,以防微波反射爆炸。

4. 铁扒炉

铁扒炉（grill）有立体式和平面式两种,立体式铁扒可使菜点原料各方受热,它常作为一个独立的装置使用于扒房。平面式铁扒又分平扒炉和条扒炉两种。

平扒炉表面是一块1～2厘米厚的平整铁板,四周是滤油槽,滤油槽的下口是一个能拉出的用来承接灶面剩油的铁盒,热能来源主要有电和燃气两种。平扒炉主要是靠铁板热传导使食物受热,它的优点是受热均匀,工作效率高,但使用前应提前预热。用于煎各种肉排、鱼排等。

条扒炉结构与平扒炉相仿,只是表面不是铁板,而是铸铁制造成的铁条。热能来源主要有燃气、电和木炭等,通过下面的辐射热和铁条的热传导使原料受热。使用前也应提前预热。主要用于扒制大块的动物性原料,如牛扒、羊扒、猪扒等。

5. 明火焗炉

明火焗炉（salamander）又称面火焗炉,是一种立式扒炉,中间为炉膛,有铁架,一般可升降。热源在顶端,一般适于原料的上色和表面加热。

6. 蒸汽炉

蒸汽炉（steamer）有高压蒸汽炉和普通蒸汽炉两种。其构造简单,使用方便。主要是利用封闭在炉内的水蒸气对原料进行加热。高压蒸汽炉最高温度可达182℃,食品经加工后营养成分损失少,松软、易消化。因蒸汽的温度高,故用蒸汽加热烹调有一定的局限性。

7. 蒸汽汤炉

蒸汽汤炉（tilting boiler）一般为圆形,有盖、容积较大,通过蒸汽加热,有摇动装置,能使汤炉倾斜。由于用蒸汽加热,所以不会糊底,适于长时间加热制汤。

8. 炸炉

炸炉（fryer）一般为长方形,主要由深油槽油脂过滤器、钢丝篮及热能控制装置等组成。炸炉大部分以电加热,能自动控制油温。这种炉灶的优点是工作效率高,滤油方便,适用油炸的烹调方法。

(1) 常规型炸炉(conventional fryer)。具有长方形的开放式炉体,由炉体下部提供热源,并配备有时间和温度控制器。

(2) 压力型炸炉(pressure fryer)。顶部有炉盖,使用时炉盖密封,炸炉内的压力上升加速食物的成熟速度,并且保留食物中的水分,而食物的外皮酥脆。用压力型炸炉可提高工作效率,节约工作时间和能源。

9. 披萨炉

披萨炉(pizza oven),内置吸收热量快、雾化效果好的中空硼板,各层独立温控可调,任意恒温控制,最高温度可达到 500 ℃,易于操作,是制作意大利披萨必备的设备。

10. 电磁炉

电磁炉(induction cooker)又名电磁感应灶,采用磁场感应电流的加热原理,使器具本身自行高速发热,用来加热和烹调食物。电磁炉具有升温快、热效率高,无明火、无烟尘、无有害气体,对周围环境不产生热辐射,体积小巧、安全性好和外观美观等优点,可用作煮、炒、蒸、炸等多种烹调操作。

(二) 机械设备

1. 多功能粉碎机

多功能粉碎机(muti functional crusher)是由电机、原料容器和不锈钢叶片刀组成。加工效率极高。适宜打碎水果、蔬菜、也可以混合搅打浓汤、鸡尾酒、调味汁、乳化状的沙司等。

2. 切片机

切片机(slicing machine)采用齿轮传动方式,外壳为一体式不锈钢结构,维修、清洁极为方便。切片机主要用来切面包,也可切其他食品,并可根据要求切出规格不同的片状。

3. 打蛋机

打蛋机(egg beater)是由电机、升降装置、钢制容器和搅拌头等组成。主要用来打鸡蛋、面团、沙司、奶油等,具有多种用途。

4. 立式万能机

立式万能机(waring blender)是由电机、升降装置、控制开关、速度选择手柄、容器和各种搅拌头组成。具有切片、粉碎、揉制、搅打等多种功能。

5. 压面机

压面机(kneder machine)又称滚压机,由电机、传送带、滚轮等主要构件等组成。主要用于制作各种面团卷、面皮等。具有擀制面皮厚薄均匀、成型标准、操作简便、省时省力、工效明显等特点。

6. 锯骨机

锯骨机(bone sawing machine)是由不锈钢架、电动机装置、环形钢锯条、工作平钢板、厚宽度调节装置及外部不锈钢面组成。主要用于切割大块带骨肉类,如火腿,猪大排,T 骨牛排,西冷牛排以及冷冻的大块牛肉、猪肉等食品原料。

(三) 制冷设备

1. 冷藏设备

厨房中常用的冷藏设备(refrigeration equipment)主要有小型冷藏库、冷藏箱和小型电冰箱,这些设备的共同特点是都具有隔热保温的外壳和制冷系统。按冷却方式分类可分为冷气

1

自然对流式(直冷式)和冷气强制循环式(风扇式)两种,冷藏的温度范围在−5 ℃～10 ℃之间。厨房的冷藏设备都具有自动恒温控制、自动除霜等功能,使用方便,一般不需要专门学习操作知识。

2. 制冰机

制冰机(ice making appliances)主要由蒸发器的冰模、喷水头、循环水泵、脱模电热丝、冰块滑道、贮水冰槽等组成。整个制冷过程是自动进行的,先由制冷系统制冷,水泵将水喷在冰模上,逐渐结成冰块,然后停止制冷,用电热丝加热使冰块脱模,沿滑道进入贮冰槽,直至水槽装满冰块为止。当冰槽内冰块减少时,制冷过程重新启动、恢复制冰。制冰机主要用于制作冰块、碎冰和冰花。

3. 冰激凌机

冰激凌机(ice cream making appliances)用于制作各式冰激凌,它由制冷系统和搅拌系统组成。制作时把液状的冰激凌装入一个桶形的容器,容器内有搅拌器,外壁是蒸发器,操作时一边冷冻,一边搅动,直至冰淇淋汁冷冻成黏稠的糊状,然后装入硬化箱中冻硬。由于冰激凌的卫生要求很高,因此,冰激凌机一般均用不锈钢制作,不易沾污食物,且易消毒。

(四)保温设备

保温设备是现代西餐厨房必备的设备。它的种类很多,不同的型号和式样的保温设备具有不同的功能。

1. 发面箱

发面箱(fermentation tank)是供面团发酵的装置。利用电源将水槽中的水加温,使面团在一定的温度和湿度的条件下充分发酵。

2. 热汤池

热水池(steam table)中存放着数个装有食品的容器,通过水温传导达到食品保温的作用。

3. 保温灯

保温灯(heat lamp)是用热辐射方法,保持餐盘或烤肉温度的装置,它的外观像普通的灯,只是它会产生较高的温度,菜肴在这种灯的照射下保持一定的温度。

(五)设备的维护

厨房设备的配备是从事厨房生产的前提条件,而设备的良好运行能保证厨房生产的连续、有序进行。所以积极、主动地对厨房各类设备进行维护、保养,对有效防止设备维修费用的增加,实现企业的可持续发展及经营效益的提高,是十分必要的。西式厨房的设备购置和运行费用是相当大的。因此,应合理地加以维护,以保证正常使用,延长设备寿命,并且保证操作安全和符合食品加工所要求的卫生条件。

使用和保养设备,最重要的是严格按照各种设备的使用说明书中所规定的操作、保养、维修的要求进行。下面就一些主要设备提出一些在使用保养中应注意的一般问题。

1. 炉灶保养

不恰当地使用炉灶,就会增加维护、修理的费用和时间,甚至造成事故。在烹调操作中,要注意炊具内原料不要装得过多,以免汁溢出,洒在炉灶表面,浇灭火焰,堵塞燃烧器喷嘴;要经常用中性洗涤剂、去油剂擦拭炉灶表面,使其保持清洁卫生;另外,燃烧器的喷嘴要经常检查,保持通畅,并保持空气配比的最佳点。对电器的元件,如电热元件、电点火元件,要注意干燥清洁,发现问题应请专业维修人员及时检修。

2. 冷藏设备的使用和保养

（1）冰箱内外都要经常擦洗，保持电器元件的干燥和清洁，必要时使用除臭剂去除异味。

（2）电源电压不能过低。若电源电压过低，则会因电动机的转矩小而造成电动机难以启动。电源的允许电压一般在标准电压的5％上下波动。

（3）除霜时不能用利器铲刮，以免破坏制冷元件。

（4）不要频繁开门，避免热空气进入，造成压缩机运转时间过长或不易制冷。

（5）不要把高于室温的菜点放入。直接将热食品放入冰箱，会使箱内湿度骤然升高，造成压缩机长时间运转，不仅费电，还会使结霜速度加快。

（6）冷藏设备在运行中不要频繁切断电源。不要频繁扭动温度控制系统，以免损坏制冷系统。

（7）放置原料要与蒸发器保持适当距离，避免冻住后不易取下。若遇到原料与蒸发器冻在一起的情况，不要硬撬，以免损伤蒸发器。这时必须停止制冷，使原料溶化后取下。

（8）码放原料时要有适当空隙，以便冷空气流动，提高冷藏效果。

3. 机械设备的保养

用于食品制作的机械设备很多，这里只对带有共性的机械设备的保养方法，作简要介绍。

机械设备大都是由电机和传动控制装置组成的。在使用过程中要严格按说明书规定的要求操作，勿使设备超负荷工作，以保证设备的使用寿命。机械设备至少要一年保养一次，对主要部件、传动装置等要定期拆卸检查。机械设备的外表要和其他设备一样保持清洁，设备使用后要及时清洗干净，不能留有污垢。维护好机械设备，保持其清洁，不但可以延长设备的使用寿命，而且有益于整个厨房的清洁，保证食品制作的卫生。

二、常用工具

（一）常用炊具

1. 煎盘

煎盘（fry pan）是西餐烹调中的主要工具，煎盘主要由熟铁、铝、不锈钢或合金钢制成，其形状有圆形、平底两种，直径有 20 cm～40 cm 等规格，用途广泛。

2. 炒盘

炒盘（saute pan）为圆形、平底，形较小、较浅，锅底中央略隆起，一般用于少量油脂快炒。

3. 奄列盘

奄列盘（omelette pan）为圆形、平底，较浅，四周立边呈弧形，用于制作煎蛋卷。

4. 沙司锅

沙司锅（sauce pot）为圆形、平底，有长柄和盖，大小不等，并有深型、浅型和加厚底等不同类型。常用于沙司制作和焖菜肴等，使用比较广泛。

5. 汤桶

汤桶（pot）较大、较深，有盖，两侧有耳环，容量从 10 升到 80 升不等，一般用于制汤或烩煮肉类。

6. 蒸锅

蒸锅（steamer）是双层的，底层盛水，上层放食品，容积不等，有盖，一般用于蒸制食品。

7. 笊篱

笊篱（wicker）是用铁丝等编制成的网筛，用于原料余水后沥干水分。

8. 帽形滤器

帽形滤器(cap strainer)有长柄,呈圆形,形似帽子,用较细的金纱网制成,一般用于过滤沙司。

9. 锥形滤器

锥形滤器(filter cone)用不锈钢制成,锥形,有长柄,锥形体上有许多细小孔眼,一般用于过滤汤汁。

10. 烤盘

烤盘(bakeware)呈长方形,立边较高,规格不等,由薄钢材料制成,主要用于烧烤原料。

11. 烘盘

烘盘(baking pan)呈长方形,立边较浅,规格不等,由薄钢材料制成,主要用于烘烤面点食品。

12. 研磨器

研磨器(grinder)呈梯形,四周铁片上有不同孔径的密集小孔,主要用于奶酪、水果、蔬菜的研磨粉碎。

13. 蛋抽

蛋抽(egg extraction)由钢丝捆扎而成,头部由多根钢丝交织编在一起,呈半圆形,后部用钢丝捆扎成柄,主要用于搅打蛋液等。

14. 蛋铲

蛋铲(egg scoop)由不锈钢制成,呈长方形,铲面上有小孔或长方形孔槽,以沥去油或水分。主要用于煎蛋等。

15. 汤勺

汤勺(soup spoon)一般用全钢制成,有长柄,用于舀汤汁、沙司等。

16. 水波蛋铲

水波蛋铲(poach egg scoop)由不锈钢制成,铲面有小孔,圆形,中间略凹陷,把柄较长,主要用于铲取水波鸡蛋。

17. 肉叉

肉叉(meat fork)为钢制品,叉齿坚硬,有不同型号,大叉一般为双齿,把柄为木制,主要用于叉取大块肉类,小叉有三齿或四齿的,用于取小块食物。

18. 土豆夹

土豆夹(potato clamp)有旋转式和挤压式等式样,一般由不锈钢制成,主要用来把土豆夹成蓉状。

19. 肉钎

肉钎(meat rod)多为钢制品,前端较尖,后端为钢柄,有大小不同型号,小钎大约长 25 厘米,大钎大约长 65 厘米,主要用于制作串烧类菜肴。

20. 搅板

搅板(stir plate)由木材制成,前端制成板状,形似船桨,大小不等,主要用于搅打沙司。

21. 夹蛋器

夹蛋器(egg gripper)是夹制熟鸡蛋的特制工具,其底座由铝、不锈钢或塑料制成,中间凹陷成蛋形,上面有数根能转动的细钢丝。使用时将煮鸡蛋去壳放凹陷处,然后用上面的钢丝把鸡蛋夹成均匀的薄片。

22. 量杯

量杯(measuring cup)由透明材料制成,指数标准在杯侧,有流出槽。量杯分液体量杯和干物质量杯,液体量杯多以毫升为单位,固体量杯以克为单位。量杯一般大小成套,如50毫升、250毫升、500毫升的量杯为一套。

23. 量匙

量匙(measuring spoon)一般用铝或不锈钢等材料制成,有1汤匙、1/2汤匙、1/4汤匙一套,也有1.2毫升和5.25毫升一套,用于计量液体或干配料。

24. 温度计

温度计(thermometer)分为水银温度计和电子温度计,按用途分为肉温温度计,主要用于煎制牛排,猪排,羊排时,掌握客人要求的生熟度;糖浆温度计,用于糖艺制作糖液过程中掌握温度;油脂温度计,用来测量油脂的温度。

另外,还有开罐器、酒钻、肉签、鹅尾针、胡椒面罐、电子秤等小型工具。

(二) 常用刀具

1. 厨刀

厨刀(French knife)习惯上叫做分刀,由全钢制成,前尖后宽,刀背稍厚,刀刃薄而锋利呈弧形,长度大小不等,型号较多,主要用于切割各种动植物原料,如图1-4-1所示。

2. 剔骨刀

剔骨刀(loin puller)的刀身又薄又尖,较短,用于肉类原料的出骨,如图1-4-2所示。

3. 烤肉刀

烤肉刀(barbecue knife)的刀身较长,刀背稍薄,供切割大块烤肉和整个烤禽用,如图1-4-3所示。

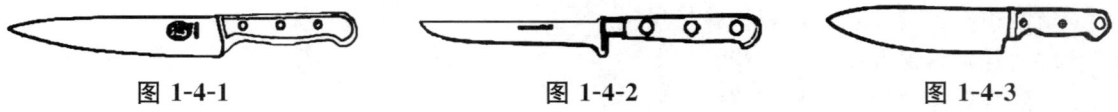

图 1-4-1　　　　　　　　　图 1-4-2　　　　　　　　　图 1-4-3

4. 砍刀

砍刀(hacking knife)的刀身短、宽、厚,形似中餐厨刀,比较重,刀刃不如分刀锋利,主要用来砍剁带骨或坚硬的原料,如图1-4-4所示。

5. 牡蛎刀

牡蛎刀(oyster knife)的刀身短而厚,刀头尖而薄,用于挑开牡蛎外壳,如图1-4-5所示。

6. 蛤蜊刀

蛤蜊刀(clam knife)的刀身扁平,尖细,刀口锋利,用于剖开蛤蜊外壳,如图1-4-6所示。

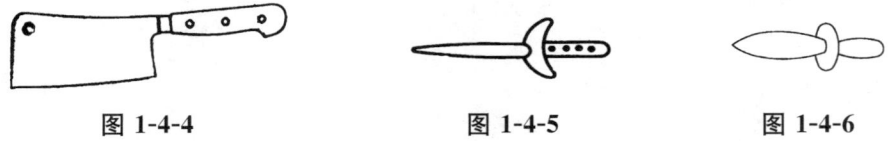

图 1-4-4　　　　　　　　　图 1-4-5　　　　　　　　　图 1-4-6

7. 拍刀

拍刀(pat knife)又称拍铁,带柄,无刃,下面平滑,背面有棱,中间厚,四边薄,由熟铁制成,

1

一般宽 10 厘米,主要用来拍砸各种肉类,如图 1-4-7 所示。

8. 肉叉

肉叉(fork)顶部锋利,有木柄,用于叉取肉类食材,如图 1-4-8 所示。

9. 磨刀棒

磨刀棒(sharpening stick)是一根特种钢制的棒,直径 1.5 厘米,长约 30 厘米,呈圆柱形,顶端稍细,下端装有木把柄。钢棒上有很细的螺纹,硬度较高,适宜锉磨各种钢制刀具。

图 1-4-7　　　　　　　　　　　　　图 1-4-8

10. 其他刀具

水果刀、削皮刀、沃夫刀、剪刀、芝士刀、牛扒刀、弓形锯、油石、蜗牛夹、油刷、拉网刀、披萨刀等工具,各有其用途,在此不一一叙述。

◆ 拓展任务

1. 比较燃气灶具和电磁灶具的优缺点;
2. 举例说明一种最新上市科技含量高的厨房设备的功能特点;
3. 列举两种可以提升厨房工作效率的小型刀具或模具;
4. 明确说明手部卫生清理要求和步骤,并现场示范。

◆ 知识测试

1. 西餐厨房的加热设备有哪些特点?
2. 西餐厨房保温设备有哪些?
3. 西餐厨房常用的刀具有哪些?

◆ 思政拓展

筷子——中国烙印

认知五　西餐烹调工艺

　　素养目标:培养学生善于把握事物客观规律的意识和精益求精、追求卓越的品质。

　　知识目标:了解原料加工的意义和要求;熟悉原料初加工的相关理论知识;掌握各种原材料的初步加工知识和方法。

　　能力目标:具备西餐烹调工艺的基础能力;掌握刀工操作的基本技术;掌握原料捆扎成型工艺。

认知重点

　　1.各种原材料择洗、整理、宰杀、分档取料的流程方法。

　　2.各种食材的切配成型方法。

一、原料加工的意义和要求

　　原料加工是菜肴制作中最基本的一道工序。原料加工有很强的技术性,它直接影响着成品的营养卫生、质量标准、成本核算。因此,对原料的加工要提出必要的技术要求。

(一)尽量保持原料的营养成分

　　各种原料都可能因加工不当使营养成分受到损失。因此,加工时要注意方法,尽可能使原料的营养成分不受损失或少受损失。

(二)保证原料的清洁卫生

　　原料加工是保证原料清洁卫生的重要工序,要求在加工中仔细认真,对可食部位要尽量保留,对不可食部分去除干净,以保证菜肴的质量。

(三)密切配合不同的烹调方法

　　经加工处理后的原料,一定要符合烹调方法的要求,如短时间旺火加热的菜肴,就应该加工成小块或刀口薄的形状;长时间慢火加热的烹调方法,就要加工成刀口较大的形状。

(四)掌握菜肴定量

　　西餐的习惯吃法是每人一份,很多菜肴都是一块整料,如各种牛扒、鱼扒等,这就要求厨师熟练掌握菜肴的定量,操作时下刀准确,使每份菜肴都符合定量标准。

(五)合理使用原材料

　　在选择及剔除的分档取料中要做到心中有数,凡能使用的原料都应充分利用,做到物尽其用。

1

二、刀功操作基本技术

（一）刀功的作用

刀功是西餐烹调的主要技术之一,各种原料都要经过刀功处理后才能符合烹调操作的要求,其主要作用有以下几个方面。

（1）便于烹调入味。经过刀功处理的原料由于其规格一致,所以在烹调中能均匀受热,便于掌握火候,同时也易于使调味料渗透到原料内部,增加菜肴的美味。

（2）增加菜肴的美观。原料经加工处理后,可使其形态多变,从而也能增加菜肴的观赏度和食欲。

（3）便于排除异味。经刀功处理过的原料,如果是新鲜、无异味的原料,可以帮助入味;如果是一些含有异味的原料,能起到排除异味的作用。

（4）便于成熟。经刀功处理后,原料受热面积增加,内部传热时间缩短,加快了原料成熟。

（二）刀功操作姿势与要求

刀工操作
姿势与握
刀方法

1. 刀功操作姿势

对于厨师来讲,掌握正确的操作姿势,不仅从外观上使人感到轻松优美,还有利于提高工作效率,减少疲劳,保障身体健康。刀功操作时,一般有两种站立姿势。

（1）八字步站法,双脚自然分立与肩同齐,呈八字形站稳,上身略前倾,但不要弯腰屈背。目光注视两手操作的部位,身体与菜板保持一定距离。这种站法双脚承重均等,不易疲劳,适宜长时间操作。

（2）丁字步站法,双脚自然分立,左脚竖直向前,右脚横立于后,呈丁字形,重心落在右脚,上身挺直,略向右侧,头微低,目光注视双手操作部位,身体与菜板保持一定距离。这种站法姿势优美,易于疲劳,操作时可根据需要将身体重心交替放在左右脚上。

2. 握刀方法

用右手拇指、食指握住刀的后根部,其余三指自然合拢,握住刀柄,掌心稍空,不要将刀柄握死,但要握稳,左手按住原料,不使之移动。右手握刀,操作时用小臂和手腕的力量运力,均匀后移,同时注意两手的相互配合。

刀功操作是比较细致且劳动强度较大的工作,故在操作中既要提高工作效率,又要避免出现事故,应注意以下几点:

（1）操作时思想集中,认真操作,不说笑打闹。

（2）操作姿势正确,熟练掌握各种刀法的操作要领,以提高工作效率。

（3）操作时各种原料容器要摆放整齐,有条不紊。

（4）操作完毕,要打扫卫生,并将工具等放回原位。

3. 常用刀法

西餐中常用刀法主要有:切、片、拍、剁、劈、砍、削、包、卷等。

（1）切（cut）。切是使用非常广泛的加工方法,主要适用于加工无骨而鲜嫩的原料。操作制作要领为:右手握刀,左手按住原料,刀与原料垂直,左手指的第一关节部凸出,顶住刀身左侧,并与刀身呈直角,然后均匀运刀后移,从上向下操作。

根据运刀方法的不同,切又分为直切法、推切法、拉切法、推拉切法、锯切法、滚切法、铡切法、转切法等。

常用刀法

① 直切法。用刀笔直地切下去.一刀切断,运刀时既不前推又不后拉,不移动切料位置,着力点在刀的中部。这种刀法适用于一些脆、硬性原料的加工,如各种新鲜蔬菜。

② 推切法。用刀刃垂直由上往下切压的同时把刀前推,向前运行由刀的中前部入刀,最后着刀点为刀的中后部。这种刀法适宜加工较厚的脆、硬性原料,如土豆片、胡萝卜片等。也适宜略有韧性的原料,如较嫩的肉类。

③ 拉切法。用刀刃垂直由上往下切压的同时运刀后拉,向后运刀由刀的中后部入刀,最后着力点为刀的前部。这种刀法适宜加工一些细小或松脆性的原料,如黄瓜、芹菜、番茄等。

④ 推拉切法。用刀刃垂直由上往下切的同时,先运刀前推,再后拉,前推便于入刀,后拉将其切断。由刀的前部入刀,最后着力点在刀的中部。这样一推一拉,不再重复。这种刀法适宜加工韧性较大原料,如各种生的肉类原料。

⑤ 锯切法。锯切是推拉切的结合,用刀由上往下压切的同时,先前推,再后拉,反复数次,将原料切断。由刀的中部入刀,最后着刀点仍在中部。这种刀法适宜加工较厚的并带有一定韧性的原料,如各种熟肉等。

⑥ 滚切法。用刀由上往下压切,切一刀将原料相应滚动一定角度的方法,着力点一般在刀的中部。这种刀法适宜加工圆或长圆形脆、硬性原料,如胡萝卜块、土豆块等。

⑦ 铡切法。右手推刀柄,左手按住刀背前端,双手平衡用力,刀刃垂直由上往下压切,或是双手交替用刀压切下去,这种刀法适宜加工易滑的原料,如奶酪、大块黄油;适宜原料切碎,如葱末、蒜末等。

⑧ 转切法。用刀由上向下直切,切一刀将刀或原料转动一定角度,着力点在刀的中部。这种刀法适宜加工圆形的脆硬性原料,如将胡萝卜、葱头、橙子等切成月牙状。

(2) 片(slice)。片也是使用广泛的刀法之一。操作制作要领是左手按稳原料,右手略上翘,刀与原料平行或成锐角或钝角。这种方法适宜加工无骨的原料或大型带骨的熟料。根据运刀方法的不同,片又分为平刀片、反刀片、斜刀片三种。

① 平刀片。刀与原料呈平行状态的片法叫平刀片。由于原料的性质不同,在操作中又分为直刀片、拉刀片、推拉刀片。

直刀片。即从原料的右端入刀。平行前推,不向左右移动,一刀片到底,着力点在刀的中部。这种刀法适宜片质地较嫩的原料,如肉冻。

拉刀片。即从原料右前方入刀后由前往后平拉,从刀腰进刃向刀尖部移动将原料片开。这种刀法适宜片形状较小、质地较嫩的原料,如鸡片、鱼片、虾片等。

推拉刀片。右手握刀从原料中部入刀,向前平推,再后拉,反复数次,将原料片断。这种方法一般由原料下方开始片,这种刀法适宜片韧性较大的原料,主要是各种生肉类。

② 反刀片。左手按稳原料,右手推刀,刀口向外,与原料成锐角,用直刀片或推拉刀片的方法将原料自上而下斜着切下。这种刀法适宜片大型、带骨且有一定韧性的熟料,如烤牛肉等。

③ 斜刀片。又称抹刀片,左手按稳原料,右手持刀,刀口向里,与原料成钝角,用拉刀片的方法将原料自上向下斜着切下。这种刀法适宜片形状较小、质地较嫩的原料,如鱼、虾等。

(3) 拍(pat)。拍是西餐中传统的加工方法。由于这种加工方法对原料的组织结构有一定的破坏性。目前,西方国家已不再提倡,但在制作一些传统菜肴时仍然使用。在我国,这种加工方法在传统的西餐馆中仍普遍使用。

拍的方法主要用来加工肉类原料。它的作用:一是破坏原料的纤维,使原料质地由硬韧变软;二是使原料的形状变薄,平面面积变大;三是使原料的表面平滑均匀。

1

　　拍的操作方法是:将切成块的肉类原料横断面朝上放于菜墩上按平,右手握住刀把用力下拍,左手按住骨把(如无骨把,就每拍一下左手随之按住原料,以防拍刀将原料带起)。为避免拍刀刀面发黏,可在刀面上抹一点清水,操作时用力的大小根据原料韧度而定。拍的方法又可分为直拍与拉拍两种。

　　① 直拍。右手握拍刀,朝下直拍下去,将原料纤维拍松散。这种刀法适合加工较嫩的原料,或是原料拍制的开始阶段。

　　② 拉拍。右手握拍刀,从上往下用刀拍的同时,把刀向后或左、右拉出,这种刀加工韧性较大的原料,或是需要拍制较薄的原料。具体操作时常常是两种刀法交替使用,先用直拍法把原料纤维拍平,再用拉拍法把原料拍薄。

　　(4) 剁(chop)。剁是西餐中常使用的加工方法。操作时右手握刀,垂直向下用力,没有前推后拉的动作。与切不同的是,抬刀高、运刀快、用力大。根据加工要求的不同,又可分为剁断、剁烂、剁形三种方法。

　　① 剁断。左手按住原料,右手握刀,借用大臂力量用小臂和腕部的力量直剁下去,要求运刀准确,有力,一刀剁断,不要反复。这种刀法适宜加工带有细小骨头的原料,如鸡、鸭、猪排等。

　　② 剁烂。将原料先加工成小块、小片状,然后反复有规则、有节律地连续用刀直剁,将原料剁烂。要求边剁边翻动原料,使其均匀一致。这种刀法适宜加工肉泥、鱼泥、虾泥等无骨的肉类原料。

　　③ 剁形。将经过拍加工过的原料放在菜墩上,右手握刀,用刀尖将原料的粗纤维剁断,同时左手配合收边,逐步剁成所需形状,如树叶形、圆形、椭圆形等。要求剁得"碎而不烂",既要将粗纤维剁断,使致密结构疏松柔软,又不能剁得过烂。这种刀法适宜加工各种肉排、鸡排等。

　　4. 其他刀法

　　(1) 砍劈(hack)。主要用于砍劈体积较大的带骨原料。一般用于砍刀操作,运刀要准确有力,尽量不反复,如需反复,也要在原刀口处落刀,以防把原料砍碎。

　　(2) 削旋(peel spiral)。主要用于蔬菜、水果等原料的去皮和旋形,如将土豆、胡萝卜削成各种橄榄形和球形等。一般用小刀操作,要求运刀流畅、准确,用最少的刀数把原料削旋成形。

　　(3) 包卷(roll)。包卷是西餐传统的加工方法,操作方法是把经拍刀加工成薄片的原料,平铺在菜墩上,用刀尖将纤维剁断,剁时要掌握"碎而不烂"的原则,剁好后,仍把原料平铺在菜墩上,再把一定形状的馅心放在中央,然后用刀的前部把原料从两侧向中部包严,操作时可以在刀上抹些水,以免粘刀。

　　包卷的质量要求是:① 外形美观,符合菜肴的形状规格。② 要把馅心包严,不能在加热时漏馅。③ 要把原料包均匀,不能有的部位厚,有的部位薄,以致于在加热时不能同时成熟。

　　(三) 加工工具的使用与保养

　　1. 刀具的保养

　　(1) 刀具用过后应用清水洗净,再用清洁干布擦干水分,以防氧化,出现锈斑。

　　(2) 将刀具固定放在刀架上或刀箱内,以防止刀具碰损。

　　(3) 刀不快时,可用磨刀棒轻轻磨,如较钝时,就应用磨石磨,磨刀时要注意把刀刃的两面及前后部位都均匀磨到,以防止刀刃出现凸凹不平现象。

　　(4) 不使用的刀具清洁干净后可涂上一层油脂或包上一层纸,置于干燥处保管。

　　2. 刀刃的鉴别

　　将刀口朝上,如不能反射出光线,则表明刀刃锋利,或用手指在刀刃上横向轻拉,如有涩感,则表明刀刃很锋利。

3.菜板的保养与使用

菜板有树脂和木质两种。树脂菜板干净、耐用,但韧性差。木质菜板以榆木、银杏木、皂荚木等木质硬的木材制成,其优点是木质紧密,不夹刀,不易沾带污物,易于冲洗,较卫生,缺点是易损刀刃,板面易损坏。菜板适宜切配冷菜、蔬菜等脆嫩性原料。菜板在使用后应刷洗干净并擦干。

4.菜墩的使用与保养

菜墩有树脂和木质两种。树脂菜墩耐用,也较卫生,易清洗,但韧性差,易损刀刃。木质菜墩以银杏木、皂荚木、榆木、柳木等为佳。优质的木菜墩不空心,不结疤;树皮完整,墩面微青,木质紧实,纤维垂直,有韧性,不损刀刃。菜墩适宜加工动物性原料,尤适宜剁、砍、拍等加工方法。

新的菜墩要放在盐水中浸泡后再使用,并经常用盐和水涂抹在菜墩面上保养,以使纤维收缩,结实耐用;菜墩使用后要刮洗净,但不要在太阳下暴晒,以防干裂。

三、原料的初加工

(一)蔬菜原料的初加工方法

西餐中蔬菜类原料的品种很多,其初步加工的方法也各不相同。各类蔬菜的加工方法如下:

1.叶菜类蔬菜

叶菜类蔬菜是指以脆嫩的茎叶为可食用部位的蔬菜。西餐中常用的叶菜类蔬菜主要有芹菜、卷心菜、菠菜、生菜、荷兰芹等。其初步加工方法是:

(1)选择整理。一般采用摘、剥的方法去除黄叶、老根、外帮、泥土及腐烂变质的部分。

(2)洗净。一般用冷水洗涤,以去除未择净的泥土、杂物等,洗后用手摸水底,感到无泥沙时,表明已洗净。夏秋季虫卵较多,可先用2%的盐水浸泡5分钟,使虫卵吸盐收缩,浮于面,便于洗净。

叶菜类蔬菜质地脆嫩,操作中应避免碰损蔬菜组织,防止水分及其他营养素的损失,保证蔬菜的质量。

2.根茎类蔬菜

根茎类蔬菜是指以脆嫩的变态根茎为可食用部位的蔬菜。西餐中常用的根茎类蔬菜主要有土豆、胡萝卜、莴苣、洋葱、紫菜头、辣根等。其初步加工方法是:

(1)除去外皮。根茎类菜肴一般都有较厚的外皮,纤维粗硬,不宜食用,多采用削、刨、刮等方法来去除外皮。

(2)洗涤。根茎类蔬菜一般用清水洗净即可。土豆含鞣酸较多,去除外皮后易氧化,发生褐变,故去皮后应及时洗涤,然后用冷水浸泡,以隔离空气,避免褐变。洋葱因含有较多的挥发性葱素,对眼睛刺激较大,故葱头也可用冷水浸泡,以减少加工中葱素的挥发,减缓刺激。

3.瓜果类蔬菜

瓜果类蔬菜是指以果实为可食用部位的蔬菜。西餐中常见的瓜果类蔬菜主要有黄瓜、节瓜、番茄、茄子、青椒、甜椒等。其初加工方法是:

(1)去皮或去籽。黄瓜、茄子等可视其需要去皮,甜椒、青椒等去蒂去籽即可。

(2)洗涤。一般瓜果类蔬菜用清水洗净即可。黄瓜、番茄等如生食,则应用0.3%的氯亚明水或高锰酸钾溶液浸泡 5 分钟,再用清水冲净即可。

4. 花菜类蔬菜

花菜类蔬菜是以花为可食用部位的蔬菜。西餐中常见的花菜类蔬菜主要有菜花、西兰花等。其初步加工方法是:

(1)除去茎叶,削去花蕾上的疵点,然后分成小朵。

(2)洗涤。菜花内部易留有虫卵,可用 2% 的盐水浸泡后,使其萎缩掉入水中,再用清水洗净。

5. 豆类蔬菜

豆类蔬菜是以豆和豆荚为可食用部位的蔬菜。西餐中常见的豆类蔬菜主要有四季豆、白扁豆、荷兰豆、豌豆等。

四季豆、白扁豆、荷兰豆是以豆及豆荚为可食用部位的,初步加工一般掐去蒂与顶尖,撕去侧筋,然后用清水洗净即可。豌豆以豆为可食部位,初步加工时剥去豆荚,洗净即可。

(二)畜肉类原料的初加工方法

1. 畜肉类原料的初步处理

西餐中常用的畜肉类原料主要有牛肉、羊肉和猪肉等,在形式上又有鲜肉和冻肉两类,其初步处理的方法也不尽相同。

(1)鲜肉。鲜肉是指屠宰后尚未经过任何处理的肉类。鲜肉最好及时使用,以避免因存放时间过长而造成营养素及肉汁的损失。如暂不使用,应先按其要求分档,然后再贮存于冷库。

(2)冻肉。冻肉若暂不使用,应及时存入冷库,使用时再进行解冻,以避免因频繁解冻而造成肉中的营养成分及肉汁的损失。

冻肉解冻应遵循缓慢解冻的原则,以使肉中冻结的汁液恢复到肉组织中,从而减少营养成分的流失,同时也能尽量保持肉的鲜嫩。冻肉解冻的方法有以下几种:

① 空气解冻法。将冻肉放置在 12 ℃~20 ℃的室温下自然解冻,这种方法时间较长,但肉中的营养成分及水分损失较少。

② 水泡解冻法。将冻肉放入水中解冻,这种方法传热快,解冻时间短,但肉中的营养成分及水分损失较多,使肉的鲜嫩程度降低。此法虽然简单易行,但不宜采用。

③ 微波解冻法。利用微波炉解冻,这种方法时间短,肉的营养成分及水分损失也较少。但解冻时一定要将肉类原料密封后,再放入微波炉中解冻。

2. 畜肉类原料的分档取料

对畜肉类原料进行分档,就是把不同部位的肉分别取下,以便根据其质量特点恰当使用,这样既保证了菜肴的质量,又可节约原料,降低成本,做到物尽其用。

畜肉类原料不同部位的成分和理化性质是不同的,一般地说,肉胴体的前部和下部结缔组织较多,肉纤维也较粗硬,含水分少,肉质老;肉胴体的上部和后部结缔组织较少,含水分多,肉纤维比较细,肉质也较嫩。

(1)牛的分档取料。

后腱子。结缔组织多,肉质较老,不易软烂,但口感较好,宜用长时间的烹调方法,烩、焖及制汤。

米龙。肉质较嫩,一流的肉质可适宜铁扒煎,较次的肉质则适宜烩、焖等。

和尚头。又称里仔盖,肉质较嫩,适宜烩、焖等。一流的肉质可适宜烤等。

仔盖。又称银边,肉质较嫩,适宜煮、焖。

腰窝。又称厚腰,肉质较嫩,适宜烩、焖等。

外脊。外脊是牛脊部分,肉质鲜嫩,仅次于里脊肉,剔去骨骼及筋膜可做西冷肉扒,如带骨使用,可做 T 骨牛扒。适宜烤、铁扒、煎等。

里脊。里脊在牛的脊背后部两侧,一边一条,肉质鲜嫩,纤维细软,含水分多,是牛肉中最鲜嫩的部位,适宜烤、铁扒、煎等。

硬肋。又称短肋,肉质较老,但肥瘦相间,味道香醇,适宜烩、焖及制作香肠、培根等。

牛腩。又称薄腹,肉层软薄有白筋,适宜烩、煮及制作香肠等。

胸口。胸口肉质肥瘦相间,但筋比肋条少,适宜煮、烩等。

上脑。上脑在外脊的前部,肉质较鲜嫩,仅次于外脊肉。上脑肉肌间脂肪较多,风味香醇。一流的肉质可适宜煎、铁扒,较次的肉质适宜烩、焖等。

前腱子。肉质较老,适宜焖及制汤。

前腿。肉质较老,适宜烩、焖等。

颈肉。肉质较差,适宜烩及制香肠。

牛尾。结缔组织较多,但有肥有瘦,风味独特,可用来做汤菜。

（2）羊的分档取料。

前肩。脂肪少,但筋质较多,适宜烤、煮、烩等。

后腿。脂肪少,肉质较嫩,适宜烤或煮等。

胸口。结缔组织较多,脂肪较多,肥瘦相间,风味香醇,适宜烩、煮等。

肋眼。又称中颈,肉质较嫩,脂肪较多,适宜烩等。

颈部。肉质较老,筋也较多,适宜烩或煮汤等。

肋背部。肉质鲜嫩,适宜烤、铁扒、煎等。

羊马鞍。是指带有脊骨的两条羊排,肉质鲜嫩,适宜铁扒、烤、煎等。

巧脯。肉质鲜嫩,适宜铁扒、煎、烤等。

（3）猪的分档取料。

猪蹄。又称猪脚,肉少筋多,适宜煮或腌渍等。

前肩肉。肉质较老,筋质较多,适宜煮、烩或制香肠。

上脑。肉质较嫩,脂肪较多,适宜煮、烩或烤等。

外脊。肉色略浅,肉质鲜嫩,适宜煎、烤、铁扒等。

里脊。里脊是猪肉中最细嫩的部分,无脂肪,适宜烤或煎等。

短肋。又称五花肋条,有肋骨的部位称为硬肋,无肋骨的部位称为软肋,适宜烩及制作培根等。

腹部。又称腩肉、五花肉,肉质较差,适宜煮、烩、制馅或烟熏。

后臀部。后臀部由臀尖、坐臀和后腿三个部位构成,肉质较嫩,肥肉较少,适宜炒、炸、烩、焖等。

前腿。肉质较老筋质较多,适宜煮、焖、烩类菜肴。

3. 畜肉类原料的刀功成型

（1）肉片的加工方法。主要是对里脊、外脊、米龙等肉质鲜嫩原料的加工。其加工方法是:

① 将原料去骨、去筋、去多余的脂肪。

② 沿横断面切成所需规格的片。

③ 如肉质较老,可用拍刀等轻拍,使其肉质松散。

（2）肉丝的加工方法。主要用于里脊、外脊、里仔盖等肉质较瘦嫩，纤维较细长原料的加工。其加工方法是：

① 将原料去骨、去筋、去多余的脂肪。

② 按逆纤维方向切成 0.5～1 厘米厚的片。

③ 再将片切成 5～7 厘米长的丝即可。

（3）肉块的加工方法。

① 大块。主要用于焖、烤菜肴原料的加工。一般每块重量在 750～1 000 克左右。块的形状因不同畜肉的不同部位的差异不尽相同，一般是顺其自然形状而进行刀功处理。

② 四方块。主要用于烩制菜肴原料的加工。将原料去筋、去骨及多余的脂肪，切成 3～5 厘米见方的块即可。

③ 小块。主要用于串烧菜肴原料的加工。原料一般多用肉质鲜嫩的里脊肉、外脊肉等。将原料去骨、去筋及多余的脂肪，切成 1.5～2 厘米见方的肉块即可。

（4）常用里脊肉排的加工方法。

① 将里脊肉去筋及多余的脂肪。

② 切去粗细不均匀的头尾两端。

③ 按逆纤维方向将其切成 2～3.5 厘米左右的片。

④ 将肉横断面朝上，用手按平，再用拍刀拍成厚 1.5 厘米左右的圆饼形。

⑤ 最后将肉排四周用刀收拢整齐即可。

（5）外脊肉排的加工方法。外脊是指畜肉脊背部两侧的一条较为整齐的肌肉组织，可加工成多种类型的肉排，有带骨外脊肉排和无骨外脊肉排之分。

常见的无骨外脊肉排的加工方法是：

① 将原料去骨，并根据需要去筋及脂肪。一般外脊牛排需保留筋膜及部分肥膘，羊排、猪排则要去掉筋及脂肪。

② 按逆纤维方向切成所需规格重量及厚度的片。

③ 如肉质较老，则可用拍刀拍松，如带有肥膘的肉排，还应用刀将肥膘与肌肉间的筋膜点剁断，以防止其受热后变形。

（三）禽类原料的初加工

1. 禽类原料的初步处理

禽类原料在形式上有活禽、未开膛的死禽和净膛禽，不同的原料，应分别进行处理。

（1）活禽。使用较少，一般这种原料在使用前进行宰杀处理。

（2）未开膛死禽。这种原料一定要及时开膛、洗涤，然后再贮存。如不及时清除，易使禽肉腐败变质。

（3）净膛禽。这种原料使用较普遍，冷冻的净膛禽如不使用则不要解冻，及时入冷库贮存，使用时再进行解冻。

冷冻禽类的解冻，同样要遵循缓慢解冻的原则，其方法与冻肉的解冻方法相同。

2. 禽类原料的初步加工方法

禽类原料的初步加工大致可分为开膛、洗涤整理和分档取料等步骤。

（1）开膛。

① 腹开。这种方法最为普遍。其操作方法是先在颈部与脊椎骨之间开一个小口，取出食嗉，然后剁去爪子、头部，割去肛门，再于腹部横切 5～6 厘米长的口，这种方法叫"大开"。

若是在腹部竖切 4～5 厘米口,这种方法叫"小开"。一般大型禽类宜用"大开"方法,小型禽类用"小开"的方法。开口后,伸进手指轻轻拉出内脏,再抠去两肺叶。操作时应注意不要将肝脏和苦胆弄破,最后用刀剔除颈部的 V 形锁骨。

② 背开。从颈根部至肛门处,用大刀将脊背骨切开,然后取出内脏,这种方法一般多用于铁扒、瓤馅菜肴的制作。

③ 肋开。在禽类的右翼下开口,然后将内脏、食嗉取出即可。

（2）洗涤整理。

净膛后的禽类要及时清洗净,清洗时要检查内脏是否掏净,然后将翅膀别在背后,把双脚插入肛门切口内即可。

内脏的整理方法是:肫子,将所连带的食管割去,用刀剖开,剥去黄色内壁膜,洗涤干净即可;肝脏,首先摘去附着的苦胆,注意不要将苦胆弄破,然后将肝脏洗涤干净;心脏较容易整理,洗涤干净即可。

（3）分档取料。

西餐中常用的禽类原料主要有鸡、鸭、鹅、火鸡、鸽子、鹌鹑等,其肌体构造大都相同。现以鸡为例来加以说明。其加工方法是:

① 用刀将鸡腿内侧与胸部相连接的鸡皮切开。

② 握住鸡腿,用力外翻,使大腿部关节与腹部分离露出大腿关节处。

③ 用刀沿着鸡腿的关节入刀,将鸡腿卸下。

④ 用手指扣住翅膀骨,用刀割开翅膀骨和锁骨的关节,将翅膀用力外拉,使鸡骨架部位与鸡胸部分离。

⑤ 用刀尖挑断鸡里脊肉与胸骨连接的筋,用手指轻轻地顺着里脊内的方向将它取下。

将鸡分割成鸡腿、鸡脯、里脊肉、骨架四大类,整理干净即可。

（四）水产品原料的初加工

西餐烹调中常用的水产品原料主要有鱼类、贝类、虾、蟹及部分软体动物等,其种类繁多,加工方法也各不相同。

1. 鱼类原料的初加工方法

由于西餐使用的鱼类原料大多数是去骨原料,鱼类原料的初加工主要是对其进行剔骨处理。由于鱼类形态各不相同,烹调方法也存在差异,故其初加工方法也不尽相同。

（1）沙丁鱼的去骨方法。

① 用稀盐水将沙丁鱼洗净,刮去鱼鳞。

② 切掉鱼头,并用刀斜着切开部分鱼腹,然后将内脏清除,用冷水洗净。

③ 用手指将尾部的脊骨小心剔下、折断,与尾部分开。

④ 捏着折断的脊骨慢慢将整条脊骨拉出来即可。

（2）虹鳟鱼的加工方法。

① 先将虹鳟鱼的胸鳍、背鳍剪去,去掉腮,刮去鱼鳞。

② 在鱼肛门处划一小口,再用手在鱼鳃开口处用力向下按鱼的内脏,使其从肛门处顶出,然后洗净即可。

此种方法适宜作瓤馅鱼。

（3）整鱼出骨的加工方法。

① 将鱼去鳞,去内脏,洗净。

② 用刀自鱼鳃下斜着各切出一个切口至脊骨。

③ 运刀从头部切口处入刀,沿腮下至尾部将脊骨与两侧鱼肉分别片开,腹部连接,露出脊骨。

④ 用剪刀将脊骨从头至尾剪下,并使两侧鱼肉相连。

⑤ 分别将两侧鱼肉上残留的鱼刺剔下即可。

2. 其他水产品原料的初加工方法

(1) 大虾的初加工方法。

① 将虾头虾壳剥去,留下虾尾。用刀在虾背处从前至尾剖开,腹部连接,取出虾肠,将虾洗净。这种加工方法在西餐中应用较普遍。

② 将大虾洗净,用剪刀剪去虾须和虾足,再将虾头上端剪一个小口挑出砂囊,最后将 5 片虾尾中较短的 1 片拧下后把虾肠一起拉出。这种方法适宜铁扒大虾菜肴的初加工。

(2) 蟹的初加工方法。

① 用水洗净,摘下腹甲,取下蟹壳,然后取下白色蟹腮,并将其他杂物清除后,再用水冲净。将蟹从中间切开,然后取出蟹黄及蟹肉。用小锤将蟹腿、蟹螯敲碎,再用竹签小心将肉取出即可。

② 将蟹煮熟,取下蟹腿,用剪刀将蟹腿一端剪掉,然后用擀面杖在蟹腿上向剪开的方向滚压,挤出蟹腿肉。将蟹螯扳下,用刀敲碎其硬壳后,取出蟹螯肉。将蟹盖掀下,去掉蟹腮,然后将蟹身上的肉剔出即可。

(3) 牡蛎的初加工方法。

① 用清水冲洗牡蛎,并清除掉硬壳表面的杂物。

② 右手握住牡蛎刀,左手拿住牡蛎,用左手指关节稳住牡蛎。

③ 牡蛎的连接点在前,可把刀插进牡蛎盖与凹进的贝壳之间,把刀刃放在连接点处,用力挤压刀刃,以便通过侧面移动将刀刃插进两个盖子之间,切断支撑它们的筋。将牡蛎壳撬开。

④ 用刀刃在贝壳内滑动,斜着向上将牡蛎肉与贝壳分开,剔下完整的牡蛎肉,保留汁液,清除贝壳在加工时所留下的碎片。

⑤ 将牡蛎壳洗净、沥干,然后将牡蛎肉放回壳内即可。

(4) 贻贝的初加工方法。

① 将贻贝清洗干净,撕掉海草等杂物。

② 放入冷水中,用硬刷将贻贝表面刷洗干净即可。

(5) 墨鱼的初加工方法。

① 纵向将软骨上面的皮切开,然后剥开墨鱼背,撕去软骨,并摘除体内的内脏及墨鱼爪。

② 拉着墨管前端撕下墨袋。

③ 去掉尾鳍,剥除外皮。

④ 切除墨鱼体周边较硬部分,清洗干净即可。

(五) 高档原料的初加工

1. 牛仔核的初加工方法

(1) 将和牛仔核相连的喉管割掉。

(2) 牛仔核放入冷水中浸泡一夜,以清除积血。

(3) 将牛仔核用清水冲洗直至颜色发白为止。

(4) 剥去牛仔核表面的薄膜,脂肪和筋质,但不要将薄膜完全剥尽,以使其仍为一个整体。

（5）控干水分,用净布包好,上放重物压置 12 小时即可。

2. 蜗牛的初加工方法

（1）将蜗牛放入温水中,约 10 分钟后选出未从壳体伸出的蜗牛。

（2）将洗好的蜗牛放入稀盐水中静置 1 小时,以使其排出体内污物。

（3）将蜗牛放入沸水中,微沸 5 分钟后取出冲凉,并刷去蜗牛上白色的涎质。

（4）用小钢针将蜗牛从壳中挑出,除去胆囊,剪去头与卷曲的尾。

（5）将蜗牛放入汤中,小火煮 1.5～2 小时,到蜗牛嫩肉成熟为止,取出晾凉。

（6）将蜗牛壳放入沸水中,加少许发酵粉和盐,煮约 30 分钟,取出沥干即可。

3. 鹅肝的初加工方法

（1）将整个鹅肝按其自然形状分为两块,如是冷冻的鹅肝,应使其自然解冻,变得柔软后再分成两块。

（2）将鹅肝较圆的一面朝上,然后用刀纵向切开一个长口。

（3）顺切口处将鹅肝中的筋拉出来,并剔出血管、血块。

（4）冲洗干净即可。

4. 龙虾的初加工方法

方法一：

（1）将龙虾洗净,加工成熟后晾凉。

（2）将龙虾的腹部朝上,放平。

（3）用刀从胸部至尾部切开,再调转方向从胸部至头部切开,将龙虾一分为二。

（4）剔除虾肠、白色的腮及其他污物。

（5）用手指将龙虾壳内的龙虾肉剔出即可。

方法二：

（1）将龙虾洗净,剪去过长的须尖,爪类。

（2）将龙虾用线绳固定在木板上,浸入水中煮熟,这样可以防止虾壳变形。

（3）将龙虾腹部朝上,用剪刀剪去腹部两侧的硬壳,然后再剥下腹部的软壳。

（4）取出龙虾肉,并用力将龙虾肠切除即可。一般用于冷菜的制作。

5. 黑、红鱼子的初加工方法

（1）将新鲜的鱼卵取出后冲洗干净。

（2）放入盐水中浸泡,并用木棍不断地搅动,以便胎衣与鱼卵分离,并使盐充分渗入卵中。

（3）用适当的网筛将鱼卵滤出即可。

（六）填馅原料的初加工方法

整鸡脱骨

1. 填馅鸡（鸭）的初加工法

这是一种整料出骨的加工方法,鸡要选用 1 年左右的母鸡,鸭应选用 8—9 个月的母鸭。这种原料肉质适当,出骨时皮不易破,烹制时也不易裂。

（1）去颈骨。在两肩相夹的颈根处,用刀将鸡皮横着划开一条约 6 厘米的刀口,并顺刀口剁断颈根处。然后顺刀口处拉出颈骨,在靠近头部将颈骨剁下,但不要碰破皮。

（2）去翅骨。从颈部刀口处将皮肉翻开,使鸡头下垂,然后连皮带肉慢慢往下翻开。翻开到翅骨的关节时,用刀将关节上的筋切断,使翅骨与鸡身脱离,先抽出桡骨和尺骨,然后再将翅骨抽出。

（3）去鸡身骨。一手拉住颈骨根部,另一手拉住背部的皮肉轻轻翻剥。翻剥时要将胸骨

1

突出处按下，使之略微低些，以免翻剥时戳破鸡皮。当翻剥到脊背部的皮、骨连接处时，如不易剥下，可用小刀贴骨割开，再继续翻剥。当剥到腿部时，将两腿分别向后扳住，使腿骨关节露出，将筋割断，使腿骨脱离。继续翻剥至肛门处时，将尾尖骨割断，但不要割破鸡尖，鸡尖仍要留在鸡身上。此时鸡身骨骼已与皮肉分离，将骨、内脏取出，割下肛门处的直肠，洗净肛门处的污物。

（4）出腿骨。将大腿骨处皮肉略翻下一些，然后将大腿骨向外拉，至膝关节时用刀割下。再在靠近鸡爪处的小腿上横切一道口，将皮肉上翻，将小腿骨抽出斩断。

（5）翻转鸡皮。鸡骨骼去净后，将鸡皮朝外翻转，使其在形态上仍是一只完整的鸡。

2. 填馅鸡腿的初加工方法

（1）在鸡腿内侧，顺腿骨的走向，用刀尖切开大腿骨周边的肉，切开关节，剔除大腿骨。

（2）把鸡肉里外翻转，剔除小腿骨。剔除小腿骨时应注意不要戳破鸡皮且应保留 2 厘米左右长的小腿骨。

（3）翻回原状，填馅后将鸡腿肉缝合。

3. 填馅鱼的初加工方法

（1）背开出骨法。

① 将鱼刮鳞、去腮，用剪刀剪去鱼鳍、鱼尾尖。

② 将鱼头朝外，用刀贴着脊骨，在背鳍两侧从鳃盖后至鱼尾切开两个长切口。然后按住鱼身下压，使切口张裂开，再顺裂口用刀贴着脊骨将脊骨切开，使鱼肉与脊骨分开。

③ 用剪刀剪开脊骨与尾骨两端及脊骨与肋骨相连处，剔出脊骨并摘除内脏。

④ 将鱼腹朝下，翻开鱼身，使鱼肋骨露出根部即可。然后从肋骨根部入刀，紧贴肋骨，刀略倾斜使肋骨脱离鱼肉。

⑤ 将鱼身合拢即可。

（2）腹开出骨法。

① 将鱼刮鳞，剪去鱼鳍和尾尖。

② 将鱼头朝外，腹部向右放在案上，用刀尖由肛门插入，切开鱼腹至前鳍处，然后取出内脏及鱼鳃。

③ 用刀尖将腹腔中脊骨与肋骨相连处割断。

④ 将脊骨与鱼头、鱼尾处切断，剔开两侧鱼肉，用剪刀将脊骨剪下，取出脊骨。注意不要使背部破损。

⑤ 用刀将两侧肋骨片下，取出肋骨。

⑥ 将鱼身合拢，仍保持其完整的鱼形。

4. 酿馅龙虾的初加工方法

酿馅龙虾初加工方法是将龙虾出肉、留壳，并使龙虾壳美观、完整的加工方法。此加工方法一般应用于冷菜的制作，在选料上要求选择体型较大、外观完整的龙虾。其加工方法是：

（1）将龙虾洗净，平放在木板上，用线绳固定扎牢。

（2）放入水或汤中加工成熟，晾凉。

（3）取出龙虾，去掉木板线绳。将龙虾贝壳朝上，用剪刀从龙虾尾部至头部剪去贝壳中间的一条长甲壳，并保持头部、背腹部两侧的尾节、尾扇的完整。

（4）从龙虾背部开孔处小心地将龙虾肉整个取出。

1

（七）原料捆扎成型工艺

原料的捆扎成型，即用线绳将原料捆扎整齐，以符合菜肴制作特定的要求。原料捆扎的目的有两个，其一是使原料保持原有的形态，以防烹制时受热变形，如整只禽类、乳猪及整鱼等；其二是使大而松散的原料变得紧实，或裹住原料，并使原料的切面增大，如煮牛胸、烤填馅猪通脊肉等。

1. 禽类原料的捆扎成型

（1）小型禽类原料的捆扎方法：

小型禽类主要是指鸽子、鹌鹑、雏鸡等。

① 将小型禽类加工整理后，胸脯朝上放平。

② 用线绳在小腿关节偏上部各绕一圈后，在胸前交叉搭扣扎紧。

③ 用两端线头分别从大腿内侧根部绕到翅膀外侧。

④ 将原料翻转，背部朝上，用线绳将翅膀和颈皮一起捆紧在禽体上。

（2）大型禽类原料的捆扎方法：

大型禽类原料主要是鸡、鸭、鹅、火鸡等。其捆扎的方法是：

① 将原料加工整理后，胸脯朝上，放平。

② 借助缝针，将线绳从小腿下部外侧穿入，小腿内侧穿出。

③ 再将线绳从胸脯下部的软骨外穿入腹腔，并将臀尖倒卷入腹腔内，用线绳从中穿过，然后将线绳从另一侧的大腿根部穿出。

④ 将原料翻转，脊背部朝上，线绳从翅膀外侧穿入，并将颈皮与脊背部缝在一起，再从另一侧翅膀处穿出。

⑤ 穿过大腿根部穿入腹腔，并从已卷入腹腔内的臀尖上穿过，从另一侧胸脯下部的软骨处穿出，再从小腿下部过，最后将两侧的线头系紧。

2. 畜类原料的捆扎成型

（1）剔骨羊腿的捆扎方法。

① 将羊腿剔骨后整理好。

② 用线绳在小腿骨处系紧一圈。

③ 然后将线绳在小腿骨处系紧一圈。

④ 将羊腿翻转，在背面每隔一道线打一个结，直至小腿骨处，与另一线头系紧。

（2）剔骨脊肉捆扎方法。

① 将外脊肉剔除多余的脂肪及筋质。

② 用线绳在牛外脊一端系好一圈。

③ 将线绳向另一端拉，每隔 3 厘米左右绕一圈，每绕一圈都要将线绳拉紧。

④ 当线绳绕到另一端后，将牛外脊翻转，再在背面每隔一道线绳打一个结直到头部，与另一线头系紧。

（3）大块带骨肉排的捆扎方法。

① 将肉排上多余的脂肪及筋质剔除。

② 用线绳将肋骨之间的脊肉捆扎，每扎一圈后即用剪刀剪断，捆好最后一圈后不要剪断线绳。

③ 将线绳在纵向打结、拉紧，最后将线绳系牢。

1

◆ **拓展任务**

1. 说明整鸡除骨的操作流程和技术要点。

2. 职业素养训练：职业装穿着，要求 5 分钟完成裤子、上衣、围裙、帽子等标准穿着和仪容仪表整理。

◆ **知识测试**

1. 刀工中切的方法的分类、特点及运用有哪些？

2. 蔬菜类原料初加工的一般原则是什么？

3. 西冷牛排可分为几种？各自的特点是什么？

4. 如何加工鲈鱼鱼柳和比目鱼鱼柳？

◆ **思政拓展**

庖丁解牛

认知六　菜肴制作准备

　　素养目标:培养学生刻苦学习、钻研专业知识和能力的科学态度。

　　知识目标:了解西餐烹调操作基本技法,掌握初步热加工的方法;掌握西餐烹调中常用的烹调方法。

　　能力目标:掌握切配、初步热加工、基础汤、配菜的基础烹饪制作的要领和技巧。

　　1.初步热加工的分类、特点及加工目的。

　　2.基础汤的分类及制作要点。

　　3.配菜的作用、分类。

一、烹调操作基本技法

　　烹调操作是一种较繁重的体力劳动,同时又是一项复杂细致的技术工作。由于菜肴品种繁多,操作中要掌握火候和调味的多种变化,因此,这项工作很难用机械代替,包括一些技术较先进的国家,烹调操作也以手工操作为主,这就要求从事烹调的专业人员必须掌握扎实的基本功,以适应这项既繁重又复杂的工作。

(一) 临灶操作的姿势与要求

　　临灶操作时,一般是左手握煎盘把或锅柄等,面向炉灶,身体立直,上身略前倾,但不要弯腰屈背,两脚成八字站稳,全身肌肉放松、不要紧张僵硬,两眼直视煎盘中菜肴的变化,双手自然配合,动作敏捷、干净、利落。

　　操作时要求精神集中,衣帽穿戴整齐,并随时注意炉灶周围的卫生状况,随时清理干净。

(二) 煎盘的使用技能

　　煎盘是西餐烹调中的主要工具、熟练地掌握煎盘的使用方法是西餐烹调主要基本功之一。

　　1.煎盘握法

　　一般左手握住煎盘把,掌心朝上,五指自然合拢,要求握稳、握紧,但不能握死。

　　2.小翻

　　动作要领:煎盘端平稳,先往前送出,使菜肴借助惯性滑到煎盘前端,然后,将煎盘略微上扬,以不使菜肴滑出煎盘,同时将煎盘向后一拉,使菜肴翻转过来。

小翻每次约翻菜肴的 1/2,操作时一般连续翻动。

3. 大翻

动作要领:将煎盘端起,如盘中菜肴较多,可双手握煎盘,借助惯性将菜肴送起,使其整体翻转过去。然后将煎盘缓慢下落,使翻转的菜肴缓慢落于煎盘内。

大翻也是较常使用的操作方法,适宜翻动量大的菜肴。此操作方法一般不用于连续翻动。

4. 拉翻

拉翻是一种较方便的操作方法,适宜翻动小量的菜肴。

动作要领:将煎盘放在炉灶上,抬起煎盘斜成 45 度角,先往前送出,再往后一拉,拉的同时将煎盘把稍往下压,使菜肴翻转过来。

拉翻一次约可翻动菜肴的 1/2,操作时要连续翻动。

5. 转动

煎盘的转动广泛用于各种煎制菜肴。

动作要领:用拇指与其余四指拢住煎盘把,但五指并不合拢,使煎盘在手指中间有活动空间,然后快速将煎盘向左转动,再迅速拉回使菜肴借助惯性在煎盘内转动。

操作时应视火候的情况掌握转动次数。

6. 抖动

煎盘的抖动适用于炸、烩制带有液体的菜肴。

动作要领:用手腕将煎盘不断向左转动,使煎盘中带有液体的菜肴借助惯性随之转动。

操作中视火候的情况掌握抖动频率。

二、初步热加工

初步热加工(blanching),即对原料过水或过油进行初步处理。这种加工过程不能算是一种烹调方法,而是制作菜肴的初步加工过程。

由于加工方法的不同,初步热加工又分为冷水加工法(cold water blanching)、沸水加工法(boiling water blanching)、热油加工法(hot oil blanching)等三种方法。

(一) 冷水加工法

1. 加工过程

将被加工原料直接放入冷水中加热至沸,再捞出原料并用冷水过凉。

2. 适用范围

适宜加工动物性原料,如牛骨等。

3. 加工目的

(1) 除去原料中的不良气味。

(2) 除去原料残留的血污、油脂及杂质等。

(3) 缩短正式的加热时间。

(4) 为食物的储存做准备。

(二) 沸水加工法

1. 加工过程

把被加工原料放入沸水中,加热至所需火候,再用凉水或冰水投凉。

2. 适用范围

适用范围广泛,包括蔬菜类原料,如番茄、芹菜、豌豆、西兰花等;动物类原料如牛肉块、鸡肉块等。

3. 加工目的

(1) 使原料吸收一部分水分,体积膨胀,如加工豌豆等。

(2) 使原料表层紧缩,关闭毛细孔以避免其水分及营养成分的流失,如加工鸡肉块、牛肉块等。

(3) 使原料的酶失去活性,防止其变色,如加工菜花、西兰花等。

(4) 便于剥去水果或蔬菜的表皮,如加工番茄等。

(5) 使蔬菜中的果胶物质软化,易于烹调,如加工芹菜、扁豆等。

(三)热油加工法

1. 加工过程

将被加工原料放入热油中,加热至所需的火候取出备用。

2. 适用范围

适宜加工土豆及大块的牛肉、鸡肉等。

3. 加工目的

(1) 使原料表面加工至熟,为进一步加热上色作准备,如加工土豆条等。

(2) 使原料表层失去部分水分,形成硬壳,以减少原料内部水分的流失,如加工牛肉块等。

三、制作基础汤

基础汤

基础汤(stock)是用微火,通过长时间制作提取的一种或多种原料的原汁,含有丰富的营养成分和香味物质,它是制作汤菜、沙司的基础,因此是西餐厨房必备的半成品。

基础汤不是成品汤,但它直接影响汤菜的质量,因此,基础汤的质量好坏也是衡量一个厨师工作质量的重要标准之一。味道、新鲜度、浓度是判定基础汤好坏的重要质量指标。

(一)制作基础汤主要原料

1. 动物原料的肉或骨头

制作基础汤常用的肉类和骨头包括牛肉、鸡肉、鸡骨和鱼骨等。不同的基础汤使用不同种类的动物原料,一般不混合使用。鸡基础汤由鸡肉和鸡骨头熬制成,牛基础汤由牛肉和牛骨头熬制而成。除此之外,用鸭骨头、鹅骨头、羊骨头和火鸡骨头等,也可熬制一些特殊风味的基础汤。

2. 调味蔬菜

制作蔬菜汤的蔬菜称为调味蔬菜(mirepoix),主要包括洋葱、西芹和胡萝卜。它是制作基础汤的第二个重要的原料,起着增香除异味的作用。

在制作流程中,通常的比例是,洋葱的数量等于西芹和胡萝卜的总数量。在制作白色基础汤时,常把胡萝卜去掉,加上相同数量的鲜蘑菇,使基础汤不产生颜色

3. 调味品

制作基础汤常用的调味品有胡椒、香叶、丁香、百里香、香菜梗等,常被包装在一个布袋内,用细绳捆好制成香料袋,或做成香料束,放在基础汤中。

4. 水

水是制作基础汤不可缺少的组成部分,水的数量常常是骨头或肉的 3 倍左右。

(二)基础汤的分类与特点

基础汤按其制法的不同可分为白色基础汤(white stock)、布朗基础汤(brown stock)和鱼基础汤(fish stock)三类。

1

1. 白色基础汤

白色基础汤包括牛基础汤、小牛基础汤和鸡基础汤等,用于白沙司、白烩及黄烩等菜肴制作。

2. 布朗基础汤

布朗基础汤包括牛基础汤、羊基础汤、小牛基础汤及野味基础汤等,用于布朗沙司、红烩及红焖等菜肴的制作。

3. 鱼基础汤

鱼基础汤从色泽上看属白色基础汤,但鱼基础汤的制法与其他白色基础汤不同,所以单分为一类,主要用于鱼类菜肴制作。

(三) 基础汤的制作要领

1. 选料原则

选料原则上应选鲜味充足又无异味的汤料,这些原料大都含有核苷酸、肽、琥珀酸等鲜味成分,其中生长期长的比生长期短的鲜味成分多。在同一个动物体上,肉质老的部位比肉质嫩的部位鲜味成分多。另外,不新鲜的骨头、蔬菜或肉都会给基础汤带来不良气味,而且也易使基础汤变质,应避免使用。

2. 用料比例

制作基础汤,汤料与水的比例一般是1∶3,但也不是绝对的。用于高档宴会,汤料与水的比例可为1∶2;用于便餐,汤料与水的比例可为1∶5。但汤料的比例也不宜过少,否则汤就会失去鲜味,影响菜肴的质量。

3. 制作流程

(1) 制作基础汤时,汤中的浮沫和油脂应及时取出,否则会在煮制时融入汤中,影响基础汤的色泽及香味。

(2) 基础汤在煮制过程中,先大火后小火。先用大火将汤煮沸,撇去浮沫后,再用小火熬煮,这样可以保证原汤的透明度。小火熬煮时,应使用微火,使汤保持在微沸状态;如用大火煮,会使汤液蒸发过快,变得浑浊。同时,煮汤时不要盖锅盖,这样有利于原汤中的水分蒸发,使原汤的味道变浓。

(3) 煮汤过程中不应加盐,因为盐是一种强电解质,会使汤料中的鲜味成分不易溶出,增加原料鲜味的溶出时间。

(4) 基础汤制作好后要过滤,必须使用几层过滤布将其过滤,使其清澈,然后去尽汤中的浮油,防止其变味。

(5) 要遵循"尽快冷却热食物,尽快加热冷食物"的原则。在储藏基础汤前,先将装汤的盛器桶置于流动的冷水中,使原汤尽快降温,再放进冷藏箱内,保藏期常常是3天,如将原汤冷冻储藏,可放3个月。

4. 优质基础汤的特征

(1) 表面没有浮油;

(2) 汤汁清澈,没有食物残渣;

(3) 气味芳香,味道清新、鲜美。

四、制作配菜

配菜是热菜菜肴不可缺少的组成部分。西餐菜肴一般是在主要部分烹制完成后,还要在盘子的边上或在另外一个盘子配上一定量加工成熟的蔬菜、米饭或面食等,从而组成一道完整的菜肴。这种与主料相搭配的菜品就叫配菜。

(一)配菜的作用和分类

1. 配菜的作用

(1)使菜肴造型色泽更加美观。各种配菜多数是用不同颜色的蔬菜制作的,而且要求加工精细,一般要加工成一定的形状,如条状、橄榄状、球状等,从而增加菜肴的色彩,使菜肴整体更加美观。

(2)使菜肴营养搭配均衡合理。西餐热菜大多数用动物性原料制成,而配菜一般由植物性原料制成,这样就使一份菜既有丰富的蛋白质、脂肪,又有丰富的维生素、无机盐,从而使营养搭配更趋合理,以达到营养全面的目的。

(3)使菜肴富有风味特点。配菜的品种很多,使用时虽有较大的随意性,但也有一定规律可循,水产类菜肴一般多配煮土豆或土豆泥;烤、铁扒类菜肴多配炸土豆条、烤土豆;煎、炸类菜肴多配时令蔬菜;汤汁较多的菜肴多配米饭;意式菜多配意大利面;德式菜则多配酸菜等。这样使菜既能在风格上统一,又富有风味特点。

2. 配菜的分类

(1)土豆类。主要有以土豆为原料的土豆制品。

(2)谷物类。主要有各种米饭、玉米、通心粉、实心粉、蛋黄面及其他面食制品等。

(3)蔬菜类。主要有胡萝卜、菜花、西兰花、芦笋、菠菜、番茄、青椒、茄子、蘑菇、黄瓜、节瓜、生菜、紫菜头、洋百合等蔬菜制品。

(二)配菜的使用形式及使用原则

1. 配菜的使用形式

配菜在使用形式上有很大的随意性,但一份完整的菜肴在风格上和色调上要统一、协调。配菜普遍使用以下几种形式:

(1)以土豆和几种颜色的蔬菜为一组的配菜。这样的形式是最常见的一种。以土豆为主,加上其他颜色的时令蔬菜,增加了菜肴色泽,并使营养均衡。大部分煎、炸、烤的肉类菜肴都采用这种配菜。

(2)以一种土豆制品单独使用的配菜。这样的形式的配菜大都与菜肴的风味特点搭配。

(3)以少量米饭或面条单独使用的配菜。各种米饭大都用于带汁的菜肴;各种面条大都用于意式菜肴。

2. 配菜的使用原则

西餐的配菜在使用时一般随意性很大,但要求在风格上做到统一,在色彩搭配上力求协调。根据西餐的特点,现代西餐的配菜具有科学性、多元化、审美化的特征。

(1)科学性。烹饪是一门味觉艺术。如今人们对于这门味觉艺术有了更多的科学反思,人们要求吃得更科学、更合理、更健康,要求多吃蔬菜、薯类、豆类,荤、素混吃,讲究营养均衡,有利健康。西式配菜起到了不可替代的作用。

(2)多元化。包括口味趋向多元化、原料选用多元化、烹饪方法多元化。

① 口味趋向多元化。饮食的口味既有共同性的一面,又有差异性的一面,这就决定口味趋向多元化,如一份菜肴的主料口味是浓重的,配上清淡爽口的配菜,使菜肴口感清爽,增进食客食欲。口味的多元化体现了现代人们在口味的选择上有了新的要求和变化。

1

② 原料选用多元化。如一盘煎牛排菜肴要配上几种不同的蔬菜,才能组合成一盘菜肴。这种一盘菜中既有牛肉,又配有几种不同蔬菜的组合,使其原料多样化,体现出西餐配菜的特点。

③ 烹饪方法多样化。主菜用煎的烹饪方法,配菜用炒、煮、煎等烹饪方法,在一盘菜中呈现出多种烹饪方法。

(3) 审美化。烹饪在发展中对美的追求是永远不会淡化的。配菜中各种蔬菜的自然色彩搭配,正是现代人对烹饪审美化的要求,但配菜要求做到简洁明快,反对烦琐;配菜装盘强调个性化和随意性。

(三) 配菜制作实例

1. 土豆类配菜

实例 1　里昂式炒土豆(lyonnaise potatoes)

原料:净土豆 500 克,洋葱 100 克,植物油或黄油 50 克,盐、胡椒粉适量。

制作流程:

(1) 将土豆蒸或煮熟,去皮,切成 3 毫米厚的片,洋葱切成细丝;

(2) 煎盘中放入黄油,将洋葱炒香,取出备用;

(3) 用黄油将土豆片炒至金黄色,再加入炒好的洋葱丝、盐、胡椒,炒透即可。

实例 2　炸气鼓土豆(fried potato chip assembly)

原料:土豆 500 克,植物油 500 克,盐、胡椒粉适量。

制作流程:

(1) 土豆洗净、去皮,切成直角六面体,再切成约 3 毫米厚的片;

(2) 土豆片放入水中洗净,捞出用干布擦干水分;

(3) 植物油放入锅中,锅上炉子烧至 120 ℃左右,把土豆片放入,并轻轻晃动油锅,至土豆片表面略微膨胀后捞出;

(4) 马上再将土豆片放入 150 ℃的油锅中炸,使其迅速膨胀,上色,捞出,沥干油,撒上盐、胡椒粉调味。

实例 3　焗带皮土豆(baked jacked potatoes)

原料:土豆 6 个,黄油 30 克,吉士粉 30 克,盐、胡椒粉适量。

制作流程:

(1) 挑选形状整齐、外表光滑的土豆,洗净;

(2) 用小刀沿土豆四周切 1 个约 2 厘米深的口;

(3) 将切好口的土豆放入用盐垫底的烤盘内,放入 160 ℃～180 ℃的烤箱,约烤 1 小时,约 30 分钟时转动一下土豆,烤至土豆熟透;

(4) 取出土豆顺切口分为两半,用小匙将土豆肉从皮中取出,放入碗内;

(5) 将土豆用盐、胡椒粉、黄油搅拌均匀;

(6) 再将调味的土豆填入土豆皮做成的壳内,撒上吉士粉,浇上黄油;

(7) 放入 230 ℃的烤箱,将表面烤上色。

实例 4　噢勃令煎土豆(Potatoes O'Brien)

原料:土豆 500 克,青红辣椒各 75 克,芹菜 75 克,面粉 20 克,黄油 50 克,盐、胡椒粉、植物油适量。

制作流程:

1

（1）土豆洗净、去皮，放入稀的盐水中煮熟；

（2）将土豆、青红辣椒、芹菜都切成骰子形小丁；

（3）在土豆丁、青红椒丁、芹菜丁中加入盐、胡椒粉及面粉拌和，捏成 5 厘米直径的圆饼；

（4）煎盘加植物油烧热，将土豆饼放入，两面煎黄，随后去余油，再加入黄油，即可。

2．其他蔬菜类配菜

实例 1　法式煮豌豆（boied peas French style）

原料：鲜豌豆 500 克，黄油 20 克，冬葱 25 克，砂糖 50 克，面粉 4 克，盐、胡椒粉少许。

制作流程：

（1）将豌豆洗净，放入锅中，再加入砂糖、冬葱、10 克黄油及盐、胡椒粉；

（2）锅中加水，以浸没豌豆为宜；

（3）锅加盖，入 200 ℃烤箱，烤至豌豆成熟；

（4）将锅取出，再加 10 克黄油及面粉，上火煮至黏稠即可。

实例 2　炒紫卷心菜丝（sauted red cabbage with apple sauce）

原料：紫卷心菜 500 克，苹果沙司 75 克，黄油 50 克，盐、胡椒粉适量。

制作流程：

（1）紫卷心菜去老叶洗净，剔除粗梗，切成丝；

（2）煎盘加黄油烧热，放入菜丝，炒至六成熟时，加入盐、胡椒粉，炒至菜丝成熟；

（3）最后加入苹果沙司拌匀即可。

技能链接：苹果沙司的制法

① 苹果去皮，去芯，切成片；

② 煎盘中加糖和苹果，用小火炒至苹果酥软；

③ 苹果片用粉碎机粉碎成蓉；

④ 苹果蓉放入锅中加糖水，上炉子，用小火熬稠即可。

实例 3　红焖洋葱（braised onion）

原料：小洋葱 10 个，黄油 70 克，布朗沙司 100 毫升，玉桂香叶 1 片，盐、胡椒粉适量。

制作流程：

（1）把小洋葱外皮剥去，洗净，切丝；

（2）锅中放入黄油，上炉子烧热，倒入小洋葱，将小洋葱煎煮黄；

（3）锅内加入布朗沙司、盐、胡椒粉、香叶；

（4）用小火焖 15 分钟左右至小洋葱软烂即可。

实例 4　白脱煎洋百合（fried green artichokes in butter）

原料：洋百合 500 克，黄油 50 克，盐、胡椒粉适量。

制作流程：

（1）将洋百合洗净，放入沸水中，余烫后捞出冷却；

（2）剥去洋百合外衣，对剖切成 3 毫米厚的薄片；

（3）洋百合片上撒上盐、胡椒粉；

（4）煎盘上炉子，将洋百合薄片放入，用小火将其两面煎黄即可。

实例 5　花旗煮刀豆（boiled beans American）

原料：刀豆 500 克，培根 50 克，植物油 25 克，鸡基础汤 125 毫升，盐、胡椒粉适量。

制作流程:

(1) 将刀豆洗净,去筋去蒂,切成 4 厘米长的段;

(2) 锅中放入水,加入少量盐烧开,放入刀豆余水,捞出冲凉、沥干;

(3) 培根切成碎状;

(4) 煎盘加油上炉子烧热,放入培根碎煎黄至脆;

(5) 将刀豆倒入煎盘中和培根一起炒,加盐、胡椒粉和鸡基础汤,用旺火煮沸即可。

实例 6   奶油烩白扁豆(stewed white beans in cream sauce)

原料:白扁豆 250 克,奶油沙司 500 毫升,黄油 50 克,盐、胡椒粉适量。

制作流程:

(1) 将白扁豆洗净,用小火煮酥,捞出沥干水分;

(2) 将奶油沙司、黄油、盐、胡椒粉一起放入沙司锅中隔水蒸沸,再将白扁豆倒入奶油沙司中拌匀蒸热即可。

3. 谷物类配菜

实例 1   瑞士面团(Swiss dough)

原料:面粉 1 000 克,牛奶 450 毫升,黄油 100 克,鸡蛋 9 个,盐、胡椒粉、豆蔻粉适量。

制作流程:

(1) 将面粉、牛奶、鸡蛋、盐、胡椒粉、豆蔻粉混合,调成面团;

(2) 将面团用模具搓入沸水内,煮熟,用冷水冲凉,沥干水分;

(3) 用黄油将面团炒透即可。

实例 2   黄油面条(noodles with butter)

原料:蛋黄面条 100 克,黄油 25 克,豆蔻粉、盐、胡椒粉适量。

制作流程:

(1) 将蛋黄面条放入盐水中煮熟,取出,沥干水分;

(2) 将煮好的蛋类面条放入煎盘内;

(3) 加入熔化的黄油、盐、胡椒粉、豆蔻粉,搅拌均匀即可。

实例 3   炒意式实心面(sauted spaghetti with cheese)

原料:意式实心面 100 克,吉士粉 25 克,黄油 25 克,盐、胡椒粉适量。

制作流程:

(1) 将意式实心面放入烧开的盐水中;

(2) 用中火煮制,并不时用木勺搅拌;

(3) 煮制 8 分钟~10 分钟,八至九成熟时捞出,沥干水分;

(4) 煎盘内放黄油,熔化后加入煮好的意大利实心面,加入盐、胡椒粉、吉士粉炒透即可。

实例 4   蛋黄面(noodle)

原料:面粉 1 000 克,鸡蛋 12 个,盐适量,植物油 50 克。

制作流程:

(1) 将面粉先用筛子筛过放在案板上,中间抠一凹塘,加入盐、鸡蛋,与面粉一同拌后揉透,上盖湿布,静置 20 分钟;

(2) 然后用面棍将面团擀成薄片,越薄越好,再将薄片切成所需规格的面条;

(3) 锅内加入清水和少许盐煮沸,随即放入蛋黄面条,待面条上浮时捞出,沥干水,倒入盛器内,加入植物油拌匀即可。

实例5 厨房饭(cook rice)

原料:长粒大米1000克,鸡基础汤1000毫升,洋葱末75克、植物油100克、玉桂香叶1片,盐、胡椒粉适量。

制作流程:

(1) 将长粒大米洗净沥干;

(2) 锅内加植物油上炉子烧热,将洋葱末放入炒香,加入大米、香叶,继续炒香,加入盐、胡椒粉拌匀,最后加入鸡基础汤,煮沸后改用小火焖熟即可。

实例6 煎玉米饼(fried sweet corn fritter)

原料:甜玉米粒400克,面粉80克,鸡蛋3个,白糖40克,植物油120克。

制作流程:

(1) 将玉米放入碗中,加入糖、鸡蛋、面粉搅拌均匀成面团;

(2) 煎盘加油上炉子烧热,将面团做成直径8厘米、厚1厘米的圆饼放入煎盘内;

(3) 将玉米饼两面煎黄至熟即可。

实例7 炸脆皮米饭丸子(deep fried crisp rice balls)

原料:米饭250克,洋葱25克,火腿25克,黄油10克,鸡蛋1个,面粉25克,面包粉50克,盐、胡椒粉、蛋液、植物油适量。

制作流程:

(1) 将洋葱切成末,火腿切成饭粒大小的粒;

(2) 煎盘上炉子加黄油将洋葱末炒香,但不要上色,加入火腿粒炒匀,待用;

(3) 将米饭、鸡蛋、炒好的洋葱、火腿粒、盐、胡椒粉混合搅拌均匀,做成直径为3~4厘米的圆球;

(4) 将米饭球裹上面粉,拖上蛋液,裹上面包粉;

(5) 油锅上炉子烧至170 ℃,将米饭球放入炸至金黄色后捞出,沥干油即可。

◆ 拓展任务

1. 列举三种课本上没有提到的西餐配菜的制作方法。

2. 职业素养训练:卫生清理,要求15分钟完成对刚刚工作完毕的台面、地面、储物柜等区域的整理清洁工作,剩余物品清理回收,工具餐具清洗归位,垃圾清理,台面地面的扫、刷、擦等工序,达到台面、立面、墙面、地面无水无油无污渍,光亮如新。

◆ 知识测试

1. 西餐的沸水初加工的目的是什么?

2. 基础汤制作的要点有哪些?

3. 西餐配菜的作用、分类以及形式有哪些?

◆ 思政拓展

工欲善其事,必先利其器。

◎ **实训部分**

模块一　蔬果类原料的切配加工

实训目标

素养目标:培养学生对待工作任务细心、耐心、精益求精的敬业精神;培养学生对原料合理使用、不浪费的意识。

知识目标:熟悉蔬果类原料切配加工的要求和加工步骤;掌握蔬果类原料的切配加工方法。

能力目标:具备蔬果类原料切丝、切片、切丁、切末、去皮的能力;掌握土豆类配菜制作和其他配菜制作的技术和能力。

实训重点

切红菜头丝、切土豆丝、削胡萝卜小橄榄球、水果去皮、胡萝卜去皮、炒土豆丝。

任务一　蔬菜丝的加工方法

1. 切顺丝

适用:将胡萝卜、芹菜、辣根、红菜头等蔬菜顺纤维方向切成丝。

加工方法:

(1) 将原料切成 3 厘米~5 厘米长短相同的段;

(2) 将段顺纤维方向切成 1 毫米~2 毫米厚的薄片;

(3) 再将片叠起,顺纤维方向切成细丝。

2. 切横丝

适用:菠菜、生菜、卷心菜等叶菜类蔬菜,由于质地脆嫩,大都应逆着纤维横切成丝。

加工方法:

(1) 去除叶梗,并将菜叶切成适当的片;

(2) 将菜叶叠放一起,逆着纤维方向切成所需要宽度的丝。

3. 竹筛棍

适用:这是一种较短的蔬菜丝,主要用于土豆、芹菜、胡萝卜等蔬菜的加工。

加工方法:

(1) 将原料切成 1.5 厘米长短相同的段;

（2）顺着长端切成 3 毫米厚的片；

（3）再将片切成 3 毫米 × 15 毫米的丝。

4．洋葱丝

加工方法：

（1）将洋葱剥去老皮，切除根、尖两端，纵切成两半；

（2）顺纤维的弧线运刀，切成薄厚切匀的片；

（3）抖散成丝即可。

5．青椒丝

加工方法：

（1）青椒去根蒂，去籽，纵切成两半；

（2）切去尖、根部，用刀片去内筋；

（3）顺纤维方向切成均匀的丝。

任务二　蔬菜丁的加工方法

1．小方粒

适用：主要用于洋葱、胡萝卜、蒜、芹菜等蔬菜的加工。

加工方法：

（1）将蔬菜切成 2 毫米厚的片；

（2）将片切成 2 毫米宽的丝；

（3）将丝切成 2 毫米 × 2 毫米 × 2 毫米的小方粒。

2．方丁

适用：主要用于胡萝卜、芹菜、土豆、紫菜头等蔬菜的加工。

加工方法：

（1）将蔬菜切成 5 毫米厚的片；

（2）将片切成 5 毫米宽的丝；

（3）将丝切成 5 毫米 × 5 毫米 × 5 毫米的方丁。

3．大方丁

适用：主要用于胡萝卜、土豆、紫菜头等原料的加工。

加工方法：

（1）将蔬菜切成 1 厘米厚的片；

（2）将片切成 1 厘米宽的条；

（3）将条切成 1 厘米 × 1 厘米 × 1 厘米的方丁。

4．番茄粒

加工方法：

（1）番茄洗净顶部打十字刀；

（2）用沸水烫后，入冰水浸泡，然后剥去外皮；

（3）横向切成两半，挤出籽；

（4）将切口朝下，用刀片成厚片，再直切成条；

（5）再将条切成大小均匀的粒。

任务三 蔬菜片的加工方法

1. 切圆片

适用：主要用于胡萝卜、黄瓜、土豆等蔬菜的加工。

加工方法：

（1）将原料去皮，加工成圆柱状；

（2）从一端切薄片。

2. 切方片

适用：主要用于胡萝卜、红菜头等蔬菜的加工。

加工方法：

（1）将蔬菜去皮，切掉四面成长方体；

（2）再将长方体切成 1 厘米×1 厘米×3 厘米左右的长方条；

（3）从一端将长方条切成方片。

3. 土豆片

加工方法：

（1）将土豆去皮，切成长方形六面体；

（2）从一端切成相应厚度的片，放入冷水中浸泡；

（3）1 毫米厚的片用于炸土豆片，2 毫米厚的片用于烤或焗，3 毫米厚的片用于炸土豆，4 毫米～1 厘米厚的片用于炒、煎。

4. 沃夫片

适用：主要用于土豆、胡萝卜等蔬菜的加工。

加工方法：

（1）将原料去皮削成直径为 3 厘米～6 厘米的圆柱；

（2）用波纹刀或沃夫刀，从一端先切下，然后再将原料转动 45°～90°角，切第二刀，依此类推，将原料切成蜂窝状的片。

5. 番茄片

加工方法：

（1）番茄洗净，果蒂横向放置；

（2）用刀拉切成 3 毫米～5 毫米厚的片。

任务四 蔬菜末的加工方法

1. 洋葱末

加工方法：

（1）洋葱剥去老皮，去除头部，保留部分根部，纵切成两半；

（2）用刀直切成丝，但根部勿切断；

（3）将洋葱逆转 90 度，左手按住根部，右手持刀，平刀片 2 至 3 刀，根部勿断；

（4）按住根部，用刀从头部将洋葱切下成粒；

（5）将葱粒进一步斩碎即可。

2．蒜末

加工方法：

（1）蒜剥去外皮，纵切成两半，摘除蒜芽；

（2）用刀侧面压住蒜瓣，用手拍压刀面，将蒜拍成碎块；

（3）将碎块斩碎即可。

3．欧芹末

加工方法：

（1）将欧芹叶摘下，洗净；

（2）用刀斩碎成末；

（3）用净纱布包好，用清水洗出浆汁，并挤出水分，抖散即可。

任务五　蔬菜橄榄球的加工方法

1．小橄榄球

适用：主要用于胡萝卜、土豆等蔬菜的加工。

加工方法：

（1）将原料切成长 3 厘米～4 厘米、宽 2 厘米、高 2 厘米左右的长方体；

（2）用小刀削成长 3 厘米～4 厘米，中间高 1 厘米～2 厘米的形似橄榄的小橄榄球即可。

2．英式橄榄球

适用：主要用于胡萝卜、土豆等蔬菜的加工。

加工方法：

（1）将原料切成长 5 厘米～6 厘米、宽 3 厘米、高 3 厘米左右的长方体；

（2）再用小刀削成长 4 厘米～5 厘米，中间高度 2 厘米左右，由 6 个～8 个面构成的形似橄榄状的细长形橄榄球。

3．波都古堡式橄榄球

适用：主要用于土豆的加工。

加工方法：

（1）将土豆洗净、去皮，削成长 5 厘米～6 厘米、直径 3 厘米～4 厘米的圆柱体；

（2）再将圆柱体用小刀削成长 5 厘米～6 厘米、中间直径 2.5 厘米～3 厘米、两端直径 1.5 厘米～2 厘米，由 6 个～8 个面构成的形似腰鼓状的橄榄球。

任务六　蔬果去皮方法

1．削法

适用：主要用于根茎类、瓜果类蔬菜和水果的去皮。

加工方法：先将原料两端削去，然后左手拇指执原料下端，食指执上端，无名指拢在原料外侧，捏住原料，右手持刀由原料上端进刀，转动手腕，运刀向斜下方削去。每削一刀，中指和无名指将原料向逆方向拨动一次，这样一刀压一刀削之，两手密切配合，将原料削成鼓形、梨形或球形。

2．旋法

适用：主要用于水果的去皮。

加工方法:先将原料两端削去,然后左手拇指执原料上端,食指和中指执下端,小指和无名指拢在原料外侧,捏住原料,右手持刀由原料上端进刀,转动手腕,运刀向斜下方旋切。每削一刀,中指和无名指将原料向顺时针方向拨动一次,这样一刀压一刀削之,两手密切配合,将原料削成球形。

3. 刮削法

适用:主要适用于根茎类蔬菜的去皮。

加工方法:运用打皮刀原理,左手捏住原料,右手持刀,拇指和刀刃形成打皮刀,从原料外端进刀,运刀向身体方向刮切运动,左手捏住原料配合右手转动,将原料外皮刮削下来。

任务七　土豆类配菜制作

1. 煮欧芹土豆(boiled parsley potatoes)

原料:净土豆 500 克,黄油 5 克,欧芹末少许,盐、胡椒粉。

制作流程:

(1) 将净土豆削成小橄榄状或马蹄形状,洗净;

(2) 放入盐水中煮 20 分钟左右,至熟,捞出沥干水分;

(3) 浇上熔化的黄油,胡椒粉,撒上欧芹末即可。

2. 法式炸土豆条(French fried potatoes)

原料:净土豆 500 克,植物油、盐、胡椒。

制作流程:

(1) 将净土豆去皮,切成 1 厘米见方,5～6 厘米长的条;

(2) 用清水洗净后,沥干水分;

(3) 将土豆条放入 130 ℃～140 ℃的油锅中,炸至成熟并轻微上色后捞出;

(4) 再将土豆条放入 150 ℃～160 ℃的油锅中,将其炸脆、炸黄捞出沥油,撒上盐、胡椒即可。

3. 土豆泥(mashed potatoes)

原料:净土豆 500 克,黄油 25 克,牛奶 50 毫升,盐、胡椒。

制作流程:

(1) 将土豆去皮,切成大块;

(2) 放入水中煮 20 分钟左右至熟;

(3) 趁热将土豆捣碎过筛箩成泥;

(4) 调入熔化的黄油、盐、胡椒,逐渐加入热牛奶,并不断搅动,直至成软糊状即可。

4. 王妃式焗土豆片(potatoes princess)

原料:土豆 500 克,黄油 100 克,吉士粉 30 克,鸡基础汤 100 毫升,盐、胡椒粉适量。

制作流程:

(1) 将土豆去皮,切成 2 毫米～3 毫米厚的圆片;

(2) 模盘内抹一层黄油,将土豆片平摆于模盘内,每一层撒一次盐和胡椒粉,摆至厚 3 厘米为止;

(3) 加入鸡基础汤,淋上熔化的黄油,最后撒上吉士粉;

(4) 放入 160 ℃烤箱,烤至土豆熟、水分干、颜色黄;

(5) 食用时,用小圆模压出一个个小圆柱状土豆,放入盘中即可。

1

5. 炸土豆泥 (croguette potatoes)

原料:土豆泥 500 克,蛋黄 2 只,面粉 30 克,面包粉 50 克,蛋液、盐、胡椒、植物油适量。

制作流程:

(1) 土豆泥内调入蛋黄、盐、胡椒,搅拌均匀;

(2) 制成直径为 1 厘米～2 厘米,长 5 厘米～7 厘米的圆棍;

(3) 粘上面粉、蛋清,粘上面包粉;

(4) 放入 170 ℃的热油中,炸至表面金黄色取出,沥干油即可。

6. 瑞士土豆饼 (swiss potatoes)

原料:净土豆 500 克,洋葱 80 克,咸肉 50 克,盐、胡椒、黄油适量。

制作流程:

(1) 将土豆煮熟,去皮,切成丝;

(2) 将洋葱、咸肉切成末;

(3) 用黄油将洋葱、咸肉炒香,再加入土豆丝稍炒后,加盐、胡椒调味;

(4) 用铲子压平,摊成饼状,小火煎至两面金黄即可。

7. 公爵夫人式土豆 (duchess potatoes)

原料:土豆 500 克,黄油 50 克,蛋黄 1 个,鸡蛋 1 个,盐、胡椒粉适量。

制作流程:

(1) 土豆洗净,削去皮,切成大块,放入水中上炉子煮熟;

(2) 将熟土豆放入筛箩上擦成泥;

(3) 土豆泥放入锅中加入黄油、蛋黄、盐、胡椒粉搅拌均匀;

(4) 将土豆泥装入裱花袋内;

(5) 烤盘上擦上油,用裱花袋在烤盘上挤出直径约 4 厘米～5 厘米、高 2 厘米～2.5 厘米的带螺纹的土豆泥花形;

(6) 烤盘放入 230 ℃～250 ℃烤箱内,烤约 2 分钟～3 分钟,使其定型结壳后取出,刷上蛋液;

(7) 再放入烤箱内烤至上色即可。

8. 拿瑞炸土豆 (nocestte potatoes)

原料:土豆 500 克,面粉 50 克,鸡蛋 2 个,面包粉 250 克,黄油 40 克,植物油、盐、胡椒适量。

制作流程:

(1) 土豆洗净,去皮,切成大块放入盐水中煮熟;

(2) 用筛子将土豆擦成泥;

(3) 在土豆泥中放入盐、胡椒粉搅拌均匀;

(4) 将土豆泥做成直径为 3 厘米的小圆球状;

(5) 将土豆粘上面粉、鸡蛋液、面包粉;

(6) 油锅上炉子烧至 150 ℃左右,把土豆放入炸至金黄色,捞出,沥干油;

(7) 最后淋上融化的黄油即可。

任务八　其他配菜制作

1. 奶油煮胡萝卜 (boiled carrot in cream)

原料:胡萝卜 200 克,黄油 30 克,鲜奶油 100 毫升,盐、胡椒粉适量。

制作流程：

（1）将胡萝卜去皮，切成 1 厘米厚的圆片；

（2）在锅内放入胡萝卜片，黄油、盐、胡椒粉适量，然后用水浸没；

（3）上炉子煮沸后，改小火，至水煮干、胡萝卜变软；

（4）加入鲜奶油，用小火将鲜奶油煮至黏稠即可。

2. 黄油菜花（cauliflower in butter）

原料：菜花 200 克，黄油 10 克，盐、胡椒粉适量。

制作流程：

（1）将菜花洗净，用小刀分成小朵；

（2）放入盐水中煮，但不要过熟；

（3）沥干水分，放入煎盘中，加入黄油、盐、胡椒粉，稍炒即可。

3. 菠菜泥（mashed spinach）

原料：净菠菜叶 500 克，奶油 100 毫升，黄油 20 克，盐、胡椒粉适量。

制作流程：

（1）将净菠菜叶放入沸水中烫软，捞出，沥干水分；

（2）用粉碎机将菠菜绞碎，放入沙司锅内；

（3）在沙司锅内加入奶油、黄油、盐、胡椒粉，烧沸、搅拌均匀即可。

4. 黄油扁豆（sauted green beans in butter）

原料：嫩扁豆 500 克，黄油 50 克，咸肉 50 克，洋葱 50 克，蒜、盐、胡椒粉适量。

制作流程：

（1）将扁豆洗净，去筋，切成长段；将咸肉切成小丁，将洋葱、蒜切成末；

（2）扁豆用沸水煮熟，沥干水分；

（3）用黄油将咸肉、洋葱、蒜炒香，再加入扁豆、盐、胡椒粉调味，炒透即可。

5. 司刀芬蘑菇（stuffed mushroom）

原料：新鲜蘑菇 12 只，火腿 50 克，芫荽草 5 克，黄油 50 克。

制作流程：

（1）将新鲜蘑菇洗净，放入锅中加水、盐，上炉子煮熟，捞出蘑菇；

（2）蘑菇柄摘下，和火腿、芫荽草切成末；

（3）将黄油放入碗中搅拌起松，放入蘑菇柄末、火腿末和芫荽草末拌匀，制成填充料；

（4）将填充料嵌入摘去根部的蘑菇的洞孔内，外部抹平（注意形态要丰满，蘑菇的周围不要沾上填充料）即可。

6. 炸茄子（deep fried egg plant frites）

原料：长茄子 100 克，面包粉 50 克，面粉 20 克，鸡蛋 1 个，盐、胡椒粉适量。

制作流程：

（1）将长茄子去皮，切成 1.5 厘米的圆片；

（2）撒上盐、胡椒调味；

（3）裹上面粉，拖蛋清，裹上面包粉；

（4）入 160 ℃油锅，炸至金黄色即可。

7. 东方米饭（sauted rice Asian style）

原料：大米 500 克，青椒 30 克，红椒 30 克，葡萄干 20 克，黄油 50 克，盐、胡椒粉适量，香叶 2 片。

制作流程：

(1) 把大米洗净,加入盐、香叶蒸熟;

(2) 把青、红椒切成丁,葡萄干洗净;

(3) 用黄油把青、红椒丁,葡萄干炒香,放入米饭,调入盐、胡椒粉翻炒均匀即可。

8. 炸面包丁(fried croutons)

原料:咸面包 500 克,植物油适量。

制作流程:

(1) 将面包去外皮后,切成 1 厘米左右的方丁;

(2) 入 170 ℃的油锅中,炸至金黄色捞出,沥净油,放在吸油纸上即可。

◆ 技能达标

技能 1:片切红菜头丝

要求:

(1) 红菜头 250 克;

(2) 用片的刀法片成片再切丝,红菜头丝成品 100 克以上,红菜头长为 6 厘米～7 厘米,粗为 0.2 厘米～0.3 厘米;

(3) 粗细均匀,整齐划一,不连刀、不带皮;

(4) 时间 10 分钟完成;

(5) 动作标准麻利,刀具、工具、工作区域卫生清洁,符合安全要求。

技能 2:切土豆丝

要求:

(1) 土豆 250 克;

(2) 土豆丝成品 100 克以上,土豆丝长为 6～7 厘米,粗为 0.2～0.3 厘米;

(3) 粗细均匀,整齐划一,不连刀、不带皮;

(4) 时间 10 分钟完成;

(5) 动作标准麻利,刀具、工具、工作区域卫生清洁,符合安全要求。

技能 3:削胡萝卜小橄榄球

要求:

(1) 胡萝卜 3 根;

(2) 胡萝卜球 6 个以上,呈橄榄形,刀面 6 面～8 面;

(3) 长为 5 厘米～6 厘米,粗为 2.5 厘米～2.8 厘米,整齐划一;

(4) 时间 10 分钟完成;

(5) 动作标准麻利,刀具、工具、工作区域卫生清洁,符合安全要求。

技能 4:水果去皮

要求:

(1) 白梨 2 只;

(2) 皮薄,废料少;

(3) 成品圆润光滑;

(4) 时间 2 分钟完成;

1

（5）动作标准麻利，刀具、工具、工作区域卫生清洁，符合安全要求。

技能5：胡萝卜去皮

要求：

（1）胡萝卜3根；

（2）皮薄，废料少；

（3）成品完整光滑；

（4）时间3分钟完成；

（5）动作标准麻利，刀具、工具、工作区域卫生清洁，符合安全要求。

技能6：炒土豆丝

要求：

（1）土豆丝成品脆爽适口、味道鲜美、色泽淡雅；

（2）翻勺动作娴熟，双手配合默契，土豆丝不粘锅底；

（3）时间5分钟完成；

（4）动作标准麻利，刀具、工具、工作区域卫生清洁，符合安全要求。

| 蔬菜切丁 | 蔬菜切末 | 蔬菜切片 |
| 蔬菜切丝 | 蔬菜削橄榄球 | 蔬果去皮——削苹果 |

模块二　畜肉类原料的切配加工

🔍 实训目标

素养目标:培养学生缜密的思维能力和团队协作的能力。

知识目标:掌握带骨牛排加工、无骨牛排加工、肋骨羊排加工、切牛肉丝加工的方法。

能力目标:熟练掌握西餐牛羊肉肉排的分割;熟练掌握牛肉丝的切配。

📋 实训重点

牛肉丝的切配。

任务一　带骨牛排加工

1. 肋骨牛排(rib steak)

加工方法:

(1) 将肋骨横着锯掉 2/3,并用刀剔除脊肉表层部分多余的脂肪;

(2) 用刀将脊肉和脊骨剔开,并保持脊肉表面完整,接着用锯紧贴肋骨与脊骨锯开,去除脊骨;

(3) 最后将肋骨内侧的筋剔除干净即可。

注:肋骨牛排位于肋背部,由 6～7 根较规则的肋骨和脊肉构成。

2. T 骨牛排(T-bone steak)

加工方法:

首先用刀剔除脊肉表层的筋膜及多余的脂肪,然后按规定的厚度和重量切开外脊肉和里脊肉,最后用锯将脊骨锯成厚片状即可。

注:T 骨牛排一般位于牛的上腰部,是一块由脊肉、脊骨和里脊肉等构成的大块牛排。美式 T 骨牛排(porterhouse steak)形状同 T 骨牛排,但较 T 骨牛排大些,一般厚 3 厘米左右,重约 450 克。T 骨牛排一般厚 2 厘米左右,重约 300 克。

任务二　无骨牛排加工

1. 肉眼牛排(rib-eye lip on)

加工方法:

将其切成 2 厘米厚,重约 150 克的块即可。

注:肉眼牛排又称肋眼牛排(rib-eye),由肋背部的脊肉和周边的肌肉组织及部分脂肪构成。

2.西冷牛排(sirloin steak)

加工方法:

小块西冷牛排(entrecte):将其切成2厘米厚,重约150～200克的块即可。

大块西冷牛排(sirloin steak):将其切成2厘米厚,重约250～300克的块即可。

纽约式西冷牛排(New york cut),将其切成2厘米厚,重约350克的块即可。

注:西冷牛排又称沙浪牛排,主要是由上腰部的脊肉构成。

3.菲力牛排(fillet steak)

加工方法:

将其切成2厘米厚、重150克的块即可。

注:菲力牛排,又称听特浪牛排(tenderloin steak),选用牛里脊中段。

任务三　肋骨羊排(rib bone)加工

加工方法:

(1)从肋背部脊骨中间锯开成两块,然后用刀将里外两侧的皮膜、筋剔除干净,并将脂肪下的半月形软骨剔除;

(2)用刀在肋骨前部3厘米～4厘米处,将肋骨间的肉划开,并将肉剔除干净,露出肋骨头;

(3)最后将脊骨与脊肉剔开,砍下脊骨即可。

注:肋骨羊排位于羊的肋背部,由6～7根较规则的肋骨与脊肉构成。

任务四　切牛肉丝

适用:牛外脊

加工方法:先用片的刀法将牛肉切成0.5厘米的厚片,再逆纤维方向切成5厘米～6厘米长、0.5厘米粗的肉丝。

◆ 技能达标:切牛肉丝

要求:

(1)肉100克;

(2)牛肉丝成品90克以上,牛肉丝长为6厘米～7厘米,粗为0.2厘米～0.3厘米;

(3)粗细均匀,整齐划一,不连刀、不带皮,刀口光滑;

(4)时间10分钟完成;

(5)动作标准麻利,刀具、工具、工作区域卫生清洁,符合安全要求。

模块三　禽类原料的切配加工

实训目标

　　素养目标：具备理论知识与实践技能综合应用的能力；提升食品安全意识和绿色环保意识。

　　知识目标：掌握用于煎和烩鸡块的加工、铁扒鸡加工、鸡排加工、鸡腿卷加工、鸡基础汤的制作要求。

　　能力目标：熟练掌握禽类原料的清洗整理、分档取料、加工切配、捆扎成型、鸡基础汤制作等技术。

禽类原料的
切配加工

实训重点

　　鸡腿卷加工。

任务一　用于煎、烩鸡块的加工

加工方法：

（1）切除鸡翅，鸡爪和鸡颈，剔除 V 形锁骨，将鸡整理干净；

（2）将鸡分卸成鸡腿、鸡胸和骨架三部分；

（3）将鸡腿顺着大腿骨和小腿骨之间的关节处切开，并将关节周围的肉与关节剔开，剁下腿骨的关节；

（4）将鸡胸部朝上放平，在距胸部三叉骨 3～4 厘米处入刀，分别将三叉骨两侧的鸡胸脯肉自上而下切开，再用刀从切口处自上而下将鸡胸脯肉连带鸡翅根部剔下；

（5）将中间的鸡胸脯肉连带三叉骨和鸡柳肉横着切成 2～3 块；

（6）切除骨架两侧的鸡肋，并将鸡尾切除，将骨架剁成 3 块即可。

任务二　铁扒鸡加工

加工方法：

（1）将鸡头、鸡颈、鸡爪、鸡尾切除；

（2）剁下翅尖，并剔除 V 形锁骨；

1

（3）背部朝上，用刀从颈部直至肛门处将脊骨从中间切开；

（4）展开鸡身，去掉内脏，然后用剪刀剪掉脊骨，并剔除肋骨；

（5）将鸡胸部从中间切开，使之成为两片；

（6）用拍刀拍平，整理干净即可。

任务三　鸡排加工

加工方法：

（1）在距离翅根关节 3 厘米～4 厘米处，用刀转圈切开翅根肉，直至翅骨，然后将翅膀提上劲，再用刀背轻敲切口处，使翅骨整齐断开；

（2）将鸡胸脯上的鸡皮撕开，用刀从三叉骨处自上而下将鸡胸脯肉与三叉骨剔开，直至翅根关节处；

（3）用刀自翅根关节处将鸡翅与胸骨切开，并使翅根部与胸脯肉完整地连在一起；

（4）将三叉骨上的鸡柳肉剔下即可。

任务四　鸡腿卷加工

加工方法：

（1）整鸡腿里侧朝上，沿着骨头伸展方向划一刀，将皮肉切开至见骨；

（2）用刀将中间关节处软骨组织切断分离，分别取出上关节和下关节骨头；

（3）将去骨鸡腿皮朝上放在案板上，用刀切去多余的皮和脂肪，整理成长方形；

（4）用棉线将鸡腿一端绑上，绳结在无皮面，然后将棉线从靠近绑线一侧翻转到皮面，从绑线穿过并缠绕打结；

（5）在离第一道绑线约 1 厘米处，棉线向下绕到无皮面，然后从另一侧绕上来在皮面上的正中处打结；

（6）如此重复，最后一次在皮面上面正中打结后将棉线从鸡腿另一端绕到无皮面与绑绳在无皮面打结固定即可。

任务五　鸡基础汤制作

1. 白色鸡基础汤制作

原料：清水 4 升，鸡骨头 2 千克，蔬菜香料（洋葱、芹菜、胡萝卜）0.5 千克，香料包（百里香、香叶、欧芹）1 个，黑胡椒 12 粒。

制作流程：

（1）将生骨头锯开，取出油与骨髓；

（2）放入汤锅内，加入冷水煮开；

（3）及时撇去浮沫，将汤锅周围擦净，并改微火，使汤保持微沸；

（4）加入蔬菜香料、香料包及黑胡椒粒。

（5）用小火煮 4～5 小时，并不断撇去浮沫和油脂；

（6）最后细筛过滤即可。

提示：烹调中，会有一定量的水分蒸发。因此，在煮汤的过程中可以加少量的热水，来补充一定的水分。

2.布朗鸡基础汤制作

原料：白色鸡基础汤 4 升，鸡骨 2 千克，番茄酱 0.1 千克，番茄、蘑菇等蔬菜适量，香料包、黑胡椒适量。

制作流程：

(1) 将鸡骨放入烤箱中烤成棕红色；

(2) 滤出油脂，将骨头放入锅内，加入冷水煮开，撇去浮沫；

(3) 将蔬菜切片，用少量油将其煎至表面棕红色，加入番茄酱炒至棕褐色，滤出油脂倒入汤锅中；

(4) 加入香料包、黑胡椒；

(5) 用小火煮 6 小时即可。

提示：在制作布朗基础汤时，可加入一些碎番茄及蘑菇丁等，以增加汤的色泽及香味，使汤具有棕色色泽，带有烤牛肉香气的特点。

◆ 技能达标：鸡腿卷加工

要求：

(1) 选用整鸡腿 2 只；

(2) 去骨后鸡腿骨完整、不带肉；

(3) 鸡肉卷成卷，用绳子固定，至少 5 档，线绳成一条直线；

(4) 时间 10 分钟完成；

(5) 动作标准麻利，刀具、工具、工作区域卫生清洁，符合安全要求。

模块四   鱼类原料的切配加工

鱼类原料的
切配加工

实训目标

素养目标：提升海洋生态环境保护意识；提升人与自然和谐相处的意识。

知识目标：掌握鲈鱼等鱼类鱼柳的加工、比目鱼类鱼柳的加工、鱼基础汤的制作步骤和方法。

能力目标：熟练掌握鱼类原料的清洗整理、分档取料、加工切配成型、鱼基础汤的制作。

实训重点

鲈鱼鱼柳加工。

任务一   鲈鱼等鱼类鱼柳的加工方法

适用：此加工方法适用于鲈鱼、鳜鱼、鲷鱼、鳟鱼、草鱼、黑鱼、三文鱼等体形似圆锥形或纺锤形鱼类的鱼柳加工。

加工步骤：

（1）将鱼去鳞，去内脏，洗净；

（2）将鱼头朝外放平，用刀顺鱼背鳍两侧将鱼脊背划开；

（3）用刀自鱼鳃下斜着各切出一个切口至脊背；

（4）用刀从头部切口处切入，紧贴脊骨，从头部向尾部小心将鱼肉剔下；

（5）将鱼身翻转，再从尾部向头部运刀，紧贴脊骨将另一侧鱼肉剔下；

（6）将剔下部分的鱼皮朝下，并用刀在尾部横切出一个切口至鱼皮处。一只手捏住尾部，另一只手运刀从切口处将整个鱼皮片下即可。

任务二   比目鱼类鱼柳的加工方法

适用：此加工方法适用于鲽鱼、箬鳎鱼、菱鲆鱼等比目鱼类的鱼柳加工。

加工步骤：

（1）将鱼洗净，剪去四周的鱼鳍；

（2）用刀在正面鱼尾部切一个小口，将正面鱼皮撕开一点；

（3）一只手按住鱼尾，另一只手指涂少许盐，捏住撕起的鱼皮，用力将正面整个鱼皮撕下。背面也采用同样方法撕下鱼皮；

（4）将鱼放平，用刀从头至尾从脊骨处划开，然后再用刀将鱼脊骨两侧的鱼肉剔下；

（5）将鱼翻转，另一面朝上，用同样的方法将鱼肉剔下即可。

任务三　鱼基础汤制作

原料：水 4 升，白色鱼骨 2 000 克，洋葱 200 克，黄油 50 克，欧芹、柠檬适量。

制作流程：

（1）将黄油放入沙司锅中，烧热；

（2）加入洋葱片、鱼骨及其他原料，加盖，用小火煎 5 分钟；

（3）加入冷水煮开，撇去浮沫及油脂；

（4）用小火煮 45 分钟左右，并不断撇去浮沫及油脂；

（5）最后用细筛过滤即可。

提示：制作鱼基础汤时间比较短，一般在 30～60 分钟，通常可以加上适量的干白葡萄酒和蘑菇以去腥味。

◆ 技能达标：鲈鱼鱼柳加工

要求：

（1）新鲜 500 克鲈鱼一条；

（2）切出 2 片鱼柳，2 片鱼皮，一具骨架；

（3）鱼柳完整不带刺，鱼骨上不粘肉，鱼皮完整不破；

（4）时间 10 分钟完成；

（5）动作标准麻利，刀具、工具、工作区域卫生清洁，符合安全要求。

第二编
工艺原理

◎ 认知部分

认知一　烹调原理

认知目标

素养目标:培养学生刻苦学习、钻研专业知识和技能的科学态度;培养学生的改革意识和创新精神。

知识目标:了解西餐烹调过程中热传递的导热方式和传热形式;掌握菜肴在加工烹调过程中的颜色变化和保护方法;掌握烹调过程中的热传递、味觉、菜肴颜色和味道的理论知识。

能力目标:掌握烹调中不同味型的呈味原理;掌握菜肴香气的产生和保护的方法。

认知重点

菜肴在加工烹调过程中的颜色变化和保护方法。

一、烹调过程中的热传递

在烹调过程中,绝大部分菜肴的制作均要经过热加工工序。热加工工序在烹调过程中起着十分重要的作用。因此,要求从事烹调的技术人员必须了解相关知识,提高热加工水平。

(一)烹调过程中的热传递方式

1.基本传热形式

烹调方法虽然名目繁多,但按接受热量的空间形式可以分为平面受热型和空间受热型两类。

(1)平面受热型。平面受热型是指被加工的原料只有一个面接受热源的热量。抽象地说就是二维传递过程。原料受热过程中,每一次只靠一个面受热,使热能向原料内部传递。在烹调过程中一般是加工好一面后,再加工其他面。典型的烹调方法有煎、铁扒等。

(2)空间受热型。空间受热型是三维传热过程。它是指被加工的原料在烹调过程中整个外表都受热。典型的烹调方法有煮、炸、烤等。

2.不同介质的热传递

热加工的介质有液体、气体、固体三种物理状态。烹调中常使用的传热介质有水、油、空气等。

(1)以液体为介质的热传递。①以水为介质的传热,烹调方法主要有煮、焖、烩等。②以油为介质的传热,烹调方法主要有煎、炸等。

（2）以空气为介质的传热。①以蒸汽为介质的传热。这种传热方式的烹调方法主要是蒸。②以空气为介质的传热。以空气为介质传热范围很宽,根据原料的质量、几何形状的大小、菜肴的特点,温度可在 60 ℃～350 ℃之间。

（3）以固体为介质的热传递。①以金属为介质的热传递。这种形式是西餐热加工的方法之一。金属加热后温度很高,一般用于烹调时的温度可达 300 ℃～500 ℃。将加工好的原料放在热金属板或其他金属器具上使热量传入原料内部。这种热传递形式温差极大,可起到特殊效果,烹调方法主要是铁扒。②利用颗粒状固体传热。颗粒状固体主要是盐、砂粒等。盐和砂粒受热后温度比水高,但它不会像液体那样对流,因此在热加工中必须不断翻动,才可使被加工的原料受热均匀。这种烹调方法在西餐中很少使用。

（4）热加工的温度范围。在各种烹调方法中,由于使用的传热介质的物理性质不同,传热的温度也有很大差异,一般烹调方法的温度范围在 60 ℃～400 ℃。

（二）原料内部的热传递

任何烹饪原料传热时,都要有一个由表及里的传热过程。根据菜肴的特点,可以分为两种情况:一种要求内外一致,即传热温差尽量小,目的在于使原料在熟化过程中,内外成熟的程度一致;另一种加工方法则要求内外成熟的程度有明显差别,即所谓"外焦里嫩"。在烹调过程中,原料内部受热的快慢,以及原料内部与外部的温差趋于一致的时间的长短,不仅与火力大小有关,而且还与原料的几何形状、质量状态有直接关系。一般来说,几何形状越大,原料内部温度升高得越慢;原料质地越松软,水分越充足,原料内部传热的速度越快。一般情况下,植物性原料的传热速度要比动物性原料快。

鉴于以上情况,在对原料进行热加工时需要掌握以下基本原则:

（1）使原料的几何形状合理、均匀,便于热量传递。

（2）热加工时要注意使原料各部分受热均匀。

（3）根据烹调方法选择适当的火力。

二、味觉的基本知识

（一）味觉的概念与分类

味觉是人们辨别外界物体味道的感觉。味觉包括心理味觉、物理味觉和化学味觉。

1. 心理味觉

心理味觉指的是人们在进食前和进食中,从心理上对食物产生的种种感觉。它包括进食的环境及菜肴的色泽、形状等给进餐者的感觉。如同样是两个刚刚烤好的面包,其中一个面包被烤盘压扁了,就会使人觉得压扁了的面包没有完好的面包好吃,因为这种感觉只是一种心理作用,所以叫心理味觉。试验证明,心理味觉良好可提高食欲,同时可提高消化率。

2. 物理味觉

物理味觉是指菜肴的物理性质对人的口腔器官的刺激,通常称作"口感"。口腔感觉到的菜肴的老、嫩、软、硬、焦、脆等,都是物理味觉。

3. 化学味觉

化学味觉指的是化学物质刺激人的味觉器官所引起的感觉,如我们感觉到的咸味、苦味、辣味等都是化学味觉。通常说的味觉主要是化学味觉。

知识链接

在化学味觉中,咸、甜、苦、酸 4 种味是由味觉神经感受到的,因此,称这些味觉为"生理基本味",其他味是由触觉感受到的,如辣、涩等味觉。对于生活习惯上的味觉分类,不同国家的民族有不同的约定俗成的分类方法。我国习惯上分为酸、甜、苦、咸、辣、鲜、涩 7 种味觉;日本分为咸、酸、苦、甜、辣 5 种味觉;印度分为甜、酸、咸、苦、辣、淡、涩、不正常味 8 种味觉。

味的感受器官是味蕾。从味蕾受到刺激到产生味觉只需 1.5～4 毫秒,比视觉、听觉、触觉都快,其中咸味感觉最快,苦味感觉最慢。有趣的是舌头的不同部位对各种味觉的敏感性不同,这是由于舌面上的乳头按其形状可分为 4 种,各种乳头在舌面上的分布不同,以致各部位对不同味觉的敏感程度也不同。

(二) 影响味觉的因素

人们对味觉的感受要受到多种因素的影响,其中主要是浓度、温度、溶解度、生理现象及各种呈味物质相互作用的影响。

1. 浓度

由于浓度的不同,人们对于某种味道可产生愉快或不愉快的感觉。如酸味和咸味在低浓度下使人有愉悦感,在高浓度下则使人不快。由于浓度的不同,人们对味觉可产生不同的感受,因此,制作菜肴时一定要掌握各种呈味物质的浓度,使之产生令人愉快的感觉,以增加菜肴的美味。

2. 温度和舌感受区

温度的不同,人们对味的感受程度也不同。最能刺激味觉的温度在 10 ℃～40 ℃,其中以 30 ℃时最敏锐,低于 10 ℃或高于 40 ℃时,多种味觉都会减弱。另外,不同舌感受区对不同味道的敏感程度也不同,四种生理基本味在常温和低温下的不同味感及不同舌感受区的不同味感,如表 2-1-1 所示(阈值越小敏感性越强)。

表 2-1-1　四种生理基本味在不同温度下的味感阈值及在不同舌感受区的味感阈值

名　称	味别	CT/%				
		25 ℃	0 ℃	舌尖	舌边	舌根
蔗　糖	甜	0.10	0.40	0.40	0.72～0.76	0.79
食　盐	咸	0.05	0.25	0.25	0.24～0.25	0.28
柠檬酸	酸	2.5×10^{-3}	3.0×10^{-3}	5.0×10^{-2}	$(3.0～3.5) \times 10^{-3}$	8.0×10^{-2}
硫酸奎宁	苦	1.0×10^{-4}	3.0×10^{-4}	1.7×10^{-3}	1.2×10^{-3}	3.0×10^{-3}

3. 溶解度

各种呈味物质只有溶解于水才能产生味感,完全不溶于水的物质是没有味的。如果把舌面擦干再放上糖,就感觉不到甜味。因此,溶解度越高,味感越充分。带有汤汁的菜肴能使人很快尝出味道,而干制的食品只有经过咀嚼,使食品中的呈味物质溶于唾液后才有味感。

4. 生理因素

人们的年龄、性别、生活习惯不同,对味觉的敏感程度也不同,如儿童对甜味的感受要比成人敏锐;妇女对甜、酸等味均较男性敏锐。此外,由于健康状况和生活经验的不同,人们对味觉的敏

注:表 2-1-1 到表 2-1-4,数据来源于上海市职业培训指导中心组编《西式烹调师(四级)》,上海百家出版社。

感程度也不同,如患感冒、消化不良疾病的人,味觉敏感程度都减弱;有经验的厨师和"美食家"的味觉就较正常人敏锐。不同国家和地区的人,由于生活习惯不同,对味觉的敏感程度也不同。

5. 各种呈味物质的相互作用对味觉的影响

各种呈味物质的相互作用,加上人们的心理作用,可使人对味的感觉发生变化。下面介绍几种常见的现象。

(1) 对比现象。有人做过这样的实验,在 15% 的砂糖溶液中加入 0.017% 的食盐,结果发现,这种糖盐的混合溶液比 15% 的纯糖溶液更甜。把两种或两种以上的呈味物质,以适当的浓度调和在一起,使其中一种呈味物质的味道更为突出的现象,叫做对比现象。

实例链接

制作菜肴时,往往是先确定菜肴的主味,然后再加上辅味以突出主味,如在制作以咸为主的菜肴时,可加上占盐量 25% 的糖,虽吃不出甜味,但可使咸味更鲜醇;在制作以甜酸为主的菜时也往往加上适量的盐,以使酸甜味更加协调浓重。

(2) 消杀现象。在烹调中也常常出现这样的现象:当不慎把菜做得过酸或过咸时,再放些糖,就会使酸味或咸味有所缓和。把两种或两种以上的呈味物质,以适当的浓度混合后,使每种味觉都减弱的现象,叫做味的消杀现象。

烹调师在制作有不良气味原料的菜肴时,所用的调味料都较重,以去除不良的气味;在烹调具有鲜美滋味的原料时,调味则宜清淡,避免因为调味重而抵消原料本身的鲜味。

(3) 转换现象。生活中也常遇到这样的情况:吃过苦味的药后,再喝无味的凉开水,会觉得水有些甜味;吃过糖后再吃酸的东西,会觉得酸得更厉害。这种由于味觉器官先后受到两种不同呈味物质的刺激而产生新的味感的现象,叫做味的转换,也称变调现象。

在宴会中要先上味清淡的菜肴,后上味浓重的菜肴,最后再上甜食,以避免味的转换。在评定菜肴的质量时,评判员也习惯先漱口,然后再品尝,也是为了避免味的转换。

(4) 相乘作用。两种甜味剂共同使用时,其甜度陡增。如甘草酸铵本身甜度为蔗糖的 50 倍,但与蔗糖共同使用时,其甜度可增到为蔗糖的 100 倍。又如味精与核苷酸共同使用时也使鲜味陡增。这种两种相同味感的呈味物质共同使用时,其味感陡增的现象,称作味的相乘作用,或称协和作用。根据这种作用,我们在使用两种相同味感的调味剂时应加以注意,在成批生产产品时,可利用这种作用降低成本。

(三) 主要味觉的理化性质

1. 咸味及咸味物质

咸味是中性盐所显示的,咸味感是由解离后的离子所决定的。其中阳离子呈咸味,阴离子呈副味。

食盐(氯化钠)是最理想的咸味剂,用其他物质来模拟这种滋味是不容易的。咸味在烹调中起着重要作用,它不但可显示出原料本身的鲜美味道,而且有解腻、去异味的作用。习惯上把咸味作为调味中的主味,绝大部分菜肴都离不开食盐。但咸味过重也会削弱菜肴的鲜美味道,而且对人体的健康有碍。一般制作清汤时,盐的浓度以 0.5% 为宜;浓汤为 0.7%;蔬菜汤为 0.9%;煮肉为 1.5%。

2. 甜味及甜味物质

甜度是甜味剂的重要标志,但是甜度的强弱目前仍不能定量地、绝对地用物理或化学方法来测定,只能由人的味觉器官来测定。由于这种甜度是靠主观感觉来决定的,所以要以各种意见的平均值为代表。测定时一般以蔗糖的甜度作为标准,以此来确定其他糖的相对甜度。如以蔗糖的甜度为 100 作为标准,来与其他糖类相比较,可确定其他糖类的相对甜度。

表 2-1-2		各种甜味物质的相对甜度	
甜味剂	相对甜度	甜味剂	相对甜度
蔗　糖	100	果　糖	114～175
麦芽糖	32～60	木　糖	40～70
乳　糖	16～27	肌　醇	50
半乳糖	30～60	糖　精	20 000～70 000

从表中可知,乳糖相对甜度最低,果糖相对甜度最高。

甜味剂的种类较多,下面介绍与烹调关系密切的甜味剂。

(1) 蔗糖。许多植物都含有一定量的蔗糖,其中甘蔗和甜菜中含量较多。纯净的蔗糖是无色透明的单斜晶体。在常温下 50 毫升水可溶解 100 克蔗糖,随着温度的增高,其溶解度还可增高。在与氯化钾、氯化钠等盐共存时,溶解度还可增加。

知识链接

蔗糖溶液的沸点随着浓度的增大而增高,浓度为 10% 时,沸点为 100.4 ℃;浓度为 70% 时,沸点为 106.5 ℃;浓度为 80% 时,沸点为 112 ℃;浓度为 90% 时,沸点为 130 ℃。蔗糖单独加热至 160 ℃ 时熔化;继续加热则脱水,生成葡萄糖和果糖的无水物。如温度继续增加,约至 180 ℃～190 ℃ 时,可抽成丝状,加热至 190 ℃～200 ℃ 时则生成黑褐色的焦糖,再加热则碳化。

常用的蔗糖调味料有绵白糖、砂糖、红糖,其成分大致相同。

(2) 麦芽糖。麦芽糖是种子发芽时,因酶分解为淀粉而形成的中间产物。因其在麦芽中含量较多,故名。

麦芽糖的熔点为 102 ℃～103 ℃,可溶于水,并微溶于酒精。麦芽糖的甜度约为蔗糖的 1/3,但味爽口,对胃刺激作用小,并含有一些维生素等物质,比其他糖类的营养价值高。

(3) 果糖。果糖多与葡萄糖共存于水果及蜂蜜中。果糖甜度较高,可口,而且易消化。

(4) 乳糖。乳糖是乳品中特有的糖。其甜度约为蔗糖的 1/5,在烘烤中能形成诱人的金黄色。

(5) 糖精。糖精的学名是邻苯甲酰磺酰亚胺,为无色结晶。商品糖精是它的钠盐形式,可溶于水,1.5 毫升温水可溶解 1 克糖精。

糖精本身并无甜味,而有苦味,但在水中溶解后,其阴离子呈强甜味。当浓度超过 0.5% 时,就能显出苦味,故在使用糖精时,一定要掌握用量。糖精不易消化,人食用后大部分以原状排出,故无营养。至于是否对人体有更多害处,尚无定论,但一般认为应慎用。

3. 酸味与酸味物质

酸味是由于氢离子刺激味觉神经引起的,因此,凡是在溶液中能解离出氢离子的化合物都具有酸味。无机酸刺激性强烈,不适宜调味;有机酸除酸味外,多带有副味,味感柔和。烹调中所用的调料都是有机酸。

常用的酸味调味料有以下几种:

(1) 醋酸。醋酸是主要的酸味剂,一般食醋含酸 3%～5%,食用醋精含酸 30%。西餐中

常用以食用醋精为基础配制的醋,很少用发酵的食醋,

（2）柠檬酸。柠檬酸也是在西餐中广泛使用的酸味剂,在柠檬和柑橘类水果中含量较高,柠檬酸味感圆润清新,入口即可达最高酸感,但后味延续时间较短。

也可用葡萄糖、麦芽糖等在黑曲霉作用下发酵,再从发酵液中分离出柠檬酸。但这种柠檬酸不如天然柠檬酸清新,在烹调中常用鲜柠檬剂（汁）调味。

（3）乳酸。乳酸最初是从酸奶中发现的。其他糖类发酵也可产生乳酸。在烹调中可采用乳酸发酵制作酸奶、泡菜等食品。

（4）酒石酸。酒石酸存在于多种水果中,在葡萄中单位含量最多,其次为菠萝。它是在葡萄酿造过程中的沉淀物（酒石）中提取的,故名。

（5）苹果酸。苹果酸广布于各类水果中,以仁果类最多。味较柠檬酸更烈,多用于食品工业。

（6）草酸。笋、葱头、茭白等蔬菜中草酸含量较高,叶菜类次之。草酸味微酸且涩,无调味意义,烹调中应力求除去。草酸溶解于水,蔬菜氽水后可除去部分草酸。

提示:酸味在西餐菜肴中应用较广,常与甜味、咸味共同使用。适度的酸味可以给人以清爽感,并有去腥、解腻的作用。除调味外,酸味还可促进食欲。西餐用的餐前酒、冷菜、汤很多都带有酸味,有开胃的效果。酸味物质对维生素,尤其是维生素 C 还有保护作用,可减少维生素在烹调中的损失。

4. 苦味与苦味物质

人们对苦味感觉最敏感,0.000 05％的奎宁溶液即可使人感觉到苦味,但感觉的速度比其他味稍慢,所以品尝菜肴时总是最后才感到苦味。苦味物质广泛存在于植物性食品中,具有苦味的物质有生物碱,如咖啡、可可碱、茶碱等;另外,一些萜类和甙类物质也含有苦味,它们主要存在于橘皮、酒花、苦杏仁、苦瓜等原料中。

单纯的苦味是不可口的,但若调配得当,也能起到丰富和改进菜肴风味的作用。如炒苦瓜,是因为苦瓜特有的苦味形成了菜肴的特有风味;啤酒、巧克力等都有苦味,但同样是受人欢迎的食品。另外,苦味还有刺激胃口的作用。当人们的消化道活力发生障碍时,味觉就会出现衰退,这时就需要给味觉器官以强烈的刺激,其中苦味就是理想的刺激剂,所以在夏天或胃口不好的时候,吃些带有苦味的菜肴,可使人胃口大开。

5. 辣味和辣味物质

辣味是刺激性最强的一种味感,它不是由味觉器官感受到的,而是由辣味物质作用于口腔中的痛觉神经和鼻腔膜而产生的灼痛感。所以辣味不是生理基本味,是复合味。辣味又分热辣味和辛辣味。

热辣味也叫火辣味,只作用于口腔,能引起口腔的灼热感,对鼻腔没有明显刺激。产生热辣味的物质有辣椒素和胡椒碱,主要存在于辣椒和胡椒中。

辛辣味除作用于口腔外,还有一定的挥发性,能刺激鼻腔黏膜,引起冲鼻感。产生辛辣味的物质有蒜素、黑芥子甙等。含有这些物质的烹饪原料有葱、姜、蒜、芥菜、辣根等。

辣味在烹调中有增香、解腻、压异味的作用,但用量过大也会压低菜肴的其他香味,尤其是具有鲜香和清香风味的菜肴,不宜调入辣味。另外,适当的辣味还有增进食欲、促进消化液分泌的功效,并在消化器官内起到杀菌作用。由于辣味性较强,故用量过大也会损害肠胃。因此,在使用辣味时应遵循"辣而不烈"的原则。

6. 鲜味与鲜味物质

菜肴中有一种特有的鲜美滋味,称为鲜味。鲜味也是由味觉器官感受到的,但目前欧美和

其他一些国家认为鲜味是一种辅助味，不是独立的味，所以没有将其列入生理基本味中。但鲜味在烹调中的重要作用是各国所公认的。

产生鲜味的物质有氨基酸、核苷酸、琥珀酸等。这些成分主要存在于各种肉类、水产类、蕈类原料中。各种食物的主要鲜味成分如表 2-1-3 所示。

表 2-1-3　　　　　　　　各种食物的主要鲜味成分

食　物	谷氨酸钠	氨基酸酰钠	5—肌苷酸	5—鸟苷酸	琥珀酸
畜　肉	＋	＋＋	＋＋＋＋	—	—
鱼　肉	＋	＋＋	＋＋＋＋	—	—
虾　肉	＋	＋	＋＋	—	＋＋＋
贝　类	＋＋＋	＋＋＋	—	—	—
蔬　菜	—	＋＋	—	—	—
蕈　类	—	—	—	＋＋＋＋	—

注："＋"表示食物所含鲜味成分量的程度，"—"表示没有。

提示：呈鲜味的主要调味品是味精（谷氨酸一钠），另外酱油、鱼露等调味品也有鲜味，味精鲜味的强弱与其解离度有关：在强酸溶液中，味精的解离度小，因此鲜味也弱；在碱性溶液中，谷氨酸一钠会变成谷氨酸二钠，使鲜味消失；只有在弱酸溶液中味精的解离度最大，鲜味可以充分发挥出来。适量的盐（0.5％～0.7％）可增加鲜味，但咸味过重也会使鲜味消失。味精不耐高温，如加热到 120 ℃或 100 ℃或长时间加热可使味精变为焦性谷氨酸，完全消失鲜味，并对人体健康不利。因此，在烹调时应后加味精，加入味精后就不要再用高温烹调。

7. 涩味与涩味物质

涩味不是由味觉器官感受到的，因此不是生理基本味。涩味是由于涩味物质作用于口腔，使口腔黏膜中的蛋白质凝固而产生的收敛感觉。产生涩味的物质有单宁、多酚类、草酸、铁金属、明矾等。这些物质主要存在于一些水果、蔬菜等食品中。

饮食中的涩味给人以不愉快感，在烹调中应力求去掉。一些带涩味的蔬菜烹调前可先用沸水烫一下，可使部分涩味物质溶在水中，再经过恰当的烹调，基本上可以去掉涩味。

三、菜肴的颜色

（一）菜肴的天然色泽

菜肴中含有很多天然色素，这些色素对人体无害，有的还有一定的营养价值。因此，在调配菜肴的颜色时，应尽量利用这些天然色。烹饪原料中的色素主要有叶绿素、类胡萝卜素、血红素、甜菜红素、花青素等。

菜肴的颜色是评定菜肴质量的重要标志之一。我们在品尝菜肴之前，首先见到的是菜肴的外观。一份色泽诱人的菜肴，可以使人从心理上觉得菜肴一定是美味可口的，从而增加食欲。因为人们食欲的形成，不仅仅是由于饥饿，还需要良好的情绪，而色泽悦目的菜肴能给人以愉快的享受。因此，设计、调配好菜肴的颜色，也是烹调师必须掌握的技术之一。

知识链接：菜肴的颜色与美味效果

由于长期的饮食习惯，人们对菜肴的颜色已形成一种反射条件，如红颜色极易引起食欲，使人感到浓厚的香味和酸甜的愉悦感；黄色也易引起食欲，金黄色多给人以酥脆、干香感；淡黄色则给人以软嫩、淡香感;白色给人以质洁、软嫩、清淡之感;绿色给人以明媚、鲜活、自然之感;淡绿色、嫩绿色意味着新鲜、清淡,若配以淡黄色则更添清新之感。但黄绿色易使人联想到枯叶,应少用;褐色给人以浓郁的芳香美味感;黑色则给人以焦香、味浓的感觉,但颜色过深也会给人以苦味感;蓝色给人以不香、不是菜肴的感觉,但用作菜肴的宣传品却给人以素雅清爽之感。由此可知,菜肴的颜色还可产生意想不到的美味效果。

1. 叶绿素

叶绿素广泛存在于植物体内,是绿色蔬菜、水果的主要色素。

叶绿素是四吡咯的一种衍生物。这类化合物中结合着不同的金属元素,有特殊的能力,呈现不同的颜色。能与叶绿素结合的金属元素是镁,由于结构上的微小差异,叶绿素又分为叶绿素 a 和叶绿素 b。纯净的叶绿素 a 是蓝黑色的粉末;纯净的叶绿素 b 是深绿色的粉末。蔬菜、水果中的叶绿素由叶绿素 a 和叶绿素 b 混合而成,呈深绿色。叶绿素在植物体内与蛋白质等物质共同形成复合的叶绿体。

叶绿素在稀酸溶液中可形成脱镁叶绿素而呈褐色,加热可促使此反应的完成。叶绿素在弱碱溶液中较稳定,如加热可形成叶绿酸而呈鲜绿色。

2. 血红素

血红素广泛存在于动物体内。同叶绿素一样,血红素也是吡咯的衍生物,它结合的金属元素是铁,能显出红色。血红素在肌肉和珠蛋白中结合成肌肉红蛋白,呈肉色。肌肉中血红蛋白含量随动物年龄的不同而异,年幼的动物含量低,故肉色浅;年老的动物含量高,故肉色深。另外,血红素在血液中与蛋白质结合成血红蛋白,也影响肉的颜色。

在加热过程中,因蛋白质变性,肌肉蛋白中两价铁被氧化成三价铁,生成黄褐色的变肌红蛋白,也改变了肌肉的颜色。

3. 类胡萝卜素

这类色素主要存在于植物体内,如绿色蔬菜、黄红色水果及其他绿色植物中。动物体内也有类胡萝卜素,如存在于蛋黄及甲壳动物当中。这类色素种类很多,就其颜色来分,有橙黄色、红色两种,习惯上称为叶黄素和叶红素。烹饪原料中常见的类胡萝卜素见表 2-1-4。

表 2-1-4　　　　　　　　烹饪原料中常见的类胡萝卜素

颜　色	名　称	存　在　物
橙黄	β-胡萝卜素	胡萝卜、柑橘、南瓜、蛋黄、绿色植物
	叶黄素	柑橘、南瓜、蛋黄、绿色植物
	玉米黄素	玉米、肝脏、蛋黄、柑橘
	姜黄素	杏、辣椒
	隐黄素	柿子、玉米、柑橘、蛋黄
红色类	番茄红素	番茄、西瓜
	虾黄素	虾、蟹、鲑鱼
	辣椒素	辣椒
	辣椒玉红素	辣椒

（二）菜肴在加工烹调过程中的颜色变化和保护方法

1. 褐变

褐变是菜肴在加工和烹调过程中最普遍的变色现象。引起褐变的原因有因酶催化引起的和非酶催化引起的两种。

（1）酶催化引起的褐变。酶催化引起的褐变多发生在水果和蔬菜中，如土豆、苹果去皮后，它们的组织暴露在空气中，所含的多酚类成分在酶的催化下氧化，形成褐色色素。

酶催化引起的褐变有三个条件：一是原料本身含有多酚类；二是存在多酚氧化酶；三是要有氧气。因此，要防止这种褐变的发生就需要控制这三个条件。简便容易的办法，是把加工的菜、果泡在水里，用水把菜、果与空气隔开。但此法只能短时间内有效，因菜、果组织中的多酚类成分与水中的氧仍可以发生缓慢褐变。如在水中加些酸性物质，使 pH 值降到 3 以下，则可抑制酚酶的催化作用，从而较长时间地防止褐变。

（2）非酶催化引起的褐变。烹调中因非酶的原因引起的褐变主要有黑色素反应和焦糖化作用。

① 黑色素反应。黑色素反应是菜肴中羰基与氨基之间发生的反应，所以又称羰氨反应。菜肴中凡是有羰基和氨基共存时都可能发生黑色素反应。羰基包括醛酮、单糖以及多糖分解过程中的羰基化合物等；氨基包括游离的氨基酸、脂类、蛋白质等。这些成分在烹饪原料中广泛存在，因此，在烹调中黑色素反应普遍存在。

黑色素反应比较复杂，它容易发生在高温和 pH 值等于或大于 7 的情况下。在烹调中发生黑色素的反应比较明显的原料有土豆、肉类、面粉、面包等，这些原料经烘烤或油煎、炸后，其颜色可逐渐变黄、变褐、变黑，如我们制作炸土豆条、炸鸡排、肉扒等菜肴时都有这种现象，这就是黑色素反应。可以根据加热时温度的高低和时间的长短掌握颜色的变化，使其达到菜肴的标准颜色。

② 焦糖化作用。在没有氨基酸或胺类化合物存在的情况下，糖类本身在高温（50 ℃～200 ℃）作用下会发生降解反应，降解后产物经聚合、缩合形成黏稠状的黑褐色的焦糖，这就是焦糖化作用。

焦糖是无定形的胶状物质，其化学成分非常复杂。轻微的焦糖化有令人愉快的焦香味，其水溶液为棕红色，在烹调中经常使用这种糖色增加菜肴的色泽。但如对焦糖化不加控制，就会产生焦糊味，颜色变黑，不宜在烹调中使用。

2. 蔬菜颜色的变化

烹调中颜色变化最明显的是绿色蔬菜。绿色蔬菜的颜色主要是叶绿素呈现的。在烹调中，由于与叶绿素共存的蛋白质受热凝固，叶绿素从植物体中游离出来。与此同时，蔬菜中的一些酸类物质，如蚁酸、乙酸、氨基酸等也被分解出来，这样，就与叶绿素中的镁元素反应生成脱镁叶绿素，叶绿素的颜色也就变成了褐色。

为保持蔬菜的鲜绿色泽，烹调时，可先用热水烫一下。烫时，在水中加少量碱，使 pH 值在 6.5～7.5 之间，因为在微碱性溶液中，叶绿素不易变成脱镁叶绿素。另外，蔬菜经水烫后，一些有机酸可溶在水中，以后再加热也可减少脱镁叶绿素的形成。此法在制作菠菜、扁豆、豌豆等绿色配菜时经常使用，但碱对一些营养素也有破坏作用，因此用碱量一定要控制在最低限度。

烹调中另一种颜色易起变化的蔬菜是红甜菜（红菜头）。红甜菜受酸、碱的影响都不太大。我们在制作红菜头沙拉时，当加入醋和糖后，可见到红菜头的颜色由红变紫，这是因为其 pH 值降到 4 以下所致，但这并没有太大的影响。

提示:长时间加热可使红甜菜变成黄褐色。因此,在制作红菜头菜肴时,加热时间不要过长,即使是作为热配菜使用,也不宜长时间在炉旁保温。另外,一些用金属制作的器皿可使甜菜变成红褐色。因此,制作、存放红菜头菜肴应用比较稳定的陶泥或瓷制器皿。红菜头在烹调中还易被氧化,变成黑褐色,所以,红菜头经加工后就不应长时间在空气中暴露。制作好的,有红菜头的菜肴也应浸没在汁液中,以免发生褐变。

3. 肉类颜色的变化

肉中的颜色主要来自肌红蛋白。肉类加热后因蛋白质变性,致使血红素氧化而形成变肌红蛋白。变肌红蛋白呈褐色。当肉内部温度在 60 ℃ 以下时,肉的颜色无明显变化;当温度上升到 60 ℃～75 ℃ 时,肉内部呈粉红色;温度在 75 ℃ 以上时,肉则变为褐色。

4. 牛奶颜色的变化

鲜牛奶经长时间加热可发生褐变,因乳中含有乳糖和酪蛋白,长时间加热可发生羰氨反应,而使牛奶变为褐色。

提示:为使牛奶保持乳白的颜色,工作中不应使牛奶长时间加热,热奶时宜用少量短时的方法,也不必进行搅拌,因为越搅拌乳糖与酪蛋白接触的机会越多,越易发生糖氨反应。消毒后的牛奶也不应长时间在温盘中保温,以防发生褐变。

四、菜肴的香气

(一) 菜肴的香气成分

菜肴的香气成分极其复杂:一种菜肴的香气成分有几十种,甚至几百种之多。下面仅对菜肴香气成分的主体部分加以介绍。

知识链接:菜肴香气的感知过程

菜肴的香气是决定菜肴质量的重要标志之一。一份具有浓郁香气的菜肴可让人食欲提升。

各种菜肴都具有一定的气味,其中有的较为明显,有的不明显。菜肴的香气是通过嗅觉被感知的,其过程是:菜肴中具有挥发性香味物质的微粒悬浮于空气中,经过鼻孔刺激嗅觉神经,然后传至中枢神经,产生嗅觉。一般从嗅到气味物质到产生嗅觉只经过 0.2～3 毫秒。

人们在进食中,菜肴在口腔或食道中都可有香味成分挥发出来,因此嗅觉和味觉往往同时产生,形成菜肴的完整风味。

1. 蔬菜的香气成分

大部分蔬菜都具有一定的香气成分,其中叶菜类与果菜类较为明显。

叶菜类大都带有青草气味,它的主要成分是叶醇,经加热这种气味即消失。果菜类大都带有清香气味,其中黄瓜最为明显,它的主要成分是壬烯—乙醛、己烯—乙醛等物质,烹调后其香味消失。因此,想要保持其清香气味,黄瓜可以生食。还有一部分蔬菜具有强烈的辛辣气味,如葱、姜、蒜等。其中蒜、葱的气味主要是一些硫化物,姜的气味是姜酚、水芹烯等物质产生的。葱、姜、蒜在油中加热至 120 ℃～150 ℃ 时可产生芳香气味,在水中加热时芳香气味减少,同时由于二硫化物被还原成硫醇而有甜味。

2. 蕈类的香气成分

可食用的蕈类很多,最常见的有香菇、蘑菇,它们都具有诱人的香气。其中蘑菇的挥发性成分现已鉴定出的有 20 余种,其香气的主体部分是辛烯-1-醇。香菇的香气成分主要是香菇精,经加热后其挥发性物质有所减少。

3. 水产品的气味

水产品在加热前没有明显的香味,而具有腥臭气味,这些气味的主体成分是六氢吡啶类化合物。水产品的鲜度降低后,其腥味更为明显,主要是因为鱼体在酶与细菌的作用下分解出三甲胺、硫化氢等物质所致。这些分解出的物质都是碱性物质,所以在烹调中加入醋酸,使其变成酸性溶液,就可使臭气大减。

4. 乳与乳制品的香气成分

新鲜的牛奶具有美好的乳香气味,这种香味的成分非常复杂,主要成分是一些低级脂肪酸、羰基化合物以及乙醚、乙醇等物质。牛奶加热后,随着蒸气的外溢,香气会更明显,所以用牛奶制作的菜肴都带有温馨的奶香气。

新鲜的奶酪具有特异的香气,这种香味的主体成分是丁二酮、3—羟基丁酮等。这些成分是牛奶在发酵过程中由乳酸菌在微生物的作用下分解产生的。

牛奶中的脂肪可以吸收外界的挥发性物质,尤其是在 35 ℃条件下吸收率最强,因此应注意避免使牛奶与有异味的原料接触。

5. 肉类加热后的香气

肉类在加热前没有明显的气味,但加热后可产生诱人的香气。这种香气的成分极为复杂,其主体成分有乙硫醇、呋喃酮等物质。

肉类在加热过程中,其含有丙氨酸、蛋氨酸和半胱氨酸与羰基化合物进行的降解反应,生成了乙醛、甲硫醇和硫化氢等物质,这些化合物经过加热又生成乙硫醇、呋喃酮一类的物质。

此外,不同肉类中的脂质经加热可分解为不同种类和数量的不饱和羰基化合物,从而形成各自特有的香气。如羊肉的香气是由羊肉脂肪加热分解形成的,其主体成分除羰基化合物外,还有含硫化合物和一些不饱和脂肪酸。鸡肉的香气是由羰基化合物和含硫化合物形成的。

(二)菜肴香气成分的保护

浓郁的香味可增加菜肴的美好风味,但由于氧化和蒸发等原因,菜肴香味成分会有损失。一般地说,热菜菜肴较冷菜的香气更为明显,但其香气往往随着蒸气的挥发、温度的降低而减弱。

对于热菜菜肴应及时上桌,一些具有风味特色的菜肴还应采取封闭措施,以保护其香气不外溢。如罐焖类菜肴制作中用盖盖严或用面团糊盖,把菜肴封闭起来,吃时再去掉盖,达到香味四溢的效果。纸包类菜肴把制作好的菜肴用油纸包起来,既可增加菜肴的美观程度,又有保护菜肴香气的效果。

◆ 拓展任务

1. 结合一个实际菜品,说明如何合理操作才能尽量避免原料的颜色改变,从而提高菜品的出品质量。

2. 职业素养训练:10 分钟当众讲话,内容自选,要求主题明确积极向上,表达流畅、发音标准、吐字清晰洪亮、姿态端正、表情自然,可以是主题演讲、故事讲述,也可以是一次课程的课后学习心得和总结。

◆ **知识测试**

1. 烹调过程中的热传递方式有哪些?
2. 主要味觉的理化性质是什么?

◆ **思政拓展**

悟道火候,调和五味

2

认知二　汤菜制作工艺

认知目标

　　素养目标:培养学生爱岗敬业的职业道德和创业立业的本领。
　　知识目标:了解奶油汤、蓉汤、什锦汤、蔬菜汤、冷汤的理论知识。
　　能力目标:掌握奶油汤、蓉汤、什锦汤、蔬菜汤、冷汤的工艺标准和制作要求。

认知重点

　　奶油汤、什锦汤、清汤的制作流程。

　　汤类菜肴品种很多,按使用原料和制作方法的不同,可分为奶油汤、蓉汤、什锦汤、冷汤、清汤等。

　　汤在西餐中占有重要的地位。西方人的饮食习惯是在上热菜之前先喝汤,被称作是第一道菜,它的颜色、味道质地等对食客有很大的影响。一份品质上乘的汤菜,不仅会使人赏心悦目,胃口大开,更为人们对品尝下一道菜增添更多的期待和欲望。

　　西餐汤类大都含有丰富的鲜味物质和有机酸等成分,且味道鲜醇,可刺激胃液的分泌,增加食欲。

一、奶油汤

　　奶油汤起源于法国,它是用油炒面粉,加牛奶、鲜奶油、白色基础汤及一些调味品调制而成的汤类。广州、香港一带称之为忌廉汤,是用油炒面粉作为增稠料制作的一种乳白色、有光泽、细腻而浓滑的汤。

　　奶油汤中加入不同的配料,便制作出不同的奶油汤菜,而且汤菜一般以配料的名字命名,例如以蘑菇为配料,即称为奶油蘑菇汤,以芦笋为配料,就称为奶油芦笋汤等。

(一)奶油汤的制作方法

　　制作奶油汤菜,关键是制作奶油汤。奶油汤的制作,主要有以下两种方法:

1. 热打法

用微火将沙司锅中的黄油和等比例的面粉炒香,制作成黄油面酱(100克),趁热加入沸腾的牛奶(125克)。先将黄油面酱和牛奶慢慢搅打均匀,再用力抽打,直到黄油面酱与牛奶完全融为一体。在表面光洁,手感有劲时,再将125克牛奶和400克白色基础汤逐渐加入,同时用力抽打均匀即可。

热打法的关键在于,黄油面酱和牛奶都保持最高的温度,这使面粉充分糊化,汤浑然一体,不易分解。此外抽打要用力,这样才会使油和水充分混合,汤不易出现脱油现象,而且表面有光泽。如果汤中出现颗粒以及其他杂质,过筛即可。

2. 冷打法

用微火将沙司锅中的黄油和等比例的面粉炒香,制作成黄油面酱(100克),待黄油面酱冷却后,逐渐加入热的牛奶(250克)和白色基础汤(400克),边加边抽打,用中火烧开后,转为小火,煮至汤汁浓稠、光滑,中途要不停地抽打。

冷打法的关键在于,黄油面酱的温度较低,而牛奶和基础汤温度较高,这样才不会起颗粒,反之亦可。冷打法在抽打时不必像热打法那么用力,只需打匀即可,因为这种方法是靠熬煮增加汤的黏稠度。煮时要用微火,注意不要糊底,一般要煮30分钟以上。

知识链接:奶油汤的制作原理

制作奶油汤主要是利用脂肪的乳化和淀粉的糊化现象。本来,水与油是不相溶的,可奶油汤从外观上看,牛奶,基础汤与面粉却能完全融为一体,这是因为在制作奶油汤的过程中,上述物质受到了机械力的搅拌,使水与面粉及油脂均匀地分开,形成了水包油的乳化状态,与此同时,面粉中的淀粉受热糊化,形成黏稠状态,从而使油和水均匀分散的现象稳定下来,形成较稳定的乳化状态。

(二)奶油汤的制作实例

实例1   安妮梳利奶油汤(veloumes sorel)

原料:熟的鸡脯肉10克,煮牛舌5克,白蘑菇15克,黄油10克,面粉10克,白色鸡基础汤100毫升,牛奶50毫升,奶油、盐、胡椒粉各适量。

制作流程:

(1)将熟的鸡脯肉、煮牛舌、白蘑菇切丝,用白色鸡基础汤煮透,放入汤盘中;

(2)沙司锅中下黄油,面粉炒匀,离火冷却,倒入热的白色鸡基础汤和牛奶,搅匀后,上火煮至微沸,调入盐、胡椒粉、奶油,煮沸后倒入汤盘中即成。

特点:色泽奶黄、光亮,香味浓郁,有明显的奶香味,口感滑软细腻。

制作要领:

(1)蘑菇丝切好后,可用少许柠檬汁保色;

(2)选择味道鲜美的白色鸡基础汤,是本菜制作的关键;

(3)也可用奶油蛋黄汁调浓度,做成奶油浓汤。

实例2   皇后奶油汤(cream a la reine)

原料:白色鸡基础汤100毫升,牛奶50毫升,黄油10克,面粉10克,鲜奶油20克,盐、胡椒粉少许,米饭15克,煮鸡肉10克。

制作流程:

(1)米饭用水洗净,用白色鸡基础汤热透,煮鸡肉切成小丁,亦用白色鸡基础汤热透,放在汤盘中;

(2)沙司锅中下黄油,面粉炒匀,稍凉,加入热的白色鸡基础汤和牛奶,搅匀,调入盐、胡椒粉,煮沸后倒入盘中,浇上鲜奶油即成。

特点:色泽乳白光亮,口味咸鲜奶香,口感滑软细腻。

制作要领:皇后奶油汤的浓度不宜太稠。

实例3 华盛顿奶油汤(cream soup of Washington state)

原料:奶油玉米 20 克,玉米酱 20 克,鲜奶 50 克,奶油 20 克,黄油 10 克,面粉 10 克,水 100 毫升,盐,胡椒粉适量。

制作流程:

(1) 沙司锅内下黄油,面粉炒香,慢慢加入鲜奶,不断搅拌,使之成稀糊状,加入奶油玉米、玉米酱、水,搅打至合适稠度,煮沸,加盐,胡椒粉调味,装入盘中;

(2) 用奶油拉花即成。

特点:色泽洁白,玉米嫩黄,奶油味道浓而香,口感滑爽。

制作要领:玉米必须选用质地细嫩的奶油玉米,或者用听装玉米粒。

实例4 德国啤酒汤(beer soup)

原料:啤酒 100 毫升,柠檬皮 1 片,鸡蛋黄 2 个,奶油 50 克,黄油 10 克,丁香 1 颗,肉桂 3 克,盐、胡椒粉各适量,吐司面包片 1 片。

制作流程:

(1) 吐司面包片切成三角形,用黄油煎香;

(2) 柠檬取皮切丝,蛋黄加奶油调成蛋黄奶油汁;

(3) 将啤酒、丁香、肉桂和柠檬皮丝放入沙司锅中用小火煮开;

(4) 将蛋黄奶油汁缓缓倒入汤锅中,不断搅拌,煮至汤汁浓稠后,调入盐、胡椒,装入汤盘中,再放上吐司面包片即成。

特点:汤呈浅黄色,带有明显的啤酒香味。

制作要领:

(1) 在煮啤酒时,一定要用小火,大火会产生很多的泡沫;

(2) 加入蛋黄奶油汁时,汤不要沸腾,可以关掉火后再加入。

二、蓉汤

蓉汤,又称为泥汤、菜蓉汤,是以各种蔬菜为主要原料,用水或基础汤(原汤)煮熟软后,用搅拌机搅拌成蓉状而成的一类汤菜。这类汤菜色彩丰富,营养健康,风味良好,是西餐中最具特色的一种。蓉汤是传统汤类,西方各国几乎都有,经久不衰,至今仍为人们所食用。

实例1 栗子蓉汤(zuppa di castagne)

原料:鸡基础汤 100 毫升,牛奶 50 毫升,栗子 30 克,洋葱 5 克,黄油 10 克,面粉 5 克,欧芹末 2 克,烤面包丁 5 克,盐、胡椒粉各适量,奶油 10 毫升。

制作流程:

(1) 把栗子煮熟,去皮及内膜,再加水煮烂,用搅拌机打成蓉;

(2) 沙司锅内下黄油、洋葱末炒香,加入面粉炒匀,并逐渐加入鸡基础汤、牛奶及栗子蓉,搅拌均匀,调入盐、胡椒粉;

(3) 将汤倒入热的汤盘中,浇上奶油,撒上面包丁和欧芹末即成。

特点:色泽浅褐,口味咸鲜,栗子香,细腻滑爽。

制作要领:可将栗子换成土豆、紫薯等做成不同色彩的蓉汤。

实例 2　红豆汤(red pea soup)

原料:红腰豆 30 克,洋葱末 5 克,黄油 10 克,面粉 10 克,鸡基础汤 100 毫升,盐、胡椒粉各适量,奶油 10 克。

制作流程:

(1) 沙司锅内下黄油、洋葱末、红腰豆炒香,略炒片刻,加入鸡基础汤,用大火煮沸,改用小火煮烂,入搅拌机中打成蓉,过滤;

(2) 沙司锅中下入黄油、面粉炒香,加入过滤好的汤汁,煮沸,加盐、胡椒粉调味即可。

特点:色泽粉红,口味咸鲜,口感香浓。

制作要领:煮烂的红腰豆带汁搅拌成蓉后,一定要过滤。

三、什锦汤

什锦汤的原料品种通常十分丰富,按照主要原料的不同,什锦汤可以分为以畜类为主要原料的肉汤,以各种海鲜为主的海鲜汤,以蔬菜为主的菜汤以及荤素搭配的什菜汤等。

(一)蔬菜汤

蔬菜汤是先用油和蔬菜作为汤码,然后再加入基础汤调制的汤类。由于这类汤大都带有荤性原料,所以又称为荤性蔬菜汤。蔬菜汤的品种很多,而且色泽丰富,口味多变复杂,刺激食欲,作为第一道菜非常适宜。在制作流程中,将各种蔬菜切成小片、细丝或小丁,用黄油炒香,加冷水或肉汤煮软,上菜前放入易变色的绿色蔬菜和土豆等煮熟,烹制而成。为了增加蔬菜汤的香味,通常习惯加入培根炒出香浓味。上菜前,汤中放入少许热的黄油,可带来别致风味。

实例 1　米兰蔬菜汤(vegetable soup Milanaise style)

原料:鸡基础汤 100 毫升,土豆 5 克,青豆 5 克,番茄 10 克,西芹 5 克,卷心菜 5 克,胡萝卜 5 克,米饭 10 克,洋葱 10 克,大蒜 5 克,培根 1 片,黄油 10 克,奶酪粉、盐、胡椒粉、白糖、鼠尾草各适量。

制作流程:

(1) 把卷心菜,培根切成丝,其他汤料切成小丁;

(2) 沙司锅内下黄油烧热,放入大蒜末、洋葱末炒香,加入所有的汤料稍炒,倒入鸡基础汤,用小火将汤料煮熟后,放入米饭、盐、胡椒粉、白糖和新鲜的鼠尾草调味;

(3) 把汤料均匀盛在汤盘中,撒上奶酪粉即可。

特点:色泽浅黄,间有汤料的各种颜色,口味鲜美,有浓郁的奶酪香味,口感清爽,蔬菜软而不烂。

制作要领:

(1) 番茄在使用时,要去籽和汁,避免太酸;

(2) 下土豆后的时间要掌握好,别太烂。

实例 2　农夫蔬菜汤(vegetable soup peasant style)

原料:大葱 5 克,白萝卜 5 克,胡萝卜 5 克,西芹 5 克,洋葱 10 克,卷心菜 5 克,培根 1 片,土豆 10 克,番茄 5 克,青豆 5 克,豆角 5 克,黄油 10 克,法棍面包 2 片,盐、奶酪粉、胡椒粉各适量,冷水 100 毫升。

制作流程：

（1）将各种汤料切成小丁；

（2）沙司锅中下入黄油、培根、卷心菜炒香，加入西芹、胡萝卜、洋葱、大葱，炒软，倒入冷水，烧沸后加入白萝卜、番茄，改用小火煮约10分钟；

（3）出味后，下入土豆煮10分钟，再下入豆角、青豆煮约5分钟，用盐、胡椒粉调味后装盘；

（4）法棍面包片加奶酪粉焗香与汤菜一同上桌即可。

特点：色泽浅黄，间有各种蔬菜的颜色，口味咸鲜，蔬菜软而不烂。

制作要领：

（1）小火炒制蔬菜，以免炒焦出苦味；

（2）蔬菜分次下锅煮制，以保持色泽。

（二）海鲜什锦汤

以鱼基础汤或海鲜原汤为主料，配上一些蔬菜调制的汤类，要求海产品必须新鲜。这类汤在地中海国家中最为著名。

实例1　普罗旺斯海鲜汤（bouillabaisse）

原料：三文鱼、鳕鱼、金枪鱼、鲷鱼、海鳗鱼、海鲈鱼等海鱼共1 000克，青口100克，花蛤100克，西芹、洋葱、红葱、大葱、球状茴香各40克，番茄150克，土豆1千克，橄榄油、白葡萄酒、番茄酱、香料束、大蒜、百里香、香叶、藏红花、茴香、橙子皮各适量，鱼精汤1 000毫升，蛋黄4只，熟大蒜20克，辣椒籽、奶酪粉、盐、胡椒粉各适量，法棍面包2片。

制作流程：

（1）将各种海鱼去骨取鱼柳，切成3厘米的块，鱼骨漂洗干净；青口、花蛤洗净；

（2）沙司锅中放入橄榄油，下入洋葱末、红葱末、大葱末、茴香等，加鱼骨炒匀，倒入白葡萄酒煮干，加鱼精汤煮沸，放入番茄、番茄酱、香料束、大蒜、藏红花、香叶、百里香、茴香、橙子皮等，用小火煮约1小时，过滤后加盐，胡椒粉调味，即成海鲜汤；

（3）土豆削成橄榄球，入汤中煮熟；

（4）熟土豆、熟大蒜压成泥，加入蛋黄、橄榄油、藏红花、海鲜浓汁、辣椒籽，调成蒜味土豆泥；法棍切片，加蒜汁、橄榄油、奶酪粉烤香；

（5）上菜前，将海鲜鱼块放入汤中煮熟，装盘淋汁，配熟土豆、土豆泥、法棍面包片等上桌即可。

特点：色彩丰富，成菜美观，味咸香微辣，适口清爽不腻。

制作要领：

（1）普罗旺斯海鲜汤又称马赛鱼汤，是法餐中的名菜，传说是由希腊人带进法国的，历史已超过2 500年。该菜的特色在于使用了各种各样的海鲜鱼类，制作中，先用橄榄油炒香洋葱、红葱、大葱、茴香等香味蔬菜，再加入各种香料，并用橙皮调味，放入藏红花调色浓味，成菜前加入鱼肉烹煮而成；

（2）装盘时，要保证每盘菜中都有各种海鲜鱼肉；

（3）掌握各种鱼肉、海鲜在汤煮制时间。

实例2　意大利海鲜什菜汤（minestrone de fruits de mer）

原料：西芹、胡萝卜、洋葱、大葱、卷心菜、节瓜、豆角、通心粉、番茄各80克，青豆40克，大对虾 4 只,龙利鱼柳 1 条,蛏子 80 克,青口、花蛤各 40 克,橄榄油 20 克,白葡萄酒 20 克,海鲜鱼精汤 400 毫升,大蒜青酱、盐、胡椒粉、奶酪丝、红葱各适量。

制作流程:

(1) 大对虾去壳,龙利鱼柳切块,蔬菜切成小丁;

(2) 将青口、蛏子、花蛤等用红葱、白葡萄酒煮熟,去壳取肉,留煮汁澄清备用;

(3) 沙司锅中下入橄榄油,放入大葱、胡萝卜炒香,加海鲜精汤、青口煮汁煮沸,再放入节瓜、卷心菜、西芹、豆角等蔬菜,调味后煮 40 分钟,下入通心粉再煮 10 分钟,下入番茄碎和青豆煮熟备用;

(4) 将奶酪丝放入烤盘中铺匀,烤成网状;

(5) 上菜前,汤中放入鱼块等海鲜煮熟,加入蒜蓉青酱调味,装盘后用网状奶酪片装饰即可。

特点:色彩丰富,成菜美观,汤鲜味浓,海鲜风味独特,适口不腻。

制作要领:

(1) 蔬菜以符合时令的为佳。蒜蓉青酱亦可放在沙司斗内,与海鲜汤一同上桌;

(2) 可以适当减少番茄的用量,放入番茄酱提色。

实例 3　曼哈顿周打汤(Manhattan chowder)

原料:蛤蜊 30 克,培根 100 克,洋葱 300 克,水 2 千克,胡萝卜 100 克,西芹 100 克,土豆 500克,大葱 100 克,番茄 1.25 千克,大蒜、牛至、辣酱油各少许,盐、白胡椒粉、白葡萄酒各适量。

制作流程:

(1) 大蒜、培根切末,胡萝卜、洋葱、西芹、大葱分别切成丁,土豆去皮切成丁;

(2) 将蛤蜊洗净,放在容器内,加水和少许洋葱丁及白葡萄酒煮熟,取出剥出肉待用;

(3) 将土豆丁在蛤肉汤中煮熟,捞出,过滤待用;

(4) 沙司锅中下入培根末炒香,放入胡萝卜丁、西芹丁、洋葱丁、大葱丁一起炒香,再加入大蒜末炒出蒜香味;

(5) 锅中加入番茄丁一起炒香,放入蛤肉汤、牛至烧开后,用小火煮 20 分钟左右;

(6) 除去牛至和浮油,放蛤肉和土豆丁,用盐、胡椒粉和辣酱油调味即可。

特点:原料丰富,味浓适口。

制作要领:

(1) 周打(chowder),指比较稠的,通常有海鲜的一类汤菜;

(2) 用小火炒培根末直到出油,可以增加菜的香味,无须用油炒。

(3) 辣酱油也可以不加。

实例 4　青柠椰奶虾汤(spicy prawns soup)

原料:椰奶 800 毫升,黄油 20 克,番茄 100 克,大葱 50 克,大虾 500 克,红椒 100 克,欧芹少许,鸡基础汤 1.5 升,青柠汁 50 毫升,白糖、咖喱粉、盐、胡椒粉各适量。

制作流程:

(1) 大虾去壳,去虾线,从背上开刀,保留其尾部;

(2) 番茄去籽切成小角,红椒、欧芹、大葱剁碎;

(3) 沙司锅中下黄油烧化,下咖喱粉用小火炒 1 分钟,倒入鸡基础汤煮沸;

(4) 加入番茄、红椒、欧芹、青柠汁、白糖、盐和胡椒粉煮 3 分钟,再加入大虾和椰奶煮 2 分钟,装入汤盘内,撒上大葱末即可。

特点:汤色奶白,味咸酸,带柠檬清香味。

制作要领:

(1)咖喱粉用小火炒香;

(2)汤中可加入各种时鲜水果,增加风味。

四、冷汤

冷汤大多是用清汤或凉开水加上各种蔬菜或是少量肉类调制而成的。冷汤的饮用温度以 1 ℃～10 ℃为宜,有的还习惯加冰块饮用。冷汤大多具有爽口、开胃、刺激食欲的特点,适宜夏季食用。

传统的冷汤大都用牛基础汤制作,目前用冷开水制作的比较多。

实例 1 番茄冷汤(cold tomato soup)

原料:牛基础汤 1 000 毫升,番茄 80 克,煮牛肉 80 克,黄瓜 80 克,土豆 100 克,青葱末 40 克,茴香末 20 克,奶油 80 毫升,白糖 20 克,盐 10 克,白醋 70 毫升。

制作流程:

(1)把土豆切成细丝,放入牛基础汤中煮熟,过滤,汤凉后放入冰箱冷却;

(2)番茄去皮,切成丁,煮牛肉、黄瓜切成小丁;

(3)把切好的汤料放在一起,倒入牛基础汤,加入 40 克奶油和其他调料,搅拌均匀;

(4)把调好的汤盛入汤盘内,浇上奶油,撒上茴香末即可。

特点:汤色浅黄,间有各种蔬菜的鲜艳颜色,流体,汤与汤料搭配均匀。清香、酸、甜、微咸、清凉爽口。

实例 2 冷维希汤(iced Vichyssoise)

原料:牛基础汤 600 毫升,牛奶 400 毫升,土豆 300 克,青蒜 100 克,青葱 20 克,奶油 20 克,盐 10 克,胡椒粉 1 克。

制作流程:

(1)把青蒜(留少许切末)、土豆任意切碎,用清汤煮烂,然后过滤;

(2)在牛基础汤内兑入牛奶,加入盐、胡椒粉,凉后放入冰箱冷却,然后盛盘;

(3)把奶油打发,浇在汤上,撒上青蒜末即可。

特点:色泽浅褐,流体,奶油浮于汤面,口味鲜香、微咸、清凉爽口。

实例 3 水果冷汤(cold fruit soup)

原料:清水 1 000 毫升,苹果 300 克,梨 200 克,草莓 100 克,玉米粉 40 克,白糖 80 克,桂皮粉 2 克,盐 6 克。

制作流程:

(1)把苹果,梨去皮切成小橘子瓣状,草莓洗净,切两半;

(2)水加糖煮沸,放入梨煮 10 分钟,再放苹果、草莓、桂皮粉、盐,沸后用玉米粉调剂浓度,凉后放入冰箱冷却即成。

特点:色泽浅黄,基本为流体,鲜美甘甜,水果软烂,汤汁细腻。

五、清汤

清汤是指在基础汤中加入富含蛋白质的原料,如蛋清、瘦肉末等,来清除汤中的杂质,从而形成更加清澈透明、鲜美的汤品,以及在此基础上,加入简单配料所制成的汤类。

清汤的外文名称普遍使用法文的 consomme,是一种高档汤品,在西欧国家对此类汤比较讲究。

(一) 清汤的分类

由于制作清汤的原料不同,清汤可分为牛清汤,鸡清汤,鱼清汤等。

1. 牛清汤

牛清汤是用牛基础汤制作的清汤,由于牛的生长期较其他动物长,所以其肌红蛋白较多,呈味物质比较充分,这样牛清汤颜色就比其他清汤深,口味也更鲜醇。

2. 鸡清汤

鸡清汤是用鸡基础汤制作的清汤,由于鸡组织中含有羰基化合物和含硫化合物等香料成分,所以鸡清汤中具有特殊的香味和香气,并且有轻微的硫黄气味。鸡清汤汤色较淡,呈淡黄色,这是因为鸡肉中的血红蛋白较少。

鸡清汤

3. 鱼清汤

鱼清汤是用鱼基础汤制作的清汤。由于鱼组织中含有氨基酸酰胺、肌苷酸等鲜味成分,所以鱼汤具有独特的鲜美气味。由于鱼组织中血管分布少,血红蛋白也较少,所以汤色很淡,只略带浅黄色。

知识链接:制作清汤的原理

制作清汤利用了蛋白质的热致变性原理。制作清汤时先把所有辅料放置 1 小时,使蛋白质与水充分融合,当把辅料放入汤中后,用木铲搅动,可以使蛋白质与汤液充分接触,当汤温上升至 90 ℃以上,快煮沸时立刻改微火,使汤保持微沸状态(85 ℃~90 ℃),切忌使汤液翻滚,影响汤的质量。此时加热后蛋白质变性凝固,肉馅中的蛋白质已将汤中杂质凝固在一起,沉在锅底或浮于汤面上,从而使汤液清澈透明,所以此时切忌搅拌,并使汤液保持微沸状态 1~2 个小时,以使辅料中的营养成分充分融入汤中。

(二) 清汤制作实例

德式清汤(consomme German style)

原料:牛清汤 800 ml,红洋白菜 80 克,培根 80 克,盐 6 克,胡椒粉少量。

制作流程:

(1) 把红洋白菜切成丝,用沸水烫一下,用冷水过凉;

(2) 将培根切成丝,用油炒香,把油滤净;

(3) 牛清汤调味,放入菜丝、培根丝,见汤开即可。

特点:色泽浅褐,清澈透明,口味微咸,香醇鲜美,菜丝鲜嫩爽口。

◆ 拓展任务

通过网络、图书馆等学习途径回答下列问题:

1. 西餐奶油汤中加入奶油和蛋黄的混合汁液有什么作用?

2. 西餐清汤的制作原理是什么?与中餐清汤比较用料和制法上有什么区别?

◆ 知识测试

1. 西餐汤的种类和特点有哪些？
2. 如何调整西餐浓汤的浓稠度？通常有哪些方法？
3. 西餐中冷汤主要适合什么原料？有哪些变化类型？
4. 西餐蔬菜汤的制作要领和变化类型有哪些？

◆ 思政拓展

古风犹存的汤文化

2

认知三　开胃菜和沙拉

认知目标

素养目标：树立程序化、规范化、标准化操作和遵纪守法的职业意识；养成节约的良好习惯。

知识目标：了解西餐开胃菜和沙拉的种类和特点；熟悉各式开胃菜和沙拉酱汁的制作工艺与要求；掌握开胃菜沙拉菜肴装盘成型的规律和方法。

能力目标：掌握冷菜、冷菜味汁、开胃菜、沙拉的制作工艺标准与制作要求。

认知重点

1. 西餐常用乳化沙司的制作原理和工艺。

2. 西餐肉酱类菜肴选料、加工、制作、整形、装模、成菜、装盘、装饰的工艺要求和技术关键。

一、冷菜基础知识

冷菜菜肴是西餐的重要组成部分，主要以沙拉和冷开胃菜为主。在一餐中，冷菜是第一道菜，有先入为主的作用，有些也可以作为一道主菜。可以说，冷菜在西餐中具有举足轻重的地位。

（一）冷菜的特点

西餐冷菜尤其是冷开胃菜，大都具有以下特点：

（1）外观：色调清新、和谐，造型美观，令人赏心悦目，诱人食欲；

（2）口味：以酸、咸、辛辣为主，能开胃爽口，增加食欲；

（3）形状：块小，易食；

（4）快捷：可提前制作，供应迅速。

（二）冷菜制作基本要求

（1）冷菜是直接入口的菜肴，从制作到拼摆的每一个环节都要求注意卫生，严防有害物质污染；

（2）选料讲究，各种蔬菜、海鲜、禽肉等要求质地新鲜，外形完好。对于生食的原料还要进行消毒处理；

（3）冷菜要用熔点低的植物油制作，不要用动物性油脂，以免油脂凝结影响菜肴的质量；

（4）制作好的冷菜要冷至 5 ℃～8 ℃后,再冷藏保存。冷菜在切配好以后应尽快使用,食用时的温度以 10 ℃～12 ℃为宜。

（三）冷菜的分类

西餐中的冷菜品种很多,大体上分为沙拉和冷开胃菜两大类。

（1）沙拉又分为主菜沙拉和开胃沙拉两种;

（2）冷开胃菜又分为开那批类、鸡尾酒杯类、肝批类、啫喱类等品种。

二、冷调味汁

冷调味汁主要用于西餐中的沙拉和其他冷菜的调味,有些品种还可以佐餐热菜,用于热菜菜肴的调味。

（一）马乃司（mayonnaise）

马乃司又称为沙拉酱、蛋黄酱,是一种最基础的冷调味汁,用途广泛。

1. 马乃司的制作

原料:色拉油 500 克,鸡蛋黄 100 克,酒醋、芥末酱、盐、胡椒粉适量。

制作流程:

（1）将鸡蛋黄、芥末酱、盐、胡椒粉,少许酒醋等一同放入不锈钢沙司盆中,用蛋抽搅匀;

（2）逐渐加入色拉油,边加边搅拌;

（3）到再次搅稠后,又加醋调匀。重复步骤 2～3 次,直至把油加完;

（4）待油加完后,调试口味,密封冷藏备用。

特点:色泽乳白、有光泽,呈稠糊状,酸、咸适度,回口略甜。

制作要领:

（1）选用新鲜的鸡蛋,以确保马乃司纯正的口味;

（2）控制好色拉油、蛋黄、酒醋之间的用料比例,若蛋黄过多,则蛋腥味重,油过多,则味感太油腻。一般 2 个鸡蛋黄,用 500 克色拉油。白酒醋可以用柠檬汁来代替,以解去油腻、异味。适量即可,否则会使马乃司过稀,影响使用;

（3）容器以玻璃器皿或不锈钢容器为佳,忌用铝、铁、铜制器皿;

（4）搅拌速度应先慢后快,加油的量应先少后多,待蛋液浓稠后,再增大加油的量和搅拌速度;

（5）存放时要加盖密封,避免高温、冷冻和强烈震动,以防脱油。应存放在室温为 5 ℃～10 ℃的环境,或 0 ℃以上的冷藏柜中。

提示:

（1）马乃司的制作利用了脂肪的乳化作用。

（2）蛋黄是一种天然的乳化剂。

（3）马乃司适用于各种蔬菜、水果和肉类菜肴。

2. 常见的以马乃司为基础的调味沙司

制作实例 1　千岛沙司（thousand island dressing）

原料:马乃司 100 克,番茄沙司 25 克,熟鸡蛋 1 只,酸黄瓜 15 克,酸豆 15 克,青红椒 5 克,洋葱 10 克,大蒜 10 克,欧芹 15 克,柠檬汁、盐、胡椒粉各适量。

制作流程:

（1）将熟鸡蛋、酸黄瓜、酸豆、青红椒、洋葱、大蒜、欧芹等切成米粒状;

（2）将马乃司与番茄沙司按照 4∶1,调成粉红色。加入上述各种米粒状食材,搅匀后,再加入盐、胡椒粉、柠檬汁搅匀而成。

特点:色泽粉红,咸鲜酸甜,清爽解腻,四季皆宜。

制作要领:

（1）主要适用于炸制的鱼类和虾蟹类菜肴;

（2）适用于各式炸制的菜肴;

（3）适用于各式沙拉类菜肴,用作调味酱汁;

（4）色彩鲜艳,呈粉红色,汁中有很多的调料颗粒,犹如海洋中的数千个岛屿,因此而得名;

（5）千岛汁是英式沙司,尤其适合与海鲜菜肴搭配,又称为海鲜头盘沙司。

制作实例 2　鞑靼沙司(tartar sauce)

原料:马乃司 100 克,酸黄瓜 15 克,酸豆 15 克,熟鸡蛋 1 只,洋葱 10 克,欧芹 15 克,香葱、辣酱油、辣椒籽、盐、胡椒粉各适量。

制作流程:

（1）将酸黄瓜等分别切成粒状;

（2）加入马乃司、辣酱油、辣椒籽、盐、胡椒粉,搅拌均匀。

特点:色泽乳白,咸酸开胃,香草味香浓。

制作要领:

（1）主要适用于炸制的鱼类和虾蟹类菜肴,也适用于各种炸制的菜肴及各式沙拉;

（2）各种蔬菜辅料应分别切细;

（3）酱汁调好后,可以密封保藏备用,效果更好。

制作实例 3　法国沙司(French dressing)

原料:马乃司 100 克,苹果酒醋 10 克,大蒜 10 克,洋葱 15 克,法芥 10 克,混合香料 30 克,青红椒 15 克,冷的牛清汤 20 克,盐、胡椒粉、柠檬汁、辣酱油各适量。

制作流程:

（1）将洋葱、大蒜、青红椒切成碎粒;

（2）加入马乃司拌匀,慢慢加入牛清汤,并轻轻搅拌,加入盐、胡椒粉及混合香料、法芥、柠檬汁、辣酱油即成。

特点:色泽酱黄,咸酸适口,芥末味浓郁,开胃解腻。

制作要领:

（1）适用于蔬菜和肉类开胃菜;

（2）上菜前要再次搅匀,使味汁融合;

（3）调好后要密封冷藏备用。

制作实例 4　鸡尾沙司(cocktail sauce)

原料:马乃司 100 克,番茄沙司 10 克,白兰地酒 10 克,辣酱油、绿色辣椒籽、盐、胡椒粉各适量。

制作流程:将所有原料放在一起拌匀即成。

特点:色泽粉红,味咸酸回甜,适口不腻。

制作要领:

（1）适用于海鲜鸡尾酒杯类肴;

（2）也适用于海鲜沙拉类菜肴;

（3）马乃司与番茄沙司按照 10∶1 配比制作；

（4）制作时注意调节酒香味的浓厚度。

制作实例 5　绿色马乃司（green sauce）

原料：菠菜叶 100 克，龙蒿 10 克，欧芹 20 克，香叶芹 20 克，白酒醋 15 克，马乃司 100 克，柠檬汁、法芥、盐、胡椒粉各适量。

制作流程：

（1）将菠菜叶、龙蒿等放入沸水中焯水，取出浸冰水保色，挤干，切碎，挤出绿色香料汁；

（2）将绿色汁加入马乃司中，调入白酒醋、柠檬汁、法芥、盐、胡椒粉即成。

特点：色泽青绿，咸酸香浓，香草味浓郁。

制作要领：

（1）适用于煮制的冷食海鲜鱼类菜肴；

（2）适用于西餐菜肴的装饰。

（3）香草和蔬菜焯水时，应该注意火候，用冰水保色。

制作实例 6　切特力沙司（chantilly sauce）

原料：马乃司 100 克，鲜奶油 50 克，柠檬汁、盐、胡椒粉各适量。

制作流程：

（1）将鲜奶油打发；

（2）上菜前，加入马乃司，柠檬汁、盐、胡椒粉拌匀即成。

特点：色泽乳白，味咸鲜略带酸香，适口不腻。

制作要领：

（1）它是华尔道夫沙拉的专用调味汁；

（2）适合于煮熟的芦笋、西兰花、洋百合等蔬菜菜肴，作为配汁使用；

（3）鲜奶油打发，在上菜前才能加入，现制现用。

制作实例 7　蓝奶酪沙司（blue cheese dressing）

原料：马乃司 100 克，蓝奶酪 25 克，酸奶油 10 克，洋葱 10 克，大蒜 15 克，牛奶 20 克，柠檬汁、辣酱油、盐、胡椒粉各适量。

制作流程：

（1）将所有原料放入搅拌机中，搅拌均匀；

（2）将制好的酱汁迅速冷藏即可。

特点：色泽乳黄，汁浓味厚，风味独特。

制作要领：

（1）适用于一切沙拉类菜肴；

（2）酱汁做好后，应密封冷藏。

制作实例 8　凯撒沙司（Caesar style dressing）

原料：用橄榄油做的马乃司 150 克，红酒醋 30 克，柠檬汁 10 克，大蒜 10 克，银鱼柳 20 克，干酪 20 克，辣酱油、辣椒籽、盐、胡椒粉、法芥各适量。

制作流程：将所有原料一同放入盆中搅拌均匀即可。

特点：色泽棕褐，咸酸适口，银鱼柳味香鲜，浓郁。

制作要领：

（1）它是凯撒沙拉的专用调味汁；

（2）调好后应密封冷藏。

（二）醋油汁（basic French dressing）

1.醋油汁的制作

原料：白酒醋 25 ml，植物油 75 ml，芥末酱、盐、胡椒粉各适量。

制作流程：

（1）将芥末酱、盐、胡椒粉放入盆中，倒入酒醋搅匀；

（2）将植物油分次倒入搅匀的酒醋汁中，拌匀后冷藏备用。

特点：酱汁开胃解腻，咸中带酸，带芥末香味。

制作要领：

（1）主要用于蔬菜沙拉和水果沙拉的调味汁；

（2）制作中，油和醋的比例是 3：1；

（3）可用的植物油有橄榄油、色拉油、花生油、核桃油、芝麻油、红花油等；

（4）可用的酸性原料有酒醋、苹果醋、白醋、柠檬汁、黑醋、香脂醋等。白酒醋口味清淡，适用于蔬菜沙拉，红酒醋味道浓烈，适合于肉类和海鲜菜肴，大蒜酒醋或他拉根醋适用于内脏、猪脚等，若菜肴中水果多，可以加入苹果醋增加香味；

（5）醋油汁是一种不稳定的沙司，制作好后，放置一段时间，会出现油醋分层现象，上菜前，应将酱汁的调料再次搅拌均匀，上菜淋汁即可。

2.以醋油汁为基础沙司的调味沙司

制作实例 1   意大利醋油汁（Italy vinegar sauce）

原料：意大利黑醋 25 ml，橄榄油 100 ml，红葱 20 克，洋葱 20 克，香葱 20 克，酸黄瓜 10 克，酸豆 10 克，大蒜 5 克，青红黄彩椒各 10 克，罗勒、法芥、盐、胡椒粉各适量。

制作流程：

（1）将红葱末、洋葱末等辅料放入盆中，加芥末酱、盐和胡椒粉拌匀，倒入意大利黑醋搅匀；

（2）将橄榄油分次倒入酒醋汁中，搅匀即成。

特点：色泽青绿，咸酸适口，香草味浓。

制作要领：

（1）适用于海鲜类菜肴；

（2）上菜前，应再次搅匀，使味汁融合。

制作实例 2   圣·安德鲁醋油汁（St. Andrews vinaigrette style dressing）

原料：鸡高汤 100 ml，苹果汁或鲜橙汁 30 ml，玉米生粉 5 克，酒醋或意大利黑醋 25 克，植物油 75 克，新鲜香草末、盐、胡椒粉各适量。

制作流程：

（1）将鸡汤、苹果汁倒入锅中煮沸，下入水生粉勾芡。待汤汁浓稠时，转小火煮 3～5 分钟，离火晾冷备用；

（2）将汤汁与辅料等一同倒入搅拌机中，高速搅拌均匀即成。

特点：开胃解腻，咸酸适口，香草味浓。

制作要领：

（1）适用于煮制的海鲜鱼类菜肴；

（2）本酱汁具有低卡路里、低脂肪、低胆固醇和低钠的特点；

（3）酱汁宜制作迅速，现制现用。

制作实例 3　焗蒜芥末风味醋油汁(roasted garlic mustard vinaigrette)

原料:苹果酒醋 25 克,植物油 100 克,香烤大蒜泥 30 克,法芥、盐、胡椒粉各适量。

制作流程:

(1) 将大蒜头放入烤炉内,烤 20~30 分钟,取出去皮,制成蒜泥;

(2) 将蒜泥、盐、法芥、黑胡椒粉、苹果醋放入盆中搅匀;

(3) 最后将植物油分次倒入酒醋汁中,搅匀即成。

特点:咸酸适口,蒜味、芥末味浓郁,开胃解腻。

制作要领:

(1) 适用于肉类开胃菜肴;

(2) 上菜前,应再次搅匀,使味汁融合。

制作实例 4　法式香草醋油汁(French herbs vinaigrette)

原料:白酒醋 25 克,植物油 100 克,洋葱 10 克,红葱 20 克,欧芹 15 克,龙蒿 10 克,香葱 10 克,酸豆 5 克,盐、黑胡椒粉各适量。

制作流程:

(1) 将洋葱、红葱、香草和酸豆切碎;

(2) 将洋葱末等与白酒醋和其他原料一同放入调料盆中搅匀,再将植物油分次倒入酒醋汁中,拌匀调味即成。

特点:色泽青绿,咸酸适口,香草味浓郁。

制作要领:

(1) 适用于畜肉胶冻类开胃菜肴;

(2) 若有足够时间,可以将沙司调好后存放 1~2 小时后使用,风味更佳;

(3) 上菜前可以将酱汁温热后使用,效果更好。

(三) 特别冷沙司

1. 青瓜酱汁(cucumber dressing)

将黄瓜去皮,去籽,切成小块,入搅拌机打碎,加入酸奶油、鲜莳萝、柠檬汁、绿色辣椒籽、盐、胡椒粉调匀即成。其主要用于各式蔬菜沙拉类菜肴。

2. 辣根沙司(horseradish sauce)

把辣根擦成细蓉,把奶油打发,加入柠檬汁、盐、胡椒粉,搅拌均匀即成。其主要用于胶冻类菜肴。

3. 芥末沙司(mustard sauce)

将蜂蜜徐徐加入法国芥末内,顺一个方向均匀搅拌,直至厚度适宜。

4. 牛油果沙司(avocado sauce)

将牛油果去皮、核,与洋葱末、尖椒、西芹入搅拌机打成泥状,加入盐和胡椒粉调味即可。

三、开胃菜

开胃菜(appetizer)也称为开胃品、头盘、头盆或餐前小食品,品种丰富,包括分量小的冷开胃菜、热开胃菜、开胃汤等。开胃菜是西餐的第一道菜。

西餐中开胃菜的主要目的是达到开胃和提高食欲的作用,因此,西餐开胃菜的特点是:一般要求数量少,味道清新,色泽和造型美观,以酸味和咸鲜味为主。

（一）开胃菜的制作要领

（1）制作开胃菜应接近营业时间，这样可以保持开胃菜的颜色味道和新鲜；

（2）选择开胃菜的原料时，应考虑到它们的味道、颜色、质地，使原料能协调地组合在一起；

（3）开胃菜讲究造型，但不要过分装饰，应当使它们大方、朴素、有艺术性；

（4）控制好开胃菜温度。热菜应当是热的，冷菜应当是冷的，同时，注意卫生控制；

（5）严格掌握开胃菜的生产量。

（二）开胃菜的种类

开胃菜的种类很多，包括开那批类、鸡尾类、蘸汁类、胶冻类、奶酪球类、肝批类、卷类等，广义的开胃菜还指开胃汤和开胃沙拉等。

1. 开那批类（canape）

这类开胃菜以脆面包片、脆饼干等为底托，上面放有各种少量的或小块的冷肉、冷鱼、鸡蛋片、酸黄瓜、鹅肝酱、鱼子酱等，食用时不用刀叉，直接拿手取而入口，大小以人们食用时一口或两口的容量为宜。同时，它的形状讲究艺术性，它的装饰菜或装饰品有诱人的魅力。

开那批由底托、调味酱、主体菜和装饰菜组成。

（1）底托。底托主要是面包片、脆饼干、酥脆面皮和嫩脆菜片等新鲜和脆嫩的原料；

（2）调味酱。制作开那批调味酱时，应将味道突出的调味品掺入黄油或带有酸味的软奶酪中，才能使开那批具备刺激食欲的作用。通常开那批的调味酱有三种：

① 黄油调味酱。在黄油中加入柠檬汁、欧芹末、龙蒿末、香葱末、大蒜末、黑鱼子酱、咖喱粉、银鱼柳、芥末、辣根、布鲁奶酪末、熟虾仁肉酱等，然后用盐调味即成。

② 奶酪调味酱。以软奶酪为基础，加入黄油、气味更浓烈的奶末、波特葡萄酒、辣椒酱、龙蒿末、芥末、欧芹等即成。

③ 以畜肉或海鲜沙拉为原料制成的沙拉。将所有原料切成碎末，加少量沙拉酱调匀，保证调味酱的浓度。常见的开那批沙拉有金枪鱼沙拉、三文鱼沙拉、鸡肉沙拉、虾肉沙拉、火腿沙拉和鸡肝酱沙拉。

（3）主体菜。主体菜应以条状，小块状为主，形状和大小要与底托相协调，主要是腌三文鱼，熟的海鲜肉，熟的畜肉，火腿肉、鱼子酱等。

（4）装饰菜。常用的装饰菜有：橄榄、酸黄瓜、芦笋尖、圣女果，腌好的蘑菇、酸豆、胡萝卜、柠檬皮、青红椒等，一般黑鱼子酱上配洋葱末，鸡蛋片上配酸豆，火腿片上配芦笋尖，香肠上配酸黄瓜片，虾仁上配香菜。

制作实例　花形开那批（flower canape）

原料：吐司面包片 2 片，白色奶酪 10 克，圣女果 2 粒，黑橄榄 2 粒，熟鹌鹑蛋 2 个，黄油、色拉油、醋、芥末、白糖、盐、胡椒粉各适量。

制作流程：

（1）将圣女果切成两半，白色奶酪切成小块，熟鹌鹑蛋切成月牙形，一同放入盆中拌匀，做成主体菜；

（2）面包片用梅花型模具压好，刷上化开的黄油，放入 190 ℃的烤箱中烤脆烤黄，取出晾凉；

（3）将色拉油、醋、芥末、白糖、盐、胡椒粉拌匀做成调味汁；

（4）将面包盏放在盘中，摆上主体菜，淋上调味汁，另用欧芹点缀。

2. 鸡尾类(cocktail)

鸡尾开胃菜,指以海鲜或水果为主要原料,配以酸味或浓味的调味酱制成的开胃菜。

鸡尾类开胃菜颜色鲜艳,造型独特,有时装在餐盘上,有时放在鸡尾酒杯中。同时,调味汁可以放在菜肴的下面,也可淋在菜肴的上面,还可以单独放在调味碗内。可用绿色生菜或柠檬制成的花作装饰。在自助餐中,鸡尾类开胃菜常被摆放在碎冰上,保持新鲜。制作时间常接近开餐时间,以保持其色泽和卫生。

制作实例 蜜瓜鸡尾杯(melon cocktail)

原料:橙黄色蜜瓜 20 克,青绿色蜜瓜 20 克,葡萄 4 粒,圣女果 4 粒,金酒 10 毫升,柠檬汁、蜂蜜、盐、胡椒粉各适量。

制作流程:

(1) 用挖球器将两种蜜瓜挖成球形,与葡萄、圣女果一同放在盆中;

(2) 将金酒、柠檬汁、蜂蜜、盐、胡椒粉和匀,调成水果鸡尾沙司,倒入水果中拌匀;

(3) 装入鸡尾酒杯中,用蜜瓜皮丝作装饰。

3. 蘸汁类(dip)

蘸汁类开胃菜,主要由主菜和蘸汁两部分构成。主体菜常由新鲜、脆嫩的蔬菜和锅巴、脆饼干构成,选择新鲜脆嫩的蔬菜可以配些炸薯片和锅巴作主体菜的原料,主体菜多为条形。

调味酱多由酸奶油、酸奶酪、马乃司、盐、胡椒粉等制成。有的还可以加入熟虾肉、熟培根或洋葱末以调味。

4. 鱼子酱类(caviar)

鱼子酱开胃菜包括红鱼子酱和黑鱼子酱等,常用的每份零点数量 30～50 克。使用时,将鱼子酱放入一个小型的玻璃器皿或银器中,然后,再将容器放入带有冰块的容器中,常放在酥脆的蔬菜或饼干、鸡蛋片上面一起使用,用洋葱末、鲜柠檬汁作调味品。

制作实例 冷鱼子酱(cold caviar)

原料:罐头红鱼子酱或黑鱼子酱,新鲜鸡蛋、沙拉酱、柠檬。

制作流程:

(1) 鸡蛋煮熟,去壳,用切蛋器切成片,抹上蛋黄酱;

(2) 用茶匙将鱼子酱分装在蛋片上,摆上柠檬片。

5. 肝批类(pate)

肝批类开胃菜由各种熟制的肉类和肝脏,经过搅拌机搅碎,加入白兰地酒或葡萄酒、香料和调味品搅拌成泥,放入模具,再经过冷冻成型,切成片,配上装饰菜制成的冷菜。

鹅肝批

制作实例 鸡肝酱批(chicken liver terrine)

原料:鸡肝 250 克,波尔图酒 10 克,马德拉酒 20 克,胡萝卜 10 克,洋葱 20 克,西芹 10 克,红葱 10 克,培根 40 克,香肠 20 克,清黄油 20 克,白兰地 5 克,欧芹 15 克,猪肥膘片 4 片,鸡蛋 4 个。

制作流程:

(1) 鸡肝洗净,放入盆中,加入波尔图酒、马德拉酒浸泡 12 小时;

(2) 沙司锅中加入黄油烧热,放入洋葱末、胡萝卜末、红葱末、西芹末炒香,下入鸡肝炒匀,加入白兰地点燃,烧出酒味,最后加入培根、香肠和欧芹炒香,倒入搅拌机中,加入鸡肝、猪肉、鸡蛋等搅成泥,即成肉酱泥;

(3) 取一方形食模,铺一层肥膘肉片在底部,倒入肉酱,再盖上一层肥肉片,放入 150 ℃烤箱中烤制,待肉酱上色后,降温至 100 ℃,再烤 4 小时,熟透后取出,去除肥膘,淋上烤肉汁,入冰箱冷藏。上菜时切成厚片,配土豆即成。

6. 胶冻类(aspic jelly)

胶冻类菜肴使用动物胶,把加工成熟的动物或蔬菜原料制成透明的冻状菜肴,大都具有造型美观、味道清新的特点。适宜制作质地鲜嫩的肉类、鱼类、鸡类、蔬菜等原料。一般结力片与清汤按照 1∶10 的比例煮开,加盐、白兰地、干白等调成胶冻汁。这主要是利用了蛋白质的凝胶作用。

7. 奶酪球类(cheese ball)

奶酪球类开胃菜一般由挖成球状的奶酪冷藏后,沾上各种干果碎或者香草碎制作而成。具有色彩丰富、口味多样的特点。

制作实例　三色奶酪球(tricolor cheese balls)

原料:质地柔软的奶酪 80 克,欧芹 20 克,坚果 20 克,匈牙利细红椒粉 20 克,胡椒粉 20 克。

制作流程:

(1) 欧芹洗净切末,坚果放在烤箱中烤香酥,取出晾凉、粉碎;

(2) 奶酪球放在碗中,加欧芹末和胡椒粉和匀,冷藏 20 分钟后以固定形状;

(3) 将欧芹末、辣椒粉、坚果粉分别放在三个盘中,再将奶酪球分成三份,分别沾上欧芹末、辣椒末、坚果末,间隔摆在盘中。

8. 火腿卷类(ham roll)

火腿卷类开胃菜一般由冷火腿等包卷芦笋、蜜瓜等蔬菜、水果制作而成,色泽美观,口味和谐。

制作实例　蜜瓜火腿卷(melon and ham roll)

原料:帕尔马生火腿片 4 片,鲜无花果 4 个,蜜瓜 40 克,水牛奶酪 20 克,罗勒香草、胡椒碎、柠檬汁各适量。

制作流程:

(1) 蜜瓜去皮切成厚片,用生火腿片卷上,放在盘中,加入奶酪和罗勒香草;

(2) 鲜无花果用刀切成十字花刀,摆在盘中,撒上胡椒碎和柠檬汁。

9. 其他开胃菜

制作实例 1　生吃牡蛎(raw oysters)

原料:鲜牡蛎 12 只,柠檬 12 个,番茄沙司 40 克,辣酱油、OK 汁、辣椒粉各适量。

制作流程:

(1) 鲜牡蛎用刀打开,取有肉的一半放在盘中;

(2) 将番茄沙司、辣酱油、OK 汁、辣椒粉混合调匀,制成沙司;

(3) 食用时,将柠檬榨汁挤在鲜牡蛎上,蘸上沙司即可。

制作实例 2　意大利生牛肉片(Italy carpaccio)

原料:牛柳 100 克,橄榄油 20 克,柠檬 1 只,帕尔马干酪 15 克,罗勒香草,混合生菜、鲜胡椒碎各适量。

制作流程:

(1) 牛柳用保鲜纸包成长筒形,放入冰箱冷冻 4 小时,取出,切成薄片,铺在混合生菜的四周,围上柠檬片;

（2）牛肉片上撒上罗勒碎、帕尔马干酪、黑胡椒碎，淋上橄榄油即成。

制作实例 3　希腊泡菜(the Greek pickled cabbage)

原料：蘑菇 4 只，洋百合 2 个，花菜 20 克，节瓜 20 克，洋葱 20 克，橄榄油 20 克，白葡萄酒 10 ml，柠檬、香料束、大蒜、盐、胡椒粉、欧芹各适量。

制作流程：

（1）蘑菇洗净，雕成曲奇形，洋百合去皮，去内心，洗净后抹上柠檬汁，切成小块，节瓜切段，花菜改成小朵；

（2）将大蒜、欧芹、胡椒碎包入香料袋中；

（3）沙司内下橄榄油烧热，放入洋葱末炒香，下入蘑菇、洋蓟、节瓜、花菜炒匀，加入柠檬汁、白葡萄酒、香料束、大蒜、盐、胡椒，倒入少量清水，加盖煮焖 30 分钟，将煮汁倒入盆中，冷却冷藏备用；

（4）上菜前，将主料与煮汁拌匀，装入盘中即可。

制作实例 4　瓤馅鸡蛋(stuffed eggs)

原料：熟鸡蛋 2 只，马乃司 20 克，芥末、盐、胡椒粉、黄油各适量。

制作流程：

（1）鸡蛋煮熟，去壳，用刀一分为二；

（2）取出蛋黄，过细筛，然后放入碗中，加入马乃司、黄油、盐、胡椒粉、法芥拌匀，装入裱花袋中，挤入蛋白内即成。

制作实例 5　咖喱油花菜(curry oil cauliflower)

原料：花菜 100 克，咖喱粉 2 克，洋葱 5 克，生姜 5 克，大蒜 5 克，香叶 1 片，干辣椒 1 只，盐、胡椒粉各适量。

制作流程：

（1）花菜改成小朵，放入加有盐的沸水中煮熟，过凉，加入盐、胡椒粉拌匀；

（2）炒锅内下入橄榄油、洋葱末、大蒜末、生姜末、辣椒节、咖喱粉炒香，加水，微火煮至浓稠，下入盐、胡椒粉调味，过滤即成咖喱油，浇在花菜内拌匀，定碗，扣入盘中。

制作实例 6　莳萝腌三文鱼(marinated salmon with dill)

原料：净三文鱼 100 克，鲜莳萝 50 克，黑、白胡椒粉各 5 克，大盐、白糖、橄榄油、混合生菜、柠檬各适量。

制作流程：

（1）把大盐、白糖、胡椒粉、鲜莳萝末撒在净三文鱼肉上，擦均匀，用保鲜膜包好，压上重物，放入冰箱冷藏 24 小时；

（2）三文鱼去保鲜膜，放入盒中，加入橄榄油再腌 24 小时；

（3）食用时，将三文鱼切成薄片，放入盘中，配上生菜和柠檬片。

10. 热开胃菜

热开胃菜是近几年在西方较为流行的开胃菜，其特点是：

（1）多数头盘以海鲜、蔬菜、蜗牛等为主要原料，一般不选用禽类和肉类。

（2）每份头盘的菜量要小于主菜。

（3）头盘的配料以新鲜蔬菜为主，一般不用米饭、面条、土豆等。

（4）口味以清香、酸、咸、辛辣、鲜嫩为主，一般不用浓厚的口味。

（5）装盘以清新、小巧、美观为主要格调。

制作实例　煎鹅肝配葡萄沙司(pan fried goose liver with grape sauce)

原料:鹅肝 100 克,苹果 2 只,葡萄沙司 20 克,黄油、盐、胡椒粉、玉桂粉各适量,煮土豆球 4 个,时蔬少许。

制作流程:

(1) 把鹅肝片成 2 片,撒上盐、胡椒粉;苹果去皮,切成片,撒上玉桂粉;

(2) 用黄油将鹅肝和苹果慢慢煎熟,相间摆在盘中,盘边配上煮土豆球和时蔬,淋上葡萄沙司即可。

(四) 开胃菜的食用方法

通常而言,开胃菜以沙拉为主,但有时也上海鲜或果盘。吃开胃菜时,主要用餐叉。而开胃菜里的海鲜常常有鲜虾、牡蛎和蜗牛等。吃小虾时,可以用叉子取食,吃大虾时,则应先用手剥壳,再送入口中或用叉子取食。吃牡蛎时,应用专门的餐叉,一只一只地取食。如果是带壳的蜗牛,则可以先用专门的夹子将肉夹出后食用,再吸食壳中的汤汁;如果是去壳的蜗牛,则直接用叉子取食。

四、沙拉类

沙拉是英文 salad 的音译,我国有的地区习惯译为“沙拉”,有的地区习惯译为“色拉”,也有译为“沙律”,泛指凉拌菜。

(一) 沙拉的分类

沙拉从上菜形式上分为开胃沙拉和主菜沙拉两大类。开胃沙拉又称为头盘沙拉、什锦沙拉,作为全餐的第一道菜,它通常是由多种食物混合调制而成,口味以酸咸、辛辣为主,量少质精。主菜沙拉通常是以海鲜、肉类、蔬菜为主,作为一道主菜食用,口味多样,量较大。

沙拉按照主要原料分类,分为绿色蔬菜沙拉、普通蔬菜沙拉、组合原料沙拉、熟制原料沙拉、水果沙拉等。

(二) 沙拉的组成

沙拉作为一道菜,常由四个部分组成:底菜,主体菜,装饰菜,调味酱。通常,四个组成部分在沙拉中可以明显分辨出来,有时四部分混合在一起,有时省略底菜或装饰菜。

1. 底菜

底菜是沙拉中最基本的部分,它在沙拉的底部,通常以绿色生菜为原料。它的作用是:衬托沙拉的颜色,增加沙拉的质地,约束沙拉在餐盘中的位置。因此,沙拉的摆放要整齐,不要超出底菜的边缘。一些沙拉用深盘子盛装,由于盘子的高度和形状,再加上沙拉本身的造型,使这道菜格外诱人。

2. 主体菜

主体菜是沙拉的主要部分。它可以由一种或几种食品原料组成,主体菜的原料可以由新鲜的海鲜、畜肉、淀粉原料及新鲜的水果或罐头水果等组成。通常沙拉名称就是根据主体菜名称命名的。在传统的沙拉技法中,主体菜还要求必须十分明显,能够让客人直观感受到;现代的西餐沙拉,大量使用各种新鲜的生吃蔬菜,保证了丰富的维生素,符合人们的健康需求。

3. 调味酱

调味酱是西餐沙拉的灵魂。它丰富了菜肴的味道,为沙拉增添了颜色,并且起到了润滑的作用。沙拉的调味汁通常比较清淡,但有一定的脂肪成分,以保证菜肴清雅而润滑。沙拉的调味汁常用两大类：一是乳化了的调味汁，比较稠，通常称为沙拉酱、蛋黄酱；另一类则没有经过乳化，比较清，如醋油汁。通常调味酱与沙拉有一定的内在联系，这些联系表现在颜色、味道、浓度和用餐习惯等方面。如蔬菜沙拉主要用醋油汁，水果沙拉主要用有甜味的调味汁。

4. 装饰菜

装饰菜是沙拉上面或四周的菜，它不像主体菜那么重要，但是它在质地、颜色、味道方面为沙拉增添了不少的特色。沙拉中的装饰菜应当选择颜色鲜艳的原料，装饰物通常小而巧，一般不会放很多，也不会喧宾夺主。常用的装饰菜有：圣女果、熟鸡蛋、水果、橄榄、酸豆、珍珠萝卜、新鲜的香草等。

（三）制作沙拉的质量要求

（1）沙拉的原料必须新鲜，原料外观必须整齐，颜色必须鲜艳，味道必须鲜美。选用的各种食品原料在味道、质地、颜色方面必须协调。

（2）尽量使沙拉体现原料自然的特点，口味应当清淡，摆放整齐。

（3）沙拉外观必须整齐。装盘时不要将沙拉装得太多，不要超过餐盘的边缘，讲究沙拉原料的尺寸和造型，使沙拉便于食用，并方便客人识别沙拉中的原料。

（4）讲究沙拉的高度。沙拉的高度与沙拉的美观有一定的联系，没有高度的沙拉显得呆板。因此，沙拉一般装在圆形的容器中，装盘时，原料呈圆形，它的中心就高于四周。然后，在餐盘的中心放上装饰菜，这样使沙拉充满活力。

（5）讲究沙拉的颜色。通常，沙拉应有三种颜色，这样使沙拉更美观。但是，沙拉颜色过多，会使得沙拉华而不实。

（6）讲究沙拉的装饰。沙拉的装饰包括沙拉中各种原料的造型，餐具的造型，沙拉整体的布局。沙拉应美观大方，但是过分装饰会起到相反的作用。

（7）符合质量的沙拉，其食品原料必须是冷藏过的，餐盘也必须是冷藏过的。

（四）绿色蔬菜沙拉

制作绿色蔬菜沙拉时，应用冷水认真清洗蔬菜，沥干水分，撕成或切成方便食用的形状，最后把它们放在保鲜袋中保鲜。所有的绿色蔬菜沙拉应当经过冷藏后才能上桌，这样才能保证蔬菜的酥脆。保证生菜或其他绿色蔬菜的质地的酥脆，是控制沙拉质量的关键之一。开餐前，将加工好的蔬菜放在一个较大的容器内，放入调味酱，轻轻地搅拌后分装在沙拉盘或沙拉碗内，也可以先放在沙拉盘中，再摆成各种形状，以增加艺术感。

制作实例 1　卷心菜沙拉（coleslaw）

原料：卷心菜 100 克，红椰菜 10 克，胡萝卜 10 克，西芹 10 克，欧芹 15 克，番茄 1 只，马乃司 20 克，苹果醋 5 克，酸奶 5 克，炼乳 20 克，法芥、白糖、盐、胡椒粉各适量。

制作流程：

（1）卷心菜、红椰菜切横丝，胡萝卜、西芹切顺丝；

（2）将马乃司、苹果醋、酸奶、炼乳、法芥、白糖、盐、胡椒粉拌匀，成沙司；

（3）将卷心菜丝等放在盘中，挤上沙司，用番茄、欧芹装饰即成。

制作实例 2　芦笋鸡蛋沙拉（asparagus and egg salad）

原料：芦笋 4 根，鸡蛋 2 个，玉兰生菜 6 片，盐、胡椒粉各适量，马乃司 20 克，圣女果 1 粒。

制作流程：

（1）将芦笋去老皮，切成 3 厘米长的小节，放入加有油、盐的沸水中煮断生，过凉，沥干；鸡

蛋放入加有白醋的冷水中,用小火煮约 10 分钟,过凉,去壳,用切蛋器切成月牙状的鸡蛋角;

(2) 将芦笋节和鸡蛋角摆入盘中,挤上马乃司,用圣女果装饰。

(五) 普通蔬菜沙拉

制作普通蔬菜沙拉,首先应将各种蔬菜清洗干净,切成统一的形状,其大小应当方便食用,以人们每一次进食的容量为标准。有些蔬菜不宜生吃的,要通过焯水或腌熟的方法将它们制熟后才能食用。

制作实例　德国蔬菜沙拉(vegetable salad German style)

原料:胡萝卜 20 克,黄瓜 40 克,西芹 10 克,混合生菜 40 克,白酒醋 5 克,酸奶油 10 克,盐、胡椒粉、白糖、香葱、辣根、莳萝、鲜奶油、柠檬汁各适量,圣女果 2 粒。

制作流程:

(1) 将白酒醋、酸奶油、盐、胡椒粉、白糖、香葱末调成优格酱;

(2) 胡萝卜去皮,切细丝,与辣根放在一起,放入优格酱拌匀;

(3) 黄瓜切成牛舌片,用少许盐腌制,挤出少量汁水后,洗去盐分,加入醋、白糖、莳萝、胡椒粉混合在一起;

(4) 将西芹切成菱形条,与柠檬汁、奶油、盐、白胡椒粉拌匀;

(5) 将优格酱与混合生菜拌匀,放在盘中,四周放上胡萝卜、黄瓜、西芹、混合生菜,上放一粒圣女果。

(六) 组合式沙拉

组合式沙拉可以使用任何原料组成沙拉。它们的颜色、味道的质地必须协调,形成互补。通常组合式沙拉有三种制作方法:组合法,混合法,瓤馅法。

组合法:将各种沙拉原料分别装在沙拉盘中,不经过搅拌制成的沙拉。

混合法:将各种沙拉原料放在一起,然后浇上沙拉酱,轻轻搅匀。

瓤馅法:将熟的禽肉,畜肉,海鲜原料制成馅料,瓤在果实类蔬菜中。

制作实例　鞑靼三文鱼(tartar de saumon)

原料:新鲜三文鱼 100 克,红菜头 15 克,酸豆 5 克,黑鱼子 5 克,番茄 5 克,橙肉粒 20 克,洋葱 5 克,欧芹 10 克,柠檬汁、酸奶、辣根、盐各适量,醋油汁 20 克。

制作流程:

(1) 将三文鱼肉、红菜头分别切成细粒,用柠檬汁、辣根、盐腌 10 分钟左右,放入洋葱末、酸豆末和欧芹末拌匀;

(2) 将圆切模放盘中间,将红菜头粒挤干水分后,放入模具中,压紧,上面再放上鱼肉粒压紧;

(3) 脱模,鱼肉上面浇上酸奶、少许黑鱼子,淋上法式醋油汁;

(4) 盘边撒上番茄粒、橙肉粒、欧芹末即可。

(七) 水果沙拉

制作水果沙拉时,应认真清洗水果,制作时间尽量接近开餐时间。在水果沙拉里放一些柠檬汁、橘子汁等酸性果汁,可以保持水果的天然颜色,以及改善某些水果的味道。切水果时,一定要用不锈钢刀,以免水果变色。

制作实例　水果沙拉(fruit salad)

原料:西瓜 20 克,草莓 15 克,哈密瓜 15 克,芒果 15 克,橙子 15 克,猕猴桃 15 克,葡萄 4

粒,圣女果 2 粒,蜜汁水果汁(白糖、橙汁、朗姆酒)20 克。

制作流程:

(1) 将各种水果去皮,切成小块;

(2) 将白糖、橙汁、朗姆酒调匀,倒入水果,腌制 10 分钟;

(3) 将拌匀的水果和果汁一同装入沙拉碗中,装饰即可。

◆ 拓展任务

1. 鹅肝酱成菜的评价标准是什么? 怎样才能制作出质感细滑的法式鹅肝酱?

2. 制作蔬菜类沙拉时,有哪些蔬菜加工的技巧? 适合搭配哪些风味的酱汁?

3. 职业素养训练:结合开胃菜和沙拉的制作说明如何保证厨房出品的食品安全。

◆ 知识测试

1. 西餐开胃菜的种类和特点有哪些?

2. 胶冻类开胃菜的制作要领是什么?

◆ 思政拓展

发源于中国本土的蔬菜品种

认知四　热沙司制作工艺

素养目标:培养学生精益求精的工作态度、严谨务实的工作作风、精湛过硬的工作能力。

知识目标:熟悉西餐烹调中常用沙司的种类和在成菜中的重要作用;掌握各种基础沙司和衍生沙司的制作方法。

能力目标:能够制作各类沙司和基础酱汁。

📚 **认知重点**

五大基础沙司的制作流程和技术要领。

　　沙司是英文单词 sauce 的译音,又称为酱汁、调味汁,简称为汁,是西餐菜肴和点心的调味汁。

　　在西餐烹饪中,沙司的制作,是一项独立的工作,通常由有一定经验的厨师专门制作,这种沙司与菜肴主料分开制作的方法是西餐烹调的一大特色。一道成功的沙司,充分体现了厨师对食物本身特性的准确理解和控制菜肴中原料的色彩搭配、风味组合的能力。

一、沙司的作用

　　沙司被誉为西餐烹饪的灵魂,这是由西餐菜肴自身的特点决定的。西餐原料进行刀功处理时,形状偏大,以块、厚片和整形为多,烹制中不易入味,必须依靠特制的酱汁——沙司来补充调味。沙司是西餐菜肴的重要组成部分,在整道菜肴中具有举足轻重的作用。法国菜之所以誉满世界,也是因为法国人善于调制沙司。沙司的具体作用主要有以下几点。

　　(1)突出菜肴的风味。把原料和沙司的香味融合在一起,形成独特的风味。

　　(2)增加菜肴的色泽和亮度。制作中,将香浓的沙司淋在原料上,可以使菜肴的色泽更加艳丽、光亮。

　　(3)保持菜肴的温度。由于沙司都有油脂,油脂有传热慢的特点,裹在材料的表层,可以使菜肴内部的热量不易散发,还可以防止菜肴风干。

　　(4)点缀和装饰。在西餐制作时,厨师常常将色彩艳丽的沙司,淋在盘中形成美丽的图案,产生独特的装饰效果,诱人食欲。

二、热沙司的构成

　　沙司主要由液体原料、增稠原料和调味原料构成。

1. 液体原料

液体原料是构成沙司的基本原料之一,常用有:基础汤、牛奶、液体油脂等。

2. 增稠原料

增稠原料也称为稠化剂、增稠剂,主要有以下几种:

(1)油面酱。其是用油脂与等量的面粉,在低温下用小火炒制而成的糊状原料。使用的油脂主要是动物油脂或植物油。以黄油制作的油面酱味道最佳,但以人造黄油或植物油制作的油面酱则不理想。

(2)面粉糊。其是用熔化的黄油与等量的生面粉搅拌而成的,主要是在沙司黏度不够理想时使用,使沙司快速增加黏度,以达到理想的黏度和亮度。

(3)干面糊。在沙司比较油腻的情况下,为了不再增加多余的油分,可以使用烤至沙状的干面粉来增稠。

(4)蛋黄奶油芡。将蛋黄和鲜奶油按照1∶3的比例混合在一起,使用时,要注意温度。特别适用于沙司制作的最后阶段,起调味、稠化和增加亮度的作用。

(5)水粉芡。将少量的淀粉和水混合在一起构成水粉芡,其主要用于酸甜味道的菜肴和甜品。

(6)面包糠。仅用于一些特定的菜肴,如西班牙冷汤。

3. 调味原料

调味原料主要分为以下七大类,咸味调料、甜味调料、酸味调料、鲜味调料、辣味调料、香草调料和酒类调料。根据沙司呈味特点的不同,选择不同的调料。

三、热西餐沙司的分类和制作

(一)热沙司分类

西餐中沙司的种类很多,它们在颜色、味道、黏度、温度、功能等方面都各有特色。按颜色的不同,可以分为白色、黄色、棕色、红色等多种;按照温度的不同,可以分为冷沙司和热沙司;按照烹调中的作用不同,可以分为基础沙司和调味沙司。

(二)基础沙司制作

基础沙司包括:牛奶沙司、白色沙司、布朗沙司、番茄沙司、黄油沙司。

1. 牛奶沙司(béchamel sauce)

原料:牛奶100毫升,洋葱5克,黄油10克,香叶1片,百里香2枝,豆蔻粉少许,白色黄油面酱15克,盐、胡椒粉各适量。

制作流程:

(1)将黄油化开,加入洋葱炒香至半透明状,倒入牛奶煮沸,加入豆蔻粉、百里香、香叶,煮15分钟备好;

(2)沙司锅内下入黄油、面粉炒匀,倒入一半煮沸的牛奶,搅拌均匀,再加入剩下的牛奶充分拌匀,煮沸后用小火,煮约15分钟,煮至汤汁浓稠,调入盐、白胡椒粉、豆蔻粉,最后加入小块黄油搅化即成。

特点:色泽奶白,酱汁浓稠,咸鲜清淡,适口不腻。

制作要领:

(1)牛奶沙司音译为"贝夏梅尔"沙司,它是路易十四的御厨贝夏梅尔发明的,故以他的名字命名;

（2）把热牛奶和面酱搅匀后，再上火煮制，并不断搅动。

2. 白色沙司（veloute sauce）

原料：白色基础汤 100 毫升，白色黄油面酱 20 克，盐、白胡椒粉各适量，黄油 20 克。

制作流程：

（1）沙司锅内下入黄油、面粉炒匀，炒干水汽，出香味（不变色），将锅离火晾凉，倒入一半煮沸的白色基础汤，拌匀，再加入剩下的白色基础汤，充分搅匀；

（2）将锅上火煮制，边煮边搅，沸腾后改用小火，煮约 15 分钟，调入盐、白胡椒粉，加入黄油调亮度即成。

特点：色泽乳黄，酱汁黏稠，清淡适口。

制作要领：

（1）适合于各种蔬菜、白肉类、煮制海鲜鱼类菜肴；

（2）制作油面酱时，宜用小火，并不断搅动；

（3）白色基础汤要分次加入面酱中，容易搅拌均匀；

（4）也可用奶油和蛋黄的混合汁来进行浓缩增稠，效果更好。

3. 布朗沙司（brown sauce，espagnole）

原料：布朗基础汤 100 毫升，培根 2 片，胡萝卜 10 克，洋葱 20 克，大蒜 10 克，番茄酱 25 克，蘑菇 20 克，百里香 2 枝，香叶 1 片，红酒 20 克，雪利酒 10 克，棕色油面酱 20 克，盐、黑胡椒粉、辣酱油、白糖各适量。

制作流程：

（1）沙司锅内下黄油烧化，下入洋葱末、大蒜末、培根末炒香，放入面粉炒至棕色，加入番茄酱炒匀，掺入布朗基础汤，倒入红酒、雪利酒，投入百里香、香叶、蘑菇、胡萝卜碎；

（2）用小火煮约 3 小时（也可以放入 160 ℃烤箱，焖煮 1.5 小时），煮到汁稠，过滤后，用盐、黑胡椒粉、辣酱油、白糖调味，用黄油调亮度即成。

特点：色泽棕红，汁稠发亮，味香浓，鲜味浓厚。

制作要领：

（1）适用于各类肉、禽类菜肴的沙司；

（2）可以单独炒棕色油面酱，炒香后再加入汤中，调剂浓度；

（3）可将 Espagnole 直译为西班牙沙司，但是它是地道的法国沙司，又称为黄汁。

4. 番茄沙司（tomato sauce）

原料：白色或者棕色基础汤 100 毫升，黄油 20 克，洋葱 20 克，大蒜 10 克，番茄酱 30 克，听装去皮番茄 30 克，面粉 20 克，百里香 2 枝，香叶 1 片，罗勒 4 枝，盐、胡椒粉、白糖各适量。

制作流程：

（1）将去皮番茄放入搅拌机，打成番茄汁；

（2）沙司内下黄油烧化，放入洋葱末、大蒜末炒香，加入番茄酱、面粉炒匀，倒入番茄汁、白色基础汤，下入百里香、香叶、罗勒，烧开后改用小火煮约 30 分钟，调入盐、胡椒粉、白糖，再用黄油调亮度即成。

特点：色泽艳红，味咸鲜带甜酸，香味沉郁。

制作要领：

（1）适用于各种面食及蔬菜类菜肴，尤其在意大利菜肴中应用最广；

（2）也适合各类蔬菜、焗烤类菜肴；

（3）浓缩时要加盖，用小火慢煮，并适当搅动。

5. 黄油沙司（butter sauce）

原料：黄油 50 克，红葱 15 克，干白 20 毫升，白酒醋 5 毫升，奶油 5 克，盐、胡椒粉、绿辣椒粉各适量。

制作流程：

（1）将黄油冰冻后切成小片；

（2）将红葱末、干白、白酒醋、奶油放入沙司锅内，用小火浓缩至原来的 1/4 时，离火保温备用（约 50 ℃）；

（3）将黄油小片分次放入酒醋汁中，搅动均匀；

（4）至黄油慢慢熔化，成均匀的黄油汁时，将沙司过滤，加入盐、胡椒粉、绿的辣椒粉调味，保温 45 ℃～50 ℃备用。

特点：色泽乳黄，黄油香味浓郁。

制作要领：

（1）黄油沙司主要用于煮、蒸制类的海鲜鱼类和蔬菜类菜肴，制作中还可以根据需要，加入细香葱、洋香菜、薄荷叶、咖喱粉、红椒粉等调味料调味；

（2）浓缩时用小火。红葱也可以先用黄油炒香后，再加入其他调味料，以增进风味；

（3）离火加入黄油时，应慢慢地搅动。若温度过低，可以将锅重新置于小火上加热，待黄油熔化时离火，至黄油均匀熔化为止；

（4）保温存放，温度以保持黄油汁呈半流体状为佳。

（三）调味沙司制作

调味沙司又称为变化沙司，以五大基础沙司为原料，通过再一次调味变化发展而成。调味沙司，数量极多，风格各异，是具有独特味道的特色沙司。由于调味沙司在味道、颜色等方面各具特色，因此，菜肴经过它们调味后，也变得丰富多彩。

1. 以牛奶沙司为基础的调味沙司

制作实例 1　奶油沙司（cream sauce）

原料：牛奶沙司 100 克，蛋黄 2 只，浓奶油 50 克，柠檬汁 5 克，牛奶 20 克，淡奶油 10 克，豆蔻粉、盐、胡椒粉、黄油、面粉各适量。

制作流程：

① 制作牛奶沙司；

② 将鸡蛋黄和淡奶油拌匀后，倒入牛奶沙司中，用小火浓缩 5 分钟，加入盐、胡椒粉调味；

③ 将沙司过滤，放入少许黄油搅匀增亮即成。

特点：色泽乳白，酱汁浓稠，奶香味浓，咸鲜适口。

制作要领：

① 适用于各种海鲜鱼类、蔬菜和白肉类菜肴；

② 蛋黄奶油汁应该离火加热，搅匀后再上火加热，以免过度受热起蛋花。

制作实例 2　莫内沙司（mornay sauce）

原料：牛奶沙司 100 克，黄油 10 克，鸡蛋黄 2 个，奶油 20 克，瑞士格鲁耶尔干酪 20 克，盐、胡椒粉各适量。

制作流程：

① 将鸡蛋黄用少许奶油调匀备用；

② 制作牛奶沙司；

③ 将牛奶沙司离火，倒入调好的蛋黄奶油汁，搅拌均匀；

④ 上火再次煮沸，过滤保温备用；

⑤ 上菜前撒入干酪丝拌匀，再加入适量黄油搅匀，保温即成。

特点：色泽乳黄，酱汁浓稠，咸鲜香浓，芝士沉郁，风味独特。

制作要领：

① 适用于各种焗烤类海鲜鱼类、白肉类、禽类和蔬菜类菜肴；

② 浓缩加热时，要用蛋抽搅拌均匀，以免结块。

制作实例 3　龙虾油沙司(iobster cream sauce)

原料：龙虾壳一只，洋葱 20 克，胡萝卜 10 克，芹菜 10 克，香叶 1 片，迷迭香 2 枝，白兰地 10 毫升，牛奶沙司 100 克，鲜奶油 20 克，黄油 10 克。

制作流程：

① 将龙虾壳切碎，与调味香料碎、香叶、迷迭香一起放入烤盘。加入黄油入烤箱烤至上色，再加入少量水和白兰地酒，烤约半小时，取出，过滤出虾油；

② 制作牛奶沙司；

③ 将虾油加入牛奶沙司中，加奶油煮透即可。

特点：色泽乳黄，奶香味浓，鲜虾味厚，可口不腻。

制作要领：

① 适用于煮焖的各种海鲜鱼类、蔬菜和米饭类菜肴；

② 酱汁制作时，要突出龙虾的鲜香味。

2. 以白色沙司为基础的调味沙司

制作实例 1　莳萝沙司(dill sauce)

原料：白色浓汁沙司 100 克，洋葱 10 克，鲜莳萝 20 克，黄油 10 克，奶油 20 克，盐、白胡椒粉各适量。

制作流程：

① 制作白色浓汁沙司；

② 沙司锅中下入黄油烧化，放入洋葱末炒香，加入白色沙司，煮稠，保温备用；

③ 上菜前，加入鲜莳萝末和奶油拌匀，用盐和胡椒粉调味即成。

特点：色泽乳黄，鲜香味浓，香草味适宜。

制作要领：

① 适用于口味清淡的海鲜鱼类、白肉类和蔬菜类菜肴；

② 炒洋葱用小火，炒香不变色即可；

③ 上菜前加入奶油和莳萝，以保持风味。

制作实例 2　红花沙司(saffron sauce)

原料：白色沙司 100 克，洋葱 10 克，红葱 10 克，白葡萄酒 10 毫升，奶油 20 克，藏红花 1 克。

制作流程：

① 制作白色沙司；

② 沙司锅内下黄油烧化，加入洋葱末和红葱末炒香，倒入白葡萄酒煮干，调入盐、胡椒粉、奶油，再加入浸泡的红花汁，煮稠即成。

特点：色泽金黄，酱汁味浓。

制作要领：

① 适用于海鲜鱼类菜肴；

② 红花要先用水提前泡 15 分钟。

制作实例 3 德式沙司(German sauce)

原料：白色沙司 100 克,蘑菇 10 克,黄油 20 克,胡椒碎 1 克,鸡蛋黄 2 个,淡奶油 20 克,柠檬汁、盐、胡椒粉、芥末酱各适量。

制作流程：

① 将蘑菇切片,用黄油炒香,倒入少量白色基础汤,加盖浓缩成蘑菇汁；

② 制作白色沙司,加入蘑菇汁,胡椒碎煮稠；

③ 锅离火加蛋黄奶油汁搅匀,再上火浓缩,保温备用；

④ 上菜前加入芥末酱,用盐、胡椒粉、柠檬汁调味即成。

特点：色泽乳黄,咸鲜味浓,略带酸香,风味浓郁。

制作要领：

① 适用于口味清淡的海鲜鱼类菜肴；

② 在德式沙司基础上最后加入鲜的洋香菜末,则称为布莱特沙司。

3. 以布朗沙司为基础的调味沙司

制作实例 1 烧汁(half glaze)

原料：布朗沙司 100 克,黄油 20 克,蘑菇 10 克,红葡萄酒 20 毫升,盐、胡椒粉各适量。

制作流程：

① 沙司锅内下黄油,放入蘑菇片炒香,加红葡萄酒煮干,倒入布朗沙司煮沸；

② 转小火保持汁面微沸,继续加热浓缩,至原来的体积的 1/4 时,离火过滤,保温备用。

特点：色泽深褐,汁稠发亮,香味浓郁。

制作要领：

① 适用于烧烤类菜肴的调味汁,如烤羊腿,烤西冷牛排,烤火鸡等；

② 可以加到其他沙司中,起到浓味、调色、增亮、装饰和点缀的作用；

③ 浓缩时应用小火,中途可将烧汁过滤 2～3 次；

④ 最后还可以加入少量肉胶冻汁,以增加浓厚的香味。

制作实例 2 胡椒沙司(pepper sauce)

原料：布朗沙司 100 克,洋葱 20 克,大蒜 10 克,黑胡椒碎 20 克,白兰地酒 5 毫升,红葡萄酒 10 毫升,盐、胡椒粉、奶油各适量。

制作流程：

① 沙司锅内下黄油,放入洋葱末、大蒜末、黑胡椒碎炒香出辣味,烹入白兰地酒烧出酒味,倒入布朗沙司、红葡萄酒煮沸；

② 用盐、胡椒粉、奶油调味,下入黄油调亮度即成。

特点：色泽棕褐,咸鲜香辣。

制作要领：

① 适用于肉扒类菜肴；

② 用小火将胡椒的辣味炒出。

制作实例 3 红酒沙司(red wine sauce)

原料：布朗沙司 100 克,红葱 20 克,香叶 1 片,百里香 2 枝,黑胡椒碎 5 克,牛骨髓 20 克,洋香菜 20 克,肉胶冻汁 30 克,红酒 30 毫升,盐、胡椒粉、黄油各适量。

制作流程:

① 将红葱末、黑胡椒碎、香叶、百里香和红酒放入沙司锅中,用小火加热浓缩,至酒汁煮干后,倒入布朗沙司,烧沸过滤;

② 加入煮熟的牛骨髓粒、肉胶冻汁,用盐、胡椒粉调味,用黄油调亮度即成。

特点:色泽酱褐,酒香浓郁,汁稠发亮。

制作要领:

① 适用于红肉类、禽类及野味菜肴;

② 用小火煮出红酒过多的酸味。

制作实例 4　蘑菇沙司(mushroom sauce)

原料:布朗沙司 100 克,黄油 20 克,红葱 5 克,香叶 1 片,百里香 2 枝,黑胡椒碎 5 克,红酒 20 毫升,蘑菇 30 克,盐、胡椒粉各适量。

制作流程:

① 沙司锅内下黄油、红葱末炒香,加入蘑菇碎炒干水汽,下入香叶、百里香、黑胡椒碎炒匀,倒入红酒煮沸,转小火加热浓缩;

② 待酒汁将干时,倒入布朗沙司煮稠,去掉多余的油脂,过滤;

③ 加入炒香的蘑菇片拌匀,用盐、胡椒调味即成。

特点:色泽棕褐,咸鲜香浓,蘑菇香味浓郁。

制作要领:

① 适用于煎制、铁扒的红肉、禽类菜肴;

② 选用新鲜的蘑菇,刀切蘑菇片要整齐成型;

③ 蘑菇炒香后要用小火收干,便于出味。

制作实例 5　黑松茸沙司(truffle sauce)

原料:布朗沙司 100 克,黑菌 10 克,生火腿 15 克,红葱 5 克,胡萝卜 5 克,洋葱 10 克,香叶 1 片,百里香 2 枝,黑胡椒碎 5 克,洋香菜 10 克,黄油 20 克,红酒 20 毫升,盐、胡椒粉各适量。

制作流程:

① 沙司锅内下黄油,放入生火腿粒炒香,加入胡萝卜粒、洋葱末、红葱末、黑菌粒炒软,倒入红酒煮沸,放入香叶、百里香、黑胡椒碎用小火加热浓缩,至酒汁煮至 1/4 时,倒入布朗沙司煮稠,过滤保温;

② 上菜前,倒入红酒和少量的黑菌粒,烧沸即成。

特点:色泽棕褐,香味浓郁,黑菌味独特。

制作要领:

① 适用于煎制和铁扒的红肉和禽类菜肴;

② 选用优质的黑菌,去皮取肉切片使用。

制作实例 6　鹅肝沙司(goose liver sauce)

原料:布朗沙司 100 克,生火腿 20 克,黑菌 5 克,鲜的鹅肝酱 30 克,红葱 10 克,洋葱 10 克,香叶 1 片,百里香 2 枝,黑胡椒碎 5 克,黄油 15 克,红酒 20 毫升。

制作流程:

① 沙司锅内下黄油,放入洋葱末、红葱末、胡萝卜末、生火腿炒,加入红酒煮沸,下入香叶、百里香、黑胡椒碎,转小火加热浓缩;

② 倒入布朗沙司煮稠,过滤后,加入鹅肝酱、黑菌粒,拌匀,放入黄油调亮度,保温备用;

③ 上菜时,放入红酒和黑菌汁增香即成。

特点:色泽棕褐,黑菌味和鹅肝味独特,适口不腻。

制作要领:

① 主要适用于蛋类、肉类、禽类和野味类菜肴;

② 鹅肝一定要新鲜。

制作实例 7　什香草沙司(mix herbs sauce)

原料:布朗沙司 100 克,洋香菜 10 克,干龙蒿 2 克,红葱 10 克,什香草 2 克,黄油 20 克,干白 20 毫升,柠檬汁 5 克,盐、胡椒粉各适量。

制作流程:

① 将干白、红葱末、洋香菜末、干龙蒿等一同放入沙司锅中,加热浓缩;

② 待酒汁煮至 1/2 时,加入布朗沙司煮稠。放入柠檬汁搅匀,过滤,保温备用;

③ 上菜前,加入盐、胡椒粉调味,撒上什香草碎,加黄油搅化即成。

特点:色泽绿褐,香草味浓郁。

制作要领:

① 适用于各种红肉类、野味类菜肴;

② 成品上桌前加入什香草碎,以保持风味。

制作实例 8　迷迭香沙司(rosemary sauce)

原料:布朗沙司 100 克,红酒 20 毫升,迷迭香 2 枝,烤鸡及烤鸡骨的原汁 30 克,盐、胡椒粉、黄油各适量。

制作流程:

① 在布朗沙司内加入烤鸡及烤鸡骨的原汁,放入迷迭香和红酒煮透;

② 用盐、胡椒粉、黄油调味调色即成。

特点:色泽棕红,香味浓郁。

制作要领:

① 主要用于烤鸡和羊肉菜肴;

② 鲜迷迭香,味道比较浓,宜少放和后放。

制作实例 9　鲜橙沙司(orange sauce)

原料:布朗沙司 100 克,柠檬皮末 2 克,橙皮末 2 克,橙汁 10 克,橘子甜酒 20 毫升,金酒 20 毫升,白糖 25 克。

制作流程:

① 沙司锅内放入白糖炒到棕红色,倒入布朗沙司,煮沸;

② 加入柠檬皮末、橙皮末、橙汁、橘子甜酒、金酒、少许白糖煮至黏稠,过滤保温即可。

特点:色泽棕红,果香、酒香味浓。

制作要领:

① 主要用于烤鸭;

② 炒糖时,要用小火,不能出苦味。

制作实例 10　果味布朗沙司(fruits brown sauce)

原料:布朗沙司 100 克,白糖 25 克,金朗姆酒 20 ml,菠萝 25 克,菠萝汁 10 克,红酒醋 5 毫升,盐、胡椒粉、水生粉各适量。

制作流程：

① 沙司内放入白糖，炒至棕红色，倒入红酒醋煮沸，煮至浓稠，加入菠萝汁，用小火继续浓缩，至原来体积一半时，加入布朗沙司，煮沸，放入菠萝丁，转小火煮 15～20 分钟；

② 加入金朗姆酒，用水生粉调浓度，下入盐、胡椒粉调味即成。

特点：色泽棕黄，光亮细腻，略带甜酸，风味独特。

制作要领：

① 适用于猪肉类、红肉类的禽肉、野禽类、野味类菜肴；

② 熬糖成棕红色时，离火加入红酒醋，用小火煮化。

4. 以番茄沙司为基础的调味沙司

制作实例 1　魔鬼沙司(deviled sauce)

原料：番茄沙司 100 克，布朗沙司 50 克，红葱 10 克，黑胡椒碎 5 克，洋香菜 15 克，干白 20 毫升，白酒醋 5 毫升，盐、胡椒粉各适量。

制作流程：

① 将红葱碎、黑胡椒碎、干白、白酒醋一同放入沙司锅中，加热浓缩；

② 至酒汁煮干，加入布朗沙司和番茄沙司煮沸，转小火煮约 5 分钟，过滤，加入盐、胡椒粉调味，放入黄油搅化，保温备用；

③ 上菜前，撒入洋香菜末即成。

特点：色泽棕红，咸中带酸，香草味浓郁。

制作要领：

① 适合于烤制的猪排类菜肴、铁扒的禽类菜肴、烤羊排等；

② 洋香菜上菜前加入，以保持香草清香的风味。

制作实例 2　葡萄牙沙司(Portuguese sauce)

原料：番茄沙司 100 克，肉胶冻汁 20 克，洋葱 10 克，大蒜 5 克，番茄 50 克，欧芹 15 克，盐、胡椒粉各适量。

制作流程：

① 沙司锅下入黄油、洋葱末、大蒜末炒香，加入番茄炒匀，倒入番茄沙司煮稠，用盐、胡椒粉调味，过滤后加肉胶冻汁拌匀，保温备用；

② 上菜前撒上欧芹末即成。

特点：色泽棕红，咸鲜味厚，番茄味浓。

制作要领：

① 适用于铁扒禽类和肉类菜肴；

② 欧芹末不宜过早加入，以保持风味和色泽。

制作实例 3　美式沙司(American sauce)

原料：梭子蟹 1 只，海鲜鱼骨 50 克，黄油 20 克，洋葱 20 克，红葱 10 克，大蒜 5 克，胡萝卜 10 克，罗勒 2 枝，龙蒿 2 枝，白兰地酒 5 毫升，干白 20 毫升，盐、胡椒粉各适量，香料束 1 束，番茄 50 克，番茄酱 30 克。

制作流程：

① 沙司锅内下黄油，放入梭子蟹炒到变红，加入胡萝卜碎、洋葱末、红葱末炒香，烹入白兰地酒烧出酒味，加干白煮干，下入海鲜鱼骨，倒入鱼基础汤煮沸，下入番茄碎、番茄酱、香料束、罗勒、龙蒿煮制，转小火煮约 15 分钟；

② 过滤,用油炒面调浓度,用盐、胡椒粉调味,用黄油调亮度,保温备用;

③ 上菜前,加入罗勒末、龙蒿末即成。

特点:色泽棕红,鲜香味浓,蟹肉味浓郁。

制作要领:

① 适用于煮焖的各种海鲜鱼类菜肴;

② 选用鲜活的梭子蟹。

5. 以黄油沙司为基础的调味沙司

制作实例 1　巴黎黄油(Paris sauce)

原料:黄油 100 克,法芥 5 克,红葱 5 克,洋葱 5 克,香葱 10 克,酸豆 5 克,莳萝 1 枝,龙蒿 1 枝,银鱼柳 2 条,大蒜 5 克,白兰地酒 5 毫升,辣酱油 2 克,咖喱粉 1 克,红椒粉 1 克,柠檬皮 5 克,橙皮 5 克,橙汁 1 毫升,盐少许,鸡蛋黄 2 只。

制作流程:

① 将黄油化软并打发;

② 用黄油把洋葱末、红葱末、大蒜末炒香,再加入除蛋黄外的所有原料稍炒,凉后,放入打发的黄油中搅匀,最后加入鸡蛋黄搅拌;

③ 卷成卷,放入冰箱中,随用随取。

特点:主要用于焗牛排。

制作实例 2　蜗牛黄油(snail butter)

原料:黄油 100 克,欧芹 10 克,红葱 10 克,洋葱 10 克,银鱼柳 2 条,龙蒿 2 枝,白兰地酒 5 毫升,柠檬汁 5 毫升,红椒粉、酸豆、咖喱粉、盐、胡椒粉、辣酱油各适量,鸡蛋黄 2 个。

制作流程:

① 将黄油化软,将其打发;

② 用黄油把红葱末、洋葱末炒香,加入除蛋黄外的所有原料稍炒,凉后,放入打发的黄油中搅拌均匀,再加入蛋黄调匀。最后用油纸卷成卷,入冰箱,随用随取。

特点:主要用于焗蜗牛、焗海鲜。

制作实例 3　文也沙司(meumiere sauce)

原料:黄油 100 克,酸豆 5 克,柠檬肉丁 5 克,欧芹末 10 克,白葡萄酒 20 毫升,柠檬汁 20 毫升,辣酱油 5 克,盐、胡椒粉各适量。

制作流程:把白葡萄酒、柠檬汁、辣酱油放入沙司锅中,再放入黄油,不停地搅动至上劲,最后放入柠檬肉丁、酸豆、欧芹末即成。

特点:主要用于煎鱼和海鲜类菜肴。

(四) 其他特色沙司

制作实例 1　荷兰沙司(hollandaise sauce)

原料:清黄油 100 克,鸡蛋黄 2 个,白葡萄酒 20 毫升,香叶 1 片,黑胡椒碎 5 克,洋葱 10 克,红酒醋 20 毫升,柠檬 10 克,盐、胡椒粉、辣酱油各适量。

制作流程:

① 把红酒醋、香叶、黑胡椒碎、柠檬、洋葱末放入沙司锅内,煮成浓汁过滤;

② 把鸡蛋黄放入沙司锅内,再隔水放入 50 ℃~60 ℃的温水中,加入白葡萄酒,用蛋抽打发,再逐渐加入温热的清黄油,并不断搅动,使之融为一体,放入盐、胡椒粉、辣酱油和浓汁,搅匀,放在温热处保存即成。

特点:色泽浅黄,膏状细腻,黄油香味浓郁。主要用于焗类、牛扒类菜肴。

制作实例 2　咖喱沙司(curry sauce)

原料:咖喱粉 10 克,咖喱酱 15 克,黄姜粉 5 克,什锦水果 30 克,鸡基础汤 100 毫升,洋葱 10 克,大蒜 5 克,生姜 5 克,尖辣椒 5 克,香叶 1 片,丁香 4 粒,椰奶 20 毫升,淡奶 10 毫升,盐、胡椒粉、白糖各适量。

制作流程:

① 沙司锅内下植物油,烧热,下入洋葱末、大蒜末、生姜末和辣椒末炒香,放入咖喱粉、咖喱酱、黄姜粉、丁香、香叶炒香,再放入水果片稍炒,加入鸡基础汤,在微火上煮两小时;

② 煮至水果较烂时,再打成汁,加入盐、胡椒粉、白糖、椰奶、淡奶调味,煮沸过滤。

特点:色泽黄绿,浓香,果香,辛辣,微咸。

注意事项:主要用于咖喱鸡等。

制作实例 3　蜂蜜沙司(honey sauce)

原料:番茄酱 50 克,蜂蜜 30 克,大蒜 10 克,法芥 5 克,橙汁 15 毫升,白醋 5 毫升,白糖、黑胡椒粒、辣椒粉、辣酱油、香葱、洋葱各适量。

制作流程:将原料充分拌匀即成。

特点:主要用于烧烤类菜肴。

◆ 拓展任务

1. 列举五个西餐菜品,要求这五个菜品包含五个不同的本节课所讲授的调味沙司,并能详细说明菜品的制作过程。

2. 制作五个常用的基础沙司(牛奶沙司、番茄沙司、布朗沙司、咖喱沙司、荷兰沙司),要求技能达标,从色泽、浓度、口味、口感、亮度等方面达到成品要求;熟悉基础沙司衍生的调味沙司的制作方法。

◆ 知识测试

1. 什么是 Sabayon 蛋黄酱? 主要适用于哪些菜肴?

2. 以布朗沙司为基础的衍生调味沙司都有哪些? 黑椒汁制作有何技巧,在肉类菜肴中使用有何变化?

3. 以番茄沙司为基础的衍生调味沙司都有哪些?

4. 以牛奶沙司为基础的衍生调味沙司都有哪些?

5. 以白色沙司为基础的衍生调味沙司都有哪些?

6. 荷兰汁制作有何技巧? 在海鲜菜肴制作中有何变化?

◆ 思政拓展

中国味道是中华民族礼仪之邦的展现

认知五 西餐主菜制作

认知目标

素养目标:培养学生开拓创新和团结协作的意识。

知识目标:了解用油、水、空气传热的烹调方法的适用温度范围和成菜特点;掌握炸、煎、炒、煮、蒸、烩、焖、烤、焗、铁扒、串烧等烹调方法的工艺原理和制作要求。

能力目标:掌握炸、煎、炒、煮、蒸、烩、焖、烤、焗、铁扒、串烧等烹调方法;能够制作各类西餐主菜。

认知重点

炸、煎、炒、煮、蒸、烩、焖、烤、焗、铁扒、串烧等烹调方法的制作要领。

一、烹调方法基本知识

(一) 用油传热的烹调形式

以油作为传热介质是烹调中常用的传热方式。油脂经加热后温度可达 200 ℃ 以上,比水的沸点高一倍以上,油吸收热量多,升温自然也快。因此,用油烹制菜肴可使原料成熟快,并有脂香气,具有良好的风味,但用油传热的烹调方法对一些营养素有一定的破坏作用。虽然如此,用油传热的烹调方法仍是一种深受欢迎的烹调方法。用油传热的烹调方法主要有炸、煎、炒。

1. 炸(deep fry)

炸是把加工成形的原料经调味,并裹上保护层,放入油锅中,油要浸没原料,加热成熟并上色的烹调方法。炸的传热介质是油,传热形式是对流与传导。

(1)西餐常用的炸法有两种:

① 在原料表面粘匀面粉,拖上鸡蛋液,再粘上面包粉,然后进行炸制。

② 在原料表层拖上面糊,再进行炸制。

(2)特点:由于炸制的菜肴是在短时间内,用较高的温度加热成熟的,原料表层可结成硬壳,原料内部水分充足,所以菜肴具有外脆里嫩的特点,并有明显的脂香气。

(3)适用范围:由于炸制的菜肴要求原料在短时间内成熟,所以适宜制作粗纤维少、水分充足、质地脆嫩、容易成熟的原料。如鱼虾类、嫩肉、嫩鸡等。

(4)制作要领:

① 制作菜肴的温度一般在 140 ℃ ~ 160 ℃ 之间,最高不超过 190 ℃,最低不得低于 130 ℃;

② 炸制体积较大、不易成熟的原料,要用较低的油温,以便热能逐渐向原料内部传导,使其成熟。

③ 炸制体积小、易成熟的原料,油温要高些,以便原料快速成熟;

④ 炸制拖面糊的菜肴也应用较低的油温,以使面糊慢慢膨胀,热能逐渐向原料内部传导,将原料炸熟;

⑤ 油要经常过滤,去除杂物以防变质;

⑥ 炸制菜肴不宜使用燃点较低的黄油及橄榄油。

2. 煎(pan fry)

煎是把加工成形的原料,经腌渍入味后,再用少量的油在平底锅加热至上色,并达到规定成熟度要求的烹调方法。煎的传热介质是油和金属,传热形式主要是传导。

(1) 常用的煎法有三种:原料煎制前不粘任何保护层,直接放入平底锅加热;在原料表面粘上一层面粉,再放入平底锅加热;将原料粘上一层面粉,再拖上鸡蛋液,然后放入平底锅加热。

(2) 特点:直接煎和粘面粉煎的方法可使原料表层结壳,原料内部损失水分少,具有外脆里嫩的特点。使用拖鸡蛋液的方法,原料表面不结壳,鸡蛋液包住原料,并可保留原料充分的水分,因此具有鲜香软嫩的特点。

(3) 适用范围:由于煎的烹调方法使用的油温较高,使原料在短时间内成熟,并保持原料质地鲜嫩的特点,所以适宜制作含水分多、质地鲜嫩的原料,如里脊、外脊、鱼、虾、嫩鸡等。

(4) 制作要领:

① 煎的温度范围一般在 120 ℃～170 ℃,最高不超过 190 ℃,最低不得低于 95 ℃;

② 煎制薄且易成熟的原料时,应用较高的油温;

③ 煎制厚且不易成熟的原料时,就用较低的油温;

④ 煎制裹鸡蛋液的原料时要用较低的油温;

⑤ 使用的油不宜多,最多只能浸没原料的 1/2;

⑥ 煎制菜肴的开始阶段,应用较高的油温,然后再用较低的油温,使热能逐渐向原料内部渗透;

⑦ 在煎制过程中要适当翻转原料,以使其受热均匀;

⑧ 在翻转过程中,不要碰损原料表面,以防原料水分流失;

⑨ 煎制体积大且不易成熟的原料时,可在煎制后再放入烤箱烤,使之成熟。

3. 炒(saute)

炒是把加工成丝、片、条等小型切口的原料,用少量的油,较高的温度,在短时间内将原料加工成熟的烹调方法。

(1) 特点:由于炒制的菜肴加热时间短、温度高,而且在炒制过程中一般不加入过多的汤汁,所以炒制的菜肴具有脆嫩、鲜香的特点。

(2) 适用范围:炒的烹调方法适宜制作质地鲜嫩的原料和一些熟料,如里脊、外脊、蔬菜、米饭、面条等。

(3) 制作要领:

① 炒的温度范围在 150 ℃～190 ℃;

② 炒制的原料形状要小,而且刀口要均匀;

③ 炒制菜肴的加热时间短,翻炒频率要快。

（二）用水传热的烹调形式

用水传热的烹调方法在西餐烹调中使用很广泛。水的沸点为 100 ℃,利用水的这一独特的性质作为烹调传热形式,其温度范围较低。在这种温度范围内进行烹调,各种营养素的损失相对较小。另外用水传热的方式烹调的菜肴具有清淡爽口的特点。用水传热进行烹调具体的方法有温煮、沸煮、蒸、烩、焖等。

1. 温煮(poach)

（1）温煮是把需要加工的原料放入水或基础汤中,用低于沸点的温度,将原料加工成熟的烹调方法。温煮的传热介质是水,传热形式是对流和传导。

（2）特点:由于温煮使用的温度比较低,所以这种烹调方法对原料的组织及营养素的破坏都很小,可以使菜肴保持较多的水分,并使菜肴具有质地鲜嫩、口味清淡、原汁原味的特点。

（3）适用范围:适宜制作质地鲜嫩、粗纤维少、水分充足的原料,如鸡蛋、鱼、虾、嫩鸡等。

（4）制作要领:

① 根据不同原料和不同的要求,温煮的温度应掌握在 70 ℃～90 ℃。一般情况下,原料质地越嫩,体积越小,使用的温度越低;

② 温煮使用的水或基础汤的用量要适当,以刚浸没原料为宜;

③ 烹调过程中要始终保持火候均匀一致,以使原料在同一时间成熟;

④ 温煮过程中可以加盖保温,但要适当打开锅盖,以使原料中的不良气味挥发出去。

2. 沸煮(boil)

（1）沸煮是把需要加工的原料,放入沸腾的水和基础汤中,用沸腾的液体将原料加工成熟的烹调方法。沸煮的传热介质是水,传热形式是对流和传导。

（2）特点:由于沸煮的菜肴不用浓汁加热,也不用油进行初步加工,所以烹调的菜肴具有成熟时间短,口感清淡,爽口软嫩等特点,同时也充分保留了原料本身的鲜美滋味。另外,沸煮对原料营养成分破坏也较少。

（3）适用范围:沸煮的方法适宜范围广泛,一般的蔬菜、禽肉类原料都可以用此种方法制作。

（4）制作要领:

① 沸煮汤液(加盐的水、基础汤、菜水、牛奶)一定要达到沸点;

② 原料要完全浸没在汤液中;

③ 要及时去除汤中的浮沫,以防浮沫煮到原料中;

④ 在煮制过程中,一般不要加盖,以使不良气味挥发。

3. 蒸(steam)

蒸气是指水加热沸腾后产生的水蒸气,蒸是把加工成形的原料,经调味后,放入有一定压力的容器内,用蒸气加热使菜肴成熟的烹调方法。

蒸汽是达到沸点而汽化的水,所以蒸是以水为介质的传热形式的发展,其传热形式是对流换热。由于蒸的加热过程中要有一定压力,所以温度略高于沸点,可达 120 ℃。

（1）特点:由于蒸的菜肴用油少,同时又是在容器内进行加热,所以原料营养素损失很少,菜肴也比较清淡,具有软、嫩、烂的口感,同时有原汁原味的特点。

（2）适用范围:适宜制作质地鲜嫩、水分充足的原料,如鱼、虾、嫩鸡、木司及布丁等。

（3）制作要领:

① 原料在蒸制前要进行基础调味;

② 在蒸制过程中要把容器密封好,不要跑气;

③ 要根据不同的原料性质和菜点制作要求掌握火候;

④ 蒸制菜肴不要过火,要以菜肴刚好成熟为准。

4. 烩(stew)

烩是把加工成形的原料放入用自身原汁调成的浓沙司内,加热至成熟的烹调方法。烩的传热介质是水,传热方式是对流与传导。由于烹调中使用的沙司不同,烩又可分为红烩、白烩、混合烩等不同类型。

(1)特点:由于烩制菜肴使用原汁和不同色泽的浓沙司,所以一般具有原汁原味、口味浓香、色泽鲜艳的特点。

(2)适用范围:由于烩制菜肴加热时间较长,并且经初步热加工,所以适宜制作的原料很广泛,包括各种动物性原料、植物性原料、质地较嫩和较老的原料。

(3)制作要领:

① 烩菜沙司量不宜多,以刚好覆盖原料为宜;

② 烩制菜肴可在灶台上进行,温度保持在 90 ℃以上;

③ 烩制菜肴还可在烤箱内进行,烤箱温度最高为 180 ℃,烩菜沙司的温度控制在 90 ℃左右;

④ 在烩制菜肴的过程中要加盖;

⑤ 烩制的菜肴大部分要经过初步热加工。

5. 焖(braise)

焖是把加工成形的原料,经初步热加工,再放入基础汤中,加上盖,在烤箱内加热,使之成熟的烹调方法。焖的传热介质有水与空气,传热方式有对流和传导,也伴随热辐射。

(1)焖与烩的烹调方法相似,但也有很多不同之处,主要区别如表 2-5-1 所示。

表 2-5-1　　　　　　　　焖、烩烹调方法的主要区别

焖	烩
原料加工成大块或小块	原料加工成小块或丁
汤汁浸没原料的 1/2～2/3	沙司浸没原料
原料成熟会后再调制沙司	原料与沙司同时烩制
烤箱内加盖焖制	在烤箱内、炉灶上都可以烩制

(2)特点:由于焖制菜肴加热时间较长,所以一般具有软烂、味浓、原汁原味的特点。

(3)适用范围:焖制的烹调方法适用范围广泛,既可制作质地鲜嫩的原料,也适宜制作结缔组织较多的原料。焖制时可根据原料不同的质地,采用不同的加热时间。

(4)制作要领:

① 焖制菜肴的基础汤用量要适当,使汤汁没过原料的 1/2～2/3;

② 焖制菜肴前的原料要用油进行初步热加工,使原料表层结成硬壳;

③ 焖制的菜肴先在炉灶上把基础汤加热至沸,再加盖放入烤箱焖制;

④ 焖制后再用原汁调制沙司。

(三)用空气传热的烹调方法

用空气传热的烹调方法在西餐烹调中使用非常广泛,并具有特色。热空气的传热主要来

自于热源的热辐射与热对流,用空气传热的烹调方法使用的温度范围很广,最低可在 100 ℃以下,最高可达 300 ℃以上。用空气传热的烹调方法包括烤、焗、铁扒和串烧。

1. 烤(roast)

烤是把体积较大的生料,经初加工整形,加调味品腌渍入味,然后放入封闭的烤炉内加热至上色,并达到菜肴规定成熟度的烹调方法。烤的传热介质是空气,传热形式是对流。

(1) 特点:封闭式烤法加热均匀,可使菜肴具有良好的特殊风味,并具有外焦脆里嫩的特点。

(2) 适用范围:封闭式烤法适宜制作体积较大的生料,如肉类和禽类原料。

(3) 制作要领:

① 烤制肉类原料时,应选用肉质鲜嫩、质量好的原料;

② 烤前和烤制过程中应不断往原料上刷油或淋烤肉原汁;

③ 肉类原料烤制之前,应尽量破坏其肉中的血红细胞,如放入冰箱冷藏或置于通风处数日。可加入嫩肉粉等,使其肉嫩味鲜,否则会有血腥味;

④ 烤制肉类原料时,应将其放于烤架或骨头上,以防止肉与烤盘直接接触,影响菜肴的质量;

⑤ 肉类原料烤好从烤箱中取出后,应将其放置 10～20 分钟,稍凉后,再切配。

2. 焗(bake)

焗是广州、香港一带的习惯用语,是指把各种经初加工的生料或成熟的原料,浇上不同的沙司,用明火炉烤至上色成熟的烹调方法。焗的传热介质是空气,传热形式是热辐射。

(1) 特点:由于焗制的菜肴表层盖有浓沙司,可使主料质地鲜嫩,同时具有气味芳香、口味浓郁的特点。

(2) 适用范围:焗的烹调方法适宜制作质地鲜嫩的原料,如鱼、虾、嫩肉、蔬菜、鲜蘑菇等。

(3) 制作要领:

① 焗的温度较高,一般在 180 ℃～300 ℃;

② 一般都应在明火焗炉下完成。如果在烤炉内加热,应以顶火为主,底火为辅;

③ 原料要进行初加工,成熟后再放入焗盘内;

④ 制作菜肴的焗盘内应涂以黄油,不但可以增加口味,还可以防粘连;

⑤ 表层的沙司、奶酪粉或面包粉等,要浇撒得厚薄均匀、平整。

3. 铁扒(grill)

铁扒是把加工成形的原料,经腌渍调味后,放在扒炉上,扒成带有网状的焦纹,并达到规定的菜肴成熟度的烹调方法。铁扒的传热介质是空气和金属,传热形式是热辐射与传导。

(1) 特点:由于铁扒的烹调方法是用明火扒制,温度高,能使原料表层迅速炭化,而原料内部的水分流失少,所以这种烹调法制作的菜肴都带有明显的焦香味,并有鲜嫩多汁的特点。

(2) 适用范围:由于铁扒是一种温度高、时间短的烹调方法,所以适宜制作质地鲜嫩的原料,如牛里脊、牛外脊、鱼、虾、嫩鸡等。

(3) 制作要领:

① 制作铁扒菜肴,应选用质地鲜嫩、质量优质的原料;

② 铁扒的烹调方法适用于片状的或小型的原料;

③ 扒制开始时,应先用高温,再根据需要酌情降温;

④ 用铁板扒炉制作铁扒菜肴时,铁板扒炉要预热、刷油。

4. 串烧(skewer)

串烧是把加工成片、块的原料经腌渍后,用金属扦串起来,在明火上烧制或用油煎制,使之成熟并上色的烹调方法。

(1) 特点:由于串烧的菜肴都经过腌渍,所以口味较浓,并有焦香、鲜嫩的特点。同时串烧的菜肴形式上也较美观新颖。

(2) 适用范围:串烧是用高温短时间加热的烹调方法,所以适宜制作鲜嫩的原料。

(3) 制作要领:

① 串烧菜肴要求刀口均匀整齐,大小要尽量一致;

② 串烧的原料制作前要腌渍入味;

③ 串烧的原料不要穿得过紧,以便于加热;

④ 穿成串的原料应尽量平整,以便于均匀受热。

二、按烹调方法分类的菜肴制作实例

(一) 炸类菜肴实例

制作实例 炸鸡腿配辣椒番茄汁(deep fried chicken leg with tomato chili sauce)

主料:仔鸡腿 2 只,面包粉 25 克,鸡蛋 2 个,面粉 15 克。

调料:盐、胡椒粉适量,干白 20 毫升,蒜香粉、辣椒粉、卡真粉各 3 克。

配菜:炸土豆条 25 克,西兰花 10 克,圣女果 1 个。

制作流程:

(1) 鸡腿加入调料码味 30 分钟以上,放入笼中用大火蒸熟;

(2) 过三关,放入 150 ℃的油中炸至金黄色,捞出,摆入盘中;

(3) 在盘边配上炸土豆条、西兰花、圣女果,浇上辣椒番茄汁。

特点:色泽金黄,均匀。鸡腿香、面包糠香,咸鲜微辣,肉嫩不柴。

制作要领:

(1) 此菜是美国菜;

(2) 鸡腿腌渍时间要长;

(3) 鸡腿完整不碎,无污血溢出。

(二) 煎类菜肴实例

煎海鲜配
番红花汁

制作实例 1 煎海鲜配诺曼底汁(pan fried seafood with Normandy sauce)

主料:三文鱼、比目鱼、鲜贝、大虾共 150 克,白萝卜 50 克,番茄 50 克。

调料:盐 4 克,干白 25 毫升,柠檬汁 15 毫升,胡椒粉少量。

配料:三色吉庆块 50 克。

沙司料:诺曼底沙司 20 克。

制作流程:

(1) 把三文鱼,比目鱼切成片和其他海鲜合在一起,加入调料腌渍入味,然后用油煎熟;

(2) 把白萝卜切成大圆片,用沸水烫一下,番茄去皮切成小丁;

(3) 把一部分煎好的海鲜放在盘中,上面放白萝卜片,再放上余下的海鲜,再放上白萝卜片,上面放上番茄丁,四周浇上诺曼底沙司,盘边配上煮熟的三色吉庆块即成。

特点:海鲜浅黄,沙司乳黄,萝卜洁白。鲜香、酒香、奶香,海鲜鲜嫩多汁。

制作要领：

（1）此菜是法国诺曼底的地方菜；

（2）必须有海鲜原汁调制沙司；

（3）海鲜以刚熟为最佳。

制作实例 2　煎鲜贝配红椒汁（pan fried seafood with red pepper sauce）

主料：澳带 4 只，面粉少量。

调料：盐 2 克，胡椒粉少量，干白 10 毫升，柠檬汁 10 毫升。

配料：奶油芦笋泥 50 克，煎土豆丝饼 50 克。

沙司料：红椒汁 20 克。

制作流程：

（1）把澳带加调料腌渍入味，粘上少许面粉；

（2）用小火、少量油慢慢煎熟；

（3）将奶油芦笋泥倒入盘中，上面放上煎好的澳带，再摆上煎土豆丝饼，将红椒沙司浇在四周即成。

特点：澳带浅黄，沙司艳红，鲜香、酒香，味咸酸。

制作要领：

（1）此菜是法国菜；

（2）制作红椒汁时，奶油不要加得过多；

（3）澳带要完整不碎，鲜嫩多汁。

制作实例 3　煎猪排配米兰汁（pan fried fork chop with Milan sauce）

主料：猪大排 150 克，火腿丝 20 克，牛舌丝 20 克，蘑菇丝 20 克，奶酪粉 5 克，鸡蛋 2 个，面粉 15 克，鲜的百里香少量。

调料：盐 2 克，胡椒粉少量，干红 10 毫升。

配料：黄油炒意面。

沙司料：米兰汁 20 克。

制作流程：

（1）把猪大排加工成厚片状，加入调料腌渍入味；

（2）把百里香、奶酪粉、鸡蛋液调匀；

（3）将猪排粘匀面粉，拖上鸡蛋液，用少量油小火慢慢煎熟；

（4）用黄油把火腿丝、牛舌丝、蘑菇丝炒香，调入干红；

（5）把猪排放在盘中，上面放上火腿丝、牛舌丝、蘑菇丝和意面，四周浇上米兰汁。

特点：猪排金黄，浓香、奶酪香，微咸。

制作要领：

（1）此菜是意大利米兰地区菜；

（2）注意煎的火候，一定要煎熟；

（3）猪排呈厚片状，鸡蛋糊不脱落。

制作实例 4　煎猪排普罗旺斯汁（pan fried fork chop with Provence sauce）

主料：带骨猪排 200 克，面粉 20 克，面包粉 25 克，鸡蛋 2 个，普罗旺斯香料各少许。

调料：盐 2 克，胡椒粉 2 克，橄榄油适量。

配料：奶油土豆泥。

沙司料:普鲁旺斯汁 20 克。

制作流程:

(1) 将带骨猪排拍松,加入调料腌渍入味;

(2) 把鸡蛋、橄榄油、水、盐、胡椒粉搅拌均匀;

(3) 面包粉加入普罗旺斯香料拌匀;

(4) 将带骨猪排粘匀面粉,再粘上鸡蛋糊和面包粉,用油煎至成熟;

(5) 奶油土豆泥堆入盘中,摆上猪排,浇上普罗旺斯汁即成。

特点:猪排深褐色,鲜香,有浓郁的香草味。

制作要领:

(1) 此菜是法国普罗旺斯地区的菜;

(2) 掌握好普罗旺斯香料的比例;

(3) 奶油土豆泥不宜太稀。

(三) 炒类菜实例

制作实例　炒意大利面条(spaghetti with minced meat sauce)

主料:意大利面条 500 克,牛肉末 300 克。

辅料:牛基础汤 100 毫升,胡萝卜 50 克,芹菜 50 克,葱头、大蒜头末 50 克。

调料:黄油 70 克,番茄酱 50 克,盐、百里香、胡椒粉、奶酪粉各少量。

制作流程:

(1) 把胡萝卜、芹菜切成碎末,意大利面条煮熟,用冷水过凉;

(2) 用油把葱头、大蒜头末炒香,放入肉末炒变色,放番茄酱稍炒,加牛基础汤、百里香、盐、胡椒粉,用小火煮透;

(3) 用黄油把意大利面条炒透,放入盆中,浇上肉末沙司,撒上奶酪粉即成。

特点:面条浅黄,肉末沙司浅红,奶香浓郁,咸酸适口,装盘整齐不散乱。

制作要领:

(1) 此菜是意大利菜(4 人份);

(2) 注意煮面条的时间,一般不超过 8 分钟;

(3) 面条软,肉末烂而不干;

(4) 如果太干,最好加入煮意大利面的原汤。

(四) 温煮菜肴实例

制作实例　水煮鲑鱼配白酒芥末汁(poached salmon with wine and mustard)

主料:净鲑鱼肉 600 克。

辅料:白酒芥末沙司 300 克,鱼基础汤 400 毫升。

调料:葱头 20 克,西芹 10 克,胡萝卜 10 克,蒜泥 10 克,法国芥末籽 20 克,盐 6 克,柠檬 10 克,香叶 1 片,柠檬汁 10 毫升,黄油 20 克,白葡萄酒 50 毫升,白胡椒粉适量。

配菜:时令蔬菜。

制作流程:

(1) 鲑鱼去皮去骨,加工成块,撒匀盐、白胡椒粉、柠檬汁、白葡萄酒,腌制约 10 分钟;

(2) 各色时令蔬菜焯水后用黄油蒜泥翻炒,加盐、白胡椒粉调好口味;

(3) 取锅倒入鱼基础汤,喷入白葡萄酒,加柠檬片、香叶、白胡椒粉、葱头、西芹,烧开后保

持小火,然后放入鱼块,煮熟;

(4) 另取法兰盘用黄油炒香洋葱末,加白葡萄酒、鱼基础汤、法国芥末籽、盐、白胡椒粉,收浓成芥末汁;

(5) 鱼块取出放入盘子中间,配上时令蔬菜,浇上白酒芥末沙司即可。

特点:乳黄色,块状,鲜香,微酸味,软嫩爽口。

制作要领:

(1) 此菜是法国菜(以 4 份计);

(2) 掌握好煮三文鱼的基础汤的温度和时间;

(3) 三文鱼要煮得刚熟。

(五) 沸煮菜肴实例

制作实例　煮牛胸配蔬菜(boiled ox breast with vegetable)

主料:牛胸肉 180 克。

辅料:牛基础汤 200 毫升。

调料:盐 5 克,胡椒粒 2 克,香叶 1 片,洋葱末 20 克,芹菜 20 克。

配菜:卷心菜 50 克,土豆 50 克,胡萝卜 50 克,辣根沙司 25 克。

制作流程:

(1) 牛胸肉洗净,放入锅中加牛基础汤上炉子加热,汤沸后撇去汤沫,放入各种调料,用微火煮制;

(2) 把卷心菜、土豆、胡萝卜切成斜刀块,待牛胸肉快熟时放入汤中,煮至牛胸肉成熟;

(3) 把煮好的蔬菜放在盘子一边,牛胸肉切成片放在中央,浇上少量原汁,跟上辣根沙司即可。

特点:原料本色,片状均匀,咸鲜,辛辣。

制作要领:

(1) 此菜是英格兰正餐菜;

(2) 牛肉软而不干,蔬菜软而不烂;

(3) 配料不要放得过早。

(六) 蒸类菜肴实例

制作实例　蒸瓤三文鱼、比目鱼(steamed salmon and sole)

主料:三文鱼 150 克,比目鱼 150 克。

馅料:净鱼肉 150 克,干白葡萄酒 20 毫升,奶油 20 克,蛋清 20 克,洋葱末、杂香草、盐、胡椒粉少量。

沙司料:奶油沙司 100 克,煮胡萝卜泥 40 克。

配料:煮土豆球 60 克,时令蔬菜 100 克。

制作流程:

(1) 把三文鱼、比目鱼分别片成薄片并拍平,撒上盐、胡椒粉,分别放在保鲜纸上;

(2) 用绞肉机把净鱼肉绞成细馅,放入盛器内,放入所有馅料,搅拌均匀并上劲,分别放在三文鱼、比目鱼上;

(3) 用保鲜纸把三文鱼、比目鱼分别包好成圆柱形;

(4) 把包好的鱼放入蒸箱内蒸熟;

(5) 在奶油沙司内调入胡萝卜泥,调好稠度,煮沸,浇在菜盘内;

（6）把三文鱼、比目鱼外层的保鲜纸剥去,放在盘中央,配上煮土豆球和时令蔬菜即成。

特点:三文鱼红色,比目鱼白色;圆柱形,整齐,不裂,咸鲜味,奶香;软嫩可口。

制作要领:

（1）此菜是法国菜;

（2）鱼肉泥要打上劲、细腻;

（3）奶油萝卜泥不要太稠。

（七）烩制菜肴实例

制作实例　烩鸭肉配橙汁沙司(stewed duck with orange sauce)

主料:鸭肉 200 克。

调料:盐 2 克,胡椒粉 2 克,干红 20 毫升。橙皮水、橙汁、橙子酒、蜂蜜、盐、胡椒粉。

沙司料:橙汁沙司 20 克。

配料:烤土豆片 50 克,时令蔬菜 50 克。

制作流程:

（1）把鲜橙去皮,榨成汁,橙皮切成细丝,加清水煮软;

（2）把鸭肉切成块,撒调料腌渍,拍上面粉,用油煎上色;

（3）用黄油炒洋葱末,番茄酱炒出色,加入鸭布朗汤,放入鸭肉块、橙皮水、橙汁、橙子酒、蜂蜜、盐、胡椒粉,把鸭子肉烩熟;

（4）把鸭肉放在盘中,浇上原汁,旁边放上配菜即成。

特点:棕红色,有光泽,鸭肉软烂不干,香味浓郁。

制作要领:

（1）此菜是法国菜;

（2）鸭肉块整齐均匀,表面裹满沙司;

（3）有明显的酒香和橙子香味。

（八）焖类菜肴实例

制作实例　焖猪排卷配红酒汁(braised pork loin roll with red wine sauce)

主料:猪外脊肉 200 克。

辅料:菠菜 20 克,猪肥膘 40 克,洋葱 20 克,胡萝卜 20 克,芹菜 20 克,鲜蘑菇 25 克,布朗沙司 150 克,猪基础汤 100 毫升。

调料:黄油 20 克,植物油 50 毫升,干红葡萄酒 30 毫升,洋葱末 20 克,盐、胡椒粉适量。

配料:黄油炒面条 100 克。

制作流程:

（1）把洋葱、胡萝卜、芹菜、鲜蘑菇切成丝,煎盘上炉子加黄油烧热,将各种蔬菜丝放入炒香,放入干红葡萄酒、盐、胡椒粉,调好口味炒成馅;

（2）把猪外脊肉片成大片,用拍刀拍薄,撒上盐、胡椒粉,铺上猪肥膘片,再铺上烫过的菠菜,再倒上炒好的馅,卷成卷,用线捆好;

（3）煎盘上炉子加植物油烧热,将肉卷放入煎上色,取出,放入烤盘,倒上猪基础汤,盖上锡纸,进烤炉焖熟;

（4）沙司锅上炉子,加入干红葡萄酒和洋葱末,稍煮,加布朗沙司和焖肉原汁,放盐、胡椒粉调好口味,加入黄油,调好浓度,待用;

(5) 把肉卷切成厚片,放在盆内,盆边配黄油炒面条,浇上沙司即可。

特点:肉为褐色,间有蔬菜色;厚片状,整齐不散;酒香,咸鲜;软嫩适口。

制作要领:

(1) 此菜是法国菜;

(2) 此菜的配菜是黄油炒鸡蛋面,面不要煮得太软;

(3) 用焖猪排的原汁调制红酒沙司。

(九) 烤类菜肴实例

制作实例 1　烤火鸡配苹果(roast turkey with apple)

主料:火鸡 1 只。

馅料:熟栗子 250 克,培根 200 克,火鸡肝 200 克,面包心 350 克,迷迭香、马佐连各少量,葱末 20 克,黄油 50 克,白兰地酒 30 毫升,鸡汤 80 毫升。

调料:洋葱 50 克,胡萝卜 50 克,芹菜 50 克,香叶 2 片,鸡烧汁 80 毫升,红葡萄酒 30 毫升,糖 20 克,盐 15 克,胡椒粉、玉桂粉微量。

配料:烤苹果及任意蔬菜。

制作流程:

(1) 用黄油把葱末炒香,放入培根丁、火鸡肝丁炒透,放入白兰地酒、盐、胡椒粉、迷迭香、马佐连、面包心、熟栗子丁,并加适量鸡汤焖透成馅;

(2) 把火鸡洗净,撒上盐、胡椒粉及任意切碎的胡萝卜、洋葱、芹菜、香叶稍腌,然后在火鸡表面均匀地抹上一层油,放入烤盘;

(3) 把栗子馅瓤入火鸡嗉子,将嗉子捆紧,放入烤盘,连同火鸡一起放入烤炉,用较高的炉温烤,并将烤鸡流出的汁液不断淋回鸡上,再盖上锡纸,把鸡烤熟;

(4) 把苹果核挖空,填上糖和玉桂粉放入烤箱内烤熟;

(5) 过滤烤火鸡的原汁,去掉浮油,加入鸡汁烧,上火开透,调入盐、红葡萄酒煮成原汁沙司;

(6) 把配菜码放在盘边,每份一块鸡腿、一块鸡脯、一片瓤馅,浇原汁沙司即成。

特点:黄褐色,块状整齐,浓香微咸,肉质鲜嫩不柴。

制作要领:

(1) 此菜也可整上;

(2) 此菜是典型的美国菜;

(3) 每烤火鸡 15 分钟要将烤汁淋在火鸡身上。

制作实例 2　香草烤羊排(roast mutton chop with herb sauce)

主料:羊排 2 条。

辅料:香草面包蓉 50 克。

调料:芥末酱 20 克,盐、胡椒粉少量。

配料:烤土豆及任意蔬菜、香草沙司各适量。

制作流程:

(1) 把羊排加工整齐,撒上盐、胡椒粉,用油煎上色,放在烤盘内用 200 ℃ 的炉温烤至所需的火候;

(2) 把羊排取出,抹上一层芥末酱,撒上香草面包蓉,及时放回炉内烤至面包蓉上色。把羊排切成每份 2 片,配上蔬菜即成,香草沙司单上。

普罗旺斯
烤羊排

技能链接:香草面包蓉制法

用料:蒜蓉、杂香草、面包蓉,拌匀即可。

特点:深褐色;厚片状,整齐均匀;浓郁的香草味,微咸,辛辣;鲜嫩多汁。

制作要领:羊排一定要先煎上色再烤;羊排最好烤至五成熟;香草最好使用新鲜的香草。

制作实例 3　烤鱼青蛤汁(roast fish with clam sauce)

主料:净鱼片 200 克。

辅料:青蛤 100 克,火腿末 20 克,培根末 20 克,鱼基础汤 200 毫升,葱头末、大蒜末、欧芹末、面包渣各少量,橄榄油适量。

调料:干白葡萄酒 100 毫升,盐、胡椒粉、牛至叶适量。

配料:土豆、橄榄及时令蔬菜。

制作流程:

(1) 在鱼片上撒匀盐、胡椒粉、牛至叶,然后用橄榄油把培根末及部分葱头末炒香,撒在鱼片上,把鱼腌入味;

(2) 用橄榄油把葱头末、大蒜末炒香,再放入青蛤稍炒,加入干白葡萄酒煮透,再放入鱼基础汤,用小火煮 45 分钟;

(3) 把青蛤汤倒入烤盘内,把鱼片放在青蛤上,再撒上面包渣、火腿末、欧芹末,用 200 ℃炉温烤约 20 分钟;

(4) 把烤好的鱼取出,把青蛤汤倒入锅内加热,加入干白葡萄酒、盐、胡椒粉调口,过滤,成青蛤沙司;

(5) 把鱼切成块,码在盘中央,盘边配上煮土豆、橄榄及时令蔬菜,周边浇上青蛤沙司即成。

特点:鱼肉洁白,表层金黄色;大块状,整齐不碎;鲜香、酒香,微咸;鲜嫩多汁。

制作要领:

(1) 此菜是法国菜;

(2) 青蛤一定要新鲜。

(十) 焗类菜肴实例

制作实例　焗生菜牡蛎卷(baked oyster lettuce roll)

主料:鲜牡蛎 3 个,生菜叶 1 片。

辅料:穆斯林沙司 50 克,黑鱼子酱 20 克。

调料:干白葡萄酒 50 毫升,奶油 20 毫升,盐 1 克,粗盐 10 克,胡椒粉少量。

制作流程:

(1) 把鲜牡蛎肉撕下,用干白葡萄酒煮一下;

(2) 生菜叶用热水烫一下,放上牡蛎肉包好;

(3) 把煮牡蛎的汁煮浓,加入奶油,再煮至浓稠,然后倒入穆斯林沙司内,搅拌均匀;

(4) 把牡蛎肉放在壳内,浇上穆斯林沙司,放入焗炉焗上色;

(5) 把牡蛎肉放在盘内,上面放上黑鱼子酱,盘内放些粗盐,以使牡蛎壳稳定。

特点:金黄色;表面丰富不塌陷;鲜香,微酸咸;鲜嫩多汁。

制作要领:

(1) 牡蛎壳要洗净;

(2) 烫生菜时要快,并且要迅速冲凉。

(十一)铁扒菜肴实例

制作实例 1 铁扒外脊扒(grilled sirloin steak)

主料:牛外脊肉 720 克。

调料:白兰地酒 50 毫升,盐 7 克,胡椒粉、净植物油各少量。

辅料:班尼士沙司 160 克。

配菜:烤土豆及任意蔬菜 300 克。

制作流程:

(1) 把牛外脊横断面朝上,撒上盐、胡椒粉、白兰地酒,抹上一层植物油稍腌;

(2) 把外脊肉放在扒炉上,扒上整齐的焦纹,至所需的火候;

(3) 把配菜放在盘内,放上外脊肉扒,浇上班尼士沙司。

特点:棕褐色,有网状焦纹;长圆饼形;焦香,微咸;外焦里嫩。

制作要领:

(1) 此菜是法国菜(4 份量);

(2) 在牛肉上抹油时,不要太多。

制作实例 2 铁扒杂拌(grilled mixed grill)

主料:牛里脊 200 克,猪通脊 200 克,牛肝 200 克。

辅料:培根 80 克,火腿 80 克,泥肠 80 克,布朗沙司 200 毫升。

调料:辣酱油 50 克,盐 7 克,胡椒粉少量。

配料:番茄 120 克,葱头 120 克,鸡蛋 4 个。

制作流程:

(1) 把牛里脊、猪通脊、牛肝加工成厚片,撒匀盐、胡椒粉调味,用油煎熟,烹上辣酱油、布朗沙司,开透;

(2) 把培根、火腿、泥肠、鸡蛋、葱头、番茄用油煎上色;

(3) 把铁扒烧热,上面码上牛里脊、猪通脊、牛肝,再码上培根、火腿、泥肠、葱头、番茄,上面放煎鸡蛋,再把布朗沙司倒在铁扒上的沙司斗内,趁热上台。

特点:棕褐色,有光泽;主、辅料为片状,整齐不散乱;浓香,微咸;鲜嫩多汁。

制作要领:

(1) 此菜是俄国菜(4 份量);

(2) 一定要保持原料的鲜嫩。

制作实例 3 铁扒鳕鱼(grilled cod)

主料:净鳕鱼 600 克。

辅料:鱼基础汤 200 毫升。

调料:黄油 100 克,干红葡萄酒 100 毫升,干白葡萄酒 50 毫升,盐 7 克,胡椒粉、柠檬汁少量。

配料:炸土豆丝及时令蔬菜丝 300 克。

制作流程:

(1) 把鳕鱼加工成 8 块,撒上干白葡萄酒、盐、胡椒粉、柠檬汁腌入味;

(2) 把鳕鱼放在扒炉上,扒上焦纹,并加热至熟;

(3) 把鱼基础汤倒在沙司锅内上火煮浓,加入干红葡萄酒再煮浓,调入盐、胡椒粉,再放入软黄油成红酒沙司;

（4）把时令蔬菜丝放在盘中间,上面放两块鳕鱼,炸土豆丝放在两块鱼中间,红酒沙司浇在盘边即成。

特点:浅褐色,有焦纹;鱼形整齐不碎;鲜香、酒香、微酸、咸;焦嫩多汁。

制作要领:

（1）此菜是法国菜（4 份量）;

（2）鳕鱼要新鲜,无骨刺。

制作实例 4　铁扒大虾(grilled prawns)

主料:大虾 8 只,约 600 克。

辅料:面粉 50 克。

调料:黄油 200 克,干白葡萄酒 100 毫升,奶油 80 毫升,盐 7 克,胡椒粉少量。

配料:红白菜 100 克,番茄 100 克,酸黄瓜 100 克。

制作流程:

（1）把大虾的须、腿剪去,从背部片开,使其腹部相连,洗净沙肠,撒匀盐、胡椒粉;

（2）把大虾粘上薄薄的一层面粉,抹上奶油,用黄油煎上色,烹入干白葡萄酒,再放在扒炉上扒上焦纹;

（3）把大虾放在盘中间,浇上煎虾的原汁,盘边配上红白菜、番茄片、酸黄瓜角即成。

特点:大虾呈橘红色,有光泽,并带有焦纹;大虾呈半片状,平展,头、皮完整不脱落;鲜香、酒香,微咸;鲜嫩多汁。

制作要领:

（1）此菜是俄国菜（4 份量）;

（2）大虾要新鲜,采用背开的方法。

（十二）串烧菜肴实例

制作实例 1　杂肉串(mix skewer)

主料:猪肉 160 克,牛里脊肉 160 克,小牛肉 160 克,培根 70 克,泥肠 100 克。

辅料:葱头 100 克,青椒 100 克,蘑菇 100 克。

调料:盐 7 克,胡椒粉少量。

配料:东方炒饭 200 克。

制作流程:

（1）把猪肉、牛里脊肉、小牛肉切成块,撒上盐、胡椒粉稍腌入味。把培根切成片,把泥肠卷起来,葱头、青椒切成块;

（2）把加工好的猪肉、牛里脊肉、小牛肉、青椒、葱头、培根、泥肠相间串成 8 串,要把猪肉穿在顶端,以便成熟;

（3）把肉串放在扒炉上烤至所需的火候,走菜时配上东方炒饭。

特点:各色相间,有焦纹;串状,整齐不乱;焦香、微咸;外焦里嫩。

制作要领:

（1）此菜是欧陆菜（4 份量）;

（2）牛肉,猪肉和小牛肉要保持鲜嫩;

（3）东方炒饭不是扬州炒饭。

制作实例 2　鳜鱼串(mandarin fish skewer)

主料:净鳜鱼肉 600 克。

辅料:葱头 80 克,青椒 80 克,红花奶油沙司 200 毫升。

调料:盐 7 克,胡椒粉少量。

配料:炸土豆条及时令蔬菜。

制作流程:

(1)把鳜鱼肉切成块,撒匀盐、胡椒粉,葱头、青椒切成块;

(2)把鳜鱼肉、葱头、青椒相间穿成串,用沙拉油煎至成熟上色,放在盘内,撤去肉扦,浇上红花奶油沙司即可。

特点:白、绿相间;串状,整齐不碎;鲜香,微咸;鲜嫩多汁。

制作要领:

(1)此菜是法国菜(4 份量);

(2)制作红花沙司时,要先把红花放在热水中浸泡出色。

制作实例 3　海鲜串(seafood skewer)

主料:净海鱼肉 240 克,大虾 200 克,扇贝 160 克。

辅料:葱头 80 克,青椒 80 克。

调料:干白葡萄酒 50 毫升,柠檬汁 10 毫升,盐 7 克,胡椒粉少量。

配料:莳萝沙司 200 毫升。

制作流程:

(1)把鱼肉切成块,大虾切成段,葱头、青椒切成段;

(2)把鱼肉、大虾、扇贝撒上盐、胡椒粉、干白葡萄酒、柠檬汁稍腌,与葱头、青椒相间穿成 4 串;

(3)把海鲜串用油煎熟,码在盘内,撤去肉扦,浇上莳萝沙司即成。

特点:色泽白、绿相间;形态为串状,整齐不碎;口味鲜香,微咸;口感鲜嫩多汁。

制作要领:

(1)此菜是法国菜(4 份量);

(2)鱼肉、大虾、扇贝一定要新鲜;

(3)制作奶油沙司时,不要太稠。

◆ 拓展任务

结合不同烹调方法的工艺原理说明其操作时的技术关键。

◆ 知识测试

1.西餐牛柳在煎扒烹制中有哪些成熟度标准?如何保持原料的鲜嫩度和原汁原味?

2.肉类红酒菜肴烹制时有哪些要求和技巧?

3.海鲜鱼类在煮制时有哪些要求和技巧?

◆ 思政拓展

上善若水

◎ 实训部分

模块一　奶油汤

素养目标:培养学生举一反三的学习能力;培养学生执着、专注、追求极致的工匠精神。

知识目标:熟悉奶油汤相关理论知识;掌握西餐常见奶油汤的制作流程和关键技术。

能力目标:能够制作奶油蘑菇汤和南瓜苹果奶油浓汤。

![实训重点]

奶油蘑菇汤、南瓜苹果奶油浓汤的制作;奶油汤浓度的掌握。

任务一　奶油蘑菇汤

奶油蘑菇汤

西文名:cream of mushroom soup

主料:鲜蘑菇(口蘑、北风菌、平菇等)50克。

辅料:烤面包丁适量。

调料:黄油5克,面粉5克,牛奶50毫升,鸡基础汤100毫升,盐、胡椒粉、干白、奶油、香叶、洋葱适量。

制作流程:

(1) 沙司锅内下黄油,洋葱末、蘑菇片、香叶炒香,烹入少许干白;

(2) 放入面粉稍炒,倒入鸡基础汤煮沸,转小火保持微沸,煮约20分钟,加入牛奶烧沸,拣出香叶,倒入搅拌机中,加入少量打发奶油搅成蓉汤;

(3) 将汤倒回沙司锅中,烧开,调入盐、胡椒粉;

(4) 将炒熟的蘑菇片放在汤盘中,倒入奶油汤,配上烤面包丁并用少许打发奶油装饰即成。

特点:色彩乳黄,蘑菇味香浓,汤汁鲜香细滑,适口不腻。

制作要领:

(1) 奶油蘑菇汤的浓度是由搅碎的蘑菇蓉和黄油面粉决定的;

(2) 可以选用各种鲜美的蘑菇品种,如牛肝菌、羊肚菌、鸡油菌等;

(3) 现代的流行趋势是将这种泡沫奶油汤装在咖啡杯里装盘成菜,如果将鲜牛奶打成奶泡浇在蘑菇汤上,即成卡布奇诺蘑菇汤。

达标菜品拓展知识:奶油蘑菇汤

营养成分:

营养物	能量(kcal)	蛋白质(g)	脂肪(g)	碳水化合物(g)	膳食纤维(g)	维生素 A(μg)
含量	244.67	21.48	8.23	21.18	8.71	12
营养物	维生素 C(mg)	钠(mg)	钙(mg)	铁(mg)	锌(mg)	胆固醇(mg)
含量	0.5	23.37	139.8	10.07	4.82	22.30

适宜人群:

该菜品含有丰富的钙和维生素,口味浓厚,口蘑含丰富的蛋白质和膳食纤维,其含有的硒元素,可以清除体内的自由基,抗病毒、抗癌、提高机体的免疫力,口蘑受到紫外线照射的时候,会产生大量的维生素 D 促进钙的吸收,洋葱中的二硫化物及蒜氨酸可降低血液中胆固醇和甘油三酯含量,从而可起到防止血管硬化的作用,该菜品性平无忌,适合大众人群。

英文流程:

Directions:

(1) Place the pan onto the hob, add the butter and melt it. Then add the shredded onion, scallion, mushrooms and bay leaf, stir them until the fragrance released, add a little white wine.

(2) Add flour stir well and then pour in the chicken stock and stirring occasionally, simmer for 20 min, add milks, after boiling pick out the bay leaf, and ladle the soup into the blender, add some whipping cream, pulse the soup for just a few seconds.

(3) Ake it back to the pan and bring to the boil again, season with salt and pepper if necessary.

(4) Saute the mushroom slice and place in the soup plate, pour in the soup, garnish with a little whipping cream and crouton. Enjoy!

任务二 南瓜苹果奶油浓汤

西文名:veloute pumpkin and apple

主料:南瓜 80 克。

辅料:苹果 25 克。

调料:洋葱 5 克,大葱 5 克,培根 1 片约 5 克,黄油 5 克,面粉 5 克,牛奶 50 毫升,白色鸡基础汤 100 毫升,盐、胡椒粉、黄油煎面包丁、香叶适量。

制作流程:

(1) 将南瓜去皮,去籽,切成片;

(2) 沙司锅内下黄油,放入洋葱末、培根丝、大葱丝、香叶炒香,下入南瓜,炒至发亮,加面粉炒匀,倒入鸡基础汤煮沸,加盖焖煮 20 分钟;

(3) 至南瓜软烂后,加入牛奶烧沸,挑出香叶,离火冷却;

（4）将汤倒入搅拌机中，打成蓉；

（5）将汤倒回沙司锅中，用盐、胡椒粉调味，烧开后装入热盘中，撒上黄油煎面包丁，用奶油拉花和欧芹装饰即成。

特点：色泽浅黄，味甜香咸鲜，奶香味浓。

制作要领：

（1）用小火慢慢拌炒洋葱和大葱，等炒软出香后，加余下的原料以充分发挥蔬菜的香味；

（2）炒南瓜时，油量要多，待南瓜吸足油分，半透明时加汤，以使汤料更加香浓；

（3）牛奶用于调剂汤的浓稠度，用淡奶油增香，不宜久煮；

（4）在制作过程中，如南瓜量大且淀粉质重，也可以不加面粉。

达标菜品拓展知识：南瓜苹果奶油浓汤

营养成分：

营养物	能量(kcal)	蛋白质(g)	脂肪(g)	碳水化合物(g)	膳食纤维(g)	维生素 A(μg)
含量	150.65	4.09	7.23	17.31	1.45	135.9
营养物	维生素 C(mg)	钠(mg)	钙(mg)	铁(mg)	锌(mg)	胆固醇(mg)
含量	10	24.99	62.58	1.25	0.63	22.45

适宜人群：

该款菜富含维生素 A，南瓜含有丰富的胡萝卜素和维生素 C，具有很好的美容功效，南瓜分泌的胆汁可以促进肠胃蠕动，帮助食物消化，同时其中的果胶可以让人免受粗糙食物的刺激，保护胃肠道黏膜。苹果是一种低热量食物，其性味甘酸而平、微甜，适合大多数人群，其苹果皮中的果胶含量很高，所以吃苹果最好不要去皮，但苹果核有毒，请在食用时吐出，勿吞食，即使榨汁也最好去除。该款菜肴适合大众人群食用。

英文流程：

Directions：

（1）Peeled the pumpkin and remove the seeds and then sliced it.

（2）Place the saucepan on a medium to high heat，when the pan hot，melt the butter，then add the shredded onion，bacon and one bay leaf，stir the onion until the fragrance released. When the onion is slightly brown，add the pumpkin，continue stirring until the pumpkin turned soft，add the flour and stir well. Turn to high heat after add the chicken stock，and bring the soup to the boil，then reduce to the low heat and put the lid on simmer for about 20 mintues.

（3）When the soup has been cooking for roughly 20 minutes，add the milk and stir briefly，after boiled，take it off the heat，pick out the bay leaf，set aside and let it cool.

（4）Ladle the soup into the blender，add the cubed apple. Now，pulse the soup at a medium speed for about half a minute.

（5）Transfer the soup to the saucepan，season with salt and pepper，after boiling transfer it to a soup bowl，sprinkle some croutons，garnish with a little whipping cream and a few parsley，and serve.

◆ 技能达标

请针对实训任务一奶油蘑菇汤、实训任务二南瓜苹果奶油浓汤两个菜品进行技能达标，要求：

1. 时间：30分钟内完成单个菜品制作；
2. 质量标准：成品要达到菜品特点要求；
3. 用英文陈述菜品制作流程；
4. 对菜品营养成分进行分析，并写出分析报告。

2

模块二　蓉汤和冷汤

实训目标

素养目标:培养学生钻研专业知识和技能的科学态度;倡导学生在菜品制作时崇尚创新,鼓励探索、精益求精、与时俱进的进取意识。

知识目标:熟悉蓉汤和冷汤相关理论知识;掌握西餐常见的蓉汤和冷汤的制作流程和关键技术。

能力目标:能够制作胡萝卜蓉汤和西班牙大虾冷汤。

实训重点

胡萝卜蓉汤和西班牙大虾冷汤的制作;胡萝卜蓉汤浓稠度和亮度的把握。

任务一　胡萝卜蓉汤

西文名:pureed carrots

主料:鸡基础汤 100 克,牛奶 10 克,胡萝卜 80 克,油炒面粉 10 克。

调料:欧芹末、面包丁、盐、胡椒粉各适量。

制作流程:

(1) 胡萝卜洗净,去皮,用水煮烂,入搅拌机打成蓉;

(2) 把油炒面粉上火加热,逐渐加入鸡基础汤,牛奶及部分煮胡萝卜的汤,放入胡萝卜蓉,在火上烧开;

(3) 把汤盛入热汤盘中,撒上面包丁及欧芹末即成。

特点:色泽橘红间绿色,口味鲜香,咸鲜,口感滑爽细腻。

制作要领:

(1) 如果在此基础上,加入鲜橙汁和玉桂粉,即成胡萝卜甜橙汤;

(2) 可将胡萝卜换成番茄,即成番茄浓汤。

达标菜品拓展知识：胡萝卜蓉汤

营养成分：

营养物	能量(kcal)	蛋白质(g)	脂肪(g)	碳水化合物(g)	膳食纤维(g)	维生素 A(μg)
含 量	82.68	2.96	2.96	11.06	0.99	648
营养物	维生素 C(mg)	钠(mg)	钙(mg)	铁(mg)	锌(mg)	胆固醇(mg)
含 量	10.5	312.40	39.55	1.31	0.31	25.5

适宜人群：

胡萝卜富含维生素 A,有极为丰富的胡萝卜素。能提供抵抗心脏病、中风、高血压及动脉粥样硬化所需的各种营养成分。胡萝卜素在高温下也很少破坏,容易被人体吸收,然后转变成维生素 A,所以能治疗因缺乏维生素 A 而引起的夜盲症;对于缺乏维生素 A 的眼干燥症和小儿软骨症,也有辅助治疗作用。可使头发保持光泽,皮肤柔嫩。能促进大脑物质交换,增强记忆力。

英文流程：

Directions：

(1) Wash the carrot, peel it and boil it in the hot water. Pulse it in the blender until no bits remain.

(2) Heat the roux in the saucepan then add chicken stock, milk and the boiled carrot juice slowly then add the carrot puree, bring it to the boil.

(3) Ladle the soup into soup bowl, sprinkle some bread crumbs and minced sparsely on it. Enjoy!

任务二　西班牙大虾冷汤

西文名:gaspacho

主料:大虾 2 只,熟透的大番茄 100 克,黄瓜 20 克,彩椒 10 克,青椒 10 克,节瓜 10 克。

调料:洋葱 20 克,大蒜 5 克,罗勒 2 枝,香料束一束,柠檬汁、鸡蛋、面包粉、盐、巴斯克辣椒粉、咖喱粉、橄榄油、白酒醋各适量。

制作流程：

(1) 番茄去皮、去籽,黄瓜去皮,彩椒去籽,将番茄、黄瓜、彩椒、洋葱、大蒜放入食品搅拌机中搅碎,加盐、巴斯克辣椒粉和白酒醋调味,冷藏腌渍 1 小时,取出后,用榨汁机榨出果汁,用盐定味后加 10 毫升橄榄油拌匀,成冷汤冷藏备用;

(2) 将节瓜、彩椒、洋葱、番茄、大蒜、罗勒切成米粒状,用橄榄油炒香,放入锅中加番茄碎、香料束、大蒜碎、罗勒碎浓缩出味,定味冷却备用;

(3) 大虾去壳、去头、留尾,用盐、巴斯克辣椒粉、咖喱粉、柠檬汁腌渍,过三关,下入油中炸至金黄色;

(4) 汤盘中放入蔬菜粒,淋入冷汤,放上炸好的大虾,用油炸罗勒叶装饰即成。

特点:色彩鲜红,咸酸开胃,微辣,适口,清爽不腻。

制作要领：

（1）西班牙大虾冷汤是西班牙安达卢西亚的名菜，这道汤可以追溯到古罗马之前，现在已经风靡世界；

（2）此汤可以提前制作，冰镇保鲜备用，上菜时，配烤香的吐司面包效果最好；

（3）如汤的浓度不够，可加入适量的面包粉，与蔬菜一同搅碎，以增加浓度与风味。

◆ 技能达标

请针对实训任务一胡萝卜蓉汤进行技能达标，要求：

1. 时间：30 分钟内完成菜品制作；

2. 质量标准：成品要达到菜品特点要求；

3. 用英文陈述菜品制作流程；

4. 对菜品营养成分进行分析，并写出分析报告。

2

模块三　蔬菜汤

实训目标

素养目标:培养学生勤俭节约的习惯;积极践行绿色生活方式;大力弘扬艰苦奋斗精神。

知识目标:熟练掌握西餐常见蔬菜汤的制作流程和关键技术;引导学生结合实训体验和理论认知,深入理解菜品工艺原理。

能力目标:能够制作法式洋葱汤和意大利蔬菜汤。

实训重点

法式洋葱汤、意大利蔬菜汤的制作;汤品颜色和口味的把握。

任务一　法式洋葱汤

西文名:French onion soup

主料:洋葱 100 克。

辅料:牛基础汤 100 毫升,法棍面包 2 片,面粉 5 克。

调料:香叶 1 片,黄油 10 克,白葡萄酒 5 毫升,盐、黑胡椒粉、百里香适量,奶酪粉少许。

制作流程:

(1) 在菜墩上将圆葱切成细丝。将锅烧热加入黄油使其融化,待黄油刚刚变色时加入 1/3 的圆葱丝轻轻翻炒,使其水分慢慢蒸发,大约炒 5 分钟;

(2) 当锅中的圆葱开始变色时加入另外 2/3 的葱丝,重复这个过程直到所有的葱丝都被炒成棕褐色,整个过程大约需要 20 分钟;

(3) 当葱丝完全变成棕褐色,加入面粉炒香,再加入白葡萄酒倒入牛基础汤拌匀,用勺刮一下锅底,以防焦糖化的葱丝粘在锅底上,用盐、胡椒粉、百里香、香叶调味,轻轻搅动,小火煮 20 分钟;

(4) 烤箱预热至 200 ℃;

(5) 将法棍面包片放到烤盘上,用蒜片擦每一片面包,刷上黄油,用少量盐、胡椒粉、红椒粉调味,撒上奶酪粉,入烤箱烤至金黄色即成;

(6) 将汤液表面的浮沫撇净,停止加热;

(7) 将汤小心盛到汤碗中,配上烤法棍,用一枝百里香做装饰,一款漂亮完美的特别适合寒冷冬季享用的汤品就完成了。

特点:色泽棕褐,口味咸鲜,洋葱和芝士的香味浓郁,风味浓厚。

制作要领:

(1) 先用旺火将洋葱炒软,再用小火炒成金黄色,这样可以使洋葱的香甜味充分融合出来;

(2) 加入牛基础汤后,用小火煮约 30 分钟,使洋葱煮软,风味浓厚。

达标菜品知识拓展：法式洋葱汤

营养成分:

营养物	能量(kcal)	蛋白质(g)	脂肪(g)	碳水化合物(g)	膳食纤维(g)	维生素 A(μg)
含　量	242.08	3.68	11.60	30.76	0.71	1.5
营养物	维生素 C(mg)	钠(mg)	钙(mg)	铁(mg)	锌(mg)	胆固醇(mg)
含　量	4	73.75	30.9	1.2	0.44	14.8

适宜人群:

该款菜肴主料洋葱,性温,味辛甘,有祛痰、利尿、健胃润肠、解毒杀虫的功能。所含硫化物能促进脂肪代谢,具有降血脂、抗动脉硬化的作用,其含有的黄酮类物质具有抗癌、防癌的功效。洋葱辛温,热病患者应慎食。同时凡有皮肤瘙痒性疾病、患有眼疾以及胃病、肺胃发炎者少吃。

英文流程:

Directions:

(1) Thinly sliced the onion on the chopping board. placing pan on a high heat, add the butter and let it melt. Just before it starts to brown, add about one third of the onions and stir slightly. Let them sweat for about 5 minutes.

(2) When they start to brown, add another batch of onions. Repeat until all the onions are brown and well-caramelised, approximately after 20 minutes.

(3) Add the rest of the ingredients. When the onions are nicely caramelized, add flour, add the white wine, beef stock. Scrape the bottom of the pan to integrate the residues from the caramelised onions that are stuck to the pan. Now stir the mixture, season with salt, pepper, bay leaf and thyme, bring it to a simmer, and let it cook for about 20 minutes.

(4) Preheat the oven 200 degree. You can now set the oven to its grill setting.

(5) Prepare the croutons. Place slices of the bread on a tray, taking the garlic rub each slice individually. Turn the pieces and repeat for the other side. Next, brush butter on each piece, season slightly with salt, pepper, paprica and parmesan cheese, turn them, and season as before. Place in oven for a minute until golden brown. Turn them to the other side and grill for another minute.

(6) Remove the surface. Next, skim the foam that has gathered on the surface of the soup and remove the French onion soup from the heat.

(7) Assemble the soup. Carefully spoon the soup into a big soup bowls. Serve it with the baked croutons and garnish the piping hot French onion soup with a few sprigs of thyme and it is ready to enjoy! It is just the perfect thing for a cold winter day.

任务二 意大利蔬菜汤

意大利蔬菜汤

西文名：Minestrone

主料：黄油 5 克，培根半片，豆角 2 克，大葱 2 克，胡萝卜 5 克，青豆 2 克，白萝卜 2 克，西芹 5 克，卷心菜 5 克，土豆 5 克，番茄 5 克。

辅料：意大利面 3 克。

调料：番茄酱 5 克，奶酪粉、盐、胡椒粉、罗勒、大蒜适量，鸡基础汤 100 毫升。

制作流程：

（1）将各种汤料切成 1 厘米见方的小丁；

（2）豆角和青豆焯熟后，过凉；

（3）意大利面煮熟，切成小段；

（4）沙司锅中下入黄油、培根丁炒香，加入大葱、洋葱、胡萝卜、白萝卜、西芹、卷心菜炒软；

（5）下放番茄碎、番茄酱炒香色，倒入鸡基础汤，加入罗勒、大蒜，用盐、胡椒粉调味后加入土豆丁煮熟；

（6）成菜前，汤中加入青豆、豆角和意大利面搅匀；

（7）将汤盛入汤盘中，撒上奶酪粉即成。

特点：汤菜合一，味咸酸香浓，番茄味浓。

制作要领：豆角和青豆宜单独煮制，上菜前加入，以保持翠绿的色泽。

达标菜品知识拓展：意大利蔬菜汤

营养成分：

营养物	能量(kcal)	蛋白质(g)	脂肪(g)	碳水化合物(g)	膳食纤维(g)	维生素 A(μg)
含 量	81.83	2.47	5.52	5.56	0.68	43.09
营养物	维生素 C(mg)	钠(mg)	钙(mg)	铁(mg)	锌(mg)	胆固醇(mg)
含 量	6.91	17.97	16.36	0.63	0.32	14.95

适宜人群：

该菜品以蔬菜为主料，膳食纤维含量丰富，能量低，是一款具有保健作用的汤品。其中大头菜又名圆白菜，含丰富的叶酸和钾，另含有萝卜硫素，是抗癌性很强的成分。土豆中富含的膳食纤维可以增强饱腹感，帮助带走体内的油脂和垃圾。西芹独有的芹菜油，具有降血压、镇静、健胃、利尿的功效。

英文流程：

Directions：

（1）Cut the ingredients such as carrot, celery, turnip and so on into 1cm cubes.

（2）Blanch the kidney bean and green peas, then rinse them under the cold water.

（3）Boil the spaghetti in hot water with salt and oil until cooked and then chop them.

（4）Melt the butter in a saucepan, stir the bacon until the fragrance released. Then add the scallion, onion, carrot, turnip, celery and cabbage, cook until soft.

（5）Add the minced tomato and tomato paste, stir them until colored, then pour into the chicken stock, and add the basil and garlic, season the soup with salt and pepper, after that, add the sliced potato until cooked.

(6) Before the soup is done, add the green peas, kidney bean and spaghetti and mix well.

(7) Ladle the soup into a serving plate, serve with some cheese powder. Enjoy!

◆ 技能达标

请针对实训任务一法式洋葱汤、实训任务二意大利蔬菜汤两个菜品进行技能达标,要求:

1. 时间:30分钟内完成单个菜品制作;

2. 质量标准:成品要达到菜品特点要求;

3. 用英文陈述菜品制作流程;

4. 对菜品营养成分进行分析,并写出分析报告。

模块四　清汤和海鲜汤

实训目标

素养目标：引导学生形成保护海洋生态环境的意识和树立人与自然和谐共生的理念；具备较强的社会责任感。

知识目标：熟练掌握西餐常见的清汤和海鲜汤的制作流程和关键技术；引导学生结合实训体验和理论认知，深入理解菜品工艺原理。

能力目标：能够制作比斯克大虾浓汤和皇式清汤。

实训重点

比斯克大虾浓汤的颜色、浓度和口味的把握。

任务一　比斯克大虾浓汤

西文名：bisque

主料：大虾 30 克。

调料：植物油 5 克，洋葱 5 克，胡萝卜 2 克，大蒜 2 克，番茄酱 5 克，奶油 10 克，黄油 2 克，大米饭 15 克，海鲜基础汤 100 克，盐、胡椒粉、巴斯克辣椒粉、香料束、白兰地酒、白葡萄酒、香槟酒等少许。

制作流程：

（1）大虾洗净，蔬菜切丁；

（2）沙司锅中下植物油烧热，放入大虾，加盖用旺火煎香，至大虾呈大红色时，加胡萝卜、洋葱和番茄酱炒匀，离火将大虾捣碎，撒入巴斯克辣椒粉，倒入白兰地酒烧燃，烧出酒味，再加白葡萄酒煮干，倒入海鲜汤煮沸，加大蒜、香料束煮约 20 分钟；

（3）取出香料束，停止加热，将汤加入搅拌机中打成蓉汤，过滤后再煮 5 分钟。加入大米饭和奶油煮稠，加入盐、胡椒粉调味；

（4）上菜前，将虾肉用黄油炒香，加香槟酒浓味，装盘后倒入汤，用百里香装饰即成。

特点：汤色橘红，微咸，味鲜醇浓厚，营养丰富。

制作要领：

（1）炒大虾时，宜用旺火，时间宜短，动作宜快，以充分炒出虾的香味；

（2）煮汤的时间不宜过长,否则会煮出虾的涩味;

（3）比斯克大虾浓汤又称为蟹肉浓汤或虾肉浓汤,是指将螃蟹、大虾、龙虾等各种贝壳类海鲜炒香,加巴斯克辣椒粉等香料,加汤煮后,放入大米饭和奶油煮稠,制作而成的浓汤。

达标菜品拓展知识：比斯克大虾浓汤

营养成分：

营养物	能量(kcal)	蛋白质(g)	脂肪(g)	碳水化合物(g)	膳食纤维(g)	维生素 A(μg)
含 量	201.67	5.94	16.91	6.45	0.24	43.71
营养物	维生素 C(mg)	钠(mg)	钙(mg)	铁(mg)	锌(mg)	胆固醇(mg)
含 量	0.8	122.79	51.87	1.43	0.66	61.92

适宜人群：

该菜品蛋白质和钙的含量都比较高,在制作菜肴中主料为虾肉和蟹肉,这两种海鲜含有丰富的蛋白质和矿物质,而且蛋白质相对牛肉和猪肉来说比较细腻,容易被人体所消化吸收,海鲜中含有的琥珀酸钠是呈鲜物质,为菜肴增添了鲜味。但应注意的是若原料用蟹肉则脾胃虚寒者不宜食用,而且蟹肉是高致敏性食物,对于一些过敏体质的人群也不宜食用。而大虾浓汤则可放心享用。

英文流程：

Directions：

（1）Wash the prawn, and cubed the vegetables.

（2）Heat the pan with olive oil, add the prawn and put the lid on, fried the prawn until the fragrance released and brilliant red color, Add onion, carrot, tomato paste and stir well. Turn off the heat and mash the prawn, add the Basque chili powder, reheat the pan, when the pan becomes very hot, add the brandy, burned and fragrance released, add white wine, when the white wine boil away add garlic, herbs and pour in the seafood stock, keep it boiling for 20 min.

（3）Pick out the bay leaves and turn off the heat. Bring the soup into the blender and pulse for several times until no bits remain.

（4）Transfer the soup into the pot, simmer for 5 mins, add some whipping cream and rice to thick it, season again.

（5）Before serve, saute prawn with butter and season by champagne, put the prawn into soup plate and pour in the soup. Garnish with fresh thyme, serve.

任务二　皇家清汤

西文名：consomme de royal

主料：牛清汤800毫升,鸡蛋36克,牛奶18毫升。

调料：盐、胡椒粉少量。

制作流程：

（1）把鸡蛋与牛奶混合均匀蒸熟,切成菱形小片;

（2）把牛清汤热开，放入鸡蛋片，煮制片刻，用盐、胡椒粉调中即成。

特点：色泽浅褐色，清澈透明，口味鲜美，浓郁，微咸，汤料软嫩。

◆ 技能达标

请针对实训任务一比斯克大虾浓汤进行技能达标。要求：

1. 时间：30分钟内完成菜品制作；

2. 质量标准：成品要达到菜品特点要求；

3. 用英文陈述菜品制作流程；

4. 对菜品营养成分进行分析，并写出分析报告。

2

模块五 沙拉(马乃司)

实训目标

素养目标:培养学生的敬业精神和诚信经营的责任感。

知识目标:熟练掌握西餐常见沙拉品种(搭配马乃司)的制作流程和关键技术;引导学生结合实训体验和理论认知,深入理解菜品工艺原理。

能力目标:能够制作田园蔬菜沙拉。

实训重点

田园蔬菜沙拉的制作;成菜装盘造型美观。

任务一 田园蔬菜沙拉

西文名:garden vegetable salad

主料:青椒 15 克,樱桃番茄 15 克,胡萝卜 10 克,洋葱 15 克,黄瓜 120 克,生菜 45 克。

辅料:黑橄榄、苦苣少许。

调料:千岛沙司(或法国汁)20 克。

制作流程:

(1) 将各种蔬菜原料洗净,青椒、洋葱切成圈,黄瓜、番茄切成片,生菜撕成小块;

(2) 将生菜叶放在盘中,上面放黄瓜片、番茄片、青椒圈、洋葱圈,用黑橄榄圈、苦苣等作装饰,上菜时,配上千岛汁。

特点:口味鲜香,色彩斑斓。

制作要领:蔬菜要用冰水浸泡;洋葱可选用白皮洋葱。

达标菜品拓展知识:田园蔬菜沙拉

营养成分:

营养物	能量(kcal)	蛋白质(g)	脂肪(g)	碳水化合物(g)	膳食纤维(g)	维生素 A(μg)
含 量	98.72	2.10	6.48	8.02	1.45	384.1
营养物	维生素 C(mg)	钠(mg)	钙(mg)	铁(mg)	锌(mg)	胆固醇(mg)
含 量	32.8	28.99	55.58	1.48	0.46	0

适宜人群：

菜品含有丰富的膳食纤维、维生素 C 和矿物质元素，生菜具有镇痛催眠、降低胆固醇、利尿、促进血液循环、抗病毒等功效，苦苣中含有大量的维生素 C 以及各种类黄酮成分，可防治多种细菌或病毒引起的感染病以及提高人体免疫能力。

英文流程：

Directions：

(1) Wash the vegetable ingredients.

(2) Cut the green pepper and onion into rings.

(3) Sliced the cucumber and tomato.

(4) Tear the lettuce into small pieces.

(5) Place the lettuce on the serving dish, put the sliced cucumber, tomato, green pepper rings and onion rings on it.

(6) Garnish the salad with the black olive rings and serve it with thousand island dressing. Enjoy!

2

任务二　金枪鱼米饭沙拉

西文名：tuna fish and rice salad

主料：大番茄一个，玉兰生菜 4 片，听装金枪鱼 15 克，四季豆 10 克，土豆 10 克，红腰豆 10 克，圣女果 2 粒，听装玉米粒 10 克，熟米饭 100 克。

辅料：黑橄榄 1 粒，熟鸡蛋 1 个，法国汁 25 克。

制作流程：

(1) 大番茄洗净，去盖，挖去果肉；

(2) 四季豆、土豆，切成小丁，入沸水中煮熟，晾凉；

(3) 将听装金枪鱼、听装玉米粒、四季豆、土豆、圣女果粒、鸡蛋粒、红腰豆、黑橄榄粒拌匀，加入法国汁搅拌均匀，放入挖空的大番茄内，或者放在玉兰生菜中间。

特点：口味鲜香，成形美观，颗粒均匀。

制作要领：

(1) 番茄选用颜色鲜红的；

(2) 马乃司打制得稍稀些，这样和米饭等小颗粒原料搅拌时容易混合均匀。

◆ 技能达标

请针对实训任务一田园蔬菜沙拉进行技能达标。要求：

1. 时间：15 分钟内完成菜品制作；

2. 质量标准：成品要达到菜品特点要求；

3. 用英文陈述菜品制作流程；

4. 对菜品营养成分进行分析，并写出分析报告。

模块六　沙拉(其他酱汁)

素养目标:培养学生的创新意识;养成正确的职业发展观。

知识目标:熟练掌握西餐常见沙拉品种(搭配其他酱汁)的制作流程和关键技术;引导学生结合实训体验和理论认知,深入理解菜品工艺原理。

能力目标:能够制作尼斯沙拉。

尼斯沙拉的制作;菜品出品的温度、口感和造型的把握。

任务一　尼斯沙拉

西文名:salad nicoise

主料:土豆 30 克,四季豆 10 克,圣女果 30 克,罗马生菜 30 克、彩椒 30 克。

辅料:听装金枪鱼 20 克,熟鸡蛋半个。

调料:黑橄榄 1 个,银鱼柳 2 条,蒜末、葱末、黄芥末、红酒醋、橄榄油、盐、胡椒粉、欧芹各少许。

制作流程:

(1) 土豆带皮放在盐水中煮熟,用水投凉沥干去皮,切成条,如果土豆不马上使用应放入冰箱保存。四季豆煮熟投凉切成段;

(2) 将圣女果、黑橄榄、熟鸡蛋切成片,彩椒切成条;

(3) 将蒜末、葱末、欧芹末用黄芥末、红酒醋、橄榄油、盐、胡椒粉拌匀制成法式油醋汁;

(4) 将罗马生菜叶放入盘中垫底,依次放上主料,淋上法式醋油汁;

(5) 摆上鸡蛋角、黑橄榄片、欧芹,顶上放上银鱼柳和听装金枪鱼块即成。

特点:色彩丰富,成菜美观,味咸酸适口。

制作要领:

(1) 此菜是法国南部尼斯的特色菜肴;

(2) 此菜最好选用罗马生菜制作。

达标菜品知识拓展：尼斯沙拉

营养成分：

营养物	能量（kcal）	蛋白质（g）	脂肪（g）	碳水化合物（g）	膳食纤维（g）	维生素 A（μg）
含　　量	181.46	14.41	7.48	14.13	1.26	325.05
营养物	维生素 C（mg）	钠（mg）	钙（mg）	铁（mg）	锌（mg）	胆固醇（mg）
含　　量	33.8	124.11	52.05	2.54	1.15	185.5

适宜人群：

尼斯沙拉的主料是土豆和四季豆。土豆即马铃薯，低热量，其维生素 C 含量是同克重苹果的 6 倍，具有抗衰老的功效；马铃薯中含有丰富的膳食纤维，可以增强饱腹感，还能帮助带走人体内的油脂，具有一定的通便排毒作用；四季豆中含有红细胞凝集素、皂素等物质，生吃或加热不彻底容易中毒，在烹调过程中加热的时间一定要足够长，防止食物中毒。

英文流程：

Directions：

（1）Boiled the potatoes with peel and kidney bean in salted water and simmer until cooked. Rinse them under cold water, drain and set aside. Once cooled, peeled potatoes, and cut into strips. (If don't use the potatoes right away, please freeze the potatoes in the fridge.)Trim the kidney bean(celery).

（2）Slice the cherry tomatoes, black olive and eggs. Dice the color peppers.

（3）Make the French vinaigrette.

Mix the minced garlic, onion and parsley with classic yellow mustard, red wine vinegar and olive oil, and season with salt and pepper to make a French vinaigrette.

（4）Place the shredded color pepper and kidney bean(celery) on the top of the Romaine lettuce, and drizzle the vinaigrette on the top of the salad.

（5）Arrange the salad on a serving plate, garnish the salad with sliced eggs, cherry tomatoes and black olives, and finish by placing the canned tuna and canned anchovy on top.

任务二　海鲜意面沙拉

西文名：seafood and spaghetti salad

原料：贝壳形意面 30 克，文蛤 8 只，青口 8 只，鳕鱼 20 克，彩椒丝少许，苦生菜 4 片。

辅料：意大利油醋汁 20 克，白兰地酒、白醋、洋葱适量。

制作流程：

（1）将意面放入加有盐的沸水中煮 8～10 分钟，过凉；

（2）将海鲜放入加白兰地、白醋、洋葱的水中，煮熟，文蛤、青口去壳取肉；

（3）将海鲜丁、意面加入意式醋油汁拌匀，放在苦生菜上，顶上撒上彩椒丝即成。

特点：色彩丰富，咸酸适口，主料清鲜，装盘美观。

制作要领：

（1）海鲜选料要新鲜，突出时令性，变化多样；

（2）鳕鱼肉不要煮得过老，刚熟后，放入冰水中浸泡，以保持肉质的弹性和嫩度。

◆ 技能达标

请针对实训任务—尼斯沙拉进行技能达标。要求：

1. 时间：20 分钟内完成菜品制作；

2. 质量标准：成品要达到菜品特点要求；

3. 用英文陈述菜品制作流程；

4. 对菜品营养成分进行分析，并写出分析报告。

2

模块七 开胃菜(一)

素养目标:培养学生严谨的工作态度,养成注重环保、爱护工作环境的好习惯。

知识目标:熟练掌握西餐常见开胃菜的制作流程和关键技术;引导学生结合实训体验和理论认知,深入理解菜品工艺原理。

能力目标:能够制作海鲜开拿批和虾仁鸡尾杯。

掌握不同类型开胃菜的制作技巧和菜品口味特点。

任务一 海鲜开那批

西文名:seafood canape

主料:鲜贝1只,大虾1只,烟熏鳜鱼1片,腌三文鱼1片,听装金枪鱼15克。

辅料:吐司面包5片,混合生菜各适量。

调料:蛋黄酱适量。

制作流程:

(1) 将鲜贝煎熟切成小丁,加蛋黄酱拌匀,金枪鱼也加蛋黄酱拌匀,大虾焯熟,开成凤尾虾;

(2) 吐司面包片用圆模具压成圆形,入烤箱烤至酥脆;

(3) 将主体菜分别放在面包托上,用混合生菜作装饰。

特点:色彩丰富,咸酸适口,主料清鲜,装盘美观。

制作要领:

(1) 海鲜温煮时,以刚熟为度,保持海鲜的鲜嫩;

(2) 面包片不要烤得过黄,以酥脆为佳。

任务二 虾仁鸡尾杯

西文名:prawn cocktail

主料:大虾12只。

辅料:生菜1片。

调料:柠檬1个,鸡尾沙司20克,白兰地酒适量。

制作流程:

(1)将大虾去虾线,放入加有白兰地的沸水中焯熟,过凉,沥干水分,加入鸡尾沙司拌匀;

(2)绿色生菜撕成小块放在鸡尾酒杯中,再摆上拌好的虾仁,挂上柠檬角即成。

特点:成菜美观,味咸香微辣,清爽适口。

制作要领:

(1)大虾煮熟后,放入冰水中浸泡;

(2)鸡尾沙司制作时,不要太稀,颜色不要太深。

模块八 开胃菜(二)

实训目标

素养目标:加强学生的职业道德教育,不可弄虚作假;培养学生的职业道德意识,做良心从业者、良心经营者。

知识目标:熟练掌握西餐常见开胃菜的制作流程和关键技术;引导学生结合实训体验和理论认知,深入理解菜品工艺原理。

能力目标:能够制作大虾胶冻和咖喱油花菜。

实训重点

掌握不同类型开胃菜的制作技巧和菜品口味特点。

任务一 大虾胶冻

西文名:shrimp aspic
主料:虾仁 200 克。
辅料:胶冻汁 100 毫升,黑橄榄 1 个,西兰花 10 克。
调料:小洋葱 10 克,盐、柠檬汁、白兰地酒、胡椒粉各适量。
制作流程:
(1)虾仁、小洋葱及西兰花焯水过凉,用盐、胡椒粉调味;
(2)鱼胶汁中加白兰地酒、柠檬汁搅拌匀;
(3)在胶冻碗中加一层胶冻汁;
(4)将拌好的虾仁等加入进模具中,再倒入鱼胶汁,放入冰箱冷却即可。
特点:分层清晰,色彩艳丽,口味清新。
制作要领:
(1)制作胶冻汁时,结力片要用冷水浸泡软;
(2)要用煮大虾的原汁煮结力片。

任务二 咖喱油花菜

西文名:curry oil cauliflower

主料:花菜 50 克。

调料:咖喱粉 5 克,洋葱 10 克,生姜 5 克,大蒜 5 克,香叶 1 片,干辣椒 1 个,橄榄油、盐、胡椒粉各适量。

制作流程:

(1) 花菜改成小朵,放入加有盐的沸水中煮熟,过凉,加入盐、胡椒粉拌匀;

(2) 炒锅内下入橄榄油、洋葱末、大蒜末、生姜末、辣椒节、咖喱粉炒香,加水,微火煮至浓稠,下入盐、胡椒粉调味,过滤即成咖喱油,浇在花菜内拌匀,定碗,扣入盘中。

特点:色泽黄亮,香辛微辣,咖喱味浓,诱人食欲。

制作要领:

(1) 花菜以刚断生为最佳;

(2) 定碗时,要压紧,以免扣盘时散开。

模块九　炸　法

素养目标:培养学生爱岗敬业、和睦互助、团结协作、勇于竞争、不断创新等品质;让学生学会"自主学习、团结协作、合作创新"的方法;学会探究解决问题。

知识目标:熟练掌握西餐代表性炸类肴菜的制作流程和关键技术;引导学生结合实训体验和理论认知,深入理解菜品工艺原理。

能力目标:能够制作炸火腿奶酪猪排和炸鸡腿配辣椒番茄汁。

掌握炸品的火候。

任务一　炸火腿奶酪猪排

西文名:deep fried pork chop with ham and cheese

主料:猪排 100 克,火腿丝 10 克,奶酪片 10 克,面包粉 25 克,鸡蛋 2 个,面粉 15 克。

配料:黄油炒意面 50 克,西兰花 10 克,胡萝卜球 10 克。

调料:盐、黑胡椒粉、干红各适量。

沙司料:番茄沙司 30 克。

制作流程:

(1) 猪排去尽筋膜,一片为二,拍松拍薄,加调料码味;

(2) 铺上火腿丝,盖上奶酪片,再加上一片猪肉排,过三关,放入 140 ℃ 油中炸至金黄色,捞出摆入盘中;

(3) 在盘边配上炒意面、西兰花、胡萝卜球,浇上番茄沙司。

特点:色泽金黄,均匀一致,椭圆形,咸鲜浓香,外脆里嫩。

制作要领:

(1) 此菜是意大利菜;

(2) 过三关后要用力按实,剁成椭圆形;

(3) 掌握好油温。

任务二　炸鸡腿配辣椒番茄汁

西文名：deep chicken leg with chili tomato sauce

主料：仔鸡腿 2 只一份，面包粉 25 克，鸡蛋 2 个，面粉 15 克。

调料：盐、胡椒粉、干白、蒜香粉、辣椒粉、卡真粉各适量。

配菜：炸土豆条 30 克，西兰花 1 朵，圣女果 1 个。

制作流程：

(1) 鸡腿加入调料码味 30 分钟以上，放入笼中用大火蒸熟；

(2) 过三关，放入 150℃ 油中炸至金黄色，捞出，摆入盘中；

(3) 在盘边配上炸土豆条、西兰花、圣女果，浇上辣椒番茄汁。

特点：色泽金黄，均匀。鸡腿香，面包糠香，咸鲜微辣，肉嫩不柴。

制作要领：

(1) 此菜是美国菜；

(2) 鸡腿腌渍时间要长。鸡腿完整不碎，无污血溢出。

炸火腿奶
酪猪排

2

模块十　煎　法

素养目标:养成乐于实践、勇于探究的良好习惯;引导学生树立正确的世界观、人生观、价值观。

知识目标:熟练掌握有代表性煎类菜肴的制作流程和关键技术,引导学生结合实训体验和理论认知,深入理解菜品工艺原理。

能力目标:能够制作黑椒牛排和煎鱼配黄油柠檬汁。

■ 实训重点

牛排成熟度的掌握;黑椒汁的口味、颜色、浓度、亮度的把握。

任务一　黑椒牛排

黑椒牛排

西文名:pan fried beef steak with black pepper sauce

主料:牛里脊肉 200 克。

调料:盐、黑胡椒碎、干红适量。

配料:炸土豆条 20 克,西兰花 10 克,玉米棒 20 克。

沙司料:黑椒汁 30 克。

制作流程:

(1) 把牛里脊肉筋剔去,拍成扁平状,加调料码;

(2) 煎盘上炉子加植物油烧至 180 ℃,将牛排煎上色,达到要求的成熟度;

(3) 盘边放上配菜,再放上牛排,浇上黑椒汁。

特点:棕褐色,有光泽;扁平状,不裂边;咸鲜味,胡椒香;鲜嫩多汁。

制作要领:

(1) 此菜是法国菜;

(2) 掌握好煎时的火候和成熟度;

(3) 沙司要有浓郁的黑椒味。

达标菜品知识拓展：黑椒牛排

营养成分：

营养物	能量(kcal)	蛋白质(g)	脂肪(g)	碳水化合物(g)	膳食纤维(g)	维生素 A(μg)
含　量	409.17	46.41	16.77	18.15	1.12	17.03
营养物	维生素 C(mg)	钠(mg)	钙(mg)	铁(mg)	锌(mg)	胆固醇(mg)
含　量	8.3	153.715	36.4	9.45	14.40	126

适宜人群：

该菜品具有很高的蛋白质、矿物质和维生素含量。牛肉具有高蛋白、低脂肪的特点，其相对于鸡肉、猪肉来说肉毒碱含量比较高，能够支持脂肪的新陈代谢，是减肥、健美人士的首选肉类食品；西兰花、玉米等蔬菜富含膳食纤维、维生素 A 和叶黄素，具有很好的抗氧化功效。

英文流程：

Directions：

（1）Remove the muscle of the beef and pat it into flat. Marinate it with salt，crushed black pepper and red wine.

（2）Heat the vegetable oil in the frying-pan to 180 degrees，fry the steak until it changes color to desired doneness.

（3）Arrange the dish with the steak and accompaniments. Spoon over the black pepper sauce. Enjoy!

任务二　煎鱼配黄油柠檬汁

西文名：pan fried fish with butter and lemon sauce

主料：净鱼肉 150 克。

调料：盐 2 克，白胡椒粉少量，干白 15 毫升，柠檬汁 10 毫升。

配料：煮土豆球 50 克，柠檬片 10 克，芦笋 3 根。

沙司料：黄油柠檬汁。

制作流程：

（1）将鱼肉修成鱼排，加入调料腌渍入味；

（2）用少量的油，小火时快时慢将鱼煎熟；

（3）把沙司浇在盘内，上面放上鱼，盘边配上土豆球、芦笋尖、柠檬片即成。

特点：鱼片乳黄，整齐不碎，鲜香、酒香，咸酸适口。

制作要领：

（1）此菜是欧陆菜；

（2）特作黄油柠檬沙司是稀沙司，色泽橙黄，有酒香；

（3）煎鱼注意火候，并且一定要煎熟。

◆ 技能达标

请针对实训任务一黑椒牛排进行技能达标。要求：

1. 时间：30分钟内完成菜品制作（包括黑椒沙司制作）；

2. 质量标准：成品要达到菜品特点要求；

3. 用英文陈述菜品制作流程；

4. 对菜品营养成分进行分析，并写出分析报告。

模块十一　炒　法

素养目标:培养学生具备举一反三的能力;在菜肴烹调时强化对工匠精神"精益"的理解认同,培养乐于探究的思维品质。

知识目标:熟练掌握有代表性炒、焖类菜肴的制作流程和关键技术;引导学生结合实训体验和理论认知,深入理解菜品工艺原理。

能力目标:能够制作俄式炒牛肉丝和番茄海鲜意面。

牛肉丝的刀功成型;牛肉丝的鲜嫩度把握;菜品酱汁和口味的调制。

任务一　俄式炒牛肉丝

西文名:beef stroganoff

主料:牛里脊肉 125 克。

辅料:洋葱 15 克,青椒 15 克,番茄 10 克,蘑菇片 10 克,酸黄瓜 15 克,布朗沙司 50 毫升。

调料:干红葡萄酒 50 毫升,酸奶油 10 毫升,番茄酱 15 克,盐、红椒粉、胡椒粉各少量。

配料:黄油炒米饭 50 克,时令蔬菜 25 克。

制作流程:

(1) 把牛里脊肉、洋葱、青椒、番茄、酸黄瓜都切成粗丝;

(2) 用大火迅速把牛里脊丝炒熟,放入洋葱、青椒、蘑菇片、番茄、酸黄瓜、番茄酱,稍炒,放入干红葡萄酒、酸奶油、布朗沙司、盐、胡椒粉、红椒粉热透;

(3) 把肉丝倒在盆中,盆边配上黄油炒米饭及时令蔬菜即成。

特点:汤汁深红色,间有各种蔬菜的鲜艳色泽,浓香,微咸酸,鲜嫩适口。

制作要领:

(1) 此菜是俄罗斯菜;

(2) 此菜必须有蘑菇和酸奶油;

(3) 菜肴的汤汁与主辅料混合均匀,盆内有少量余汁。

任务二　番茄海鲜意面

西文名：spaghetti with tomato and seafood sauce

主料：意大利面100克,大虾2只,鲜贝2个,鲜墨鱼半个,花蛤4个。

调料：洋葱、大蒜、黄油、盐、胡椒粉、鲜辣椒、番茄汁、罗勒叶、罗勒茎、干白、橄榄油、奶酪粉各适量。

制作流程：

(1) 沙司锅中下入橄榄油、洋葱末、大蒜末、芹菜末、罗勒叶,一起拌炒出香味,加入番茄粒炒出红色,烹入干白烧出酒味,下入番茄汁,调入盐、胡椒粉煮约10分钟,即成番茄酱汁;

(2) 鲜墨鱼肉切成荔枝块,大虾去虾线,将海鲜料放入加有干白的沸水中,煮至断生;

(3) 番茄酱汁中加入鲜辣椒节和罗勒茎煮出味,倒入煮好的意面和海鲜料拌炒装入盘中,撒上奶酪粉即成。

特点：色泽红亮,海鲜酱汁香鲜醇厚,风味独特。

制作要领：

(1) 煮意大利面时间不要太长,不要超过12分钟;

(2) 用煮海鲜的澄清原汁制作海鲜番茄沙司。

海鲜意大利面

模块十二 煮 法

实训目标

素养目标:培养学生热爱劳动、珍惜劳动成果的意识;引导学生树立中华饮食文化的自豪感、认同感。

知识目标:熟练掌握有代表性煮类菜肴的制作流程和关键技术;引导学生结合实训体验和理论认知,深入理解菜品工艺原理。

能力目标:能够制作红酒煮牛扒和柏林式酸菜煮猪肉。

实训重点

牛排成熟度的掌握;红酒汁的制作。

任务一 红酒煮牛扒

西文名:poached steak with red wine

主料:牛里脊 150 克。

辅料:烧汁 10 毫升,布朗基础汤 15 毫升,色拉油 5 毫升,橄榄油 10 毫升。

调料:干红葡萄酒 25 毫升,香叶 1 片,洋葱末 20 克,香脂醋、橄榄油、百里香、盐、胡椒粉、黑胡椒碎适量。

配菜:时令蔬菜各 50 克。

制作流程:

(1)将角瓜和茄子切成圆片,将彩椒切成圆环或者小块,用色拉油、盐、胡椒粉、黑胡椒碎和百里香给蔬菜码味;

(2)在热扒板上用橄榄油将蔬菜扒熟,蔬菜扒好后,加入香脂醋和橄榄油;

(3)将牛排修整成想要的形状,用红酒、黑胡椒碎和盐腌渍牛排 15 分钟左右;

(4)热锅,倒入色拉油,将洋葱炒香,加入红酒,煮一会儿至汤汁变得浓一些后加入烧汁,用盐、胡椒粉和黑胡椒碎调味;

(5)扒牛排至刚刚变色,将扒过的牛排放到红酒汁中,关火,用余温加热牛排直至 6、7 分熟;

(6)将牛排和扒蔬菜摆盘,上菜。

特点:暗红色,有光泽,椭圆形,完整不碎,咸鲜味,酒香浓,鲜嫩多汁。

制作要领:

(1) 此菜是法国菜;

(2) 最好用煮牛排的原汁调制沙司。

达标菜品拓展知识：红酒煮牛扒

营养成分:

营养物	能量(kcal)	蛋白质(g)	脂肪(g)	碳水化合物(g)	膳食纤维(g)	维生素 A(μg)
含　量	276.34	33.55	13.40	5.4	0.18	6.6
营养物	维生素 C(mg)	钠(mg)	钙(mg)	铁(mg)	锌(mg)	胆固醇(mg)
含　量	1.6	114.72	17	7.13	10.48	94.5

适宜人群:

该菜品提供了丰富的能量、蛋白质和维生素。牛肉具有高蛋白、低脂肪的特点,其相对于鸡肉、猪肉来说肉毒碱含量比较高,能够支持脂肪的新陈代谢,产生支链氨基酸,是减肥、健美人士的首选肉类,其味甘、性平,归脾、胃经,能够补脾胃、益气血、强筋骨、消水肿。但应注意的是,该菜品脂肪含量比较多,三高人群应该少吃。

英文流程:

Directions:

(1) Sliced the marrow and eggplant into round pieces,then cut the color pepper into rings or small pieces,marinate the vegetables with salad oil,salt,pepper,crushed black pepper and thyme.

(2) Grill the vegetables on the hot grill pan with some olive oil. When it is done,add some balsamic vinegar and olive oil in the grilled vegetables.

(3) Trim the steak into any desired shape. Marinate the steak with red wine,crushed black pepper and salt for 15 minutes.

(4) Heat the frying-pan with some salad oil,stir the onion until the fragrance released. Add some red wine and boil for a while until the red wine sauce becomes thicker and then add demi glace and brown stock. Season with salt,pepper and a little crushed black pepper.

(5) Grill the steak until it just changes color. Put the grilled steak in the red wine sauce,then turn off the heat and leave the steak for a while until medium well.

(6) Arrange the dish with grilled vegetables and steak,serve.

任务二　柏林式酸菜煮猪肉

西文名:boiled pork with sour cabbage Berlin style

主料:带皮猪腿肉 200 克。

辅料:酸卷心菜 100 克,洋葱 20 克。

调料:盐、胡椒粒适量,玉桂香叶 1 片。

配菜:煮土豆 50 克。

制作流程:

(1) 把猪肉洗净,放入锅内;

(2) 把酸卷心菜放在猪肉周围,然后洋葱切丝,和玉桂香叶、盐、胡椒粒一起放入,最后加入水,上炉子加热煮沸,用小火把猪肉煮熟;

(3) 把煮土豆和酸卷心菜围在盘边,猪肉切片,放在中央,浇上少量原汁即成。

特点:原料本色,片状均匀,鲜香,酸咸适口。

制作要领:

(1) 此菜是德国菜;

(2) 猪肉软而不干,酸菜软而不烂;

(3) 此菜还可以加入淡色啤酒。

知识链接: 酸卷心菜做法

原料:净卷心菜 500 克,苹果 30 克,胡萝卜 30 克,盐 10 克,香叶 2 片,胡椒粒 8 克,茴香子 6 克,干辣椒 10 克。

制作流程:

(1) 把卷心菜、胡萝卜、苹果切成粗丝;

(2) 把香叶、胡椒粒、茴香子、干辣椒、盐撒在卷心菜上拌匀;

(3) 在盛器内依次放入卷心菜、胡萝卜、苹果,用重物压实,加盖,放在温度 36 ℃～40 ℃处,使其发酵,当汤液发酵出现泡沫时移至 1 ℃～5 ℃处冷藏保存,即可食用。

◆ 技能达标

请针对实训任务一红酒煮牛扒进行技能达标训练。要求:

1. 时间:30 分钟内完成菜品制作;

2. 质量标准:成品要达到菜品特点要求;

3. 用英文陈述菜品制作流程;

4. 对菜品营养成分进行分析,并写出分析报告。

红酒煮牛扒

模块十三　烩　法

实训目标

素养目标:引导学生反复钻研菜品,培养刻苦钻研的精神。

知识目标:熟练掌握有代表性烩类菜肴的制作流程和关键技术;引导学生结合实训体验和理论认知,深入理解菜品工艺原理。

能力目标:能够制作咖喱鸡和匈牙利红烩牛肉。

实训重点

咖喱酱汁口味、浓稠度的把握和鸡肉软嫩口感的控制。

任务一　咖喱鸡

西文名:curry chicken

主料:净鸡 150 克。

辅料:咖喱沙司 100 毫升,土豆 50 克油炒面粉适量。

调料:植物油 10 毫升,盐、咖喱粉、胡椒粉适量。

配菜:黄油米饭 80 克。

咖喱小料:炸小洋葱圈、炸葡萄干、炸杏仁、炸花生仁、黄瓜丁、番茄丁等共 20 克。

制作流程:

(1) 把鸡切成块,撒上盐、胡椒粉、咖喱粉拌匀,土豆切成块;

(2) 煎盘上炉子加植物油烧热放入鸡块煎上色,放入咖喱沙司和土豆块用小火烩至土豆和鸡块成熟,如沙司稠度不够可用油炒面粉调好稠度,最好调好口味;

(3) 盘边配上米饭,盛上咖喱鸡和土豆块,咖喱小料单独配上。

特点:黄绿色;块状均匀;咸鲜,辛辣,浓香;鸡肉软嫩,沙司细腻。

制作要领:

(1) 此菜是欧陆菜;

(2) 椰汁和热带水果不要太甜;

(3) 制作咖喱小料时,要注意火候。

咖喱鸡

达标菜品拓展知识：咖喱鸡

营养成分：

营养物	能量(kcal)	蛋白质(g)	脂肪(g)	碳水化合物(g)	膳食纤维(g)	维生素 A(μg)
含　量	489.1	32.77	22.78	38.25	0.65	26.5
营养物	维生素 C(mg)	钠(mg)	钙(mg)	铁(mg)	锌(mg)	胆固醇(mg)
含　量	13.5	57.98	19.05	2.81	1.90	137.8

适宜人群：

咖喱的主要成分是姜黄粉、川花椒、八角、胡椒、桂皮、丁香和芫荽籽等含有辣味的香料，能促进唾液和胃液的分泌，增加胃肠蠕动，增进食欲。咖喱能促进血液循环，达到发汗的目的。美国癌症研究协会指出，咖喱所含的姜黄素具有激活肝细胞并抑制癌细胞的功效。咖喱还具有协助伤口复合，预防老年痴呆症的作用。胃炎、溃疡病患者少食，患病服药期间不宜食用。

英文流程：

Directions：

（1）Cube the chicken，marinate with salt pepper and curry powder，cube the potatoes.

（2）Heat the vegetable oil in the frying-pan，pan fry the chicken until it changes color then add the curry sauce and cubed potatoes，simmer it over low heat until they are cooked. Then add some roux if the soup is not thick enough and season it.

（3）Arrange the dish with curry chicken，potatoes and rice. Put the curry cobbing on the side separately. Enjoy！

任务二　匈牙利红烩牛肉

红酒烩牛肉

西文名：Hungarian goulash

主料：牛腿肉 200 克。

辅料：洋葱 50 克，青椒 70 克，番茄 50 克，土豆 50 克，油炒面粉适量。

调料：盐、胡椒粉、糖、牛膝草、红椒粉、小茴香适量，植物油 50 毫升，酸奶油 20 毫升，番茄酱 50 克，牛基础汤适量。

配料：匈牙利面片(黄油炒米饭或意大利通心粉)50 克。

制作流程：

（1）把牛肉切成块，撒上盐和胡椒粉拌匀，煎盘上炉子加油烧热，放入牛肉煎黄，倒入锅内，加适量牛基础汤，上炉子烩制；

（2）洋葱切块放入煎盘中加植物油炒香，加入番茄酱炒至油呈红色，倒入牛肉锅里，然后放入牛膝草、红椒粉和小茴香，用小火烩至七成熟；

（3）把土豆和青椒切成块，放入牛肉锅内，调入酸奶油，再用油炒面粉调好稠度，把牛肉、土豆烩熟，最后加入盐、胡椒粉、糖，调好口味即成。

特点：深红色；块状均匀；浓香、咸鲜味；酥软不干。

制作要领：

（1）此菜是匈牙利菜；

（2）此菜必须加匈牙利红椒粉和酸奶油；

（3）土豆不宜放得过早。

◆ 技能达标

请针对实训任务一咖喱鸡进行技能达标。要求：

1. 时间：40 分钟内完成菜品制作（包括咖喱沙司的制作）；

2. 质量标准：成品要达到菜品特点要求；

3. 用英文陈述菜品制作流程；

4. 对菜品营养成分进行分析，并写出分析报告。

2

模块十四　焗　法

实训目标

　　素养目标:引导学生要细心操作不断练习,从而达到量变引起质变的效果,树立自尊心和自信心。

　　知识目标:熟练掌握有代表性焗类菜肴的制作流程和关键技术;引导学生将实训体验结合理论认知,进一步深入理解菜品工艺原理。

　　能力目标:能够制作焗鲜贝荷兰沙司和鸡胸肉焗饭。

实训重点

　　焗鲜贝荷兰沙司的制作;鲜贝鲜嫩口感的把握。

任务一　焗鲜贝荷兰沙司

西文名:baked scallop with Holland sauce

主料:扇贝 80 克。

辅料:荷兰沙司 25 克。

调料:红葱头 10 克,鱼基础汤 100 克,黄油 10 克,蘑菇 10 克,欧芹 5 克,蛋黄 5 克,白葡萄酒 20 毫升,奶油 5 毫升,柠檬汁 10 毫升,盐 1 克,胡椒粉少量。

制作流程:

(1) 扇贝去壳取肉,入冰水中洗净。红葱头和欧芹切碎;

(2) 将红葱碎用黄油炒香,加白葡萄酒煮干,倒入鱼基础汤和煮蘑菇汁,放入扇贝和香料束,调味后煮沸,离火保温备用;

(3) 把扇贝壳刷洗干净,放入沸水中煮 20 分钟备用;

(4) 将红葱碎用黄油炒香,加白葡萄酒煮干,放入蘑菇碎煮出水,加欧芹碎搅匀,成浓缩蘑菇备用;

(5) 将红葱碎用黄油炒香,加白葡萄酒煮干,倒入煮扇贝汁和鱼基础汤煮沸,加奶油煮稠,离火加黄油搅化,过滤后调味成白酒沙司;

(6) 将荷兰沙司和白酒沙司拌匀,加入打发的奶油和浓缩蘑菇成焗扇贝汁;

(7) 扇贝壳中放入浓缩蘑菇和扇贝,淋满焗扇贝汁,送入烤炉中烤香上色,装盘即成。

特点:沙司金黄、咸鲜香浓、带有浓厚的奶油和蘑菇香味。扇贝质嫩味香、适口宜人。

制作要领:

(1)煮扇贝要汤沸离火,浸泡备用,以保持鲜嫩的质感;

(2)白酒沙司汁浓粘勺,以保证焗制上色效果。

达标菜品知识拓展焗鲜贝荷兰沙司

营养成分:

营养物	能量(kcal)	蛋白质(g)	脂肪(g)	碳水化合物(g)	膳食纤维(g)	维生素 A（μg）
含　量	261.97	11.18	10.93	29.72	1.14	251.46
营养物	维生素 C(mg)	钠(mg)	钙(mg)	铁(mg)	锌(mg)	胆固醇(mg)
含　量	20.21	329.65	168.47	7.74	9.95	107.6

适宜人群:

该款菜肴富含矿物质和维生素,扇贝含有丰富的蛋白质、矿物质和多不饱和脂肪酸,其肉质含一种具有降低血清胆固醇作用的物质,兼有抑制胆固醇在肝脏合成和加速排泄胆固醇的独特作用,一般人群均可食用。高胆固醇、高血脂体质者,以及患有甲状腺肿大、支气管炎、胃病等疾病的人亦可。常吃扇贝有助于预防心脏病、中风及老年痴呆症。贝类性多寒凉,故脾胃虚寒者不宜多吃,也不可与水果类同吃。

英文流程:

Directions:

(1) Remove the shell of the scallop, wash them in the iced water. Mince the shallot and parsley.

(2) Stir the minced shallot with butter until the fragrance released. Add the white wine and boil until the water evaporated, pour into the fish stock and mushroom sauce, add the scallops and bouquet garni, bring the soup to the boil after seasoning. Turn off the heat, and set aside with keeping warm.

(3) Brush the scallops shell, boil them in the boiling water for 20 minutes and set aside.

(4) Stir the minced shallot with butter until the fragrance released. Add the white wine and boil until the water evaporated, put in the chopped mushroom, stir until the water evaporated, add the minced parsley and stir well, this is the concentrated mushroom, remove and set aside.

(5) Make the white wine sauce. Stir the minced shallot with butter until the fragrance released. Add the white wine and boil until the water evaporated, pour into the fish stock and boiled scallops sauce, bring it to the boil, add the cream to thicken it, season after straining to make the white wine sauce.

(6) Mix the Hollandaise sauce and white wine sauce well, add the whipped cream and concentrated mushroom to make baked scallops sauce.

(7) Put the concentrated mushroom and scallops onto the scallop shells, drizzle the baked scallop sauce, baked in the oven until it is colored, arrange the dish and enjoy!

实训任务二　鸡胸肉焗饭

西文名:baked rice and chicken with mornay sauce

主料:米饭200克。

辅料:鸡胸肉120克。

调料:鸡蛋1个,口蘑20克,莫内沙司150克,马苏里拉奶酪40克,欧芹、盐、胡椒粉、淀粉、柠檬汁、蒜适量。

制作流程:

(1) 鸡胸肉加盐、胡椒粉、淀粉、鸡蛋腌制20分钟;

(2) 勺下底油将蒜末炒香,下入口蘑片将米饭炒香炒透,装入烤盘;

(3) 将腌好的鸡胸肉用160 ℃油温煎制成熟,凉透切0.5厘米厚片,码到米饭表面;

(4) 将莫内沙司均匀浇到鸡胸肉和米饭表面,撒上奶酪,入烤箱,面火200 ℃约7分钟,至奶酪融化呈金黄色即可出炉,上面加欧芹点缀。

特点:美观大方,咸鲜香浓,营养丰富,风味独特。

制作要领:

(1) 煎制鸡胸肉时,注意不要煎得太老,因为还要焗;

(2) 制作莫内沙司时不可做得太浓。

◆ 技能达标

焗大虾

请针对实训任务一焗鲜贝荷兰沙司进行技能达标。要求:

1. 时间:40分钟内完成菜品制作(包括荷兰沙司的制作);

2. 质量标准:成品要达到菜品特点要求;

3. 对菜品营养成分进行分析,并写出分析报告;

4. 用英文陈述菜品制作流程。

模块十五 烤法、蒸法

实训目标

素养目标:激发学生学习兴趣,培养学生的思维能力和创造能力;提高学生的动手操作能力,养成乐于实践、勇于探究的良好习惯。

知识目标:熟练掌握有代表性烤法、蒸法菜肴的制作流程和关键技术;引导学生将实训体验结合理论认知,进一步深入理解菜品工艺原理。

能力目标:能够制作法式鱼卷和烤法代表性菜肴迷迭香烤鸡。

实训重点

如何保持鱼卷的外形美观和口感软嫩;迷迭香烤鸡口味和成熟度的把握。

任务一 法式鱼卷

西文名:fish roll French style

主料:净鱼肉 1 250 克。

辅料:葱头 250 克,芹菜 150 克,鸡蛋 100 克。

调料:黄油 100 克,盐 15 克,胡椒粉 2 克,白兰地酒 25 毫升。

配料:煮土豆球 1 000 克。

制作流程:

(1) 把鱼肉切成斜片 20 片,用刀拍成长方形薄片;

(2) 把葱头、芹菜切成细丝,用黄油炒香,撒上盐、胡椒粉调好口味,喷入白兰地酒,搅拌均匀,把鸡蛋打散煎成蛋皮,切成丝,与葱头、芹菜放在一起拌匀,晾凉;

(3) 把制好的菜码在鱼片上,包成圆筒形,然后在器皿内蒸熟;

(4) 起菜时每份两卷,配煮土豆球,浇上黄油即可。

特点:乳白色;圆筒形;鲜香,微咸;软嫩。

制作要领:

(1) 此菜是法国菜;

(2) 鱼片要用保鲜膜包好,再用拍刀拍薄;

(3) 掌握好蒸制的火候。

任务二　迷迭香烤鸡

西文名：roast chicken with rosemary sauce

主料：笋鸡 1 只。

辅料：洋葱 100 克、西芹 50 克、胡萝卜 50 克、炒西兰花 30 克。

调料：迷迭香 5 克，干红 10 克，辣酱油 10 克，黄油 10 克，面粉 10 克，番茄酱 10 克，炸薯条 50 克，盐、胡椒粉、香叶适量。

制作流程：

（1）烤箱预热到 200 ℃；

（2）将洋葱、西芹、胡萝卜切成小块；修整鸡腿；

（3）把鸡腿用洋葱、西芹、胡萝卜、迷迭香、盐、胡椒粉、香叶、干红、辣酱油等腌渍入味，抹上油；

（4）放入烤盘，放入烤箱烤 40 分钟，上色并成熟即可。将烤鸡的原汁过滤备用；

（5）适量黄油融化，加入适量面粉炒制，加入番茄酱炒上色，加入烤鸡原汁和适量水，煮成迷迭香沙司，过滤；

（6）鸡肉装盘配上薯条，炒西兰花，浇上迷迭香沙司，用迷迭香装饰。

特点：色彩金黄，成菜美观，外焦里嫩。

制作要领：

（1）鸡一定要选用仔鸡；

（2）在烤制过程中，每 15 分钟要用烤出的原汁浇淋鸡身。

第三编
工艺提升

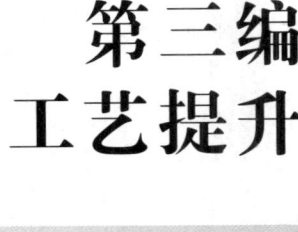

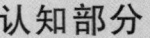

◎ 认知部分

认知一 西餐装盘技艺

　　衡量菜品质量的重要因素之一就是菜品的造型,它包括菜品的个体形状和整体组合造型。原料的个体造型是基础,而整体造型是个体造型在菜品中的升华。厨师在制作菜品中应注意重视原料个体形状的处理加工,充分发挥想象力,让西餐菜品的造型丰富多彩,具有艺术感染力。

一、西餐装盘技艺的主要特点

　　就西餐来说,各个国家的菜点装盘有其独特的个性,但也有着广泛的共性。西餐的装盘立体感强,可食性强,所有进盘的食品绝大多数都能食用,点缀品就是主菜的配菜。

　　(一) 主次分明,和谐统一

　　西餐的装盘,强调菜肴中原料的主次关系,主料与配料层次分明,和谐统一。

　　(二) 几何造型,简洁明快

　　几何造型,主要是利用点、线、面进行造型的方法,也是西餐常用的装盘方法。几何造型的目的是挖掘几何图形中的形式美,追求简洁明快的装盘风格。

　　(三) 立体表现,空间发展

　　西餐的装盘,除了平面上表现外,也在立体上进行造型。从平面到立体,展示菜肴之美的空间扩大了,这种立体造型的方法是西餐装盘的一大特色。

　　(四) 讲究突破,回归自然

　　整齐划一、对称有序的装盘,会给人以秩序之感,是创造美的一种手法,但常常缺乏动感。

3

西餐在装盘上则往往采取各种手段打破这个常规,力图将美感与动感结合起来,使菜肴的造型更加鲜活、美妙。此外,西餐在装盘、点缀时喜欢使用天然的花草树木作为点缀物,并且遵从点到为止的装饰理念,目的是回归自然。

(五) 营养健康,艺术表现

西餐一切菜点皆以可食用为前提,所有进盘的食品绝大多数都能食用,以营养健康为目的,点缀品通常就是主菜的配菜。如同绘画离不开用笔一样,现代西餐装盘往往借助烹饪工艺技术,切割原料,建构形状以传达抽象的涵义。凡是成功的装盘,都凝结着精湛的工艺技术和艺术之魂。

(六) 美型美器,精彩纷呈

西餐的造型以精致美观而著称,盛器的选择也很重要,对菜品整体造型起到很好的烘托陪衬作用,能充分地体现出菜品的观赏价值、艺术价值和经济价值。

西餐的食用方式可谓丰富多样,宴会酒会冷餐会,自助餐简餐,各式各样,几乎都是以分餐的形式上菜和装盘。这就使得西餐的装盘形式更加多元化,在器皿的使用上更是各式各样。例如:冷餐会的开胃菜以及沙拉经常使用高脚杯作为器皿,大型自助餐台上的冷菜,使用抛光大理石板和镜面作为器皿也是屡见不鲜。

西餐中的大型拼盘则会运用原料之间的合理搭配,以及整个盘面的合理布局,创造出更为大气的几何图形,而这种大型的立体拼盘再经过台面的整体布局,形成错落有致、精彩纷呈的壮观景象。

二、西餐菜品的装盘方法

(一) 开胃菜的装盘技艺

开胃菜也称作开胃品,头盘或餐前小食品,是西餐中的第一道菜肴或主菜前的开胃食品,包括各种小份额的冷开胃菜、热开胃菜和开胃汤。它具有菜肴数量少、味道清新、色泽鲜艳、开胃和刺激食欲的特点。

开胃菜在装盘时应当注意两点:一是控制好装盘的时间、温度和用量,以保持开胃菜的颜色、味道和新鲜品质,防止浪费;二是造型简洁大方,不要过分地装饰。

(二) 汤菜的装盘技艺

汤菜是以基础汤或水为基本原料,通过加入不同的配料和调味原料制作而成的,它可以作为开胃菜后的第二道菜,也可以直接作为第一道菜,具有开胃润喉、增进食欲的作用。

汤菜装盘时注意两点:一是通常使用汤盅或汤盘进行装盘,分量以少为宜;二是点缀原料的色泽、质地、味道等,应与汤菜相得益彰。

(三) 沙拉的装盘技艺

传统上,沙拉作为西餐的开胃菜肴,主要是用绿叶蔬菜制作而成。而如今,沙拉在欧美人的饮食中起着越来越重要的作用,甚至可以作为任何一道菜肴,如开胃菜、主菜、甜菜、辅助菜等。沙拉的原料也从过去单一的绿叶生菜发展为各种畜肉、家禽、水产品、蔬菜、鸡蛋、水果、干果、奶酪甚至谷物。

沙拉在装盘时,一般由四个部分构成,即底菜、主体菜、装饰菜或配菜、沙司。四个组成部分在沙拉中可以明显分辨出来,但是有时也可以混合在一起,有时甚至可以省略底菜或装饰菜。

（四）主菜的装盘技艺

主菜是西餐中含蛋白质比较多的菜肴，一般由牛肉、猪肉、鸡肉、海鲜等原料制作而成。主菜由三部分构成，即主体菜（以动物性原料居多）、配菜（以植物原料居多）和沙司。

主菜装盘时，应当注意三点：一是突出主体菜，让它占据盘子的主要部位，但一般不超过盘子的内边缘；二是根据主体菜的质地、色泽、味道，选择相应的配菜种类和数量，不能喧宾夺主；三是沙司淋在菜上，或者放入沙司斗中，与主体菜、配菜一同上桌。

三、西餐装盘的构成学原理

（一）色彩构成

色彩构成，即色彩的相互作用，是从人对色彩的知觉和心理效果出发，用科学分析的方法，把复杂的色彩现象还原为基本要素，利用色彩在空间、量与质上的可变幻性，按照一定的规律去组合各构成之间的相互关系，再创造出新的色彩效果的过程。

色彩构成是艺术设计的基础理论之一，如何合理利用色彩构成的基本原理指导菜品的制作和装盘，是提高从业人员技能和素质水平的重要方式。

1. 光源色

光源色是本身会发光的物体产生的色彩效果，比如霓虹灯发出的光芒，还有太阳的光。

2. 固有色

固有色是物体本身所呈现的固有色彩。物体表面反射光所呈现的颜色叫表面色，透过透明物体的光所呈现的颜色叫透过色。不过要记住，物体的颜色随着光线的强弱、环境的改变或而不同，因此所谓的"固有"不是确定的某种颜色。

3. 环境色

一个物体受到周围物体反射来的色彩影响，其色彩会发生变化。环境色是光源色作用在物体表面上而反射的混合色光，所以环境色的产生与光源的照射分不开。物体的材质和表面肌理对环境的影响很大，表面光滑、颜色浅的物体对环境色的吸收与反射较明显，比如不锈钢或者玻璃品的表面。

菜品设计不是孤立的行为，一定要考虑到周围的环境因素，使之与周围的环境色彩相得益彰。

4. 色相

色相是区别色彩的名称，即色彩的相貌，如红、黄、蓝。

一般情况下，一道菜品由3～5种颜色的原料构成，有时可能为烘托主题而着重一种色相的运用，那么菜品的色彩基调有可能是黄调子、红调子或蓝调子。

5. 明度

明度是色彩的明暗程度，即色彩反射光量的多寡。反射光量多时，色彩较亮，明度高；反射光量少时，色彩较暗，明度低。颜料本身具有明暗的差异，我们可以用眼睛仔细辨识，两种不同明度的色彩并列时，会使明色更明，而暗色更暗。将同明度的灰色分别置于白底和黑底上，会感觉黑底上的灰色较亮，而白底上的灰色较暗。

按照明度理论可以将菜品的色彩基调确定为明调子或暗调子。

6. 纯度

纯度是色彩的纯粹度或饱和度，即色彩所包含的纯色的多寡。纯色为各色相中纯度最高的，比如大红，在没有与任何颜料调和前，它的纯度就是100％，与其他颜色调和得越多，纯度就越低。

按照纯度理论可以将菜品的色彩基调确定为冷调子、暖调子或中性调子。

7. 色彩的互补

假如两种色光(单色光或复色光)以适当的比例混合而能产生白色感觉时,则这两种颜色就称为"互为补色"。补色并列时,两种颜色对比最强烈、最醒目、最鲜明,互补色是对比色的一种特殊情况。红与绿、橙与蓝、黄与紫是三对最基本的互补色。

运用这一理论在菜品制作时可以轻松选择合适颜色的原料进行相互配搭,产生好的视觉效果。

8. 色彩的感情与象征

色彩作为一种物理现象,本身是不具备情感因素的。但是人们在日常生活与生产过程中,会在许多感性认识基础上积累各种体验,形成对不同色彩的情感联想,并赋予某种色彩以特定的内容,即色彩的感情与象征。

蓝色:蓝色是大海的颜色,给人以博大、宽广、深邃之感,被赋予理智、朝气、活力、高贵、尊严、真理、智慧之象征。在西方,蓝色象征贵族,所谓"蓝色血统"即指出身名门贵族之意。

红色:红色是火焰和鲜血的颜色,被赋予热烈、光明、兴奋、炽热、辉煌、喜庆、革命、胜利、警戒、鼓舞、光荣之象征,可以使人充满力量和勇气。

黄色:黄色是最亮的色彩,是阳光和秋天的颜色,被赋予温暖、丰收、高贵、明朗、辉煌、喜庆、兴旺、欢乐之象征。黄色是我国古代皇权的象征,西方国家则作为智慧、知识的象征。在基督教国家中黄色还是背叛、野心、狡诈的象征。

绿色:绿色是春天的颜色,是植物的颜色,意味着大自然的生长和发育,象征着生机、活力、青春、希望、安宁、和平。

紫色:紫色象征庄重、高贵、优雅、尊敬、委婉、孤傲、神秘。古今中外,紫色都被作为一种高贵华美,卓尔不群的颜色。西方的紫色门第意味着名门望族,在中国古代只有高官才可紫袍加身。

在制作菜品时应根据文化主题选择原材料,以更好地烘托表达系列菜品所要表达的文化主题内涵。

知识链接:色彩情感的变异

(1)色彩的感情随时代而变。比如黄色,古代是至高无上的色彩,被封建王朝所垄断。如今黄色除了标志色彩以外,有时还是腐化堕落的象征,比如黄色书刊、黄色录像带。

(2)随着特定的历史条件而变。比如红色,象征着无数革命者高举红旗,用鲜血和生命换取了革命的胜利。

(3)随着民族风俗而变。各民族都有自己的风俗习惯,因此对色彩的感情也不尽相同。比如维吾尔族服装色彩艳丽,朝鲜族则清淡素雅,藏族则是彩色和消色的结合。

(4)因人而异。对色彩的感情随人的素质、修养、性格、习惯而不尽相同,且有生活条件的局限、处境和经历的影响。比如农民喜欢较艳丽的原色,知识分子则喜欢淡雅的色彩。

(5)因具体事物的联想而变。节日的红灯、红对联象征着喜庆,红色的鲜血则是革命和暴力的象征。红色朝阳象征着青年朝气,而夕阳则带有"夕阳无限好,只是近黄昏"的感慨。

(6)随地域而变。中国人习惯以黑和白色办丧事,以红色表现喜庆,欧洲人则用红和黑装点葬礼,用白色打扮新娘。非洲喜欢用明快的白色、黄色、绿色来装饰自己,与黑色肤色形成鲜明对比。

（二）平面构成

菜品装盘犹如摄影或作画,若将菜品的主辅原料安排在器皿合适的位置,就会构成一幅和谐秀美、主题突出的画面,让人虽垂涎却不忍触碰,这就需要出品装盘时用心研究琢磨,构建一个合理的构图比例,选择最佳位置去盛放食材,以产生良好的出品效果。

1. 永恒的黄金分割定律

如同摄影构图中使用最多的黄金分割定律一样,菜品制作装盘时首先也应掌握构图的"黄金律"。我们假想在画面上有横竖线各两条,构成一个井字形。这个井字形有四个交叉点,其中任何一个交叉点都是安排画面主体的最佳位置,因为这四个点都是最引人注目的焦点。

2. 三角形构图

也称金字塔式的构图,指在画面中排列三个点或主体的外形轮廓形成一个三角形。三角形构图常用来表现对象的高大和伟岸,并能在画面上产生坚定的、不可动摇的稳定感。倒三角形,就像字母"V",由两排对面平行的竖直物体,在近大远小的透视关系中汇聚而成。可给人一种雄伟、高阔、纵深的感觉。

3. L 形构图

画面中的物体经过摆布后,形成类似字母"L"的构图形式。具体说来,就是在画面上,找出能成为竖线结构的物体和呈水平方向的物体,把画面划分成不同的空间,只要在这些空间里加入景物,就能使画面活泼起来。如作为远景,这个横线可是水平线或地平线。L 构图具有庄重、稳定的感觉。

4. S 形构图

这是一种最富于变化的曲线构图,S 形的曲线给人以流畅而活泼的感觉,是最具美感的曲线。S 形的顶端,能把人的视线引向远方,把有限的画面变得无限深远。而 S 形所造成的空间,给人的视觉以暂时的停顿,有一种过渡,同时又能使画面具有一种宽裕、舒畅的轻松气氛。画面变得丰富和深远,又打破了地平线等水平景物将画面均分后所产生的呆板感觉。

5. C 形构图

画面中的构图类似于字母"C"形,一般多用于河、湖、海等水面,或是呈曲线造型的建筑物,这种构图柔和而完美,非常适合抒情的画面,而且画面很有活力。

6. 圆形构图

圆形是一种封闭式的曲线,有一种周而复始的感觉。圆心是唯一可以安排在画面中央的构图形式,给人以一种强烈的向心力,一般可用于圆形器皿装盘构图。

（三）立体构成

立体构成也称为空间构成,是用一定的材料,以视觉为基础、力学为依据,将造型要素,按照一定的构成原则,组合成美好的形体的构成方法。它是以点、线、面、对称、肌理等研究空间立体形态的学科,研究立体造型各元素的构成法则。通过对立体形态进行科学、系统地分析和研究,掌握立体造型的基础知识和表现手法,从而创造出美的艺术形态。

立体构成追求的是形式美,其形式美要素包括:

1. 重复构成

重复是指某一个单元有规律性地反复或逐次出现时所形成的一种富有秩序性节奏的统一效果,是构成中最基本、最和谐的一种表现形式。

（1）绝对重复。即基本形的大小、方向、位置、排列有序重复构成。

3

（2）相对重复。分为相似单元形重复和相异单元形重复。

相似单元形的重复。即对基本形的形状、大小、长短、高低、宽窄或排列的方向、位置进行渐变，统一中有变化，视觉效果较好。常见的有近似重复构成、渐变重复构成。

相异单元形的重复。是指采用一个以上形状或大小不同的基本形组成一个单元交替反复出现的形式。

2. 多样统一

多样统一又称"寓变化于整齐"，最终追求和谐的效果。在画面构图中，指画面既要多样有变化，又要统一有规律，要繁而不乱，统而不死。

3. 节奏与韵律

节奏：原指音乐中音响节拍轻重缓急的变化与重复，在构成设计上是指以同一视觉要素连续重复时在视觉上形成有规律的起伏和有秩序的动感。

韵律：在节奏的基础上深化而形成的既富于情调又有规律、可以把握的属性称为韵律。韵律近似节拍，是一种波浪起伏的律动，当形、线、色、块整齐而有条理地重复出现，或富有变化地重复排列时，就可获得韵律感。

韵律包括渐变韵律、交替韵律、发射韵律和起伏韵律等。韵律的本质是反复。

（1）渐变韵律。如体量的高低、大小，色彩的冷暖、浓淡，质感的粗细、轻重等，作有规律的增减，以造成统一和谐的韵律感。

（2）交替韵律。由两种以上因素交替等距反复出现的连续构图。如两种树构成的行道树，两种不同花坛交替等距排列，一段踏步与一段平台交替等。

（3）发射韵律。发射是一种特殊的重复。所有形象均向中心集中或扩散，有时可造成光学的动感，或产生爆炸性的感觉，有较强的视觉效果。

① 中心点式发射：由中心点向外扩散或向内集中的发射，分别叫离心式和向心式发射。其骨骼可以是直线或是曲线。

② 螺旋式发射：基本形以螺旋的排列方式进行，基本形逐渐地扩大或缩小。

③ 同心圆式发射：以一个焦点为中心，层层环绕地发射，如同心圆。

④ 多心式发射构成：在一幅作品中，以多个中心为发射点，形成丰富的发射集团。

（4）起伏韵律。一种或几种因素在形象上出现较为有规律的起伏变化。在形体处理中，更加强调某一因素的变化，使组合或细部处理高低错落，起伏生动。

4. 对比与调和

对比是指在一个造型中包含着相对的或相互矛盾的要素。在图案中常采用各种对比方法。一般是指形、线、色的对比，质量感的对比，刚柔动静的对比。在对比中相辅相成，互相依托，使图案活泼生动，而又不失完整。调和就是适合，即构成美的对象在部分之间不是分离和排斥，而是统一和谐，被赋予了秩序的状态。一般来讲对比强调差异，而调和强调统一。

对比与调和是相对而言的，没有调和就没有对比，它们是一对不可分割的矛盾统一体，也是取得图案设计统一变化的重要手段。

5. 对称与均衡

对称是以物体垂直或水平中心线为轴，其形态上下或左右对应，又称均齐。对称给人以稳定、自然、沉静、端庄、整齐、典雅、大方的感觉，产生秩序、理性、高贵、静穆之美，符合人们通常的视觉习惯。

均衡在无形轴各方的现象不必完全相同，从质与量等方面看却有雷同的感觉，具有变化的活泼感。均衡结构是一种自由稳定的结构形式,一个画面的均衡是指画面的上与下、左与右取得面积、色彩、重量等量上的大体平衡。

在画面上,对称与均衡产生的视觉效果是不同的,前者端庄静穆,有统一感、格律感,但如过分均等就易显呆板;后者生动活泼,有运动感,但有时因变化过强而易失衡。因此,在设计中要注意把对称、均衡两种形式有机地结合起来灵活运用。

6. 联想与意境

构图的画面通过视觉传达而产生联想,达到某种意境。联想是思维的延伸,它由一种事物延伸到另外一种事物上。例如图形的色彩:红色使人感到温暖、热情、喜庆等;绿色则使人联想到大自然、生命、春天,从而使人产生平静感、生机感、春意等等。

意境是人们对形态外观认识的心理要求,即感情需要,是长期观察生活的综合结果。各种视觉形象及其要素都会产生不同的联想与意境,由此而产生的图形的象征意义作为一种视觉语义的表达方法被广泛地运用在设计构图中。

烹饪是科学,是文化,也是艺术,因此,烹饪从业人员应学习立体构成相关理论并运用到出品中,建立立体感觉要素,增加产品的肌理感、空间感和量感,从而创造出更多具有艺术美感的餐饮产品。

◆ 拓展任务

1. 通过图书或网络等途径以小组合作的方式,总结归纳色彩构成、平面构成、立体构成三种构成学理论在西餐菜品制作与装盘中的实际应用价值。

2. 熟记常见互补色彩组合。

3. 练习中英文常用字词书法;用果酱等西餐酱汁在盘中练习描画正圆、椭圆、拉直线。

◆ 知识测试

1. 色彩的三要素色相、明度、纯度各代表什么含义?

2. 色调是什么意思? 如何解释色调的情感与象征作用?

3. 什么是黄金分割定律?

◆ 思政拓展

书法——中国汉字特有的一种传统艺术

3

认知二　早餐与快餐

认知目标

素养目标:培养学生早餐品种创新和规划的能力;提升理论知识与实践技能的综合应用能力;树立较强的社会责任感。

知识目标:熟悉西式早餐的特点、分类和常见品种;掌握西式快餐的概念、特点和常见品种。

能力目标:能够制作早餐与快餐菜肴代表性菜品。

认知重点

西式早餐和快餐常见品种的制作方法。

一、早餐

(一)西式早餐的特点与分类

西式早餐比较科学,在品种和内容上注重营养搭配,科学性强。多为选择精细、粗纤维少、营养丰富的食品,如各种蛋类制品、面包、饮料等。这些食品从合理膳食的角度讲,是非常适合作为早餐食品的,以致大多数西方人到中国后仍习惯吃西式早餐,而且很多东方人也喜欢食用西式早餐。

西式早餐因供应的食品和服务形式的不同,又分为英美式早餐和欧洲大陆式早餐两类。

1. 英美式早餐

英美式早餐的品种丰富,比较流行。这类早餐一般供应蛋类制品,有煎蛋、煮蛋、杏利蛋、溜糊蛋、炒蛋、水波蛋等;谷物类制品有玉米粥、麦片粥、燕麦粥、面包等;肉类制品有香肠、火腿、咸肉等;另供应黄油、果酱、水果、果汁、咖啡、牛奶、红茶等。

2. 欧洲大陆式早餐

欧洲大陆式早餐比较简单,内容品种较少,一般供应的品种主要是各种甜、咸面包,羊角包、面包卷及黄油、果酱、牛奶、咖啡等。

(二)早餐制作实例

1. 鸡蛋类

(1)煮鸡蛋。

① 软心煮蛋。西式早餐中,对于煮鸡蛋的生熟度很有讲究,一般以分钟来决定煮鸡蛋的品种。将鸡蛋洗净后,放入冷水中,水沸后,改用小火沸煮2分钟,从水中取出鸡蛋,立刻

鸡蛋烹饪

3

放入鸡蛋杯中。这时的蛋黄和蛋清没有凝固。因此，一定要选用新鲜的鸡蛋，而且要带壳上菜。

② 半硬心煮蛋。将鸡蛋洗净后，放入冷水中。水沸后，改用小火沸煮 5 分钟取出即可。

③ 硬心煮蛋。将鸡蛋洗净，放入冷水中，水沸后改小火沸煮 8～10 分钟，取出即可。

温馨提示：煮鸡蛋时如时间过长，鸡蛋黄中的铁和蛋白质中的硫化物释放出来，使蛋黄表面一层黑圈。煮制鸡蛋要根据客人的要求掌握时间。

(2) 煎蛋。

煎蛋是常见的蛋品之一，一般 1 份 2 个鸡蛋。在此基础上，如果加入火腿、咸肉、香肠等别的辅料，便制成各种煎蛋。

煎蛋的操作要领：要用专用的锅；要选用新鲜不散黄的鸡蛋；煎蛋时动作要轻巧，以防把蛋黄碰散。

煎蛋根据烹调方法的不同分有一面煎嫩蛋、两面煎蛋和法式煎蛋三种。

制作实例 1　一面煎蛋(sunny_side up)

原料：鸡蛋 2 个，净油 20 毫升，盐、胡椒粉适量。

制作流程：

① 把鸡蛋轻轻打入碗内，撒上盐、胡椒粉。

② 把油加热至 120 ℃左右，放入鸡蛋，煎至蛋白凝固，铲出，滤净油脂，装盘中。在此基础上可以配上煎好的火腿片、培根片等。

制作实例 2　两面煎蛋(turned over)

原料：鸡蛋 2 个，净油 20 毫升，盐、胡椒粉适量。

制作流程：

① 把鸡蛋轻轻打入碗内，撒上盐、胡椒粉。

② 把油加热至 120 ℃左右，放入鸡蛋，煎至底面呈蛋黄色时将鸡蛋翻转，把另一面也煎成蛋黄色，铲出，滤净油脂，装盘中。

制作实例 3　法式煎蛋(over easy)

原料：鸡蛋 2 个，净油 40 毫升，盐、胡椒粉适量。

制作流程：

① 把鸡蛋轻轻打入碗内，撒上盐、胡椒粉。

② 在煎盘内多放些油，油热后，放入鸡蛋，并不断往鸡蛋表面撩油，使鸡蛋表面形成一层白膜，把蛋黄封在很嫩的蛋白内，然后滤净油脂，铲出，装盘中。

(3) 煎蛋卷。

煎蛋卷又称杏利(omelet)，是西式早餐中蛋类制品之一，其形状呈椭圆形、棱状、半圆形和扇形等几种。

蛋卷

制作实例　杏利蛋(omelette)

原料：新鲜鸡蛋 2 个，盐、胡椒粉适量。

制作流程：

① 将鸡蛋打入碗内，加入盐、胡椒粉，用蛋扦打均匀。

② 煎盘淋少许油，上火将蛋液倒入，用铲子不停地熘，使蛋液结拢，然后用铲子将其卷拢即可。在此基础上，如果在蛋卷中，放入各种辅料，便成各种杏利蛋。

2. 谷物类

制作实例 1　麦片粥(oat meal porridge)

原料:麦片 50 克,牛奶 150 毫升,糖 30 克,黄油 5 克,盐、水适量。

制作流程:

① 把麦片放入盛器中,加入清水,将麦片泡软,上炉子煮沸。

② 倒入牛奶,用小火煮 10 分钟。

③ 最后加入黄油、糖、盐,烧沸即可。

制作实例 2　薄饼(pancake)

原料:面粉 200 克,糖 60 克,牛奶 300 毫升,鸡蛋 2 个,糖粉 20 克,盐、植物油适量。

制作流程:

① 鸡蛋打入盛器,加入糖、盐用蛋扦搅拌,然后加入牛奶搅拌至糖、盐融化,再慢慢倒入面粉内搅匀,成为薄饼生坯料。

② 煎盘上炉子烧热,淋少许油,注入一小勺生胚,轻轻转动煎盘,摊成圆形薄饼。

③ 一面煎至嫩黄色时,将薄饼翻转煎另一面,煎至上色。

④ 食用前将薄饼卷成长卷或折成三角形,放入盆内撒上糖粉。

在此基础上还可以制成苹果薄饼、橘子薄饼等多种薄饼。

制作实例 3　华夫饼(waffle in syrup)

原料:面粉 500 克,鸡蛋 4 个,牛奶 300 毫升,砂糖 100 克,植物油 150 克。

制作流程:

① 面粉过筛后,加入砂糖、打散的鸡蛋、牛奶,慢慢地搅拌均匀。但不宜搅拌过多,否则不松。

② 将华夫饼夹烧热,上下两侧刷上油,倒入一勺拌好的原料,将其夹好,烘炙,待饼呈黄色、熟透后取出即可。

3. 饮品

西餐中常见饮料的品种有咖啡、红茶、可可及各种果汁等。

(1)咖啡(coffee)。咖啡是一种热带植物,其果实为红色,椭圆形,去除果肉后即是咖啡豆,咖啡豆经焙炒后研细就是咖啡粉。由于加工方法的不同,咖啡又有颗粒状和粉末状两种。

知识链接

颗粒状咖啡味香醇,但要经过煮制方可饮用。煮制时要先把水煮开,然后倒入咖啡,水与咖啡的比例一般为 3:1。待水沸后,再用文火煮 8~10 分钟,视其颜色已深,并有香味溢出时把咖啡渣滤出,即可饮用。这是一种传统的煮咖啡方法,但香味不足,因为随着煮咖啡的时间过长,咖啡的香味随水汽蒸发。用煮咖啡机煮咖啡能弥补这一不足,原因是咖啡机里有一个高压的小锅炉,通过加压使水温升高到 100 多度,使咖啡脂充分溶于水中,短时间内不让咖啡香味损失,并能达到咖啡的浓度。煮制咖啡时一定要用不带油脂的器具,咖啡在饮用时一般要加糖和牛奶。

粉末状咖啡即速溶咖啡,此种咖啡用热水冲开即可,使用方便,但不如煮制的咖啡味香。咖啡冰镇加冰块即为冰咖啡。咖啡还可放上打起的奶油和果品同饮。

经典而著名的花色咖啡品种有:

① 拿铁咖啡:它是意大利浓缩咖啡与牛奶的经典混合。

② 卡布奇诺咖啡:半杯意大利浓缩咖啡和半杯打成泡沫状的牛奶混合,再撒上可可粉或肉桂粉作为装饰即成。

③ 欧蕾咖啡：一杯意大利浓缩咖啡和一杯热牛奶同时倒入一个大杯中，在液体的表面放两勺打成泡沫的奶油即成。

④ 摩卡咖啡：由意大利浓缩咖啡、热牛奶、热巧克力各 1/3 混合而成。

⑤ 爱尔兰咖啡：是含酒精咖啡的代表作，爱尔兰威士忌的加入，可以让人们在品味咖啡的同时感受到酒精的浓烈。

⑥ 绿茶咖啡：这是具有东方风味的花式咖啡，咖啡的表面放一勺鲜奶油，并撒上一些绿茶粉末即成。

⑦ 俄罗斯咖啡：鸡蛋黄打碎，加入巧克力、牛奶，加热融化后倒入一杯伏特加酒，再加糖混匀，倒入滚烫的浓浓的半杯咖啡中，表面装饰两勺奶油，并撒上巧克力碎即成。

⑧ 勃艮第咖啡：它是在咖啡中加入法国勃艮第葡萄酒混合而成。

⑨ 地中海咖啡：它是由咖啡、巧克力糖浆和各种香料巧妙地混合而成。

（2）红茶（black tea）。红茶是经过发酵的茶类，色重味浓，多数西方人喜欢饮用。为了供应方便可提前煮好茶卤，茶叶与水的比例 1：15。方法是：先将水煮沸，再加入茶叶，用微火煮 3~5 分钟，滤去茶叶后即是茶卤。饮用时先在茶杯内倒上茶卤，再冲入 4~5 倍的水即可。

红茶饮用时可以放糖、柠檬或牛奶。

红茶有祁门红茶、大吉岭红茶、锡兰高地红茶、阿萨姆红茶四个主要品种。

（3）可可（cocoa）。可可是一种热带植物，其种子经焙炒后粉碎，再脱去部分脂肪即成可可粉。

可可饮料是用可可粉加糖，加水煮成可可汁，兑入牛奶制成。可可粉、糖、水的比例为 1：5：5。做法是把可可粉、糖、水搅拌均匀，在微火上熬至黏稠，即是可可汁。在可可汁内兑入 5 倍的热牛奶就是热可可饮料，兑入冷牛奶即是冷可可饮料。

早餐时饮用的饮料还有各种果汁，如橘子汁、番茄汁、菠萝汁、苹果汁、葡萄汁等。

二、快餐

（一）快餐概述

1. 快餐的概念

快餐是指能在短时间内提供给食客的各种方便菜点。在饭店中一般很少有快餐厅，各种快餐食品大都在咖啡厅供应。

2. 快餐的特点

快餐最大的特点就是制作快捷，出菜快。美国麦当劳公司在公司制度中就有一条规定，即 60 秒钟上菜。这充分体现了快餐制作快捷的特点。其次是快餐食用方便，一般快餐既可以在餐厅内食用，也可以携带出店外用手拿着食用，为人们快节奏的生活提供了方便。

3. 常见的快餐品种

适宜作为快餐食品的菜点品种很多，一些制作简便或是可以预制好的菜点都可以作为快餐食品。常见的快餐品种主要有三明治、汉堡包、热狗、意大利面条、披萨饼等。

（二）快餐制作

1. 三明治

知识链接

三明治（sandwich）源于英格兰东部的三明治镇，此镇有一位伯爵名叫三明治，很爱玩桥牌，玩起牌废寝忘食，家厨为了迎合主人，自制了一些面包夹肉、蛋的食品，供伯爵边玩牌边进食。

没想到 Montagu 见了这种食品大喜,便随口就把它称作"sandwich",以后饿了就喊:"拿三明治来!"其他人也争相仿效,玩牌时都吃起三明治来。不久,三明治就传遍了英国,并传到了欧洲大陆,后来又传到了美国。

如今的三明治已不再像当初那样品种单一,它已经发展了许多新品种。例如,有夹鸡或火鸡肉片、咸肉、莴苣、番茄的"公司三明治",有夹咸牛肉、瑞士奶酪、泡菜并用俄式浇头盖在黑面包片上的"劳本三明治",有夹鱼酱、黄瓜、水芹菜、西红柿的"饮茶专用三明治"等等。在法国,制作三明治时往往已不用面包片,而是改用面包卷或面卷。以法国长棍制成的三明治还被称为"潜艇包"!

制作实例 1　火腿三明治(ham sandwich)

原料:方面包 60 克,火腿 50 克,黄油 10 克。

制作流程:

(1) 将面包、火腿切成片;

(2) 将面包片放入面包炉烘黄取出,抹上黄油,再用两片面包片夹一片火腿;

(3) 用刀切去面包的边皮,再对角切成两块即可。

用同样的方法,把火腿换成别的原料,可以制作各种三明治。

制作实例 2　檀香山三明治(Honolulu sandwich)

原料:方面包 75 克,黄油 10 克,熟金枪鱼 75 克,千岛沙司,生菜叶适量。

制作流程:

(1) 将面包切三片,进面包炉烤黄,抹上黄油;

(2) 将熟金枪鱼与生菜叶、千岛沙司分别夹在三片面包中间;

(3) 切去面包的边皮,对角切成两块,插上牙签即可。

2. 汉堡包

汉堡包(hamburger),简称汉堡,最早起源于德国的汉堡,是一种用肉馅制作的肉饼。汉堡传入美国后,人们把肉饼夹在小圆面包中食用,这就是现在的汉堡包,以后又逐渐发展成为汉堡加配菜的多种制法。现今被普遍视为美式速食的代表。

汉堡包制作方式与三明治类似,其馅料以汉堡排为主,并附加上若干配料(以蔬菜和干酪为主)和调味料。

知识链接

在英语中,"hamburger"就是指"来自汉堡城的",可以用来指整个汉堡,或是单指汉堡排本身。

hamburger 除了表示"汉堡包",还有"碎牛肉,牛肉饼"的意思,可见汉堡包里多半是夹牛肉做的。不过后来"猪柳""鱼香""鸡肉"等类型的汉堡包又陆续推出,可见光靠牛肉是没法"一招鲜吃遍天"了。值得一提的是,因为汉堡包是一种捣得稀烂的牛肉饼,所以人们也用它来比喻"被打得遍体鳞伤的拳击手",美俚里就有"make hamburger out of sb."的说法,表示"痛打某人,把某人打成肉饼"。

制作实例　奶酪汉堡包(cheese burger)

原料:牛肉馅 150 克,白面包 15 克,小圆面包 1 个,奶酪片 1 片,洋葱 25 克,牛奶 10 毫升,盐、胡椒粉、鸡蛋液适量。

制作流程:

(1) 将洋葱切末,用黄油炒香。白面包用清水泡软后,挤干水分,放入牛肉馅内;

（2）在牛肉馅内加入胡椒粉、盐、牛奶、鸡蛋液,搅拌均匀,制成肉饼;

（3）用小火将肉馅煎熟;

（4）将小圆面包从中间片开,夹上肉饼、奶酪片入烤炉烤透即可。

3.热狗

热狗(hot dog),是用小长面包夹上肉肠制成的一种方便食品,因其是在白色面包内夹上一根红色肉肠,很像夏天吐舌散热的狗,故称"热狗"。

原料:小长面包1个,小泥肠1根,芥末酱、番茄沙司适量。

制作流程:

（1）将小长面包从中间片开,但并不片断。抹上芥末酱、番茄沙司;

（2）夹上小泥肠即可。

知识链接

热狗源自德国,在德国,热狗叫做法兰克福香肠,这个名称起源于德国的一个城市——法兰克福,这种香肠最初是在此城市制造的。后来传到美国,美国人称之为"腊肠狗香肠"。

在美国卖腊肠狗香肠的小贩,前胸背着一个热水箱,里面装了保温的香肠,叫卖"get your dachshund sausage!"人们常用面包夹着香肠吃。到了1906年,一个报社漫画家将他看到的这种香肠画成漫画刊登在报纸上,不过他画的是一个面包,里面夹了一只腊肠狗,而不是香肠,因为他不会拼 dachshund 这个词,就在漫画下面写"get your 'hotdogs'!"之后,这个名称就被沿用了。hotdogs——热狗。

热狗除了面包内夹泥肠外,还可以加上生菜、黄瓜条、番茄片、奶酪等。

4.方便面条

方便面条在世界各地都很流行,在西式快餐中,意大利面条流行最为广泛。

◆ 拓展任务

1.通过网络、市场实际调研等途径,以小组合作的方式总结归纳:

（1）所在城市星级宾馆早餐的供应形式、供应品种和价格区间;

（2）所在城市最有名的、经济效益最好的五个快餐品牌,他们经营的理念和品种有什么特点?

2.职业素养训练:教师选择操作菜品,教师演示时学生要熟练完成打荷服务工作。

◆ 知识测试

1.西式早餐的特点是什么? 英式早餐的特点是什么? 英式早餐有哪些品种?

2.西式快餐主要有哪些品种?

◆ 思政拓展

鸡蛋中的人生哲学

认知三　不同原料的西餐菜肴制作

一、谷物原料烹调方法的运用

　　西餐中常用的谷物原料有大米、意大利面等。一般来说,谷物原料的烹调方法比较简单,大多以水作为传热介质。比较常用的烹调方法是煮、烩、焗、炒等。

(一)大米

1. 煮(焖)

制作流程:谷类或豆类食品原料洗净→加冷水→用大火煮沸→转用小火将原料煮熟。

制作要领:原料在洗净后烧煮。也可以先用冷水浸泡,可以减少烹调时间。

这种烹调方法除了适合大米,也适合其他任何谷物和豆类的烹调。

2. 焖烧

制作流程:大米用黄油煸炒→加鸡基础汤和少量的盐→大火煮沸→转为小火把米焖熟。

制作要领:这种烹调方法的最大优点是米粒分散,增加了米饭的味道。

制作实例1　意大利海鲜饭(seafood rice Italian style)

主料:大米100克,大虾、蛏子、白蛤、澳带各两个,青、红、黄彩椒各1个,绿、黄的节瓜各1个,圣女果2粒。

调料:黄油、洋葱、大蒜、盐、胡椒、干白、奶酪片、欧芹。

制作流程:

(1) 各种海鲜初步热加工,节瓜、彩椒切成米粒状;

（2）沙司锅中下黄油，放入洋葱末、大蒜末炒香，投入海鲜翻炒，烹入干白，下入大米炒至发亮，加入鱼基础汤；

（3）烧开后，放入盐、胡椒粉，用小火煮约 20 分钟；

（4）下入节瓜粒、彩椒粒、圣女果粒，煮到汁水收干；

（5）将海鲜饭装盘，撒上奶酪片（丝）、欧芹末即成。

制作要领：正宗意大利饭一般米饭不能全熟，加入基础汤不宜过多。装盘时，将海鲜放在上面作装饰。

制作实例 2　蘑菇芝士烩饭（risotto with mushroom and cheese）

主料：圆粒大米 125 克，杏鲍菇 1 个，牛肝菌 2 个。

调料：盐、胡椒粉少许，奶酪粉 15 克，洋葱少许，蒜香橄榄油 10 克。

制作流程：

（1）沙司锅内下入蒜香橄榄油，将洋葱碎炒香，再下入大米略炒；

（2）倒入鸡基础汤和匀，用锅盖盖严，大火烧开，转小火焖煮 15 分钟；

（3）下入炒好的蘑菇粒，再煮约 5 分钟；

（4）关火后再焖一会儿，调入盐、胡椒粉；

（5）撒入奶酪粉拌匀，盖上锅盖，再加热 2 分钟即可。

制作实例 3　菠菜培根牵丝饭团（aranciri di riso in spinch and bacon）

主料：大米 150 克，菠菜 40 克，培根 20 克，鸡蛋 2 个，面粉、面包糠各适量。

调料：盐、胡椒适量，帕马森干酪 10 克，马苏里拉奶酪 50 克，橄榄油 20 克。

制作流程：

（1）沙司锅中下入橄榄油烧热，放入培根炒香；

（2）加入大米拌炒，倒入鸡基础汤，煮至米粒的硬心消失为止；

（3）不断加入鸡原汤，约煮 18 分钟，加入菠菜、帕马森干奶酪、黄油、盐、胡椒后混合；

（4）倒入方盘中，冷却后，分成 10 份，包入马苏里拉奶酪，搓成圆形，"过三关"，放入 180 ℃热油中炸至金黄色。

（二）意大利面（粉）

制作流程：将少许盐放入水中→大火将水烧开→逐渐地放面条以保持水的温度→煮熟后，用漏勺将面条从煮锅中捞出。

制作要领：

（1）在煮的过程中，一般不要加盖；

（2）应当掌握好煮面的时间，一般在 8～10 分钟；

（3）在煮面条时，要轻轻搅拌；

（4）煮熟后，若作沙拉时，要用自来水完全冲凉；若需要热的意大利面，则应当冲半凉，保持一定的热度；

（5）可加入一定的橄榄油拌匀。

制作实例　威尼斯墨鱼酱意面（Tedelini al nero di seppia）

主料：意大利面 80 克，新鲜墨鱼一只（300 克）。

调料：番茄酱汁 80 克，鸡基础汤 500 克，墨鱼汁、橄榄油、干白、大蒜、盐、胡椒粉各适量。

制作流程：

（1）意大利面放入加有盐的沸水中，煮熟后，捞出沥干；

（2）沙司锅中下入橄榄油，下入墨鱼圈用大火炒，烹入干白烧出酒味，加入番茄汁、鸡基础汤、墨鱼汁、辣椒煮至浓稠，调入盐、胡椒粉，即成黑酱；

（3）在沙司锅中的墨鱼酱中，放入煮熟的意面，加入盐、胡椒粉拌炒均匀，装入盘中。撒上欧芹末即成。

二、畜类原料烹调方法的运用

（一）畜类原料常用的烹调方法

畜肉适合多种烹调方法，例如烤、铁扒、焗、煎、煮、烧等。

1. 烤

大块的畜肉，常使用烤的方法使之成熟。由于烤是将原料放入烤炉内，借助四周的热辐射和热空气对流使原料成熟的方法，因此，烤出的畜肉能够保持原汁原味。要烤出符合要求的畜肉，烤制时需注意以下事项：

（1）畜肉初步加工要修饰整齐，如果有脂肪，最好在畜肉的外部留有1～2厘米厚的脂肪。并在烹调时，将带有脂肪的一面向上，放在烤盘内烤制。

（2）调味烤制畜肉时，一般需要进行烤肉前调味和烤肉后调味：烤肉前调味是指将盐、胡椒粉及其他调味品涂抹在畜肉上进行腌制，腌制的时间根据菜肴要求而定，从几分钟到一天不等。烤前调味可以使畜肉具有基本的味道。烤肉后调味是将畜肉烤熟后进行调味，将原汁调好味后，浇在烤熟的畜肉上。

（3）高温着色。为了保持畜肉的风味，并使其烹调后表面的色泽美观，在烤制时通常先用230℃左右的高温，使畜肉表面烤成浅棕色，再降低到合适的温度进行烤制。先将原料用大火煎上色后，再放在烤箱中烤到合适的成熟度。

（4）温度的控制。烤制的温度与畜肉的大小和重量有关，通常畜肉越大、越重，烹调温度越低；反之，重量越轻、形态越薄，烹调温度就越高。一般在畜肉高温上色后，使用95～160℃的低温烤制。低温烹调可以减少水分的散失，保持畜肉的味道、嫩度，并使畜肉的成熟度均匀，也利于烹调后的切割。对牛肉来讲，如果要达到中等成熟度，1 000克的牛肉需要烤15～20分钟。

（5）使用调味蔬菜增加风味。调味蔬菜指洋葱、西芹和胡萝卜。当畜肉烤至半熟时，将洋葱、西芹和胡萝卜放在烤盘内，并在烤制过程中不断地用原汁浇在畜肉上，可以增加畜肉的味道。

（6）充分利用烤肉原汁。畜肉在烤制过程中，会有许多鲜美的汁液留在烤盘中，将这些汁液经过调味，或用基础汤稀释后，就可以作为菜肴的沙司。

（7）烤后的操作。畜肉烤好后，关上电源，不能立刻取出，要在烤箱内停留15至30分钟。如果烤好后立即切成小块，会使内部的肉汁流出。应尽量在开餐的时候切割烤好的畜肉，以保持烤肉鲜嫩。

2. 铁扒

铁扒是使用高温、快速成熟的烹调方法，一般适合比较薄形的畜肉。

（1）铁扒的一般工艺流程：将扒炉预热→刷上油→将片状的畜肉码味→刷上植物油→将畜肉放在扒炉上→当畜肉一面成为浅棕色后翻转另一面→继续加热直至需要的成熟度。

（2）扒制畜肉的注意事项：适当调味。在扒肉前一般要在畜肉的表面涂抹少许的盐、胡椒粉和植物油；已经码味的畜肉要尽快烹调，否则畜肉水分会流失，嫩度下降；控制温度与时间。一般来说，烹调的时间越短，温度就越高。反之，时间越长，温度就越低。

3. 焗

焗是使用高温快速烹调的方法。焗的流程和烹调中需要注意的问题与扒基本相同。

4. 煎

煎的方法适合原料体积较大或肉块比较厚的嫩畜肉,一般是牛排、猪排、羊排等。

(1)将平锅烧热后→放入植物油→油热后放肉排下锅→先煎一面→上色后再煎另一面→至需要的成熟度。

(2)生熟度测试。一般分为温度计、触感、观感等方法如表 3-3-1 所示。

表 3-3-1　　　　　　　　　　畜肉煎制生熟度测试

测试方法	三分熟	五分熟	七分熟
温度计测定	45～47 ℃	57～63 ℃	71 ℃
触感判定	手指按压时,触感柔软,而非生肉之柔软	手指按压时,触感密实适中,带有弹性,经按手指抽离时会迅速弹回	以手指轻触不须按压,触感密实
外观判定	外表只有灰色网络,内部肉色仍为鲜红色	外表灰色,内部肉色为鲜艳粉红色	内部中间肉色呈浅粉色泽

5. 煮(炖、汆)

炖、煮和汆都是在液体中加热成熟的方法,它们的烹调过程十分相似。在炖菜中使用的汤汁比较多,但炖畜肉的锅不要太大,这样可以保证锅中的水分足以漫过畜肉,炖畜肉的温度常在 90～95 度,一般需要较长的烹调时间。对于嫩度差的畜肉部位,选用炖的方法烹调成菜,效果比较好。

(1)煮(炖、汆)畜肉的工艺流程:锅中加水→将刀工处理后的畜肉放入→大火煮沸后撇去浮沫→放调味蔬菜→转为小火,用低温烹饪至成熟。

(2)煮、炖和汆的注意事项:锅中加水必须淹没畜肉;如果是制作冷吃的炖畜肉应当让肉在原汤中冷却后再取出。

6. 烧(焖)

(1)烧(焖)畜肉的工艺流程:畜肉刀工处理→撒上盐和胡椒粉→煎成金黄色后取出→放入调味蔬菜以及其他调味炒香上色后再加入煎好的畜肉→加入少量的汤汁→旺火煮沸后加盖→转小火慢慢焖烂。

(2)烧(焖)的注意事项:

① 烧(焖)时先将畜肉稍煎一下,可以上色并增加菜肴的味道。

② 烧(焖)时,不要汤汁将畜肉完全覆盖,因为畜肉是同时依靠锅内的水蒸气加热成熟的,一般情况下,汤汁的高度只要覆盖畜肉的 1/3～1/2 即可。这样,菜肴成熟后的味道更鲜浓。

③ 上桌前将焖好的畜肉切片装盘,浇上原汁即成。

④ 烧畜肉时可以在西餐灶上进行,也可以在烤箱内进行,把烹调锅盖上盖子,放在烤箱内。

⑤ 用烩的方法制作畜肉,与烧(焖)基本相同,但是一般适合小的肉块,而且时间比较短,有时烩畜肉没有油煎这个过程,而是直接放入原汤中炖。

(二)畜类原料主菜制作实例

制作实例 1　汉堡牛扒(hamburger steak with mushroom sauce)

主料:牛腿肉 800 克,猪肥肉 100 克,鸡蛋 3 个,吐司面包 50 克,牛奶 100 毫升,洋葱碎 50

克,大蒜碎 20 克,欧芹 10 克,马佐林香草 1 克,牛至叶 1 克,香叶、百里香 1 克,白兰地酒 30 毫升,辣酱油 10 克,肉豆蔻粉 2 克。

辅料:法式炸薯条适量,时鲜蔬菜适量。

汤料:烧汁 400 毫升。

沙司调料:黄油 40 克,洋葱碎 40 克,大蒜碎 20 克,蘑菇片 200 克,白葡萄酒 100 毫升,盐、胡椒粉适量。

制作流程:

(1) 将牛肉和肥肉切块绞细。面包去除外皮,将面包心用牛奶泡软、搓烂。洋葱碎和大蒜碎用黄油炒香;

(2) 将牛肉蓉、面包心、洋葱碎、大蒜碎、鸡蛋、欧芹、马佐林香草、牛至叶、香叶、百里香、白兰地、辣酱油、肉豆蔻粉、盐和胡椒粉等搅拌均匀,做成汉堡肉饼;

(3) 将牛肉饼放于预热的扒炉上,煎至定型、成熟后,保温备用;

(4) 将洋葱碎、大蒜碎和蘑菇片用黄油炒香,加白葡萄酒煮干,倒入烧汁煮稠,调味后成蘑菇沙司;

(5) 土豆切条,洗净后沥水。入 150 ℃的油中,炸成浅黄色;上菜前入 170 ℃的油中,炸成金黄色取出,撒盐沥油备用;

(6) 牛肉饼装盘淋汁,配法式炸薯条和时鲜蔬菜即成。

特点:肉饼鲜香,口味浓厚,制作简便,是居家常用的美食。

制作要领:牛肉蓉须充分搅拌,至黏稠、上劲,成品的效果才好,不易散碎;用小火煎至肉饼中心的肉汁清亮即可。

制作实例 2　香煎羊扒配蒜味奶油汁(noisettes d'agneau à la crène d'ail)

主料:羊扒 4×150 克,黄油 50 克。

辅料:土豆等时鲜蔬菜适量。

汤料:布朗羊肉汤 50 毫升+400 毫升。

调料:大蒜 100 克,黄油 40 克+20 克,淡奶油 50 毫升+100 毫升,香叶、百里香、迷迭香适量,白葡萄酒 100 毫升,盐、胡椒粉、橄榄油适量。

制作流程:

(1) 将羊扒加工成形,加 50 克大蒜碎、适量迷迭香香草和橄榄油,腌制备用;

(2) 将 50 克大蒜碎用橄榄油炒香,加 50 毫升淡奶油、50 毫升布朗羊肉汤、香叶、百里香煮沸,倒入搅拌机中搅成蓉,煮稠后调味,离火加黄油搅化,成蒜蓉奶油酱;

(3) 羊排撒盐和胡椒粉,入油中煎至 5 成熟取出,保温备用;

(4) 除去锅中多余油脂,加白葡萄酒煮干,倒入 400 毫升布朗基础汤和 100 毫升淡奶油煮稠,加蒜蓉奶油酱搅匀,过滤后成蒜味奶油汁。

(5) 将土豆等时鲜蔬菜装菜盘,放上小羊扒,淋上沙司即成。

特点:沙司棕红,咸鲜香浓,蒜味浓郁,羊扒软嫩多汁,鲜美可口。

制作要领:制蒜蓉奶油酱时,应先充分搅碎后再浓缩,稠度以浓稠黏勺为佳。

制作实例 3　比吉达猪柳(pork chop piccata, piccata milanaise)

主料:猪里脊 400 克。

辅料:芝士粉 30 克,意大利通心粉 150 克,鸡蛋 2 个,色拉油、面粉适量。

调料:盐、胡椒粉适量。

装饰料:时鲜蔬菜。

制作流程:

(1) 猪里脊洗净切片,撒盐、胡椒粉稍腌。

(2) 鸡蛋打散与芝士粉搅拌均匀。

(3) 猪里脊先沾一层面粉,再蘸蛋液,放入150℃左右的热油中煎熟上色。

(4) 将煎好的猪里脊装盘,配炒意大利通心粉,时鲜蔬菜(胡萝卜、西兰花、四季豆等)。

特点:形状整齐,色泽金黄,香味突出。

制作要领:制作此款菜肴猪里脊选用中段制作出来成形,口感较好;油温掌握适当,炸制不可上色过重。

制作实例4 美式烤猪腿(roasted pig leg with souse, American style)

主料:猪腿1 200克。

辅料:洋葱200克,芹菜200克,胡萝卜200克,番茄100克,红果酱150克,芫荽50克,柠檬50克,红椒50克,蜂蜜50克。

汤料:布朗基础汤200毫升。

调料:色拉油250毫升,大蒜150克,香叶25克,紫苏5克,探草5克,迷迭香5克。

制作流程:

(1) 猪腿加工定形,用芹菜、胡萝卜、洋葱、大蒜、香叶、紫苏、探草、迷迭香等腌制、捆绑后备用;

(2) 烤盘内放色拉油、洋葱、大蒜,上面放腌制好的猪腿,抹上蜂蜜入250℃烤箱烤上色即可;

(3) 用红果酱加布朗基础汁调制红果沙司,用芫荽、柠檬、红椒等装饰大菜盘,放烤熟的猪腿,配上红果沙司即可。

特点:外酥内嫩、皮脆肉嫩、鲜香可口、成菜美观。

制作要领:注意烤制时火候的掌握,要把大块的原料烤熟又不焦;烤的时候要不断地给猪腿上淋些油,使表皮能比较酥脆。

三、禽类原料烹调方法的运用

(一) 禽类常用的烹调方法

禽类原料(包括蛋类)适合的烹调方法很多,常用的方法有烤、扒、煸炒、煎、炸以及炖或煮等。

1. 烤

烤是将禽类原料放入烤炉内,借助四周的热辐射和热空气对流,使家禽成熟的方法。

工艺流程:禽类整理→码味→涂油→放入预热的烤箱中烤熟。

注意事项:

(1) 禽类整理。由于禽类原料大多肉质较嫩,整理时,应将其翅膀捆绑在它的身上,防止其肉质干燥。

(2) 码味。烤整只家禽前,一般将胡椒粉、盐涂抹在禽肉上,将洋葱、西芹和胡萝卜等调味蔬菜放入家禽的腹内。

(3) 保持水分。烤禽类时,特别注意防止水分过分散失,这样禽肉在烹调后才具有良好的嫩度和鲜香。烤大型禽类,例如烤火鸡时,在火鸡外皮的上方,放一些火腿肉,这样可以保持火鸡肉的水分,使其鲜嫩。现代烤火鸡,是先将鸡脯面朝下,待火鸡基本烤熟,再将鸡脯肉面朝上,大约烤 30 分钟。这不仅使鸡脯表面的颜色美观,还可以保持鸡脯肉的鲜嫩。有时在烤的途中,包上锡箔纸以保持水分,防止表皮烤焦。在烤非整只家禽时,可以在家禽的外部粘上调过味的面包屑,这样也能保持家禽肉质的鲜嫩。

(4)涂油。涂油也是为保持肉内的水分,肉汁和肉的嫩度,并使表皮香脆。一般来说,烤整只的家禽,必须在家禽的外部涂上油脂,而且在烤制过程中每 10~15 分钟要刷一次油。

(5)高温上色。一般先用 220 ℃~230 ℃ 的高温将禽类表面烤成浅棕色,如果肉的体积大且重量重,一般需要在上色以后降低烤箱的温度将禽类烤熟。

(6)温度和时间的控制。烤制时,不同重量和体积的原料采取不同的温度和时间。一般来说,较大的家禽使用低温烹调,根据体积和重量的不同,通常烤炉的温度是 120 ℃~160 ℃。这样既能以保证禽肉的颜色和成熟度,又可以节省烹调时间。而小家禽的烹调温度比较高,常在 150 ℃~200 ℃。由于小家禽成熟快,使用的温度就高。否则,温度太低会出现肉熟透而外观仍然没上色的现象。

2.扒

工艺流程:禽肉整理→码味→放在预热的扒炉上刷上植物油→先扒一面,再翻面扒熟。

注意事项:

(1)码味。焗或扒家禽前,应当将家禽的外皮用盐和胡椒粉调味,再刷上油,这样会使禽肉入味。

(2)温度控制。通常时间越短需要的温度就越高,时间越长需要的温度就越低。扒制成批家禽时可以先将家禽焗或扒成理想的颜色,然后放到烤炉里烤熟。

3.煸炒

煸炒是用少量食油作为热媒介,通过将禽肉翻动使其成熟的方法。通过这种方法制出的原料质地细嫩。

工艺流程:平底锅预热→放入少量的植物油或黄油→放禽肉片(通常是鸡胸肉片或火鸡胸肉)→煸炒制熟。

注意事项:一些较嫩的带骨鸡通常切成大块,通过煸炒使外观着色后,再通过烤或焖的方法成熟。

4.煎

工艺流程:平底锅烧热→放植物油加热→油热后,将码味后的禽肉放入→先煎一面,上色后再煎另一面。

注意事项:

(1)禽类在码味后,一般先粘上糊、面包屑或面粉等再烹调,使原料色泽美观保持嫩度。

(2)与煸炒不同,煎的原料体积较大,用油数量比较多。通常,煎的温度比煸炒需要的温度低,烹调时间比较长,有时需要运用几种火力。

知识链接

煎的烹调方法除了常用于禽肉制作以外,也常用于鸡蛋的烹调中。

工艺流程:少量的黄油或植物油放在平底锅中,将鸡蛋的一面煎至理想的熟度。

注意事项:不翻面即是单面煎。先将鸡蛋的一面煎熟翻面,再煎另一面,是双面煎。

5.炸

工艺流程:禽肉码味→放入预热的炸炉中→炸成熟。

注意事项：

（1）禽肉可以在码味后粘上糊、面包屑或面粉等，以使原料色泽美观，保持嫩度。

（2）烹调时注意油与原料的数量比例。

（3）掌握油温。油炸家禽的温度通常是 160 ℃～175 ℃。

（4）控制温度。一般在家禽炸到六七成熟时，要降低油温，使家禽达到外焦里嫩的效果。也可以先将家禽的外部炸成金黄色，然后将其放入烤炉内烤熟。

（5）如果在烹调时使用温度低、时间长的炸法，称为浸炸，用于特殊菜肴的制作。

6. 煮或炖

工艺流程：锅放在火上→加水、盐以及调味蔬菜→大火烧沸转为中小火→保持微沸状加入整理后的禽肉→煮熟。

注意事项：炖时用水比较多，因此烹调用锅不要太大，以保证锅中的水分足以漫过家禽。炖家禽的温度常在 90 ℃～95 ℃，一般在水达到沸点后再降温。

知识链接

煮的烹调方法除了常用于禽肉外，也常用于鸡蛋的烹调。

工艺流程：将鸡蛋放在沸水中 3～5 分钟（嫩鸡蛋）或 7 分钟以上（全熟的鸡蛋）。

注意事项：冷藏的鸡蛋在烹调前要将其放在常温下片刻，否则在沸水中会爆裂，煮熟的鸡蛋应放入冷水中使其内部冷却后再剥皮。剥壳时，应从鸡蛋较大的一端开始，易于剥落。

7. 汆（水波）

工艺流程：鸡原汤或清水煮开→放入整理后的禽肉→放干白葡萄酒、盐、调味蔬菜等→盖上锅盖→将原料烹饪至成熟。

注意事项：

（1）汆的方法适合嫩的或形状较小的禽肉。

（2）烹调时间应当短，温度比炖应更低一些。

（3）汆一般盖上锅盖，保持家禽的味道和鲜嫩。

（4）汆后的原汤常用来制成沙司。

知识链接

汆的方法除了常用于禽肉外，也用于鸡蛋的烹调。

工艺流程：水中放入少量的盐和醋→煮沸离开热源→将鸡蛋轻轻地放入热水中→保持在水的沸点以下→小火烹调 3～5 分钟即可。

注意事项：水波蛋应选用最新鲜的蛋，醋易于鸡蛋凝固，盐可提高水的沸点并减少鸡蛋的烹调时间。

8. 烧焖

工艺流程：禽肉整理→用大火热油煎成金黄色→加入少量汤汁→用旺火煮沸后加盖转小火慢慢烧焖成熟。

注意事项：

（1）烧焖前先将原料煎一下，以使家禽及其汤汁上色，并增加菜肴的味道。

（2）烧焖时可加炒香的洋葱、西芹、胡萝卜、香叶等一同烹调。

(二) 禽类原料主菜制作实例

制作实例 1　香橙烤鸭(canetons à l'orange)

主料:仔鸭 2 000 克,胡萝卜 100 克,洋葱 100 克,黄油 40 克,欧芹 20 克。

辅料:橙子 10×200 克,土豆适量,草莓、猕猴桃、薄荷叶等适量。

汤料:布朗鸭肉汤 1 000 毫升。

调料:糖 50 克,盐、胡椒粉适量,红酒醋 50 毫升,淀粉 20 克,柠檬 1 个,君度酒 100 毫升。

制作流程:

(1) 仔鸭去头、脚、颈骨和内脏,洗净后捆扎成形,撒盐和胡椒粉腌制。胡萝卜和洋葱切碎,柠檬皮和橙皮切丝,焯水后加君度酒浸泡备用。

(2) 将仔鸭煎上色,腹面向上放入焖锅内,加胡萝卜、洋葱,加盖后送入 200 ℃的烤炉中,烤 50 分钟(中途取出淋汁),去除锅盖,继续将鸭皮烤成深红色,出炉保温备用。

(3) 锅置小火上,加糖和红酒醋熬化成焦糖汁,加布朗鸭肉汤煮沸,用淀粉汁勾芡。最后加入烤鸭的原汁和香料,煮沸后过滤,去除多余的油脂,调味后成橙汁沙司,保温备用。

(4) 土豆去皮,切成圆片,洗净后炸成浅黄色,入黄油中煎成金黄色薯片,调味后撒欧芹碎,成黄油煎薯片。

(5) 将切好的鸭肉装入盘中,淋汁配薯片,用薄荷叶、橙子等装饰即可。

特点:鸭皮红亮、酥香,肉质细嫩,橙味香甜、微带酸味,适口宜人。

制作要领:

(1) 烤制中途,大约间隔 15 分钟取出仔鸭淋油,使鸭肉皮面的色泽光亮、美观。

(2) 上菜前将鸭腹面烤成金红色,可以保持鸭皮红亮、酥香的效果,增加风味。

制作实例 2　啤酒烩鸡(cop à la bière)

主料:净鸡胸或鸡腿肉 4×200 克。

辅料:薯条适量,煮意大利通心粉适量,时鲜蔬菜适量。

汤料:布朗鸡肉汤 1 000 毫升。

调料:红葱 50 克,金酒 50 毫升,啤酒 1 500 毫升,面粉 80 克,蘑菇 200 克,淡奶油 150 毫升,盐、胡椒粉、色拉油适量。

制作流程:

(1) 鸡肉切成大块;红葱切碎;蘑菇洗净备用。

(2) 将鸡肉蘸面粉煎香、定型后,加红葱碎炒香,加金酒点燃,烧出酒味,再加啤酒和布朗鸡肉汤煮沸,调味后加盖烩约 40 分钟。

(3) 鸡肉软熟后取出。烩汁中加入淡奶油煮稠,加蘑菇烩入味,离火加黄油搅化成沙司。

(4) 将薯条放入 150 ℃的油中炸成浅黄色;上菜前放入 180 ℃的油中炸成金黄色取出,撒盐后沥油,保温备用。

(5) 鸡肉装盘,淋上沙司。用法式炸薯条、煮意大利通心粉和时鲜蔬菜装饰即成。

特点:鸡肉细嫩鲜香,啤酒味浓,适口不腻。

制作要领:

(1) 制作中用金酒可以增加菜肴味感的丰厚度。若没有金酒也可以用白兰地酒代替。

(2) 啤酒的用量大。烩制时用小火,煮出啤酒的苦味。

制作实例 3　串烧鸡柳(brochettes de volaille tandouri)

主料:净鸡肉 600 克,洋葱碎 100 克,生姜碎 10 克,大蒜碎 3 个,咖喱粉 40 克,青咖喱酱 20

克,小茴香 20 克,姜黄粉 20 克,芝士粉 20 克,柠檬 1/2 个,欧芹碎 30 克,香菜碎 40 克,白葡萄酒 100 毫升,色拉油 100 毫升。

辅料:红椒 6 个,青椒 6 个,洋葱 4 个,菠萝 200 克,黄油米饭适量。

汤料:布朗基础牛肉汤 800 毫升。

调料:黄油 80 克,洋葱碎 200 克,苹果碎 200 克,咖喱粉 40 克,面粉 40 克,番茄碎 40 克,腌鸡肉料适量,淡奶油 200 毫升,盐、胡椒粉适量。

制作流程:

(1)鸡肉、红椒、青椒、洋葱和菠萝等切成 3 厘米长的块状。把鸡肉和洋葱碎、生姜碎等主料拌匀。用烧肉针将鸡肉、红椒、青椒、洋葱和菠萝等依次穿成整齐的串烧,冷藏腌制 6 小时备用;

(2)取出串烧,煎香上色后,送入烤炉烤熟,保温备用;

(3)黄油烧热,加洋葱碎和苹果碎炒香,加腌鸡肉料、咖喱粉和面粉炒匀,再加番茄碎和布朗基础牛肉汤煮稠,加淡奶油浓味,调味后成沙司;

(4)将黄油米饭、苹果碎、青椒碎、红椒碎等放入锅中炒香,调味后成什锦米饭;

(5)将鸡肉串烧装盘淋汁,配什锦米饭即成。

特点:色形美观,制作简便,肉嫩鲜香,咖喱味浓。

制作要领:

(1)串烧需要腌制后,入味才均匀。通常提前制作,冷藏腌制,现取现用,方便快捷;

(2)可选用别的原料,做菜式的变化。例如,串烧猪柳、串烧牛柳、串烧羊柳、串烧海鲜等。

制作实例 4 蜜汁烤鸡翅(roast chicken wings in honey sauce)

主料:鸡翅 1 000 克。

辅料:时鲜蔬菜适量。

调料:番茄酱 100 克,蜂蜜 30 克,蒜蓉 20 克,香草 10 克,法国芥末 20 克,橙汁 100 毫升,白醋 20 毫升,砂糖 20 克,黑胡椒碎 10 克,辣椒粉 20 克,酱油 30 克,细香葱 50 克,洋葱 40 克,植物油适量。

制作流程:

(1)将番茄酱用油炒香,加蜂蜜、蒜蓉、香草、法国芥末、橙汁、白醋、砂糖、黑胡椒碎、辣椒粉、酱油、细香葱、洋葱、植物油等拌匀成腌料汁;

(2)将鸡翅叉出小孔,加腌料拌匀,放进保鲜袋中。冷藏腌制 6 小时;

(3)将鸡翅取出。用锡纸包好,入烤炉烤制成熟,装盘配时鲜蔬菜即成;

(4)也可直接烤制,口味略干香,香气袭人,别有风味。

特点:色泽红亮,味甜酥适口、咸鲜香浓,风味独特。

制作要领:

(1)腌制时间要足,否则鸡翅入味不够,影响成菜的风味;

(2)若没有烤炉,也可以用微波炉烤熟,风味亦佳。

制作实例 5 香辣鸡翅(deep fried chicken wings)

主料:鸡翅 550 克。

装饰料:欧芹 1 束。

调料:盐适量,黑胡椒碎适量,红辣椒粉 5 克,生粉 20 克,水 50 毫升,鸡蛋 1 个。

制作流程:

(1)用盐、黑胡椒碎、红辣椒粉腌制鸡翅 15 分钟,再倒入用生粉、鸡蛋、水调好的糊,调匀

3

备用;

(2)将腌好的鸡翅,放入180 ℃的炸炉里炸熟至金黄色,用吸油纸将表面的油吸干;

(3)将炸好的鸡翅摆在铺有花边纸的盘中,装饰欧芹即可。

特点:色彩金黄,诱人食欲,香辣可口。

制作要领:

(1)腌制时口味要适中,腌的鸡翅表面要有一层薄浆;

(2)原料摆放时应注意色泽的搭配,应具有立体感。

四、水产品原料烹调方法的运用

(一)水产品常用的烹调方法

印尼三巴
酱烤鱼

1.烤

工艺流程:鱼整理后→用盐和胡椒粉调味→鱼肉的两边和烤盘内刷上油→175 ℃～200 ℃烹调成熟。

注意事项:使用烤的方法制作菜肴,应当选用尺寸较大的、完整的、含脂肪多的鱼。脂肪少的鱼以及贝壳类水产品,要涂大量的油,也可以包裹油网或在刷油前粘上面粉,以保持嫩度。烤制鱼刚熟即可,否则鱼肉会松散,影响鱼的外观。

2.焗

工艺流程:鱼或其他的水产品整理→用盐胡椒粉或其他的调味品调味→刷上黄油或者植物油→放在与上面的热源距离约12厘米的位置烹调成熟。

注意事项:焗适用的是较小的鱼块、鱼扇和虾肉等。烹调较大的鱼块时,把鱼放在刷有油的盘中。鱼皮面朝下,而且要翻面,这样才能保持鱼的味道和增加美观。控制时间不要将菜肴烹调得太熟。

3.铁扒

工艺流程:鱼整理→用盐、胡椒粉或其他的调味品调味→两边刷上黄油或植物油后,放在扒炉上扒熟。

注意事项:适用的是较小的鱼块、鱼扇和虾肉等,脂肪较少的鱼最好粘上面粉后刷油,以保持鱼块的完整。扒比焗的速度慢,而且要特别注意鱼的成熟度和完整性,避免鱼块的破碎和干燥。

4.煎

工艺流程:鱼整理→将鱼调味→粘上面粉、鸡蛋或面包屑或者挂糊→用平底锅煎熟。

注意事项:煎鱼前,将鱼粘上面粉、鸡蛋或者面包屑。以保持它的形状完整以免和平锅发生粘连;鱼肉粘面粉前先放入牛奶中浸一下可提高鱼肉的味道;煎鱼可以选用植物油,也可以使用混合的烹调油(黄油和植物油各半),但不要使用纯黄油,以免发生粘连。

5.炸

工艺流程:将鱼肉或其他水产品整理→调味→挂鸡蛋糊或面包屑等→放入热油中炸熟。

注意事项:掌握油锅中油与食物数量的比例、烹调时间;控制油温,原料达到六七成熟时逐渐降低油温,使菜肴达到外焦里嫩。

6.水波(余)

水波使用的水较少,温度比较低,一般保持在75 ℃～90 ℃。适用这种方法的原料都是比较新鲜并且比较小的,如鱼片。

水波(余)通常有两种:浓味水波和鱼原汤葡萄酒水波。

(1)浓味水波的工艺流程:用水、醋、盐、洋葱、西芹、胡萝卜、胡椒、香叶、丁香、香菜等原料制作浓味原汤→将汤煮开→使蔬菜和香料的味道完全融在汤里→将整理后的鱼放在煮锅里→待原汁煮沸后离火→将温度降至70℃~80℃浸熟。

(2)鱼原汤葡萄酒水波的工艺流程:用黄油将冬葱末煸炒入味→将鱼排列在平底锅里→用盐和胡椒粉调味→加上鱼原汤和白葡萄酒(比例2:1),总量超过鱼肉高度→盖上盖子→煮开后用中火将鱼肉煮熟→将原汤沥出,放入另一个碗里→再用大火煮原汤→大约蒸发1/4原汤→加入鱼沙司和浓奶油煮开→用盐、胡椒粉、柠檬汁调味→制成白葡萄酒沙司,将沙司浇在鱼上。

7. 炖

工艺流程:将鱼以及其他水产品整理→放入平底锅略煎→放入少量的水或原汤→调味→盖上锅盖→通过汤汁和蒸汽的热传导和对流使菜肴成熟。

注意事项:炖的加工温度比水波的略高,是85℃~95℃;放入的水或原汤很少。

(二)水产品原料主菜制作实例

制作实例1 藏红花烩海鲜(stewed seafood in saffron and white wine sauce)

主料:海鲜(白肉鱼、青口、大虾、扇贝、牡蛎、鲜鱿等)1 200克。

辅料:红葱碎50克,洋葱碎50克,黄油米饭等配菜适量。

汤料:鱼精汤300毫升。

调料:黄油40克,白葡萄酒250毫升,面粉30克,香料束1束,藏红花1克,淡奶油100毫升。

制作流程:

(1)将鱼肉切块,青口加白葡萄酒、香料束煮开壳,取肉留汁备用。扇贝和牡蛎取肉,鱿鱼洗净切块。藏红花浸泡备用;

(2)将鱼肉、青口、大虾、扇贝、牡蛎、鲜鱿鱼等用鱼精汤煮至六成熟;

(3)将红葱碎和洋葱碎用黄油炒香,倒入白葡萄酒煮干,加面粉炒匀,倒入鱼精汤煮沸,调味后加淡奶油煮稠,加藏红花汁煮成海鲜红花汁;

(4)上菜前,将海鲜料放入红花汁中煮入味,出锅装盘配黄油米饭等即成。

特点:鱼肉鲜嫩,酱汁味鲜汁浓,色泽金黄,奶油味浓厚。

制作要领:

(1)煮海鲜不宜过久,以免肉质太老。

(2)主料选料多样,以新鲜、味鲜美为佳。

制作实例2 墨西哥焗肉蟹(baked crab meat with chick peas with curry)

主料:长脚蟹(或肉蟹)1 200克。

辅料:土豆1 500克,芝士片20克,小刀豆50克,红椒10克,洋葱20克,菠菜500克。

汤料:白汁50毫升。

调料:白葡萄酒150毫升,黄油50克,咖喱粉3克,姜黄粉3克,盐、辣椒粉适量。

制作流程:

(1)肉蟹煮熟取肉备用,蟹壳过油备用;

(2)土豆煮熟压成土豆泥,调味后备用;

(3)锅内放黄油,炒香红椒、小刀豆、洋葱等,放蟹肉、白汁后调味;

3

（4）头盘上挤土豆泥花，再放菠菜垫底、再放上超好的蟹肉，放芝士片焗上色即可装盘装饰。

特点：蟹肉微辣，鲜甜味美，成菜美观，清爽不腻。

制作要领：

（1）注意蟹的成熟时间的掌握；

（2）土豆泥的制作中压制一定要细腻，才能很容易地做花。

制作实例 3　俄式烤鱼(baked fish, Russian style)

主料：三文鱼 750 克。

辅料：培根 250 克，柠檬 100 克，土豆 1 000 克，芝士 150 克，樱桃番茄 50 克，鸡蛋 50 克。

汤料：白汁 100 毫升。

调料：橄榄油 150 毫升，白葡萄酒 150 毫升，香叶 2 克，豆蔻粉 2 克，芫荽 50 克，黄油 250 克。

制作流程：

（1）三文鱼去骨加工成厚片备用；

（2）制作土豆泥，调味；

（3）大烤盘内抹黄油，放土豆片、培根、芝士，再放上三文鱼、芝士、培根，抹上鸡蛋液，淋上白汁，最后挤上土豆泥花；

（4）入烤箱烤熟，出炉刷黄油，装盘用樱桃、番茄等辅料装饰即可。

特点：鱼肉细腻，土豆味美，芝士香浓，清爽不腻。

制作要领：

（1）烤制的温度和鱼的厚度要掌握好，避免鱼肉过老；

（2）出炉刷黄油可加芫荽碎提高风味。

五、高档原料制作实例

制作实例 1　普罗旺斯煎小牛肉片(法)(provencal veal)

主料：小牛后腿肉 200 克。

辅料：鸡蛋 1 个，鲜面包渣 100 克，面粉 80 克，番茄 100 克，水 50 毫升，牛基础汤 400 毫升。

调料：黄油 100 克，橄榄油 100 克，盐 5 克，胡椒粉、百里香、迷迭香、龙蒿、罗勒、欧芹各少量。

配料：炒时令蔬菜 400 克。

制作流程：

（1）把小牛肉加工成大片，加盐、胡椒粉调味；

（2）把鸡蛋、橄榄油、水、盐、胡椒粉放在容器内，搅拌均匀；

（3）在鲜面包渣内加入百里香、迷迭香、龙蒿、欧芹、盐、胡椒粉、橄榄油搅拌均匀；

（4）肉片蘸匀面粉，单面蘸鸡蛋液及调好的鲜面包渣，用油煎至成熟上色；

（5）把牛基础汤煮干 1/2，加番茄、罗勒、盐、胡椒粉、橄榄油煮透，过滤，再加软黄油调剂浓度；

（6）把炒时令蔬菜配在旁边，小牛肉片放在盘中间，浇上沙司即好。

特点：肉片呈深褐色，有光泽；大片状，上面粘匀面包渣；鲜香，有浓郁的香草味，微咸；鲜嫩多汁。

制作实例 2　焖填馅小牛核(法)(stuffed sweetbread with chicken meat)

主料:牛仔核 400 克。

馅料:鸡胸肉 200 克,蛋清 30 克,鲜奶油 200 毫升,开心果仁 20 克,红甜椒 20 克,黑菌 15 克。

沙司料:葱头 100 克,芹菜 80 克,胡萝卜 80 克,香叶 1 片,百里香 1 克,干白葡萄酒 150 毫升,鸡基础汤 60 毫升,黄油 50 克,橄榄油 50 毫升,盐 7 克,胡椒粉少量。

配菜:煮土豆榄及时令蔬菜 300 克。

制作流程:

(1) 在小牛核一端切开一个口,成袋状;

(2) 把鸡胸肉用搅打器打成泥,同时逐渐加入蛋清、奶油、盐、胡椒粉,再把开心果仁、红甜椒、黑菌切成小丁,放入鸡肉中搅匀;

(3) 把鸡肉馅用挤袋挤入小牛核中,再撒上盐、胡椒粉,再蘸上面粉;

(4) 把小牛核用油煎上色,倒出多余的油,再放入黄油,然后放入洋葱丁、胡萝卜丁、芹菜丁炒香,再放入干白葡萄酒、香叶、百里香、鸡基础汤,盖上盖放入 180 ℃的烤箱中焖 30 分钟;

(5) 把小牛核取出,在焖汁中放入鲜奶油调好口,过滤成沙司;

(6) 把小牛核切成片,码在盘中,边上配上土豆榄及时令蔬菜,周围浇上沙司即可。

特点:乳白色,洁白光亮;牛仔核成片状,整齐不碎;浓香、奶香、酒香、微咸;软嫩。

制作实例 3　干果烩兔肉(hare stewed with plum)

主料:兔肉 800 克。

辅料:洋葱、西芹、胡萝卜各 200 克,李子干、葡萄干各 150 克,培根 20 克。

调料:干红 100 毫升,橄榄油 40 毫升,黄油 50 克,盐 7 克,迷迭香和胡椒粉各适量。

配料:黄油米饭及时令蔬菜适量。

制作流程:

(1) 把兔肉切成块,加入盐、胡椒粉腌渍。再加入调味蔬菜香料、干红和橄榄油腌渍 12 小时以上;

(2) 炒锅内下入兔肉煎上色,再放入培根片及腌肉的蔬菜炒软,然后加入腌肉汁,鸡基础汤,迷迭香和大蒜焖 30～40 分钟;

(3) 把兔肉捞出,放入李子干和葡萄干煮 15 分钟,再放入兔肉烩熟,用盐、胡椒粉调味;

(4) 把黄油米饭盛在盘边,中央放兔肉及原汁,四周配时令蔬菜。

特点:暗红色,有光泽;块状整齐,表面裹满沙司;浓郁的酒香及适口的酸咸味;兔肉软烂不干。

制作实例 4　番茄焖牛舌(braised ox tongue with tomato sauce)

主料:牛舌 600 克。

辅料:西芹、胡萝卜、洋葱各 50 克,番茄 100 克,培根 100 克,牛基础汤 400 毫升,面粉 50 克。

调料:黄油 80 克,干红 400 毫升,鲜百里香 2 枝,香味 2 片,盐 8 克,胡椒粉少量。

配料:小洋葱 200 克,时令蔬菜 200 克。

制作流程:

(1) 将牛舌加工干净,煮 1 小时,剥去外皮;

(2) 炒锅内下入黄油、西芹丝、胡萝卜丝、洋葱丝、培根丝炒香,加入面粉稍炒,放入番茄

酱、番茄、干红、牛舌、牛基础汤煮透,放入180℃烤箱中焖3～4小时;

(3)把小洋葱根部切十字口,时令蔬菜切条用开水烫软,加少量焖牛舌的调味汁热透;

(4)把牛舌捞出,切厚片,入在盘中,沙司过滤后浇在牛舌上,摆上配菜即可。

特点:深红色,有光泽;牛舌厚片状,整齐不碎;浓香、酒香、微咸酸;牛舌软烂,沙司细腻。

◆ 拓展任务

1.通过网络、图书等途径,以小组合作的方式获取相关资源信息,结合课堂实践感受,小组同学相互交流,充分讨论,总结归纳:

(1)海鲜鱼类在煮制时有哪些要求和技巧?

(2)西餐畜禽肉类在烹制中有哪些成熟度标准?如何保持原料的鲜嫩度和原汁原味?

(3)肉类红酒菜肴烹制时有哪些要求和技巧?

(4)如何鉴别意大利面条的成熟度?

2.通过日常实训课堂菜品采购成本计算,进一步思考如何计算菜品原料的出成率?

3.在课堂上学习制作了近百个西餐菜品,加上认知部分的制作实例,学习的菜品超过一百多个,同时通过课后在线学习等网络等途径也大幅度开阔了专业视角。请确定1～3个西餐菜点品种作为自己的拿手菜品,在今后的学习生活和职业生涯中潜心研究不断完善。

◆ 知识测试

1.畜肉类原料的特点、常用烹调方法及制作要领有哪些?

2.禽肉类原料的特点、常用烹调方法及制作要领有哪些?

3.海鲜鱼类原料的特点、常用烹调方法及制作要领有哪些?

◆ 思政拓展

准烹饪时代

3

◎ 实训部分

模块一　意大利面制作

实训目标

素养目标:在实际操作中注重对学生进行集体主义教育,培养学生团队协作精神。

知识目标:了解意大利面制作相关理论知识;熟练掌握西餐常见意大利面的制作流程和关键技术,包括煮制和配套酱汁的制作。

能力目标:能够制作蛋黄培根意面、青酱意面和博洛尼亚肉酱意大利面。

实训重点

博洛尼亚肉酱意大利面。

任务一　蛋黄培根意面

西文名:spaghetti carbonara

主料:意大利面 100 克,意大利培根 2 片。

沙司料:鸡蛋黄 2 个,奶油 80 克,黄油 10 克,盐、胡椒粉、奶酪粉适量。

制作流程:

(1) 将意大利面放入加有盐的沸水中煮 8~10 分钟,捞出沥干;

(2) 将鸡蛋黄、奶油和奶酪粉混合后,放在 60 ℃的热水上隔水加热,成蛋奶液;

(3) 炒锅内下入黄油和培根小片炒香,下入面条和煮面原汁,倒入蛋奶液,调入盐、胡椒粉,拌炒均匀即成白酱意面。

特点:口味咸鲜独特,色泽乳白,酱汁明亮,意面劲道。

制作要领:

(1) 掌握好鸡蛋黄与奶油的比例和入锅的时间,因鸡蛋遇热会迅速凝结,所以拌入意粉时速度一定要快;

(2) 可用煮面的原汤炒面使其滋润。

3

奶油培根
宽蛋面

任务二　青酱意面

西文名：spaghetti with pesto

主料：意大利面 100 克。

沙司料：大蒜 20 克，鲜罗勒叶 30 克，鲜欧芹末 30 克，松子 30 克，奶酪粉 10 克，橄榄油 50 克，盐、胡椒粉适量。

制作流程：

（1）将鲜罗勒叶、欧芹末、大蒜放入搅拌机中，打成蓉，再加入烤香的松子粉、橄榄油、盐、胡椒粉搅拌均匀，即成青酱；

（2）将意大利面煮熟后倒入炒锅中，下入青酱、盐、胡椒粉拌炒，装入盘中，撒上奶酪粉、松子，用罗勒叶装饰即成。

特点：色泽翠绿鲜艳，口味浓郁，营养丰富，有明显的松子香味和蒜香味。

制作要领：

（1）制作青酱时，罗勒和欧芹要切细充分混合；

（2）干果烤香、上色，不能烤焦；紫苏要新鲜，所有原料比例适中；

（3）此菜还可以加入少许鲜青红辣椒，口味特别。

任务三　博洛尼亚肉酱意大利面

博洛尼亚
肉酱意大
利面

英文名：spaghetti bolognaise

主料：意大利面 80 克。

沙司料：意大利面 80 克、橄榄油 15 克、洋葱 10 克、西芹 5 克、胡萝卜 5 克、大蒜 5 克、牛肉末 30 克、猪肉末 30 克，番茄酱 5 克、番茄汁 50 克、鸡基础汤 50 克、意大利去皮番茄 10 克、鲜蘑菇 2 个，鲜牛至叶、百里香、鲜罗勒叶、香叶、干白、干红、盐、胡椒粉、白糖、干奶酪粉适量。

制作流程：

（1）炒锅高温加热热透后，加橄榄油将葱末炒香，加入一片香叶、番茄酱炒透，烹干红，降低火力，加入番茄汁、去皮番茄和罗勒叶，加基础汤小火炖 15 分钟，用盐、胡椒粉、白糖调口，制成番茄沙司；

（2）用橄榄油炒香圆葱，下入一半西芹、胡萝卜和鲜蘑菇片，稍炒一会慢慢下入牛肉末和猪肉末，待肉熟下入其余的西芹、胡萝卜和百里香，炒均匀，加入上面制好的番茄沙司，混合均匀后烹红酒，加牛至叶，加汤，汤液以刚没过原材料为好，要注意经常晃勺，炖至汤汁浓稠，用盐、胡椒粉、白糖调口；

（3）将面条放入加有盐的沸水中，注意不要将面条碰折，加一茶匙橄榄油，煮 8～10 分钟，盛入盘中，浇上肉酱，撒上奶酪粉，摆上罗勒叶即成。

特点：肉酱汁色泽红亮，牛肉味道香浓，意粉有嚼劲，风味独特。

制作要领：

（1）意粉不宜久煮，以中心有少许硬心，有嚼劲为佳；

（2）肉酱汁应用小火焖煮，至牛肉软烂，酱汁香浓为佳。若选用嫩牛肉，则可将牛肉切成小丁，煮焖 30 分钟即可。

3

达标菜品拓展知识：博洛尼亚肉酱意大利面

营养成分：

营养物	能量(kcal)	蛋白质(g)	脂肪(g)	碳水化合物(g)	膳食纤维(g)	维生素 A(μg)
含 量	517.68	19.88	21.74	60.63	2.14	189.1
营养物	维生素 C(mg)	钠(mg)	钙(mg)	铁(mg)	锌(mg)	胆固醇(mg)
含 量	8.25	142.59	97.4	4.23	3.58	41.55

适宜人群：

该菜品富含碳水化合物和维生素 A，牛肉具有高蛋白低脂肪的特点，肉毒碱含量比较高，能够支持脂肪的新陈代谢，产生支链氨基酸，是减肥、健美人士的首选肉类。蘑菇属于高蛋白、低脂肪、多糖、多氨基酸和多维生素菌类，经常食用可以增强机体免疫力，延缓衰老，防癌抗癌，降低血糖和胆固醇。

英文流程：

Directions：

(1) Make the Tomato Sauce

Place a saucepan over a high heat and warm through, then add the olive oil, stir the minced onion until the fragrance released, and add one bay leaf and tomato paste, stir in well. Add the dry red wine, reduce to the low heat. Add the crushed tomato, Italian peeled tomato, fresh basil and dry basil, add chicken stock, simmer the sauce for 10~15 minutes, seasoned with salt, pepper and sugar.

(2)Make the bolognaise

Stir the onion with olive oil until the fragrance released, add half of the diced carrots and celery, stir for a short while and start to add the minced beef, little by little and then minced pork as the same way. When the meat is throughly cooked, add the left celery, carrot and some thyme. Add some red wine, oregano, mixing them in well. Add tomato sauce, cover them all with chicken stock, and let it all cook for a few mintues, stirring occasionally. Simmer the bolognaise until thick.

(3) Cook the pasta

Season a pan of boiling water with salt and add the spaghetti. Very gently push it down into the water, add 1 tbsp of olive oil and let it come back to the boil, cook for about 8~10 minutes. Put it into the plate, top with bolognaise and parmesan cheese powder, garnish with Basil.

◆ 技能达标

请针对实训任务三博洛尼亚肉酱意大利面进行技能达标。要求：

1. 时间：35分钟内完成菜品制作（包括番茄沙司和肉酱的制作）；

2. 质量标准：成品要达到菜品特点要求；

3. 用英文陈述菜品制作流程；

4. 分析菜品营养成分，计算菜品采购成本，并写出分析报告。

模块二　快餐制作

实训目标

素养目标:引导学生将实训体验结合理论认知,进一步深入理解菜品工艺原理,注重学生实训过程中职业素养的训练和养成。

知识目标:了解快餐制作相关理论知识;熟练掌握西餐常见快餐品种的制作流程和关键技术。

能力目标:能够制作牛肉汉堡、公司三明治、洋葱培根杏利蛋、夏威夷披萨饼、西班牙瓦伦西亚海鲜焗饭。

实训重点

公司三明治、洋葱培根杏利蛋、夏威夷披萨饼、西班牙瓦伦西亚海鲜焗饭。

任务一　牛肉汉堡

西文名:beef burger

肉饼料:牛腿肉 200 克,猪肥肉 250 克,鸡蛋 1 个,吐司面包 10 克,牛奶 25 毫升,洋葱碎 10 克,大蒜碎 5 克,白兰地酒 5 毫升,辣酱油 2 克,欧芹 2 克,马佐林、牛至叶、香叶、百里香、肉豆蔻粉各适量。

辅料:面包坯子 1 个,煎鸡蛋 1 个、生菜 1 片、番茄 2 片、酸黄瓜适量。

制作流程:

(1)将牛肉和肥肉切块绞细。面包去除外皮,将面包心用牛奶泡软、搓烂。洋葱碎和大蒜碎用黄油炒香;

(2)将牛肉蓉、面包心、洋葱碎、大蒜碎、鸡蛋、欧芹、马佐林香草、牛至叶、香叶、百里香、白兰地、辣酱油、肉豆蔻粉、盐和胡椒粉等搅拌均匀,做成汉堡肉饼;

(3)将牛肉饼放于预热的扒炉上,煎至定型、成熟后,保温备用;

(4)将圆面包片开,夹入牛肉饼,一面煎蛋、生菜、番茄、酸黄瓜片。

特点:肉饼鲜香,口味浓厚,制作简便,是居家常用的美食。

制作要领:

(1)牛肉蓉须充分搅拌,至黏稠、上劲,成品的效果才好,不易散碎;

牛肉汉堡

3

（2）用小火煎，至肉饼中心的肉汁清亮即可。

任务二　公司三明治

西文名：club sandwich

主料：吐司面包 50 克，火腿 10 克，鸡蛋 1 个，培根 10 克，熟鸡肉 15 克，番茄 20 克，酸黄瓜 20 克，生菜叶适量。

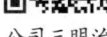
公司三明治

辅料：色拉油 15 克。

制作流程：

（1）把鸡胸肉切成 3 毫米厚的片，用盐、胡椒粉和黑胡椒碎腌制。把煎盘烧热至 180 ℃，放少许油，降低温度到 160 ℃；

（2）用煎盘煎制鸡胸肉、培根和鸡蛋；

（3）将生菜、奶酪、鸡肉、西红柿按照由下到上的顺序铺到一片面包上；

（4）盖上另一片面包，摆上鸡蛋、火腿和培根，用第三片面包盖在最上面，并用刀沿着方形面包的对角线将其切成 4 块，可以用牙签固定，使其更美观，配薯条和沙拉即可。

特点：色泽丰富，造型具有立体感，清爽不腻。

制作要领：

（1）所有原料切制后要求厚薄均匀；

（2）原料摆放时应注意颜色搭配，具有立体感。

达标菜品拓展知识：公司三明治

营养成分：

营养物	能量(kcal)	蛋白质(g)	脂肪(g)	碳水化合物(g)	膳食纤维(g)	维生素 A(μg)
含　量	1453.8	54.49	75.76	138.5	3.22	354.6
营养物	维生素 C(mg)	钠(mg)	钙(mg)	铁(mg)	锌(mg)	胆固醇(mg)
含　量	20.3	621.32	408.7	7.61	5.71	552.5

适宜人群：

该菜品富含碳水化合物、蛋白质、维生素 A 和钙，鸡肉的蛋白质含量较高，必需氨基酸种类多，而且肉质相对于其他肉类来说比较细腻，容易被人体吸收利用，鸡蛋蛋白质属于优质蛋白，易被人体吸收，西红柿、生菜含有丰富的维生素和矿物质。但该菜品属于高热量食品，脂肪、胆固醇含量都比较高，三高人群应注意，不应一次食用过多。

英文流程：

Directions

（1）Slice the chicken breast and ham into about 3mm, season the chicken breast with salt, pepper and crushed black pepper. Heat the grilled pan for about 180 ℃. Pour some oil and reduce the heat to 160 ℃.

（2）Pan fry the chicken breast, egg and bacon.

（3）Spread the lettuce, sliced tomato, chicken breast and cheese on to one side of the toast bread.

3

（4）Use the second piece of bread，put it on top，then put the fried egg，ham and bacon on the second bread.

（5）Put the last bread on the top，cut the sandwich with a sharp knife into four. Use toothpicks，it keeps the sandwich looks better.

（6）Place it on a serving plate，serve with fried chips and salad. enjoy！

任务三　洋葱培根杏利蛋

西文名：onion bacon omelet

主料：鸡蛋 1.5 个。

调料：洋葱 5 克，培根 5 克，黄油 5 克，盐、胡椒粉、威士忌酒适量。

制作流程：

（1）将洋葱切丝，培根切成丁，煎盘加黄油热后，放入洋葱、培根炒软炒香；

（2）鸡蛋打入碗内，加入盐、胡椒粉、威士忌酒，用蛋扦将鸡蛋打散；

（3）煎盘加热，放入黄油，然后加入蛋液；

（4）用铲刀不断地搅动蛋液，直至蛋液轻微凝固，放入炒香的洋葱丝、培根丁；

（5）然后用铲刀把洋葱丝、培根丁包拢在鸡蛋里面，呈橄榄形；

（6）取出，放入盘内配炸薯条和蔬菜沙拉即可。

特点：清香适口，蛋香宜人。

制作要领：

（1）制作时左右手要配合默契，不断晃动煎锅和搅动蛋液，避免蛋液粘锅；

（2）将凝固时开始卷制，要求动作迅速麻利，一气呵成；

（3）炒辅料时要用小火，将蔬菜完全炒软后再加入蛋液，蛋卷香味才浓厚。

达标菜品拓展知识：洋葱培根杏利蛋

营养成分：

营养物	能量(kcal)	蛋白质(g)	脂肪(g)	碳水化合物(g)	膳食纤维(g)	维生素 A(μg)
含量	354.2	21.9	28.04	3.56	0.14	310.85

营养物	维生素 C(mg)	钠(mg)	钙(mg)	铁(mg)	锌(mg)	胆固醇(mg)
含量	1.2	217.65	96.8	3.49	1.92	965.75

适宜人群：

该菜品富含维生素 A、钙和蛋白质，鸡蛋含有丰富的蛋白质、脂溶性维生素和矿物质，被誉为"理想的营养库"，培根含有丰富的磷、钾和钠，风味独特，但是注意其脂肪和胆固醇含量比较多，所以不适合老年人、三高人群食用。

英文流程：

Directions：

（1）Shred the onion，dice the bacon. heat the frying-pan with butter，then add the onion and bacon，stir them until the fragrance release.

（2）Break the eggs in a bowl, add the salt, pepper and whiskey, then beat the eggs.

（3）Heat the frying-pan, add the butter(when it melt), add the beaten egg.

（4）Use the wooden spoon while whisking, until the liquid egg set slightly, then add the onion and bacon.

（5）Then wrap the shredded onion and diced bacon in the egg with the wooden spoont, make it into olive shape.

（6）Place it on a serving plate, serve with fried chips and salad. Enjoy!

任务四　夏威夷披萨饼

西文名：hawaii pizza

皮料：高筋粉 100 克，油 10 克，糖 5 克，盐 2 克，酵母 5 克，水 60 克，鸡蛋液 10 克。

馅料：里脊火腿 20 克、灌装菠萝 12 克、青红椒各 5 克，口蘑 5 克，洋葱 5 克，披萨沙司 20 克，马苏里拉芝士 50 克。

夏威夷披萨饼

制作流程：

（1）先将面粉跟酵母、糖、鸡蛋混合在一起，加水慢慢揉成面团。面团成型后加入盐，最后加入油，使油与面团充分混合；

（2）待面团表面光滑后用保鲜膜盖上，醒发 20 分钟（保鲜膜不要封得太死）；

（3）面团醒好后取出，继续揉搓，把面团里的空气揉出；

（4）把面团擀成九寸大小圆形，装入烤盘，面皮扎眼然后醒至起发。待饼皮醒好后抹上披萨酱，抹匀，先撒上一层芝士然后放上馅料，撒芝士、牛至叶；

（5）将烤箱预热到 200 ℃，把披萨放入烤箱，饼皮与芝士成金黄色即可。

特点：面皮松软，馅料香甜适口，味厚浓郁，成菜美观。

制作要领：

（1）注意面团发酵温度和程度控制；

（2）所有馅料必须新鲜，品质上乘，以保证品质；

（3）成品必须软硬适中，即使折叠起来，面皮外层也不应破裂。

达标菜品拓展知识：夏威夷披萨饼

营养成分：

营养物	能量（kcal）	蛋白质（g）	脂肪（g）	碳水化合物（g）	膳食纤维（g）	维生素 A（μg）
含量	723.04	51.80	32.89	54.97	6.8	94.80

营养物	维生素 C（mg）	钠（mg）	钙（mg）	铁（mg）	锌（mg）	胆固醇（mg）
含量	9.97	300.92	499.77	3.18	27.46	12.95

适宜人群：

该菜品富含碳水化合物、钙、铁和锌，胆固醇含量低，是良好且方便的能量补充食物，矿物质含量丰富，营养相对均衡，作为主食或快餐食用，可以补充儿童和老年人所需的矿物质。建议一天内在食用披萨饼的同时，再食用些水果、蔬菜以及豆制品，以补充维生素和豆类蛋白质的不足。

英文流程：

Directions：

（1）Mix the flour，yeast，egg，sugar and water together. Knead it into dough，then add salt and oil. Make the oil with dough thoroughly incorporated.

（2）Cover the dough with cling film after the surface is smooth，ferment for 20 minutes.

（3）When the dough swelled，continue to knead，release the air.

（4）Roll the dough into nine inch size circle，put it into the pan，prick the dough. When the dough swelled again，spread the pesto on the paste，then put cheese，ham，and pineapple. The last put cheese and oregano on the top.

（5）Put it in the 200 degrees' oven，baked for about 8 minutes，until the surface is crispy，the cheese is melt.

任务五　西班牙瓦伦西亚海鲜焗饭

西班牙海鲜饭

西文名：seafood paella

主料：大米 100 克，净去骨鸡腿肉 50 克，西班牙肉肠 25 克，大虾 2 只，鲜墨鱼 25 克，青口 2 个，花蛤 2 个，小龙虾 2 只，螃蟹肉少许。

调料：橄榄油 15 克，干白 20 克，番茄 20 克，鸡基础汤 100 克，洋葱、大蒜、藏红花、红椒粉、盐、胡椒粉各适量。

装饰料：青椒、红椒、青豆、欧芹各 5 克。

制作流程：

（1）将海鲜洗净，青豆煮熟；

（2）双耳锅中放入橄榄油烧热，放入鸡腿肉和肉肠煎香；

（3）加入洋葱末和大蒜末炒香，再加入大米炒匀；

（4）倒入干白煮干，放入藏红花、红椒粉，再加入番茄汁和鸡基础汤，煮沸后，调入盐、胡椒粉；

（5）加盖，用小火焖 25 分钟，至米粒成形；

（6）加入鲜墨鱼块拌匀，在米饭表面上放上大虾等海鲜，加盖再焖 10 分钟；

（7）至青口、花蛤开壳后，撒上彩椒粒、青豆和欧芹末。再焖 2 分钟即成。

特点：米饭色泽金黄，美观大气，咸鲜、香浓，营养丰富，风味独特。

制作要领：

（1）若没有西班牙猪肉肠，可用烟熏猪肉肠代替，风味亦佳；

（2）传统制作西班牙海鲜饭时，人们习惯选用贝类海鲜，而在西班牙内陆，也可加入鸡肉、兔肉等原料；

（3）如果没有藏红花可以加入姜黄粉代替，起到调色作用，但是香味会受到影响；

（4）西班牙海鲜饭要小火直接焖煮、熟制而成，制作中要注意控制火力和鸡汤的用量，切记不要把锅底的米饭做焦糊了。

达标菜品拓展知识：西班牙瓦伦西亚海鲜焗饭

营养成分：

营养物	能量(kcal)	蛋白质(g)	脂肪(g)	碳水化合物(g)	膳食纤维(g)	维生素 A(μg)
含　量	597.27	42.29	30.87	37.58	0.83	30.4
营养物	维生素 C(mg)	钠(mg)	钙(mg)	铁(mg)	锌(mg)	胆固醇(mg)
含　量	1.6	1 055.06	179.7	18.92	9.0	368.3

适宜人群：

该款菜肴含有较多的钙和蛋白质，墨鱼富含蛋白质、钙、磷、铁、钾等，并含有十分丰富的微量元素，如硒、碘、锰、铜等。鱿鱼还含有大量的牛磺酸，可抑制胆固醇在血液中蓄积，所以虽然由于其中胆固醇含量高，但是适当食用，不用担心胆固醇增加。鱿鱼有滋阴养胃、补虚润肤的功能，但鱿鱼属于发物，患有湿疹、荨麻疹等疾病的人忌食。

英文流程：

Directions：

（1）Wash the seafoods，cook the green peas.

（2）Heat some olive oil in the saucepan，pan-fry the chicken and the sausage until the fragrance release.

（3）Add the minced onion and garlic，stir them until the fragrance release. Then add the rice，mix them well.

（4）Pour some white wine and sweat it，then add saffron，paprika，tomato juice and chicken stock. After boiling，season with salt and pepper.

（5）Put the cover on，simmer it in low heat for about 25 minutes，until the rice set.

（6）Mix with the fresh squid，put the prawn and other seafoods on the rice. Cover it up and braise it for 10 minutes.

（7）When the mussel and clam open the shell，scatter the diced color pepper，green peas and minced parsley. Then continue braise 2 minutes. it's done.

◆ 技能达标

请针对实训任务二公司三明治、任务三洋葱培根杏利蛋、任务四夏威夷比萨饼、任务五西班牙瓦伦西亚海鲜焗饭进行技能达标。要求：

1. 时间：任务二 20 分钟；任务三 10 分钟；任务四 60 分钟；任务五 40 分钟。以上时间包括菜品配套的酱汁制作；

2. 质量标准：成品要达到菜品特点要求；

3. 用英文陈述菜品制作流程；

4. 分析菜品营养成分，计算菜品采购成本，并写出分析报告。

模块三　禽类套餐制作（一）

实训目标

素养目标：培养学生助人为乐的精神，树立节约能源的理念。

知识目标：了解禽类原料理论知识；熟练掌握西餐常见禽类菜品的制作流程和关键技术。

能力目标：能够独立制作奶油玉米汤、华尔道夫沙拉、香煎鸡排配蘑菇沙拉；能够对西式宴会菜品进行合理规划和搭配。

实训重点

华尔道夫沙拉、香煎鸡排配蘑菇沙拉。

任务一　奶油玉米汤

西文名：creamy corn soup

主料：奶油玉米 50 克，玉米羹 20 克。

调料：鲜奶 30 克，奶油 10 克，黄油 5 克，鸡基础汤 50 克，面粉、盐、胡椒粉各少许。

制作流程：

（1）沙司锅内下黄油，面粉炒香，慢慢加入鲜奶，不断搅拌，使之成稀糊状，加入玉米粒、玉米酱、水，搅打至合适稠度，煮沸，加盐、胡椒粉调味，装入盘中；

（2）用奶油拉花即成。

特点：色泽洁白，玉米嫩黄，奶油味道浓而香，口感滑爽。

制作要领：玉米必须选用质地细嫩的奶油玉米，或者用听装美国玉米粒。

任务二　香煎鸡排配蘑菇沙拉

西文名：fried chicken chop with mushroom salad

原料：鸡腿一只，口蘑 50 克。

调料：干葱头 15 克，柠檬 1/2 个，芝麻叶菜 150 克，芝士粉 10 克，迷迭香 10 克，孜然 5 克，红粉 5 克，蒜 10 克，蜂蜜 20 克，黑醋 20 克，白葡萄酒 10 克。

制作流程：

（1）先将鸡腿去骨用肉锤拍打然后腌制；

（2）将孜然、迷迭香捣碎加入红粉备用；

（3）干葱切丝口蘑切半备用；

（4）将二料均匀地撒在鸡腿上，加些蒜末和蜂蜜，放在煎锅里，两面煎熟上色；

（5）鸡腿拿出后，锅中油不动，下入干葱头丝、口蘑块、白酒、黑醋调口；

（6）芝麻叶菜拌入黑醋橄榄油、黑椒碎制成爽口小沙拉；

（7）以上原料按立体形状摆好，撒上柠檬皮丝、芝士粉，淋橄榄油即可。

任务三　华尔道夫沙拉

西文名：waldorf salad

主料：红苹果半个约 50 克，西芹 15 克，土豆 30 克，核桃仁 10 克，香蕉 50 克，葡萄干 10 克，绿色花边生菜一片，熟鸡肉 25 克，熟鸡蛋 1/4 个，番茄半个约 80 克。

辅料：切特力沙司 25 克。

制作流程：

（1）将土豆煮熟切成丁，红苹果、香蕉去皮，切成块，西芹切块，加入柠檬汁拌匀，核桃仁用开水泡涨、去皮、压碎，熟鸡肉切成小块；

（2）将红苹果、香蕉、西芹、土豆、鸡肉加入切特力沙司拌匀，放在垫有生菜的盘中，用鸡蛋角、番茄角装饰，撒上核桃碎、葡萄干即成。

特点：色彩丰富，成菜美观，味酸咸适口，清爽不腻。

制作要领：

（1）土豆放入冷盐水中，用小火煮至刚刚成熟，以保持形整不烂；

（2）可用柠檬汁代替酒醋制成法式油醋汁，风味更加清爽；

（3）苹果选择个大、脆甜为佳，加工时间应短，制作时加一点柠檬汁拌匀，以防止变色。

达标菜品拓展知识：华尔道夫沙拉

营养成分：

营养物	能量(kcal)	蛋白质(g)	脂肪(g)	碳水化合物(g)	膳食纤维(g)	维生素 A(μg)
含 量	438.12	8.35	32.1	28.96	3.48	244.85
营养物	维生素 C(mg)	钠(mg)	钙(mg)	铁(mg)	锌(mg)	胆固醇(mg)
含 量	18.15	154.096	61.35	2.47	2.63	172.9

适宜人群：

该款菜肴运用了多种蔬菜和水果，富含维生素 A 和维生素 C，核桃仁提供了丰富的不饱和脂肪酸，香蕉富含钾元素和膳食纤维，具有清肠胃、治便秘的功能。由于香蕉性寒，故脾胃虚寒、胃痛、腹泻者应少食，胃酸过多者也应尽量少食用。

英文流程：

Directions：

(1) Boiled the potato, then peel and dice. Peel and cube the red apple, celery and

banana，add the lemon juice. While whisking，soak the walnut in hot water，until swelled up peeled and crushed，cut the cooked chicken into small pieces.

（2）Add the banana，apple，celery，potato and chicken into chantilly sauce，and while whisking，arrange the dish with lettuce，put the salad on lettuce，then garnish with egg angle and tomato angle，sprinkle the crushed walnut and raisin.

◆ **技能达标**

请针对实训任务三华尔道夫沙拉进行技能达标。要求：

1. 时间：20 分钟内完成菜品制作；

2. 质量标准：成品要达到菜品特点要求；

3. 用英文陈述菜品制作流程；

4. 分析菜品营养成分，计算菜品采购成本，并写出分析报告。

3

模块四　禽类套餐制作(二)

素养目标:注重培养良好的职业习惯,提升学生品德修养和职业道德素养。

知识目标:了解禽类原料理论知识;熟练掌握西餐常见禽类菜品的制作流程和关键技术。

能力目标:能够独立制作夏威夷菠萝鸡肉沙拉、墨西哥鸡肉卷配番茄沙拉、阿布雷斯细丝蔬菜汤。

实训重点

墨西哥鸡肉卷配番茄沙拉、阿布雷斯细丝蔬菜汤。

任务一　夏威夷菠萝鸡肉沙拉

西文名:chicken breast salad with pineapple

主料:熟鸡肉 50 克,菠萝 20 克。

辅料:香蕉 1 根,美国提子 4 粒,混合生菜 15 克。

调料:柠檬、盐、胡椒粉各适量,沙拉酱 20 克,苹果白兰地 5 克。

制作流程:

(1) 将熟的鸡肉、菠萝、香蕉分别切成块;

(2) 美国提子放入苹果白兰地,浸泡入味;

(3) 将主料加入沙拉酱、盐、胡椒粉、柠檬汁拌匀,放在生菜上,用美国提子装饰。

特点:清香适口,甜酸不腻,鸡肉鲜嫩,菠萝香甜,营养丰富均衡。

制作要领:

(1) 沙拉不宜过多,要显出原料本来颜色;

(2) 新鲜菠萝切成小丁后放在加有盐和白醋的冷水中浸泡;

(3) 鸡肉不要煎得过老,以保证肉质的弹性和嫩度。

任务二　墨西哥鸡肉卷配番茄沙拉

西文名:chicken vol with tomato salad mexican style

3

主料：墨西哥薄饼 2 张；青红椒 20 克；洋葱 20 克；熟鸡肉丝 30 克；鲜口蘑 20 克；芝士 15 克。

调料：卡真粉 15 克；红辣椒粉 10 克；番茄丁 10 克；洋葱 10 克；香菜 10 克；柠檬角 1/4；橄榄油 10 毫升。

制作流程：

（1）将西红柿切宽条，洋葱切丝，口蘑切片，青椒去筋、切条，红椒去籽切条；

（2）将油、洋葱炒香，放入口蘑，炒软后，放入青椒、红椒、西红柿、鸡肉丝，放入红辣椒粉、黑胡椒碎、盐，出锅；

（3）扒板刷油，预热，放饼在上面加热。两面加热，放一些芝士，再放馅，折叠，两面上色，装盘；

（4）取西红柿丁、洋葱碎、香菜碎、柠檬汁、盐、黑胡椒碎、白胡椒粉，少量橄榄油，搅拌均匀。

特点：香辣刺激，口感浓郁，鸡肉细腻，口味丰富。

制作要领：

（1）蔬菜切得不要太细，中火炒，要炒香；

（2）开水下锅将鸡肉煮熟，撕得不要太细，否则在馅里看不到，也影响口感。

任务三   阿布雷斯细丝蔬菜汤

西文名：potage julienne d'arblay

主料：土豆 50 克，基础汤 100 克，洋葱 3 克，胡萝卜 3 克，西芹 3 克，白萝卜 3 克，大葱白 3 克。

调料：黄油 5 克，盐、胡椒粉、白糖、淡奶油适量。

制作流程：

（1）沙司锅中下入黄油，放入洋葱末、大葱末炒香，加土豆丁炒匀，倒入冷基础汤煮沸，撇去浮沫，转小火保持微沸，煮约 20 分钟；

（2）将西芹、胡萝卜、白萝卜、大葱白切成细丝，放入锅中，加盐、白糖和黄油，盖上锅盖将蔬菜水分煮干，油亮时取出，放入热的汤盘中；

（3）将土豆汤入搅拌机打成蓉汤，加淡奶油煮稠，调入盐、胡椒粉，倒入汤盘中即成。

特点：色泽乳黄，咸鲜清爽，土豆味香浓，适口不腻。

制作要领：

（1）土豆丁刀工成形一致，以保证炒制时火候均匀，充分出味；

（2）加冷汤以小火煮汤，切忌用热水猛煮，以免汤汁损失过多，影响风味。

达标菜品拓展知识：阿布雷斯细丝蔬菜汤

营养成分：

营养物	能量(kcal)	蛋白质(g)	脂肪(g)	碳水化合物(g)	膳食纤维(g)	维生素 A(μg)
含 量	95.4	1.48	5.06	10.99	0.73	76.1
营养物	维生素 C(mg)	钠(mg)	钙(mg)	铁(mg)	锌(mg)	胆固醇(mg)
含 量	18.6	21	18.85	0.77	0.28	14.8

适宜人群：

该菜品属于低能量、低脂肪食品，菜肴运用了土豆、洋葱、胡萝卜、西芹和白萝卜等多种蔬菜，白萝卜中含有芥子油、淀粉酶和粗纤维，具有促进消化，增强食欲，加快胃肠蠕动和止咳化痰的作用。

英文流程：

Directions：

（1）Melt the butter in the saucepan，add the minced onion，scallion，stir them well until the fragrance released. then add the cubed potato，pour the cold stock，bring it to the boil. Skim foam out，turn down to a low heat and keep boiling for about 20 min.

（2）Shred the celery，carrot，turnip，white part of scallion. put them into the saucepan. then add salt，sugar and butter，put the pot cover on and simmer for water release. Take it out when it's glossy，and pour it into a soup bowl.

（3）Blend the soup until no bits remain. Then add the whipping cream，make it thicker. Season the soup with salt and pepper，and ladle it into a large bowl.

◆ 技能达标

请针对实训任务三阿布雷斯细丝蔬菜汤进行技能达标。要求：

1. 时间：30 分钟内完成菜品制作；

2. 质量标准：成品要达到菜品特点要求；

3. 用英文陈述菜品制作流程；

4. 分析菜品营养成分，计算菜品采购成本，并写出分析报告。

3

模块五　禽类套餐制作（三）

实训目标

素养目标：激发学生学习烹饪的兴趣与激情；引导学生刻苦学习、钻研专业知识和技能。

知识目标：了解禽类原料理论知识；熟练掌握西餐常见禽类菜品的制作流程和关键技术。

能力目标：能够独立制作芦笋浓汤、芦笋鸭胸沙拉、法式香橙烩鸭。

实训重点

芦笋鸭胸沙拉。

任务一　芦笋浓汤

西文名：asparagus soup

主料：芦笋 150 克。

辅料：青豆 50 克，洋葱 70 克，培根 50 克，土豆 20 克，烤面包丁 10 克，鸡基础汤 100 毫升

制作流程：

（1）芦笋去薄膜层，去掉老的部分，芦笋切段，洋葱切丝，土豆切片，培根切成两段；

（2）少油，煎培根，煎出油，挑出培根，放入洋葱丝，炒软炒香；再放入芦笋和青豆，炒软；再放入土豆片，轻炒一下，加入鸡汤；再放入培根煮 5 分钟左右，闭火；

（3）挑出培根，挑出香叶，晾凉；

（4）将汤放入打碎机，打碎过滤；

（5）倒回锅中再加热，再用盐、胡椒粉调一下口，出锅；

（6）将汤装入汤碗中，撒上面包丁即可。

特点：色泽淡绿，口味咸鲜香浓，营养丰富。

制作要领：

（1）将芦笋去除老根部分，煮制时间不宜过长，粉碎后加热，调味动作迅速；

（2）装饰奶油不宜过多。

任务二 芦笋鸭胸沙拉

西文名:fried duck breast and asparagus salad

主料:鸭胸 100 克,芦笋 50 克。

辅料:西生菜 50 克,紫叶生菜 50 克,苦苣 50 克,洋葱 50 克,黄瓜 50 克,小番茄 50 克,核桃仁 50 克,欧芹 10 克,橄榄油 5 克,香脂醋 10 克。

制作流程:

(1) 鸭胸切片,用盐、胡椒粉、香草、洋葱丝腌制;

(2) 各种蔬菜,小番茄切片,洋葱圈、核桃等摆入盘中;

(3) 橄榄油少许煎鸭胸,煎上色,煎到八分熟时,加入香脂醋,让香脂醋汁浸入鸭胸里;

(4) 鸭胸摆在蔬菜边上,浇上少许香脂醋汁,配上香菜即可。

特点:色彩鲜艳,营养丰富,鸭肉外焦里嫩,芦笋清脆爽口。

制作要领:

(1) 煎鸭肉掌握好火候,煎好的鸭肉放置五分钟再切配,保持肉质的水分不流失;

(2) 芦笋煮好后取出,迅速冲凉;

(3) 制作香脂醋汁时要充分打发,将醋与油充分融合。

任务三 法式香橙烩鸭

西文名:breast de canetons a l'orange

主料:鸭胸肉 1 只。

调料:盐 2 克,胡椒粉 2 克,干红 20 毫升,鸭基础汤适量。

沙司料:橙汁沙司 20 克。

配料:烤土豆片 50 克,时令蔬菜 50 克。

制作流程:

(1) 把鲜橙去皮,榨成汁,橙皮切成细丝,加清水煮软;

(2) 用刀把鸭胸肉带皮、带脂肪的那面浅切成格子状;

(3) 烤箱预热到 200 ℃,把鸭胸肉放进烤盘,带脂肪的那面朝下放,烤 10 分钟后取出;

(4) 用黄油炒洋葱末、番茄酱炒出色,加入鸭基础汤,放入鸭块、橙皮水、橙汁、橙子酒、蜂蜜、盐、胡椒粉,把鸭子肉烩熟;

(5) 把鸭子肉切片放在盘中,浇上原汁,旁边放上配菜和新鲜橙子片即成。

特点:棕红色,有光泽,鸭子软烂不干,香味浓郁。

制作要领:

(1) 此菜是法国菜;

(2) 鸭块整齐均匀,表面裹满沙司;

(3) 有明显的酒香和橙子香味;

(4) 炒番茄酱也可用炒糖色代替,色泽红亮口味独特;鸭肉也可拍面粉煎后烩制。

3

模块六　畜类套餐制作(一)

素养目标:培养学生勤奋学习的态度和严谨求实、创新的工作作风;具有科学的思维方式和分析判断问题的能力。

知识目标:了解畜类原料理论知识;熟练掌握西餐常见畜类菜品的制作流程和关键技术。

能力目标:能够独立制作凯撒沙拉、B.B.Q排骨、匈牙利牛肉汤。

实训重点

凯撒沙拉和B.B.Q排骨。

任务一　凯撒沙拉

西文名:caesar salad

主料:煮鸡蛋1个,圣女果2个,黑橄榄2个,生菜20克,腌肉10克,蘑菇1只,面包丁15克。

调料:银鱼柳20克,辣椒籽5克,芝士粉20克,蒜5克,柠檬15克,李派林辣酱油5克,橄榄油适量。

制作流程:

(1) 先将生菜洗净,控干水分;

(2) 准备炸好的面包丁和煎好的腌肉;

(3) 制作凯撒沙拉酱:蒜切碎,银鱼柳切碎,蛋黄加入芥末,慢慢加入油,制成马乃司,加些柠檬汁,加入辣酱油、辣椒籽、芝士粉,以上制成凯撒汁;

(4) 将(1)和(3)混合,装入盘中;

(5) 最后撒上面包丁、腌肉丝、芝士粉和黑胡椒碎即可。

特点:生菜爽脆,芝士和蒜香味浓郁,味感丰富。

制作要领:

(1) 凯撒沙拉的风味比一般生菜沙拉辛辣、浓厚。在生菜上沾满了浓浓的鱼鲜味,配以芝士、香脆的面包丁和培根等,风味独特;

(2) 主料选用来自意大利的直叶罗马生菜,色泽翠绿,清甜香脆,不宜出水,形状美观。

凯撒沙拉

3

达标菜品拓展知识：凯撒沙拉

营养成分：

营养物	能量(kcal)	蛋白质(g)	脂肪(g)	碳水化合物(g)	膳食纤维(g)	维生素 A(μg)
含　量	378.85	22.88	22.13	22.05	2.0	225.55
营养物	维生素 C(mg)	钠(mg)	钙(mg)	铁(mg)	锌(mg)	胆固醇(mg)
含　量	9.85	198.25	365.35	7.58	4.23	722.45

适宜人群：

该款菜肴富含蛋白质、钙和维生素 A,生菜是最适合生吃的蔬菜,含有丰富的营养成分,其膳食纤维和维生素 C 比白菜多,常吃生菜可以预防便秘、提高免疫力,另外生菜还具有镇痛催眠、降低胆固醇、利尿、促进血液循环、抗病毒等功效。

英文流程：

Directions：

(1) Wash the lettuce and drain the water, slice the mushroom, black olive and boiled egg.

(2) Prepare the fried croutons, pan fried bacon and mushroom.

(3) Make the caesar salad dressing：

Mince the garlic and anchovies, add the mustard into egg yolk, and add the oil little by little to make the mayonnaise, then add the lemon juice, worcester sauce, tabasco and parmesan cheese.

(4) Mix the lettuce with caesar salad dressing and arrange it on the plate and set aside.

(5) Garnish with fried croutons, shredded bacon, parmesan cheese, black olive, boiled egg and crushed black pepper.

任务二　B.B.Q 排骨

西文名:roasted best believable quality pork rib

主料:排骨 750 克。

辅料:培根 150 克,洋葱 250 克,芹菜 250 克,胡萝卜 250 克,生菜 50 克。

汤料:鸡清汤 100 毫升。

调料:橄榄油 150 毫升,大蒜 50 克,细砂糖 150 克,紫苏 5 克,探草 3 克,咖喱粉 25 克,番茄酱 50 克,番茄沙司 25 克,辣椒籽 15 克。

制作流程：

(1) 选用上好的排骨中段,砍成段,用鸡清汤和各种调料腌制备用;

(2) 蔬菜粗加工,清洗干净备用;

(3) 3 小时后把排骨放入烤箱,烤至金黄色,排骨成熟即可取出装盘装饰。

特点:外焦内嫩,酸甜微辣、鲜香可口、清爽不腻。

制作要领：

(1) 注意排骨的选用和腌制时间,排骨和盐的配合,或是使用专门的汁来腌制;

B.B.Q 烤排骨

（2）烤排骨的时间若太短，入口嚼不动，若太长则口感太干，一定要在排骨缩骨的时候才好；

（3）最好是用烧烤签串上烤，风味更佳。

任务三   匈牙利牛肉汤

西文名：hungarian goulash soup

主料：牛肉 40 克。

辅料：洋葱 25 克，西芹 10 克，胡萝卜 10 克，培根 10 克，青椒 5 克，红椒 5 克，番茄 50 克，土豆 40 克，牛基础汤 100 毫升。

调料：黄油 10 克，大蒜 2 克，干辣椒 2 克，番茄酱 5 克，面粉 5 克，白酒醋 5 毫升，柠檬汁 5 克，白糖 10 克，红葡萄酒 30 毫升，盐、胡椒粉、红椒粉、罗勒、香叶各适量。

制作流程：

（1）将牛肉清洁干净，切成小条，用大火煎上色备用；

（2）将各种蔬菜切成小条；

（3）沙司锅中下入黄油、培根、大蒜、洋葱炒香，再下入青椒、红椒、西芹、胡萝卜稍炒，烹入红葡萄酒浓缩后，加番茄酱和面粉少许炒匀，倒入牛基础汤，用小火煮制 30 分钟后，加入去皮番茄、土豆、罗勒、香叶等，煮至蔬菜全熟；

（4）调入盐、胡椒粉、红椒粉、白糖、柠檬、白酒醋等调味即成。

特点：色泽红亮，酸甜微辣，汤汁浓郁。

制作要领：土豆条要等其他原料成熟后再加，要不然会煮烂。

◆ 技能达标

请针对实训任务一凯撒沙拉进行技能达标。要求：

1. 时间：20 分钟内完成菜品制作；

2. 质量标准：成品要达到菜品特点要求；

3. 用英文陈述菜品制作流程；

4. 分析菜品营养成分，计算菜品采购成本，并写出分析报告。

模块七　畜类套餐制作(二)

素养目标:培养学生脚踏实地、勤勉的工作态度;培养学生高度责任心和良好的团队合作精神。

知识目标:了解畜类原料理论知识;熟练掌握西餐常见畜类菜品的制作流程和关键技术。

能力目标:能够独立制作英式牛尾汤、希帕蒂亚煎牛肉配时令蔬菜、红酒牛肉卷配香滑土豆泥。

红酒牛肉卷配香滑土豆泥。

任务一　英式牛尾汤

西文名:oxtail soup in England style

主料:牛尾3节

调料:西芹5克,胡萝卜5克,洋葱10克,白萝卜5克,大葱5克,番茄酱10克,白兰地、香叶、黄油、面粉、盐、胡椒粉、白糖各适量。

制作流程:

(1)牛尾清洗干净,在关节处切成段入烤箱烤成浅棕色后,加入植物香料一起烤至棕色,倒入汤桶中,加入冷水、白兰地、香叶,大火煮沸后,去尽浮沫,转用小火,直至将牛尾煮熟,捞出,过滤汤汁;

(2)取下牛尾上的牛肉,切成丁,各蔬菜切成丁;

(3)沙司锅中下黄油,放入洋葱炒香,下入番茄酱炒出色,加入面粉炒匀,掺入牛尾原汤,用小火煮至蔬菜熟,放入牛尾丁再煮几分钟,调入盐、胡椒粉、白糖调味;

(4)汤盘中加入2~3块牛尾,加入蔬菜丁和牛尾汤即成。

特点:色泽浅红,间有蔬菜的红白色,汤质有薄稠度,口味鲜香、微咸,牛尾软烂,蔬菜鲜嫩。

制作要领:牛尾一定要煮制软烂,否则口感不好。

任务二　希帕蒂亚煎牛肉配时令蔬菜

西文名:fried beef with seasonal vegetables in Hypatia style

主料:牛肉 80 克。

辅料:水萝卜 10 克,三叶芹 5 克,紫生菜 10 克,苦苣 10 克,无花果 5 克,鲜百合 5 克,小黄瓜10 克,青黑橄榄 5 克。

调料:橄榄油 10 克,香脂醋 10 克,干海带 50 克,木鱼花水 200 克,姜汁 80 克,日本酱油 80克,糖 50 克,日本汁适量。

制作流程:

(1) 牛肉切块用日本汁腌制 1 小时后,放扒板上煎到需要的成熟度备用;

(2) 所有蔬菜清洗干净整齐摆放在盘中;

(3) 将煎好的牛肉切成小块均匀地撒在蔬菜上;

(4) 淋上香脂醋和橄榄油即可。

特点:牛肉鲜嫩,开胃可口,蔬菜清新爽口。

制作要领:

(1) 牛肉扒制刚熟即可,勿老;

(2) 蔬菜新鲜,成菜效果较好。

注:本菜几种日本调味酱汁,意在谋求一种变化和融合。

任务三　红酒牛肉卷配香滑土豆泥

西文名:braised beef roll in red wine sauce with mashed potato

主料:牛里脊 150 克。

辅料:彩椒 30 克,圆葱 20 克,胡萝卜 10 克,西芹 10 克,西兰花 10 克,酸黄瓜 5 克,土豆泥100 克。

调料:布朗沙司 50 克,干红 50 克,蒜 20 克,盐、黄油、胡椒粉、黑胡椒碎、鲜百里香、迷迭香等适量。

工具:肉锤、牙签、煎盘、沙司锅、木铲、夹子。

制作流程:

(1) 肉品处理。将牛里脊切成 1 厘米厚的片,用肉锤拍薄至半厘米厚,以破坏肉中的纤维素,使之更快成熟,口感鲜嫩;

(2) 用盐、胡椒粉、鲜百里香、黑胡椒碎、红酒腌制;

(3) 将胡萝卜、西芹、酸黄瓜去皮,用热水汆烫胡萝卜、西芹、西兰花,并用冷水投凉,炒香圆葱加入胡萝卜、西芹,用盐、胡椒粉调味放到盘边待用;

(4) 将牛奶烧开,加入土豆泥和黄油搅拌均匀,用盐、胡椒粉调味;

(5) 将配菜卷到牛肉片中,用牙签固定后煎至表面上色;

(6) 将肉胶冻汁加少许水加热制成酱汁;葱蒜炒香烹入干红,加入香叶,将肉胶冻汁制成的酱汁加入,撇去浮沫,酱汁烧开加入牛肉卷,烧开后小火加牛肉烩制成熟;

(7) 用少许油将迷迭香、西兰花、彩椒炒香装饰牛肉卷即成。

特点:成型整齐美观,色泽棕红,汁鲜香、肉软嫩、酱汁味浓、风味独特。

制作要领:

(1) 牛肉切薄片后用肉锤拍砸,防止口感过硬;

(2) 各种配料码放时要整齐均匀,会使形状整齐,口感有层次;

(3) 红酒汁不要加入过多,刚好淹没肉卷即可;

(4) 肉卷制法多样,以成型美观为佳。

达标菜品拓展知识:红酒牛肉卷配香滑土豆泥

营养成分:

营养物	能量(kcal)	蛋白质(g)	脂肪(g)	碳水化合物(g)	膳食纤维(g)	维生素 A(μg)
含　量	319.19	38.88	2.07	36.26	3.11	266.19
营养物	维生素 C(mg)	钠(mg)	钙(mg)	铁(mg)	锌(mg)	胆固醇(mg)
含　量	75.8	788.61	92.2	9.56	11.62	94.5

适宜人群:

该款菜肴含有丰富的蛋白质和维生素,牛肉具有高蛋白、低脂肪的性质,菜肴运用了西芹、胡萝卜、洋葱等蔬菜。胡萝卜素有"小人参"之称,其肉质富含糖类、胡萝卜素及钾、钙、磷等。胡萝卜中的维生素 B_2 和叶酸有抗癌作用,经常食用可以增强人体的抗癌能力,另外常食用胡萝卜还具有一定的降压、抗炎、抗过敏和增强视力的作用。但是胡萝卜含有一种能分解维生素 C 的酶:维生素 C 氧化酶,所以胡萝卜和富含维生素 C 的食品一同食用容易降低该食物的营养价值。西芹富含膳食纤维,常食用可以预防便秘,西芹独有的芹菜油,具有降血压、镇静、健胃、利尿的功效。注意西芹性凉、味甘,对于脾胃虚寒、肠滑不固、血压偏低者应少吃。

英文流程:

Directions:

(1) Tenderize the meat

Cut the beef tenderloin into about 1cm thick slices. Use the flat side of a meat mallet to gently pound the beef until about 5mm thick. Tenderizing meat can get rid of the toughness in a steak, and can make it cook quicker.

(2) Season the beef

Season the beef with salt, pepper, fresh thyme crushed black pepper and red wine for several minutes.

(3) Deal with the side dishes

Strip the carrot, celery and sour cucumber. Blanch the carrot, celery and broccoli in hot water. After that, cool the vegetables under the cold running water. Stir the onion until the fragrance release and then add the celery carrot and. Season with salt and pepper. Remove the side dishes to a plate and set aside.

(4) Make the mashed potato

Make the mashed potato by adding mashed potato powder into milk and add butter, salt and pepper.

3

（5）Make the beef roll.

Roll the vegetables in beef slices，use the toothpicks to fix the beef roll and pan fry the beef rolls for just several minutes to color them.

（6）Make the Red Wine Sauce

Mix Demi Glace Mix with a little water to make a sauce. Stir the onion，garlic until the fragrance release，then add some red wine and one bay leaf，finally add the Demi Glace Mix Sauce and some water. Skim the foam and bring the red wine sauce to a boil. Add the beef roll. Reduce to the low heat and simmer the beef until well done.

（7）Garnish

Stir rosemary，broccoli and color pepper with a little oil until for a short while and serve with the beef roll.

◆ 技能达标

请针对实训任务三红酒牛肉卷配香滑土豆泥进行技能达标。要求：

1. 时间：50 分钟内完成菜品制作；

2. 质量标准：成品要达到菜品特点要求；

3. 用英文陈述菜品制作流程；

4. 分析菜品营养成分，计算菜品采购成本，并写出分析报告。

模块八　畜类套餐制作(三)

实训目标

素养目标:树立"工以利器为助,人以贤友为助"的中华优秀传统精神和优良品质。

知识目标:了解畜类原料理论知识;熟练掌握西餐常见畜类菜品的制作流程和关键技术。

能力目标:能够独立制作维也纳青豆汤、德式牛肉卷配蔬菜、德式土豆沙拉。

实训重点

德式牛肉卷配蔬菜。

任务一　维也纳青豆汤

西文名:green pea soup with bacon and sausage

主料:青豆 30 克,培根 1 片,香肠 1 片,洋葱 10 克,胡萝卜 5 克,西芹 5 克。

辅料:鸡基础汤 100 毫升,面包丁 10 克。

调料:香叶 1 片,蒜苗 10 克,橄榄油、罗勒、盐、胡椒粉各适量。

制作流程:

(1) 面包丁烤至金黄色;

(2) 沙司锅中放入橄榄油,下入蒜苗、西芹、洋葱、胡萝卜、香叶、培根、罗勒等炒香,放入青豆、鸡基础汤,用小火煮约 1 小时;

(3) 放入搅拌机中打成蓉,过滤后,倒回锅内,加盐、胡椒粉调味,装入汤盘中,平放几片香肠片,撒上面包丁即成。

特点:颜色淡绿,香肠和培根、青豆搭配,浓郁与清淡结合。

制作要领:

(1) 注意火候的掌握,温度太高青豆变色快;

(2) 面包丁可以用油炸,也可以用烤箱烤制,油炸的面包色泽均匀,烤的面包含油少,香味不如炸的浓郁;

(3) 汤汁的多少决定汤的浓度,加的量要适当。

维也纳青豆汤

任务二   德式土豆沙拉

西文名：German potatoes salad

原料：土豆 3 个，培根 3 片，洋葱 1 个，牛基础汤 20 毫升。

调料：德国黑醋 10 毫升，法芥 20 克，生菜、盐、胡椒粉、香葱、法香适量。

制作流程：

(1) 土豆洗净蒸熟，放凉切片；

(2) 洋葱、培根切末，放入锅中炒香，加入牛基础汤；

(3) 调入盐、胡椒粉、法芥、德国黑醋煮至浓稠，下入土豆片，撒上香葱末、欧芹末；

(4) 盘内铺上生菜，将拌好的沙拉放在生菜上，用欧芹装饰即可。

特点：土豆软而不烂、口感丰富，酸香不腻。

制作要领：

(1) 这是一个热的开胃菜；

(2) 最好选择德国黑醋；

(3) 牛基础汤不宜过多，煮制土豆时火力不宜过大；

(4) 土豆要煮到刚刚成熟，制作沙拉时轻搅拌，否则土豆容易碎。

任务三   德式牛肉卷

西文名：stew beef roll，Germen style

原料：牛柳 200 克。

辅料：洋葱 100 克，西芹 100 克，胡萝卜 100 克，酸黄瓜 50 克，土豆粉 80 克，牛奶 250 毫升，黄油 50 克，牙签 8 只。

调料：烧汁 200 毫升，红酒 50 毫升，盐、胡椒粉、黑胡椒碎适量

制作流程：

(1) 把需要的蔬菜洗净，切成细条；

(2) 把牛肉分成小片，一片大约厚 0.5 厘米，然后拍成 7 厘米×8 厘米的长方形肉片；

(3) 锅中放入油，先放入洋葱条炒香，洋葱变软后放入西芹和胡萝卜继续翻炒，再加入调料，略炒一下后捞出蔬菜；

(4) 把炒好的蔬菜铺放在拍打好的牛肉片上，卷成牛肉卷，可以用湿淀粉封口，也可用牙签穿好；

(5) 把牛肉卷放入煎锅，先煎后焖，边煎边撒些黑胡椒碎，然后装盘，最后把煎牛肉的汤汁和红酒混合，煮开后浇到牛肉卷上；

(6) 土豆粉加牛奶黄油制成土豆泥，拌酸黄瓜装盘点缀即可。

特点：成型整齐美观，色泽棕黄，汁液鲜香，肉质软嫩。

制作要领：

(1) 牛肉切薄片用刀背拍砸，防止口感过硬；

（2）各种辅料放在牛肉片上要抹均匀,制品形状及口感较好;

（3）烧汁不要加入过多,刚好淹没牛肉卷即可。

3

模块九　畜类套餐制作(四)

实训目标

素养目标:培育精益求精的工匠精神和用心制造产品的态度。

知识目标:了解畜类原料理论知识;熟练掌握西餐常见畜类菜品的制作流程和关键技术。

能力目标:能够独立制作番茄奶酪沙拉、紫薯汤、法式红酒羊排配香脂醋扒蔬菜。

实训重点

番茄芝士沙拉、法式红酒羊排配香脂醋扒蔬菜。

任务一　番茄芝士沙拉

西文名:tomato and cheese salad

原料:去皮番茄一个约100克,马苏里拉奶酪50克。

辅料:混合生菜10克,水瓜柳4个。

调料:橄榄油5克,红酒醋(意大利黑醋)5克,鲜罗勒叶15片,松子2克,蒜蓉少许。

制作流程:

(1) 将去皮番茄,马苏里拉奶酪切成薄片,和罗勒叶叠成塔状,再用十字刀切成四份,装盘,用混合生菜点缀;

(2) 盘中淋上罗勒酱,撒上烤香的松子,配以水瓜柳,并用新鲜的罗勒叶点缀。

特点:色泽鲜艳,造型美观,青酱香味浓郁。

制作要领:

(1) 番茄汆烫后要尽快用水投凉,不能过火变软;

(2) 奶酪片最好选用意大利马苏里拉奶酪;

(3) 松子成熟时不能过火。

番茄芝士
沙拉

3

达标菜品拓展知识：番茄芝士沙拉

营养成分：

营养物	能量(kcal)	蛋白质(g)	脂肪(g)	碳水化合物(g)	膳食纤维(g)	维生素 A(μg)
含　量	314.54	20.92	23.88	4	0.2	205.6
营养物	维生素 C(mg)	钠(mg)	钙(mg)	铁(mg)	锌(mg)	胆固醇(mg)
含　量	6.05	472.21	645.1	2.13	5.64	8.8

适宜人群：

该菜品含有较多的维生素 A、钙和蛋白质。番茄富含维生素 C 和水分,其中含有的番茄红素具有很强的抗氧化活性;番茄味甘、酸,性凉,微寒,身体比较寒凉的人群应尽量不生吃;另外番茄不应该空腹食用;不应与黄瓜同食,以防止降低维生素 C 的吸收。

英文流程：

Directions：

（1）Thinly slice the tomato, pile up them with rome basil into turriform, cut them into four pieces.

（2）Arrange the dish with some mixed lettuce, drizzle the balsamic pesto on it, sprinkle some roasted pine nuts.

（3）Garnish the dish with some fresh basil, serve.

任务二　紫薯汤

西文名：purple sweet potato soup

原料：紫薯 30 克。

辅料：鸡基础汤 100 毫升。

调料：淡奶油、盐、胡椒粉各少许。

制作流程：

（1）紫薯去皮切小块;

（2）将紫薯块放入汤锅,加入适量清水,大火烧开后转小火炖煮;

（3）紫薯煮至酥软,打碎机打碎;

（4）倒回汤锅中,调入盐、胡椒粉,装入汤盘中,用淡奶油拉花。

特点：颜色近似紫玫瑰色,口感细腻咸香。

制作要领：

（1）汤汁不宜过多,火力不能太大;

（2）粉碎时要充分,否则影响口感。

任务三　法式红酒羊排

西文名：fried lamb chop with red wine sauce

主料:羊排 3 只。

辅料:青、红、黄椒各 1 个,紫茄子 1 个。

调料:鲜迷迭香 10 克,洋葱 20 克,香脂醋 20 毫升,蒜 10 克,烧汁 50 克,土豆 50 克,干红 10 克。

制作流程:

(1) 羊扒用盐及胡椒粉迷迭香腌约 2 小时;

(2) 将所需的配菜加入适量的盐调好味,煎上色;

(3) 不沾煎锅内抹少许油,先用猛火两面略煎羊扒,后用慢火将羊扒煎至所需之成熟度,装盘;

(4) 用黄油炒香洋葱碎和蒜碎,加入迷迭香碎,炒出香味,倒入煎羊排的原汁、红酒、烧汁,熬出浓稠度,调味即成红酒沙司;

(5) 浇上红酒沙司,配上扒好的蔬菜和煎好的薯角。

特点:色泽棕红,汁稠发亮,酒香浓郁,羊扒软嫩多汁,鲜美可口。

制作要领:

(1) 煎羊排要先用大火煎制,再用慢火煎至客人需要的成熟度;

(2) 酱汁稠度以浓稠粘勺为佳。

◆ 技能达标

请针对实训任务三番茄芝士沙拉进行技能达标。要求:

1. 时间:20 分钟内完成菜品制作;

2. 质量标准:成品要达到菜品特点要求;

3. 用英文陈述菜品制作流程;

4. 分析菜品营养成分,计算菜品采购成本,并写出分析报告。

3

模块十　畜类套餐制作(五)

任务一　罗宋汤

西文名:Russian borscht

主料:牛腹肉 25 克。

辅料:胡萝卜 5 克,洋葱 5 克,西芹 5 克,白萝卜 5 克,土豆 10 克,红菜头 20 克(罐装),卷心菜 5 克,番茄 5 克。

调料;香叶、百里香、番茄酱、辣椒、白糖、柠檬汁(红酒醋)、莳萝、酸奶油、盐、胡椒粉、辣椒籽各适量。

制作流程:

(1) 把牛腹肉洗净,放入煮锅内,加入植物香料、香叶、水,煮 3 小时煮软后,捞出切成 2 厘米见方的块;

(2) 将蔬菜料切成 1 厘米见方的丁,番茄去皮,去籽,切成块;

(3) 沙司锅中下入黄油烧化,放入洋葱炒香,加入其他的蔬菜料炒匀,再加入番茄块、番茄酱、香叶和百里香炒匀后,倒入煮牛肉的原汤,煮沸后,去尽浮沫,改用小火煮约 40 分钟。调入盐、胡椒粉、辣椒、白糖、柠檬汁、辣椒籽调味;

(4) 成菜前,加入红菜头丁和红菜头汁,牛肉丁稍煮,盛入汤盘中,浇上酸奶油,撒上鲜莳萝末即成。

特点:色泽艳红;咸、酸、甜、辣,口味丰富;蔬菜粒清香。

制作要领:

(1) 这是一道俄式传统的蔬菜汤,又称为俄式红菜头汤,口味浓郁,流行于俄国及东欧国家;

(2) 罗宋汤口味丰富,调味时要把握好其咸、酸、甜、辣的口味层次;

(3) 牛肉应煮熟烂后才能使用,这样既可得到可口的牛肉块,又可以得到香浓的牛肉汤,保证了汤中深厚的牛肉香味;

(4) 红菜头如果是新鲜的,必须先煮,如果是罐装的,应在上菜前加入,不宜久煮,否则会使汤色暗黑,成菜后色不美观。

任务二　蜜瓜火腿卷

蜜瓜火腿卷

西文名:Parma ham melon volume

主料:帕尔马生火腿片 4 片,蜜瓜 40 克。

辅料:鲜无花果 4 个,水牛奶酪 20 克。

调料:鲜紫苏叶 2 枝,橄榄油 10 毫升,青黑橄榄各 2 只,黑胡椒碎、柠檬汁、罗勒香草各适量。

制作流程:

(1) 蜜瓜去皮切成厚片,用生火腿片卷上,放在盘中,加入水牛奶酪和罗勒香草;

(2) 鲜无花果用刀切成十字花刀,摆在盘中,撒上青黑橄榄、黑胡椒碎和柠檬汁。

特点:蜜瓜香脆,火腿干香,成型美观大方。

制作要领:

(1) 火腿最好选取意大利风干火腿;

(2) 原料选择要讲究,选用美国甜瓜或哈密瓜和顶级橄榄油。

任务三　米兰式烩小羊

西文名:stewed lamb in Milan style

主料:羊肉 200 克。

辅料:牛舌 20 克,蘑菇 20 克,火腿 20 克,黄油米饭 50 克。

调料:胡萝卜 20 克,西芹 20 克,洋葱 40 克,柠檬 1 个,干红 50 毫升,混合香草 10 克,番茄 3 个,蒜 20 克,番茄酱 20 克。

制作流程:

(1) 羊肉切成 2.5 厘米见方的块,加入盐、干红、黑胡椒碎,再粘上干面粉,在平底锅里用油煎至变色,盛出;

(2) 洋葱切块,胡萝卜切丁,用煎肉的锅翻炒至发出香味;

(3) 番茄去皮去籽切成丁待用;

(4) 肉放进耐热砂锅,加入干红、羊基础汤、番茄、洋葱、胡萝卜、混合香草,用盐和胡椒调味;

(5) 加盖,放进烤箱,调温至 170 ℃,烤 2 个小时。烤至 1 个小时时可以翻动一下,调味。出炉后,撒上 gremolada;

(6) 配上黄油米饭,上桌即可。

特点:色泽红亮,羊肉软嫩,咸鲜微酸,开胃不腻。

制作要领:

(1)此菜是典型的意大利米兰菜式;

(2)牛舌要处理干净,否则有异味;

(3)羊肉烩制时间不宜过长,以软嫩为佳;

(4)汤汁不宜过多过稠,浓缩汤汁时要用小火,否则酒汁的酸涩味太浓,影响菜肴的整体风味。

模块十一　海鲜类套餐制作(一)

实训目标

素养目标:引导学生宣传和普及海洋环境保护知识,树立保护海洋生物多样性、保护海洋生态环境的意识。

知识目标:了解海鲜类原料理论知识;熟练掌握西餐常见海鲜类菜品的制作流程和关键技术。

能力目标:能够独立制作英格兰周打鱼汤、意大利海鲜沙拉、三文鱼肉酱配法式薄饼、金枪鱼米饭沙拉、烩海鲜配莳萝奶油汁。

实训重点

烩海鲜配莳萝奶油汁,奶油汁口味、浓稠度、亮度的把握和海鲜鲜嫩口感的控制。

任务一　英格兰周打鱼汤

西文名:England seafood chowder

主料:三文鱼30克,文蛤20克,青口50克,鲜贝10克,大虾15克。

辅料:鸡基础汤200毫升,苏打饼干适量。

调料:黄油5克,面粉5克,香料束1束,淡奶油10毫升,丁香5克,白葡萄酒15毫升,鲜莳萝和罗勒20克,盐、胡椒粉、欧芹末、洋葱、胡萝卜、西芹、青椒、蘑菇、培根各适量。

制作流程:

(1) 三文鱼肉切成小块,大虾洗净去壳取净虾肉。文蛤和青口洗净分别放入锅中,加入白葡萄酒,欧芹末,洋葱碎和胡椒粉上火煮制。待文蛤、青口开壳时,离火取肉,再用肉煮汁浸泡备用;

(2) 将蔬菜切成小丁;

(3) 沙司锅中加黄油烧热,放入洋葱丁、大蒜丁、胡萝卜丁、西芹丁、培根丁、大青椒丁和蘑菇丁,炒香至熟备用;

(4) 锅中加黄油烧热放入洋葱碎炒香,加面粉炒匀,再分次加入鲜鸡汤和煮青口汁。煮沸后加入香料束和丁香、莳萝、罗勒碎煮出味,最后加淡奶油制成奶油汤;

(5) 将汤过滤,放入炒香的蔬菜丁煮沸后,加三文鱼、大虾肉、青口、鲜贝和文蛤肉煮熟,用胡椒粉调味成周打汤;

（6）装盘,撒上欧芹末,放上苏打饼干即成。

特点:汤鲜味醇厚,海鲜料细嫩滑爽,色彩丰富,装盘美观。

制作要领:

（1）海鲜原料可灵活选择;

（2）配料的选择以增香,添色,美观为佳,还可以加入彩椒;

（3）也可以用西式的千层酥皮将汤盘密封后,送入烤炉内烤制,待酥皮呈金黄色,有酥香时取出上菜风味更佳,称为海鲜酥皮汤。

任务二　意大利海鲜沙拉

西文名:Italy seafood salad

主料:青虾 1 只,虾仁 20 克,青口 20 克,蟹足棒 20 克。

辅料:黄瓜 20 克,洋葱 20 克,红椒 20 克。

调料;番茄沙司 30 克,辣椒籽 5 毫升,李派林喼汁 5 克,柠檬、欧芹、黑椒碎适量（备鸡尾酒杯一只）。

制作流程:

（1）海鲜在加有白兰地、白醋的沸水中焯水成熟,改成小丁备用;

（2）黄瓜、红椒等原料切成小丁;洋葱切末;

（3）洋葱末加入番茄、沙司、辣椒籽等调味品制成鸡尾酱汁;

（4）将（1）（2）原料混合后拌入鸡尾酱汁;

（5）调味装盘用柠檬装饰即可。

特点:色泽丰富,咸酸适口,主料清鲜,辅料清香,装盘美观。

制作要领:

（1）海鲜的选料要新鲜,突出时令性,变化多样;

（2）鱼肉不要煮得过老,待刚熟后,放入冰水中浸泡,以保证肉质的弹性和嫩度;

（3）鸡尾酱汁也可用意大利醋油汁代替。

任务三　三文鱼肉酱配法式薄饼

西文名:salmon paste with French pancake

主料:三文鱼 100 克,烟熏三文鱼 20 克。

辅料:可丽饼糊 200 克。

调料:干葱头 20 克,黄油 50 克,淡奶油 30 克,柠檬 1 个,香葱 5 克,莳萝 5 克,黑醋 10 克,橄榄油 20 克,白葡萄酒 10 毫升。

配料:苦苣 50 克,菠菜 50 克。

可丽饼原料:低筋面粉 120 克,盐 5 克,鸡蛋 3 个,黄油 50 克,牛奶 200 毫升。

制作流程:

（1）首先将三文鱼煮熟;

（2）同时炒洋葱碎加白葡萄酒,再加煮三文鱼汤,将烟熏三文鱼切末;

（3）软黄油搅拌加入烟熏三文鱼碎和炒好的洋葱碎、煮熟的三文鱼碎、并加入鲜柠檬汁、

酸奶油,制成三文鱼肉酱;

(4) 取一个平底锅,制作可丽饼;

(5) 将三文鱼馅料填入饼中卷起;

(6) 制作配菜沙拉,用橄榄油和黑醋制成油醋汁,装盘;

(7) 以上原料切好摆盘装饰即可。

特点:鱼肉咸鲜,软嫩多汁,鲜美可口。

制作要领:

(1) 将鲜三文鱼煮制8分熟,洋葱一定要炒香,炒透;

(2) 黄油要用在常温下的软黄油;

(3) 炉温在180 ℃左右,将可丽饼面浆均匀摊在锅底,厚度为0.5毫米。

任务四　金枪鱼米饭沙拉

西文名:tunafish and rice salad

主料:番茄80克,玉兰生菜20克,听装金枪鱼10克,四季豆10克,土豆10克,红腰豆10克。

辅料:圣女果2粒,听装玉米粒5克,熟米饭100克,黑橄榄2粒,熟鸡蛋1个,法国汁20克。

制作流程:

(1) 大番茄洗净,去盖,挖去果肉;

(2) 四季豆、土豆切成小丁,入沸水中煮熟,晾凉;

(3) 将听装金枪鱼、听装玉米粒、四季豆、土豆、圣女果、鸡蛋、红腰豆、黑橄榄混合,加入法国汁搅拌均匀,放入挖空的大番茄内,或者放在玉兰生菜中间。

特点:口味鲜香,成型美观,颗粒均匀。

制作要领:

(1) 番茄应选用颜色鲜艳的,这样成菜效果比较好看;

(2) 法国汁打制得稍稀些,这样和玉米粒等小颗粒原料搅拌时容易混合均匀。

3

任务五　烩海鲜配莳萝奶油汁

西文名:seafood stew with dill and cream sauce

主料:净鱼肉70克,明虾40克,扇贝40克。

辅料:奶油沙司50克,洋葱10克,大蒜5克。

调料:黄油5克,干白葡萄酒20毫升,白兰地5毫升,奶油5克,莳萝、盐、胡椒粉适量。

配菜:黄油炒米饭80克。

制作流程:

(1) 洋葱、大蒜切成末,净鱼肉、明虾和扇贝切成丁;

(2) 煎盘上炉子烧热,放入黄油,将洋葱末、蒜末炒香,放入各种海鲜丁稍炒,加入白兰地酒、干白葡萄酒,放入奶油沙司和莳萝,煮沸,加入盐、胡椒粉和奶油,调好口味即可;

(3) 盘边配上米饭,盛入烩海鲜即可。

特点:乳白色;海鲜丁均匀,整齐不碎;咸鲜味;肉质鲜嫩,沙司滑爽。

制作要领：

（1）此菜是法国菜，需有法式特色；

（2）有莳萝的香味及适口的酸味；

（3）用藏红花替换莳萝即为红花烩海鲜。

达标菜品拓展知识：烩海鲜配莳萝奶油汁

营养成分：

营养物	能量(kcal)	蛋白质(g)	脂肪(g)	碳水化合物(g)	膳食纤维(g)	维生素 A(μg)
含　量	1 192.64	34.16	104.52	28.61	0.53	268.4
营养物	维生素 C(mg)	钠(mg)	钙(mg)	铁(mg)	锌(mg)	胆固醇(mg)
含　量	2.3	549.07	84.5	4.4	4.0	408.3

适宜人群：

该款菜肴富含钙、锌和维生素 A，虾营养丰富，含蛋白质是鱼、蛋、奶的几倍到几十倍，还含有丰富的矿物质，其肉质细腻，容易被人体所消化。虾仁中的虾青素是最强的抗氧化剂，可清除自由基、延缓衰老。虾的通乳作用较强，适合产后妇女食用，其性味比较平和，一般人群都可食用。虾不应和富含鞣酸的水果如葡萄、石榴、山楂、柿子等同食，会降低蛋白质的营养价值，还会刺激肠胃。

英文流程：

Directions：

（1）Minced the onion and garlic.

（2）Diced the fish, prawn and scallops.

（3）Melt the butter in a frying-pan, stir the minced onion and garlic until the frangrance released. Add the minced seafood and stir briefly.

（4）Then add the brandy, white wine, cream sauce and dill, bring the sauce to the boil and season with salt, pepper and cream.

（5）Serve the dish with some fried rice on a serving plate, enjoy!

3

◆ 技能达标

请针对实训任务五烩海鲜配莳萝奶油汁进行技能达标。要求：

1.时间：50 分钟内完成菜品制作（包括黄油米饭和奶油沙司的制作）；

2.质量标准：成品要达到菜品特点要求；

3.用英文陈述菜品制作流程；

4.分析菜品营养成分，计算菜品采购成本，并写出分析报告。

模块十二　海鲜类套餐制作(二)

任务一　普罗旺斯海鲜汤

西文名:provence seafood soup

主料:三文鱼、鳕鱼、金枪鱼、鲷鱼、海鳗鱼、海鲈鱼等海鱼共100克,青口100克,花蛤100克,法棍面包1片。

辅料:西芹、洋葱、冬葱、大葱、球状茴香各40克,番茄150克,土豆1千克。

调料:橄榄油、白葡萄酒、番茄酱、香料束、大蒜、百里香、香叶、藏红花、橙子皮各适量,鱼精汤、蛋黄、熟大蒜、辣椒籽、奶酪粉、盐、胡椒粉各适量。

制作流程:

(1) 将各种海鱼去骨取鱼柳,切成小块,鱼骨漂洗干净;青口、花蛤洗净;

(2) 沙司锅中放入橄榄油,下入洋葱末、红葱末、大葱末、茴香等,加鱼骨炒匀,倒入白葡萄酒煮干,加鱼精汤煮沸,放入番茄、番茄酱、香料束、大蒜、藏红花、香叶、百里香、茴香、橙子皮等,用小火煮约1小时,过滤后加盐、胡椒粉调味,即成海鲜汤;

(3) 土豆削成橄榄球状,入汤中煮熟;

(4) 熟土豆、熟大蒜压成泥,加入蛋黄、橄榄油、藏红花、海鲜浓汁、辣椒籽,调成蒜味土豆泥;法棍切片,加蒜汁、橄榄油、奶酪粉烤香;

(5) 上菜前,将海鲜鱼块放入汤中煮熟,装盘淋汁,配熟土豆、土豆泥、法棍面包片等上桌即可。

特点:色彩丰富,成菜美观,味咸香微辣,适口清爽不腻。

制作要领：

（1）普罗旺斯海鲜汤又称马赛鱼汤，是法餐中的名菜，传说是由希腊人带进法国的，历史已超过 2500 年。该菜的特色在于使用了各种各样的海鲜鱼类，制作中，先用橄榄油炒香洋葱、红葱、大葱、茴香等香味蔬菜，再加入各种香料，并用橙皮调味，放入藏红花调色浓味，成菜前加入鱼肉烹煮而成；

（2）装盘时，要保证每盘菜中都有各种海鲜鱼肉；

（3）掌握各种鱼肉、海鲜煮制时间。

任务二　黄油芝士焗龙虾

西文名：baked lobster with mornay sauce

主料：龙虾 1 只。

辅料：培根 10 克，柠檬 1 个，橄榄油 10 毫升，洋葱、小番茄、香葱少许。

调料：芝士 30 克，黄油 20 克，白葡萄酒 10 毫升，莫内沙司 30 毫升。

配料：各种时令蔬菜、胡萝卜、口蘑、绿节瓜等。

制作流程：

（1）龙虾蒸 15 分钟左右，把头尾与肉分开洗净，虾肉斜刀片成片；

（2）把胡萝卜、口蘑、绿节瓜用黄油炒香垫在洗净虾壳内，摆上切好龙虾肉；

（3）把洋葱、培根用黄油炒香，加白葡萄稍炒，放在龙虾上，浇上莫内沙司，撒芝士烤上色；

（4）把洋葱、小番茄、香葱，用橄榄油、柠檬汁拌匀放在盘边即可。

特点：色泽乳黄，酱汁浓稠，咸鲜香浓，芝士沉郁，虾肉鲜嫩，风味独特。

制作要领：

（1）要掌握好龙虾的成熟度，不要过度烹调，否则影响口感和风味；

（2）莫内沙司要达到制作标准。

任务三　英式炸鱼柳配鞑靼沙司

西文名：deep-fry fish strip with tartar sauce

主料：净比目鱼肉 125 克，面粉 50 克，啤酒 40 毫升，鸡蛋 2 个。

调料：盐 2 克，胡椒粉少量，柠檬汁 3 毫升，干白 10 毫升。

配料：炸土豆条 50 克，柠檬角 20 克。

沙司料：鞑靼沙司 25 克。

制作流程：

（1）将比目鱼肉切成条，加入调料腌入味；

（2）把面粉、鸡蛋黄、啤酒调成糊状，再把鸡蛋清打成泡沫状，倒入啤酒糊中，轻轻搅匀；

（3）鱼条拖上面糊，放入 140 ℃的油中慢慢炸至成熟上色，放入盘中；

（4）盆边配上炸土豆条、柠檬角、鞑靼沙司即成。

特点：色泽金黄，均匀一致，面糊膨松，表层光滑，咸鲜，有适中的酸味，外焦里嫩。

制作要领：

（1）此菜是英国菜；

英式炸鱼柳

（2）蛋清一定要打至 7 分发，啤酒要新鲜；

（3）炸时可以先炸定型，再复炸上色；

（4）鞑靼沙司要现做。

达标菜品拓展知识：英式炸鱼柳配鞑靼沙司

营养成分：

营养物	能量(kcal)	蛋白质(g)	脂肪(g)	碳水化合物(g)	膳食纤维(g)	维生素 A(μg)
含 量	609.49	53.88	21.76	49.53	1.67	459.15
营养物	维生素 C(mg)	钠(mg)	钙(mg)	铁(mg)	锌(mg)	胆固醇(mg)
含 量	18.56	406.28	273.08	6.39	4.19	1 027.25

适宜人群：

该款菜肴富含蛋白质、维生素 A 和钙。比目鱼富含蛋白质、维生素 A、维生素 D、钙、磷、钾等营养成分，尤其维生素 B_6 的含量颇丰，而脂肪含量偏少，另外还含有丰富的 DHA，可以增强智力。该款菜肴钠和胆固醇的含量比较多，所以高血压、心血管疾病的人群不宜多吃。

英文流程：

Directions：

（1）Cut the flatfish into strips, marinate it with salt and pepper, lemon juice, white wine.

（2）Mix the flour, egg yolk and beer well, make it pasty, egg white beaten to snow, mix them together.

（3）Put the fish strip in the mixture, put it into 140 degree's oil, fry it until it's colored, then put it into the plate.

（4）Garnish with fried chips, lemon wedges and tartar sauce.

3

◆ 技能达标

请针对实训任务三英式炸鱼柳配鞑靼沙司进行技能达标。要求：

1. 时间：40 分钟内完成菜品制作（包括鞑靼沙司和炸薯条的制作）；

2. 质量标准：成品要达到菜品特点要求；

3. 用英文陈述菜品制作流程；

4. 分析菜品营养成分，计算菜品采购成本，并写出分析报告。

模块十三　海鲜类套餐制作(三)

3

实训目标

素养目标:培养学生乐业、敬业的工作态度;提升学生品德修养和职业道德素养。

知识目标:了解海鲜类原料理论知识;熟练掌握西餐常见海鲜类菜品的制作流程和关键技术。

能力目标:能够独立制作红豆百合汤、苹果煎鹅肝、香煎三文鱼。

实训重点

苹果煎鹅肝、香煎三文鱼。

任务一　红豆百合汤

西文名:red pea with lily soup

主料:百合 50 克,红腰豆 100 克。

调料:洋葱、大蒜、黄油适量、鸡基础汤 300 毫升、盐、胡椒粉、百里香适量。

制作流程:

(1) 红腰豆用开水烫去皮,去籽,切成块,百合剥皮浸入水中;

(2) 沙司锅内下黄油、洋葱末、大蒜末炒香,放入红腰豆、百合、百里香略炒后,加入鸡基础汤,用旺火煮沸后,改用小火,煮至百合酥烂;

(3) 倒入搅拌机中搅打成蓉,再倒回沙司锅中,调入盐、胡椒粉即可。

特点:色泽粉红,60 ℃以上为略带稠感流体,口味咸鲜,口感醇香。

制作要领:

(1) 百合择洗干净后要用冷水浸泡,焯水速度要快并迅速用水投凉,防止变色;

(2) 若红豆淀粉不足,汤汁浓稠度不够可加油炒面粉调剂浓度。

任务二　苹果煎鹅肝(法)

西文名:fried goose liver apple with grape sauce

主料:鹅肝 80 克。

辅料:苹果 60 克,葡萄沙司 40 毫升。

调料:黄油 40 克,盐 2 克,胡椒粉、玉桂粉各少量。

配料:煮土豆榄及时令蔬菜各 40 克。

制作流程:

(1) 把鹅肝片成 2 片,苹果去皮、去核,切成 2 片;

(2) 鹅肝上撒匀盐、胡椒粉,苹果上撒匀玉桂粉;

(3) 用黄油把鹅肝和苹果慢慢煎熟;

(4) 把鹅肝和苹果相间码在盘中央,盘边配上土豆榄及蔬菜,将葡萄沙司淋在鹅肝四周。

特点:鹅肝呈棕红色,有光泽,口感细嫩;鹅肝及苹果为片状,整齐;鲜香,咸酸适口;鲜嫩多汁。

任务三   香煎三文鱼

香煎三文鱼

西文名:dos de aumon sur peau

主料:带皮三文鱼柳 150 克,黄油 5 克,色拉油 5 克。

辅料:韭葱 50 克,黄油 5 克,淡奶油 5 毫升,培根 15 克。

沙司:黄油 5 克,红葱 5 克,白葡萄酒 10 毫升,淡奶油 10 毫升,黄油(增亮)20 克。

配料:炸土豆丝、胡萝卜丝、南瓜丝等适量。

制作流程:

(1) 取带皮三文鱼柳,去除骨刺,切成 150 克/块的块,冷藏备用;

(2) 黄油炒红葱碎出香味,加入白葡萄酒煮干,倒入淡奶油煮稠,离火加黄油搅化,调味后成白酒黄油汁,保温备用;

(3) 韭葱、培根切成丝。将培根丝用黄油炒香,加韭葱丝炒匀,倒入淡奶油煮稠,加入少许白酒黄油汁搅匀,离火备用;

(4) 将三文鱼皮面向下放入沙拉油中煎至定型、上色后,转小火煎至 5~7 成熟,取出保温备用;

(5) 热菜盘中放入韭菜、培根丝,再放上三文鱼柳(皮面向上),淋上白酒黄油汁,放上装饰料即成。

特点:鱼皮香、脆,肉质鲜嫩。韭葱、培根香味浓郁,风味独特。

制作要领:

(1) 加入奶油后用小火浓缩煮稠酱汁。黄油离火加入,调色、增亮,边加边搅动,便于沙司乳化;

(2) 用不粘锅煎三文鱼柳,以免粘锅糊底;

(3) 煎鱼柳时应将鱼皮向下放入油中,单面煎至鱼皮定型后,控制火候,保证鱼肉的嫩度;

(4) 装盘时鱼皮向上,突出皮面香、脆的特色。

模块十四　海鲜类套餐制作(四)

任务一　煎培根鱼肉卷配柠檬黄油汁

西文名:fried fish bacon volume with butter lemon sauce

主料:鲈鱼100克。

辅料:口蘑50克,洋葱25克,小番茄2个、泰椒圈适量。

调料:柠檬1/2个、迷迭香、盐、胡椒粉、淡奶油、橄榄油、白酒适量。

配料:紫薯50克,斑斓叶1片。

制作流程:

(1) 将紫薯用锡纸包上,放入150℃烤箱将其烤熟备用;用橄榄油将洋葱、泰椒圈、小西红柿、口蘑炒香备用;

(2) 鱼切长方块,用盐、白胡椒、白葡萄酒和1/2个柠檬的汁腌5分钟;

(3) 用培根片将鱼卷好后,平底锅中放入黄油,中火煎至表皮金黄,盛到准备好的盘子里;

(4) 取锅倒入白酒,挤入柠檬汁,加盐、胡椒粉,用微火加温,加入黄油,不停地用打蛋器搅打至汁液黏稠,倒入一定量的淡奶油,即成柠檬黄油汁;

(5) 最后将调制好的柠檬黄油汁浇在煎好的鱼卷上面,配上炒好配菜和烤紫薯,用斑斓叶装饰即可。

特点:鱼片乳黄,整齐不碎,鲜香,酒香,咸酸适口。

制作要领:

(1) 此菜是欧陆菜;

（2）特作黄油柠檬沙司是稀沙司,色泽橙黄,油融合不溯,有酒香;

（3）煎鱼注意火候,并且一定要煎熟。

任务二　焗蜗牛（法）

西文名:snails in shell herb butter

主料:蜗牛 6 个。

辅料:蜗牛黄油沙司 30 克,蒜味法棍面包片 2 片,奶油土豆泥 50 克。

调料:干白葡萄酒 5 毫升,黄油 5 克,葱头、胡萝卜、芹菜各 10 克,白兰地 1 毫升,盐 1 克,杂香草、胡椒粉、葱末、蒜末各少量。

制作流程:

（1）把葱头、胡萝卜、芹菜切碎,加水煮沸,放入蜗牛稍煮,捞出;

（2）用竹签把蜗牛肉捞出,去掉尾部,用煮蜗牛的原汁洗净;

（3）用黄油把葱末、蒜末炒香,蜗牛肉稍炒放入白兰地、干白葡萄酒,调入盐、胡椒粉炒匀。待蜗牛肉凉后用镊子放入原壳内,在壳开口处塞上蜗牛黄油沙司放在盘中,放在奶油土豆泥上,入焗炉焗上色,配上蒜香法棍面包即可。

特点:金黄色;蜗牛原型;浓香,味美;鲜嫩。

制作要领:

（1）先将蜗牛洗净放入清水中,加入盐和适量醋浸泡,让其吐出杂质,反复几次使其吐净杂质;

（2）蜗牛焗制温度可稍高些。

任务三　主厨沙拉

西文名:chef salad

主料:西生菜等时令蔬菜 50 克,火腿 20 克,芝士 20 克,熟鸡肉 20 克,熟牛肉 20 克。

辅料:洋葱 50 克,熟鸡蛋 1/2 个,圣女果 2 个,黑橄榄 1 个,黄瓜 4 片。

调料:洋葱 20 克,白酒醋 20 毫升,油 500 克,芥末 10 克,欧芹 5 克,沙拉汁适量。

制作流程:

（1）将蔬菜洗净控干水分撕成小块摆入盘中;

（2）将几种肉类切成 6~7 厘米长条摆在蔬菜上;

（3）将调料和沙拉汁淋上面或配在旁边即可。

特点:色彩鲜艳,造型有立体感,口味酸咸适口。

制作要领:

（1）主料切制后要求长短粗细均匀;

（2）原料摆放应注意色泽搭配,应具有立体感。

第四编
工艺拓展

◎ 认知部分

认知一　分子料理

科学引领我们探索这个大千世界,研究各种自然现象所引发的不同机制反应,而分子厨艺这门学问,即在探索烹饪过程中所产生的各种变化,以及人们饮食感观上的普遍现象。这门学问也可以称为食品科学技术,运用科学知识,提供在实务中可以操作的方法。在烹饪的相关领域中,烹调技术应用分子厨艺及各种食品科学的知识,提出新式的操作方法是大势所趋。

吐气冰淇淋

一、分子料理概述

(一)分子料理的概念

分子料理的理论就是研究食物在烹调过程中,观察、认识温度升降与烹调时间长短的关系,再加入不同物质,令食物产生各种物理与化学变化,在充分掌握之后再加以解构、重组及运用,做出颠覆传统厨艺与食物外观的烹调方式。

分子料理,又称为人造美食,是指把葡萄糖、维生素 C、柠檬酸钠、麦芽糖醇等可以食用的化学物质进行组合,改变食材的分子结构,重新组合,创造出与众不同的可以食用的食物。比如,把固体的食材变成液体甚至气体食用,或使一种食材的味道和外表酷似另一种食材。从分子的角度制造出无限多的食物,不再受地理、气候、产量等因素的局限。如:泡沫状的马铃薯,用蔬菜制作的鱼子酱等。这一概念最早于 1988 年由匈牙利物理学家 Nicholas Kurti 及法籍化学家 Herve This 提出。

知识链接：分子料理的大事年表

公元前 1700 年　在中国已经开始使用琼脂(Agar)。其实,中国很早就有了分子美食,几乎人人都吃过,那就是棉花糖与豆花。前者是糖受热后经过离心力变化成丝,这是一个物理变化过程;后者是豆浆加入石膏粉后发生了化学变化。

1682 年　法国数学家和物理学家 Denis Papin 发现鱼胶(gelatine)的提炼方法。

1794 年　Sir Benjamin Thompson 发表他的论文：On the construction of kitchen fireplaces and ktchen utensils, together with remarks and observaions relating to the various processes of cookery, and proposal for improving that most useful art.

1844 年　诺贝尔化学奖得主 Justus von Liebig 发表：食品的加工、化学反应及作用。

1912 年　法国化学家和物理学家 Louis Camille Maillard 发现了含蛋白质的食品在煎烤过程中对香味吸收,又称为 Maillard 反应。

1969 年　Nicholas Kurti 为英国皇家做演讲：厨房里的物理学家。

1974 年　食品化学家 Bruno Goussault 和厨师 Georges Pralus, Pieere Troisgrois 首先运用了 Sous-Vide 这种新的烹饪技术,即真空低温烹饪。

1984 年　美国科学家 Harold Mc.Gee 发表了他的第一个关于厨房里的科学的著作。

1988 年　Nicholas Kurti 和 Herve This 开始他们之间的合作,并提出分子和物理美食学,1998 年 Kurti 去世后,改为分子美食学。

1992 年　Nicholas Kurti 和 Herve This 发起国际分子美食交流会议。

1995 年　Herve This 在巴黎的法国学院成立了美食科学研究所。

2001 年　英国厨师 Heston Blumenthal 在 Discovery 频道开设了厨房里的化学节目。

2003 年　Ferran Adria, Heston Blumenthal, Emile Jung 和 Herve This 开始了 Inicon 项目,这是个国际性的分子美食研究项目。

2003 年　在西班牙马德里首次召开了大型的国际分子美食会议。

2003 年　Ferran Adria 首次将他的 meloncaviar(甜瓜仿鱼子酱)放入菜单,Sferification 技术开始成熟。

2006 年　四大分子料理大师发表联合声明,定义分子料理。

2007 年　挪威物理学家 Martin Lersch 开始研究食品口味搭配。

(二) 分子料理的材料

维生素 C:合成或从植物中萃取出来的酸性物质。可以用在食物中增加酸味,或是避免水果或蔬菜氧化变黑。

柠檬酸:合成或从植物中萃取出来的酸性物质。可以用在食物中增加酸味。

小苏打:是合成作用的产物,可以用来中和酸性。

明胶:动物性凝结剂,添加了它的果冻较有弹性,可以在口中溶化。

大豆卵磷脂:从大豆中萃取的乳化剂,使用大豆卵磷脂可以制作乳化剂,如水与油混合的状态,让彼此混合的液体状态稳定。

钙离子盐:钙质来源(乳酸钙及葡萄糖酸钙),可以增加食物的钙质含量,并可以来产生晶球化作用。

知识链接

有些添加剂在分子料理中是禁止使用的,如:寒天(洋菜)、海藻酸钠、鹿角菜胶等(注:六岁以下的儿童应禁止食用)。

寒天是从红藻中提取出来的凝结剂,可以做出脆质的果冻,也可以耐高温(80 ℃以内)。

海藻酸钠是褐藻萃取物,作为一种凝结剂,可以增加弱钙性物质的黏稠度,与钙质会产生晶球化作用。

鹿角菜胶:从红藻中提炼出来的凝结剂,添加后可使果冻较有弹性,并可以耐高温(不超过65 ℃)。

(三)分子料理的器材

精密电子秤:可用来作更精确的称量。

滤斗:帽形滤网,可以在过滤和倒入流液体时,去除杂质。

量匙:可以用来计量材料。

漏瓢:有洞的漏瓢,非常适用在晶球化作用时沥水。

吸管:用来吸取液体。

注射器:可以让液体一滴一滴慢慢滴下,以完成晶球化作用,在制作意大利直面形状的产品时,可用来将液体打入导管,待软冻成形后,再用注射器将软冻推出。

气压奶油枪:用来制作慕斯。需先填充气弹,打入备料产生气泡,制造出慕斯的效果。

导管:用来制作意大利面直面形软冻,以矽为材质,至少可以耐100 ℃以上的高温。

知识链接

要制作分子料理必须依靠现代化的仪器才能完成。意大利有一间著名的分子料理餐厅,他们在腌制肉丸时应用的就是磁共振造影技术,并通过录像记录肉丸在腌制时内部会发生的变化。另外,在芝加哥一间餐厅的分子厨房里,大厨们更是异想天开地将四级激光枪运用到了金枪鱼的烹饪中。

二、分子料理技术

(一)糖的溶解作用

蔗糖在 20 ℃时,2 千克的糖可以溶于 1 千克的水中,但在相同的情况下,糖不能溶于酒精或油脂中。在跳跳糖巧克力制作中,由于巧克力富含可可脂,且糖不溶解于脂肪中,所以巧克力冷却后,内部仍完整保有糖块。跳跳糖一方面保有巧克力内部的湿润,同时也保留住二氧化碳,因此,赋予巧克力令人惊奇的口感。

(二)乳化作用

乳化作用就是指一种液体混合分散到另一种液体中,如油脂散布在水中所造成的乳化作用,但这种乳化作用并不稳定,因为两种液体并不相溶,会慢慢分层,但是如果加入具有界面活性作用的分子,则会填充在油与水之间,起稳定乳化作用,避免两种液体分离的现象发生。在制作茴香酒马乃司时,脂肪以小油滴的形态分布在水里(蛋黄及醋汁里的水分),蛋黄里的蛋白质则填充在油与水的中间,可以使状态稳定下来。因此,最初只能加入一点点色拉油,使其形成油在水中的乳化物,如果开始就加入太多的色拉油,就会变成水在油中的乳化物,如此就无法做出成功的马乃司。

（三）泡沫慕斯

泡沫慕斯是指空气散布在液体或固体的现象。在运用这种技术中，慕斯的形成需归功于界面活性剂。大豆卵磷脂是由两部分的分子组成，一部分是亲水分子，一部分是疏水分子，将这些分子填充在液体与气泡之间，形成发泡的状态。在制作墨西哥泡沫咖啡时，咖啡经过奶油枪的处理，转变成泡沫状，并因为加入了大豆卵磷脂，泡沫状态更加稳定，快速将空气加进咖啡里，会使大豆卵磷脂无法完全填充到气泡与液体之间，最后得到一杯像啤酒一样的慕斯。

（四）发泡鲜奶油

发泡鲜奶油是一种充满泡沫的乳化物。鲜奶油是一种富含脂肪的乳化物，脂肪遇冷便凝结在一起而变得更加浓稠。在制作覆盆子鲜奶油时，将鲜奶油放在冰槽上方进行搅打，当空气进到鲜奶油后，因为脂肪遇冷结晶化，会将空气锁在里面，鲜奶油的温度于是逐渐冷却下来。

（五）易溶软冻

由分子组成的网络将水分锁住，形成软冻。这个网络的组成物可以是蛋白质或多糖体，如明胶、鸡蛋白等。明胶是一种从肉类或鱼类中提炼出来的蛋白质，这种蛋白质具有凝结的特性，我们可以通过收缩蛋白质组成的网络，将液体转化成凝胶。

明胶遇热就会融化（不超过 50 ℃），而大约 10 ℃ 就会凝结。只要将凝胶重新加热到 37 ℃以上，便会开始融化。在制作苹果甜菜茶冻时，加入明胶的茶汁经过冷却就会凝结，凝结后再加入热水，就会化成水，香气也随着散发出来，此时茶水再冷却，也不会再凝结了，因为明胶的含量已经被稀释，没有足够的胶质可以将水锁在当中产生凝结的现象。

（六）慕斯软冻

慕斯就是气体散布在液体中所产生的现象。如果用打蛋器搅打水，就会产生泡沫并浮升到液体的表面，如果流体含有明胶的成分，被搅打入这个液体的空气气泡会因为明胶而安定下来，而液体也会因为温度下降而开始凝结。在制作蛋黄慕斯软冻时，明胶片在热水里溶化，接着在里面加入蛋黄。明胶在此产生界面活性及凝结作用，一方面让高汤及蛋黄中的脂肪结合，另一方面则让高汤及蛋黄的乳化物形成慕斯，并将其凝结起来。当凝结作用产生时，同时也把空气气泡锁在网络里，就能得到凝结的慕斯软冻了。

（七）梅纳反应

梅纳反应也称美拉德反应，是一种无关酵素的褐色反应，这个反应会产生气味、味道及色彩分子。在制作面包或是烹煮肉类的过程中，都可见到此反应。这个反应是糖及蛋白质在高温下生成，经过一连串的反应后，产生褐色、香气和味道。利用该反应可以制作牛奶果酱，炼乳含有梅纳反应所需的氨基酸及糖分，因为温度持续升高而产生梅纳反应，于是罐头里炼乳转变成咖啡色并带有特殊风味。此外，炼乳中有数种不同种类的糖分，在此时也发生了焦糖化反应。

（八）转移作用

转移作用是指一种成分从一处转到另一处。这种作用使不同浓度的两种成分到达彼此中心。转移作用可形成颜色消退、被上色、被调味等结果。转移作用并会因温度上升而加速作用。在制作珍珠绿茶时，西米是一种木薯珍珠粉圆，是干燥食材，放到液体里就会产生转移作用，将水分送到西米的中心。而薄荷糖浆的水分、色素、香味等成分，都会因转移作用传送到西米的中心部位,如此便可得到充满水分、染成绿色、带有薄荷味的西米露。

◆ 拓展任务

1. 通过图书或网络等途径,以小组合作的方式总结归纳各种分子料理技术的成菜机理。

2. 搜集整理西餐专业英语常用对话(厨房内部工作人员之间、厨房工作人员与客人之间、厨房工作人员与前台服务管理人员之间),勤加练习熟练应用。

◆ 知识测试

1. 什么是分子料理?

2. 分子料理常用的食品添加剂有哪些?

3. 常见的分子料理技术有哪些?

◆ 思政拓展

豆腐蕴含的中国传统文化

认知二　客前表演

认知目标

素养目标：提升学生"增品种、提品质、创品牌"的业务意识与工作精神，提升学生的社会适应能力。

知识目标：了解和认知西餐烹调表演和切配表演的概念；了解客前表演的各项准备工作和表演程序。

能力目标：掌握客前表演的技术要求，能够独立进行客前实际操作。

认知重点

客前表演相关菜式的表演流程。

当今视觉效应在西餐营销中愈加受到重视，许多西餐经营人员在销售菜肴和酒水时利用各种视觉效应收到很好的效果。例如，沙吧（salad bar）、餐厅门口的菜肴展示、自助餐台、酒架和酒柜展示及客前烹调表演等。

一、西餐烹调表演

（一）西餐烹调表演的概念

西餐烹调表演是西餐服务员在餐厅，面对顾客在烹调车或轻便服务桌上制作有观赏价值的菜肴，及运用艺术切割法切割水果、奶酪、熟菜及搅拌沙司等的表演。西餐烹调表演的菜肴必须是有观赏性，可以快速制熟，而且没有特殊气味的菜肴。

知识链接：西餐烹调表演

西餐烹调表演的目的是创造气氛和特色，增加知名度，提高营业额。瑞士餐饮管理专家沃尔特·班士曼（Walter Bachmann）在评估西餐烹调表演时说："我相信在顾客前做一些烹调、燃焰和切割表演已经成为高级西餐厅中最吸引人的服务项目。"许多优秀的西餐厅经理认为："如果西餐厅服务员或承担烹调表演的厨师技术优秀，表演认真，顾客非常喜欢和欣赏，餐厅烹调表演将是个有效的营销方法。"

西餐烹调表演能烘托餐厅气氛，使顾客得到享受，增加视觉效应，刺激消费，增加餐厅的收入；客前烹调的菜肴香味，经过艺术性切割的水果吸引了许多顾客慕名而来，增加了餐厅的知名度。但是,西餐烹调表演也存在着一定的局限性和缺点。这种表演只适合一部分顾客。许多人在用餐时不希望被过多的打扰。同时,这种表演需要较大的空间,需要一定成本,从而使菜肴的价格高于一般餐厅。此外,这种表演需要安全培训和周密的安全措施。

(二)西餐烹调表演的需求

不是任何西餐厅都能够采用餐厅烹调表演,因此经营西餐的企业必须根据市场与目标顾客的需求、自身的条件及其他的一些因素进行评估后,才能决定是否需用餐厅烹调表演,及采用哪种具体形式。评估烹调表演的因素主要包括四个方面:顾客、服务、成本和安全。当这四个方面都达到理想的效应时,才真正需要餐厅烹调表演。

(1)顾客方面因素。顾客对餐厅烹调与切割表演的接受能力和欣赏能力,对餐厅烹调与切割服务价格接受能力,餐桌翻台率、服务速度等对顾客的影响。

(2)服务方面因素。餐厅烹调与切割表演对服务员、厨师及经营管理人员专业知识和技术的要求及培训要求等。

(3)成本方面因素。餐厅烹调与切割表演需要更多的时间、更多的服务员、更多的空间、更多的设备和用具,因此,服务成本高。

(4)安全方面因素。餐厅烹调和切割表演必须在严格的安全条件下,在十分卫生的前提下才能进行。

(三)西餐烹调表演种类

西餐厅烹调表演有许多种类和分类方法。

1. 按照表演形式分类

(1)全过程烹调表演。将加工过而没有熟制的原料送至餐厅进行全过程的烹调表演。

(2)部分烹调表演。将厨房烹调好的菜肴送至餐厅做最后阶段的烹调、组成或调味表演。

2. 按照西餐菜肴的种类分类

(1)开胃菜烹调表演。开胃菜烹调表演包括冷汤、水果、沙拉和鸡尾酒菜制作表演,方法主要是切割和组装方面的表演。

(2)意大利面条烹制表演。意大利面条表演是将厨房煮熟的面条送至餐厅进行烹制,制作调味汁,然后组装,放装饰菜等的表演。

(3)海鲜、禽肉和畜肉烹制表演。这种表演是将小块并容易制熟的海鲜、禽肉和畜肉原料,通过在服务桌的酒精炉或烹调车上的烹调表演将菜肴制熟。

(4)甜点制作表演。这种表演是在餐厅服务桌上或烹调车上制作一些可以快速成熟,又有观赏价值的甜点,或者将一些已经制熟的甜点和水果等原料组装在一起的表演。

3. 按照烹调手段分类

(1)燃焰烹调表演。燃焰烹调表演是在菜肴最后的阶段放入少许烈性酒,使酒液与烹调的锅边接触产生火焰的表演。这种烹调方法是,使用酒精度高的白兰地酒或朗姆酒,通过将酒洒在成熟的热菜上,倾斜热锅的边缘,使它与烹调炉上的火焰接触而产生火焰。燃焰烹调的优点不仅有观赏价值,还使餐厅和菜肴的本身充满了香味,同时活跃了餐厅气氛。

(2)非燃焰烹调表演。非燃焰烹调表演是在顾客面前烹调一些有观赏价值又简单易制作的菜肴,包括某些菜肴的全部烹调过程,部分烹调过程,或最后的组装等。

(四)烹调表演设备和用具

1. 餐厅烹调车(cooking trolley)

烹调车也称燃焰车,通常是带有 45 厘米×90 厘米长方形的操作台,双层,有一个或两个

4

炉头(燃烧器),带有煤气炉,带有 4 个脚轮的小车。

2. 餐厅烹调炉(table cooking lamp)

许多餐厅在烹调表演时不使用烹调车,只使用餐厅烹调炉,这样可以简化服务程序。餐厅烹调炉也称台式烹调灯,这是因为有些烹调炉的外观和构造像一个汽灯,它以酒精或气体为燃料,炉子的上端有个燃烧器,燃烧器上面可放平底锅进行烹调表演。

3. 餐厅表演桌(service side table)

表演桌是长方形的轻便的小桌,常带有脚轮。一些表演桌不带脚轮,高度与餐桌相等,它有各种尺寸,但是常见的为 46 厘米×61 厘米。

4. 餐厅烹调用具

根据需要,餐厅烹调用具各有不同,主要包括大小金属盘各 1 个,大餐匙(主菜匙)、大叉(主菜叉)各 3 个,大餐刀 1 个,盐盅和胡椒盅各 1 个,切菜板 1 个,沙拉碗 1 个,餐盘数个(根据需要),杂物盘 1 个等。

(五) 西餐烹调表演调料

(1) 根据需要,准备沙司、辣酱油(worcester sauce)、酱油(soy sauce)、辣酱(tobasco)和番茄酱(tomato ketchup)等。

(2) 根据需要,准备白糖、鲜奶油适量、柠檬 1 个,青葱末、洋葱末、香料末、香菜末、芥末酱等少许。

(3) 根据菜单准备烹调酒 1 瓶,可以是各种颜色的,甜味或干味葡萄酒、味美思(vermouth)、雪利(sherry)、马德拉(madeira)、利口酒(liqueur)或烈性酒、各种橘子酒(curacao, cointreau, grangmarnier)、白兰地酒(brandy)和朗姆酒(rum)等。

(六) 西餐烹调表演程序

(1) 准备烹调车或表演桌与烹调炉,根据菜单需要准备各种用具和调料。

(2) 检查要烹调主料的温度,主料必须是热的,沙司也需是热的。

(3) 不同菜肴烹调程度不同,应根据食谱的要求操作。通常的程序是将平底锅加热后,放植物油或黄油,再放洋葱末,然后放主料及放调味品,最后放烈性酒燃焰。

(4) 使用一种以上的调味酒时,应当把酒精度最高的放在最后使用。烹调菜肴时,不要使菜肴一开始就出现燃焰现象,应在最后放入烈性酒,出现燃焰。放入烈性酒,倾斜平底锅,让锅边与炉中的火焰接触,使炉中的火焰立即点燃烈性酒,不要用火柴点燃(使用电磁炉除外)。

(5) 用烹调勺或大餐匙将燃焰的液体重复浇在锅中的菜肴上,火焰的效果会更理想。制作甜点时,将少许白糖撒在火焰上会出现蓝色火焰。

(七) 西餐烹调表演标准

(1) 在顾客面前做燃焰表演时,菜肴必须是热的,达到理想的成熟度,烹调锅(平底锅)也必须是热的,否则,燃焰表演会失败。

(2) 注意使用适量的烈性酒达到理想的效果,使用过多的酒既不安全又浪费成本。

(3) 餐厅烹调表演是烹调艺术表演和营销活动,应当选择有观赏价值和有特色的设备、器皿和工具。

(4) 要讲究卫生,操作前必须洗手,不要用手接触食物,使用工具拿取原料。

(5) 操作前检查炉具和设备,掌握烹调流程。不要移动已经点燃的烹调车和烹调炉,与顾客保持一定距离,与窗帘和其他易燃物品保持一定距离。此外,还应切记烹调锅中有少量的液体或调味汁,放烈性酒时会溅出汤汁,而且火焰较大,要注意安全。

（八）西餐烹调表演制作实例

制作实例 1　水波鳟鱼(poached trout)

烹调用具:酒精炉 1 个,小煮锅 1 个,鱼刀 1 把,服务匙 1 个,鱼盘 1 个,服务叉 1 把,杂物盘 1 个。

食品原料:鳟鱼 1 条(约 500 克),土豆块、洋葱块、西芹块、鱼基础汤等。

表演程序:

① 鱼基础汤在酒精炉上煮开,放入鳟鱼,快速地煮一下,煮好蔬菜备用。

② 用服务匙和服务叉将鱼从煮锅中托起,把鱼放在鱼盘上,然后将鱼的腹部朝向自己,鱼头朝右手方向。用鱼刀剥取鱼皮,从鱼头翻过去,剥去皮。

③ 左手用服务叉压住鱼头,右手用鱼刀从鱼的尾部向鱼头方向将鱼肉切下。放在餐盘的上部,用鱼刀切下鱼尾,再切下脊骨。然后,将上片鱼肉放在下片鱼肉上,鱼尾也摆在原来的位置,形成一条完整的鱼的形状。

④ 用煮鱼汤中的蔬菜摆在鱼肉上作装饰,然后,浇上用黄油和柠檬汁混合成的沙司。

制作实例 2　鱼子酱(caviar)

表演用具:小茶匙 2 个。

食品原料:鱼子酱、烤面包片、柠檬(切成块)、青菜末、洋葱末、酸奶酪片。

知识链接:

鱼子酱采用腌制过的鲟鱼卵,颗粒的大小和颜色因鲟鱼的种类不同而各异。其中颗粒最大、质量最高的品种是白鲟鱼中的比鲁格(Beluga),颗粒最小的品种是塞录加(Sevruga)和欧塞塔(Ocetra)。前者颜色为灰色,后者为酱色或金黄色。

表演程序:用小匙取出鱼子酱,堆成一堆,盘内放两片烤面包和一块柠檬。根据需要放调味品。鱼子酱的其他表演方法:将鱼子酱放在一个小容器内,将该容器放在装有碎冰的专用杯子中,下面放一个垫盘,根据需要放调味品。

制作实例 3　虾肉镶鳄梨(avocado stuffed with shrimps)

表演用具:茶匙 1 个,削皮刀 1 把,服务匙 1 个,服务叉 2 把,汤盘 2 个,餐盘 1 个。

食品原料:鳄梨 1 个,虾 12 只,生菜少许,马乃司 80 毫升,番茄酱 25 毫升,辣酱油少许,白兰地酒少许,柠檬 1/2 个,辣椒酱、辣椒粉、盐、胡椒粉各少许。

厨房准备:将虾放入盐水中煮熟并去皮,将生菜切成丝。

表演程序:

(1) 用服务匙取出马乃司,放在一个深盘中,用服务叉挤出少许柠檬汁滴入,加番茄酱、辣椒酱、辣酱油和辣椒粉搅拌。加白兰地酒,加盐和胡椒粉,制成鸡尾沙司(cocktail dressing)。

(2) 将虾仁放入另一个深盘中,放入鸡尾沙司搅拌,需要时再加一些调料。

(3) 用小刀将鳄梨纵向分成两半,用刀将梨核取出。

(4) 将柠檬挤出几滴汁,滴在梨肉上,用茶匙挖出部分梨肉放在虾仁中,与虾仁搅拌。将搅拌好的虾仁填入半个鳄梨中,另一半可作他用。在餐盘上放一些生菜丝,将镶好虾仁的鳄梨放在生菜丝上。上桌时带上洗手盅。

4

二、西餐切配表演

(一) 西餐切配表演的概念

西餐切配表演是厨师或经过特别训练的服务员面对顾客,在餐厅表演桌上用艺术切割法切割水果、奶酪、熟的畜肉、熟的家禽和海鲜等,并且把它们组装在餐盘的过程。

西餐切配表演是西餐厅向顾客展示自己服务技术和促进菜肴与酒水销售的策略之一。但是这种表演需要认真管理和培训,注意选择有观赏性的设备、器皿和用具,控制菜肴的温度、餐盘的温度,讲究切割程序和方法,选择有观赏价值的切割工艺,选择在形状、颜色、味道等各方面都使顾客满意的菜肴及原料。

餐厅切配表演通常按照菜肴分类,因为不同的菜肴切配表演法不同。通常有畜肉类、海鲜类、奶酪类、水果类。

(二) 西餐切配表演用具

(1) 火腿刀:约 30 厘米长的长刀,刀片较薄。

(2) 牛排刀:约 18 厘米长的小刀,适用切割牛排和家禽等。

(3) 磨刀棍:细长的铁棍,用于餐厅切割时,锋利刀刃。

(4) 切菜板、杂物盘、调料容器及根据需要准备各种餐盘等。

(三) 西餐切配表演程序与标准

(1) 准备好表演台和所需的用具。

(2) 将要切割的食品或菜肴摆放好。

(3) 根据不同菜肴的切割方法进行操作。

(4) 将切好的菜肴摆放在餐盘中,摆成理想的图案。

(5) 切配表演应使用餐厅专用的各种切割刀,不要使用厨房的刀具,不要在银器上切割菜肴。切配表演应当在热的主餐盘上进行。

(6) 切割菜肴时,刀应当轻轻地前后移动,遵循一个方向的原则,不要随意改变方向,否则切出的肉片不整齐。牛肉、猪肉和火腿肉要切成薄片,羊肉片和小牛肉片应当厚一些。通常每份的数量是 75 克,也可以根据具体需要分份。

(7) 表演时,左手先用叉子将要切割的食品轻轻地固定住,右手握住刀柄,有序地切割。刀刃愈锋利,愈不容易出现切手的事故。切食物的要领是,刀要锋利,切割时不要用力压食品,并且将刀刃轻轻地移动位置。

(8) 切割时不要将叉子插入菜肴中,这样会破坏菜肴的形状,还会造成菜肴内部原汁的流失。在切割带有骨头的腿肉和火腿时,左手应当使用干净的布巾握住腿部的骨头,防止菜肴滑动,这既安全又卫生。

(9) 操作时应当速度快,防止菜肴变凉和凝结,同时还要保持餐盘和沙司都是热的。注意装饰菜和沙司的及时使用。

(10) 注意个人卫生、仪容仪表、举止行为和礼节礼貌,不要用手接触食物,应当使用工具。

(四) 西餐切配表演实例

制作实例 1   腌火腿切配表演 (cured ham)

表演用具:火腿刀 1 把,切皮刀 1 把,服务匙 1 个,服务叉 1 把,杂物盘 1 个,口布 1 块,餐盘 1 个。

食品原料:腌火腿一个。

表演程序:

(1) 将火腿的皮部朝上摆放在火腿架上。用干净的口布包住火腿的腿部,左手握住,右手用刀切割。

(2) 去掉火腿上部的皮,去掉肥肉部分。

(3) 用火腿刀将火腿肉片成非常薄的长圆片,放在餐盘中。

制作实例2 烤火鸡切配表演(roast turkey)

表演用具:小木板1块,厨刀1把,片鱼刀1把,服务匙1个,服务叉1把,餐盘1个。

食品原料:烤熟的火鸡1只,煸炒熟的土豆片与蘑菇片适量,棕色原汤50毫升,白葡萄酒20毫升,水田芹(watercress)50克。

表演程序:

(1) 把火鸡放在木板上,背部朝上,用厨刀将鸡腿切下,用服务叉将鸡腿放到木板上。将大腿部和小腿分开,把大腿肉切成薄片。

(2) 用片刀将火鸡胸肉切成薄片。左手用服务匙按住火鸡,右手握刀,尽量把鸡胸肉切得宽些,直至将两边火鸡胸肉全部切下。

(3) 将火鸡肉整齐地摆放在餐盘中,用水田芹和熟土豆片与蘑菇做配菜。

(4) 将烤火鸡盘中的原汁去掉浮油,与白葡萄酒、少量的棕色原汤放在一起搅拌制成沙司,浇在火鸡肉上。

制作实例3 菠萝切配表演(pineapple)

表演用具:小木板1块,水果刀1把,火腿刀1把,主菜匙1个,主菜叉1把,杂物盘1个,餐盘1个。

食品原料:整只菠萝1个,白糖少许,樱桃白兰地酒少许。

表演程序:

(1) 在菠萝底部用水果刀切下一薄片,约1厘米厚。然后左手握菠萝叶,将菠萝切口朝向木板。右手拿刀从上至下,将菠萝皮一片片削掉。

(2) 左手握住菠萝叶,右手用水果刀将菠萝表面的孔眼削去。

(3) 用刀将菠萝横向切成片。然后,用水果刀将菠萝芯挖掉。

(4) 将切好的菠萝片以环状,平放在餐盘里,将菠萝顶端带着叶子放在餐盘中央。上菜时带着糖盅,并在菠萝上面浇上少许樱桃白兰地酒。

制作实例4 水波鱼切配表演(poached brill in saffron sauce)

表演用具:切鱼刀1把,主菜叉1把,主菜匙1个,杂物盘1个,主菜盘(切鱼的盘子)1个,餐盘1个。

食品原料:厨房煮熟的热鱼1条(放在带有盖子的鱼盘内),制作好的藏红花沙司适量(放在船形沙司容器内)。

表演程序:

(1) 将鱼放在带有餐巾纸的主菜盘内。将鱼肉水分吸干。

(2) 左手持叉,右手持刀,用鱼刀和鱼叉剥去鱼的皮。

(3) 将鱼刀插在鱼脊背与鱼肉之间,取出鱼肉,将剩下的部分翻转过来。去掉皮,去掉边缘的鱼肉。

(4) 鱼脊骨处取出鱼肉后,将两块鱼肉并列放在餐盘内,上面浇上藏红花沙司。

制作实例 5   烤羊脊肉切配表演(roast saddle of lamb)

表演用具:热餐盘器 1 个,切肉板 1 块,厨刀 1 把,主菜匙 1 个,主菜叉 1 把。

食品原料:烤熟的热羊脊肉 1 块,小土豆 1 个,小洋葱 1 个,烤肉的原汁少许。

表演程序:

(1) 左手握叉,右手握匙,将烤肉从餐盘移到切肉板上。

(2) 用叉子固定住烤肉,用切肉刀切去边缘的碎肉,将切下的边缘碎肉放在切肉板旁边,沿着脊背垂直切一刀,用厨刀从两边分别将烤肉片成 5 毫米厚的片。

(3) 将烤肉翻转,用同样的方法片肉片,直至片至脊骨底部。然后将每片肉片纵向切成两半。也可以将烤肉整块片下,然后再切成片。

(4) 将肉片整齐地放在餐盘中,放上 1 个小土豆和 1 个小洋葱,浇上烤肉汁。

制作实例 6   T 骨牛排切配表演(pan-fried T-bone steak)

表演用具:切肉刀 1 把,主菜匙 1 个,切肉板 1 个,杂物盘 1 个,餐盘 1 个。

食品原料:烤好的剔骨牛排 1 块。

表演程序:

(1) 左手持叉,右手持刀,将牛排放在木板上,用叉按压牛排的骨头,使其牢固。

(2) 右手用切肉刀切掉肥肉和骨头,再将牛排切成 1.5 厘米厚的片,然后放在餐盘上。

◆ 拓展任务

通过网络视频研究西餐或日餐花式铁板烧的表演技巧,并加以模仿练习,以锻炼客前表现力和沟通能力。在练习刀叉表演动作时要注意安全。

◆ 知识测试

1. 西餐切配表演用具有哪些?

2. 西餐切配表演的程序和标准是什么?

◆ 思政拓展

厨师等级:烹饪界的无限升级之路

认知三　甜食制作

认知目标

　　素养目标:培育学生躬行践履、知行合一的实践操作能力;提升学生耐心、细心、用心的品质,加强工匠精神的教育。

　　知识目标:了解和认知西餐餐后甜食的制作工艺和方法。

　　能力目标:掌握甜食制作的技术要求,能够熟练掌握甜食菜品的配比。

认知重点

　　甜食制作工艺原理的理解和掌握。

　　本部分主要介绍西餐甜食制品的制作。通过对甜食制品的学习与制作,了解和认识西餐甜食制品的特点和用途,掌握常见甜食制品的制作方法和操作技能。

一、甜食简介

　　西餐甜食(desserts)是西餐全餐的最后一道食品,西餐的甜食品种很多,主要是以面粉、鸡蛋、乳制品、巧克力制品以及水果等制作而成的食品。其常见的品种有布丁、慕斯、结力冻、薄冰、水果派、苏夫利、蛋挞、冰淇淋等。

二、甜食制作实例

制作实例 1　苏珊鸡蛋薄饼(crêpes suzette)

1. 菜肴知识

crêpe 的英文是 pancake,它是指用鸡蛋、牛奶和面粉制作的鸡蛋薄饼。通常音译为斑克。在西餐厅中,这道菜肴一般是由前厅的服务主管当着顾客的面现场制作的。尤其是在进行白兰地燃焰表演时,相当活跃气氛,深受顾客欢迎。

2. 成菜要求

薄饼香甜可口,奶香味浓,并带有独特的酒香味。

3. 原料

主料:牛奶 250 毫升,面粉 125 克,鸡蛋 3 个。

辅料:黄油 40 克,糖粉 60 克,盐 2 克,鲜橙汁 200 毫升,柠檬汁 20 毫升,金万利甜酒 30 毫升,白兰地 30 毫升,鲜橙肉 100 克,橙皮丝 30 克。

4. 制法

（1）鸡蛋薄饼浆汁准备：黄油加热熔化后,冷却备用。将面粉过筛,加入牛奶、鸡蛋、盐、糖粉和冷却的黄油汁,调匀后过滤成鸡蛋薄饼浆汁。

（2）煎鸡蛋薄饼：将不粘锅烧热,加黄油烧化,倒入少许的鸡蛋薄饼浆汁,摊平后煎成两面金黄色的薄饼。

（3）蒸制：将糖粉放入锅中加热熔化,成棕红色时加入黄油搅化,倒入鲜橙汁、柠檬汁和金万利甜酒煮沸。把煎好的薄饼依次放入糖汁中,加入白兰地,点燃后烧出酒香味。

（4）装盘：最后把薄饼（2张/份）装入盘中,将橙肉和橙皮丝放在薄饼上,淋上橙汁即可。

5. 制作要领

（1）饼不宜煎得太厚,否则不滑嫩。

（2）鸡蛋薄饼浆汁中加入巧克力粉就成为巧克力鸡蛋薄饼,加入水果类馅料就成为水果鸡蛋薄饼。另外,还可以用鸡蛋薄饼的外皮卷裹海鲜馅料制作成独特的海鲜鱼肉卷,等等,变化多种多样。

制作实例2　火焰苹果（apple flambé）

1. 菜肴知识

这是一道西餐厅中由前厅的服务主管当着顾客的面现场制作的餐后甜点。既美味,又很活跃气氛,深受顾客欢迎。

2. 成菜要求

苹果软嫩甜香,酒香味浓。

3. 原料

去皮苹果8个,黄油80克,砂糖80克,葡萄干50克,朗姆酒100毫升,杏仁片20克。

4. 制法

平底煎锅中加入黄油烧化,加入砂糖,炒至糖浆变稠,呈红棕色时,放入苹果煎制。待两面均匀沾上棕红色的糖浆时,撒上葡萄干拌匀,倒入朗姆酒点燃,烧出酒香味,将苹果放入盘中,浇上糖汁,撒上杏仁片即成。

5. 制作要领

（1）苹果以形状完整、无虫伤的为佳。

（2）下锅时糖汁的色泽不宜过深。以浅黄色为佳,容易操作。

（3）煎的时间宜短,刚上色即可。否则不易成形,口感也差。

制作实例3　水果雪葩（sorbet aux fruits）

1. 菜肴知识

雪葩是"sorbet"的音译。它是指用草莓、雪梨、蜜桃等水果或果汁、香槟制成的冰制甜品。它的种类繁多,既可做餐后甜点,也可在吃完第一道主菜（通常是海鲜）之后,由侍者送上一杯雪葩,使口腔清爽,增进下一道菜的食欲,应用非常广泛。

2. 成菜要求

色彩鲜艳、美观,香甜爽口。

3. 原料

草莓雪葩：草莓300克,糖粉150克,柠檬1/2个,水150毫升;

雪梨雪葩：雪梨300克,糖粉150克,柠檬1/2个,水150毫升;

蜜桃雪葩：蜜桃300克,糖粉150克,柠檬1/2个,水150毫升。

4．制法

（1）制作蜜糖汁（sirop）：将糖、水和柠檬汁放入锅中熬煮，至糖汁浓稠、清亮时，离火，晾冷备用。

（2）制作草莓雪葩：将草莓洗净，放入搅拌机中搅成很细的蓉泥，过滤后加入蜜糖汁和适量柠檬汁，调味后放入冰柜中冷冻备用。

（3）制作雪梨雪葩：将雪梨去皮、去芯，切成小块，放入蜜糖汁中煮至软熟，倒入搅拌机中搅成很细的蓉泥，过滤后，调味冷冻备用。

（4）制作蜜桃雪葩：将蜜桃去皮、去芯，搅成蓉泥过滤后加入蜜糖汁和适量柠檬汁，调味后放入冰柜中冷冻备用。

（5）装盘：待雪葩冻硬后取出，使之略微软化后，用调羹舀出装盘，配上猕猴桃、草莓、蜜桃等。

5．制作要领

（1）除了以上的原料，还可以用别的水果料，调味时可以根据客人喜好加入苹果白兰地等，风味宜人。

（2）可以用鸡尾杯作盛器装盘，更加漂亮美观。

制作实例 4　脆炸苹果圈（beignets de pommes）

1．菜肴知识

这是一道用脆糯糊来制作的特色西式甜点。

2．成菜要求

色泽金黄，苹果外酥香、内软嫩，酒香味浓，适口清爽。

3．原料

主料：红富士苹果 600 克，柠檬 1 个，糖粉 40 克，肉桂粉 10 克，苹果白兰地 10 毫升。

脆糯糊：低筋面粉 100 克，鸡蛋黄 1 个，盐 2 克，啤酒 100 毫升，色拉油 200 毫升，鸡蛋白 3 个。

杏仁沙司：杏仁果酱 140 克，蜜糖汁 50 毫升，水 10 毫升，腌苹果汁适量。

4．制法

（1）加工：鸡蛋白加糖粉打泡。苹果去皮后切成 1 厘米厚的圆片，再用小刀挖去中间的果核，修成圆环状，撒上糖粉和肉桂粉，用柠檬汁和苹果白兰地腌制备用。

（2）脆糯糊：将低筋面粉放入盆内，中心做一个小坑，放入盐、鸡蛋黄和 2/3 的色拉油，和匀后加啤酒调散成面糊，再加入剩下的色拉油，调匀后用保鲜膜密封，放置 1 小时后，加入打泡的蛋白，搅匀后即成脆糯糊。

（3）制作：先将苹果环沥干水分，放入脆糯糊中拖裹均匀，再放入 150 ℃的热油中炸制，待定型、呈金黄色后捞出，沥油备用。

（4）杏仁沙司：将水、腌苹果汁、蜜糖汁和杏仁果酱调匀，煮稠后过滤，成杏仁沙司。

（5）装盘：将炸好的苹果圈刷上杏仁沙司，装盘上菜即成。

5．注意事项

（1）制作好脆糯糊是这道菜肴的关键。西餐的脆糯糊和中餐的类似。风味变化也比较多。本菜肴制作时，脆糯糊还可以加入牛奶调匀，增加风味。

（2）脆糯糊制作：将低筋面粉 100 克、鸡蛋黄 1 个、鸡蛋白 3 个、啤酒 100 毫升、精盐 2 克一同放入盆中混合均匀，再分次加入清水 600 克调制成糊状，之后加入色拉油 200 克，调匀

4

即可使用。

（3）脆糯糊除了以上方法外，还可以用加酵母粉发酵的方法来制作，效果一样很好。

制作实例5   雪花蛋奶（eufs à la neige）

1. 菜肴知识

这是一道传统的法式甜点。制作简单，风味独特。

2. 成菜要求

蛋白糕软滑、甜润，沙司香甜，营养丰富，口味独特。

3. 原料

蛋白糕（meringue）：鸡蛋白8个，糖粉200克。

英式奶油汁（crème anglaise）：牛奶500毫升，鸡蛋黄4个，糖粉125克，香子兰香草5克。

4. 制法

（1）加工：将牛奶倒入锅中，加香子兰香草（vanilla），加热煮沸5分钟后，离火备用。

（2）蛋白泡：将蛋白放入不锈钢盆内，搅打至发泡时，加入糖粉继续搅打，至蛋白定性、成雪花泡状的蛋泡时备用。

（3）蛋白糕：将牛奶和糖粉放入锅中煮至微沸，用两把大汤勺将蛋白糕做成橄榄形，放入牛奶中翻动、煮制、待凝固、定型后取出，沥水备用。

（4）英式奶油汁（crème anglaise）：先将蛋黄和糖粉放入盆中，搅打至发白、起泡时，倒入1/3的热牛奶（1），搅拌均匀。再把混匀的蛋奶液又倒入（1）中剩有2/3的热牛奶锅内，继续加热、搅拌，煮至蛋奶液浓稠、粘勺时，将汁过滤，送入冰箱中冷藏备用。

（5）装盘：将英式奶油汁（4）淋入盘中，放上煮好的蛋白糕（3），上菜即成。

5. 制作要领

（1）蛋白泡应现打现用，否则容易松散。

（2）打雪花蛋泡时，手法应先轻后重，先慢后快，打至蛋泡定型、有骨力、不软塌时即可。

（3）在搅打蛋黄时，隔水加热的温度不宜太高（以40℃为佳），否则会使蛋黄凝固，影响成品效果。

（4）菜肴变化：焦糖雪花蛋奶，做法同上，只是最后成菜时将熬制好的焦糖丝网罩在蛋白糕上，既美观又增加风味。

制作实例6   苹果夏洛特（charlotte aux pommes）

1. 菜肴知识

这是一道英式的甜点，夏洛特是指用苹果酱和吐司制作的糕点或水果奶油布丁。它是将做好的苹果酱和吐司片一同放入夏洛特模具内，烤制而成。

2. 成菜要求

馅料松软，甜香，味浓适口。

3. 原料

主料：红富士苹果1 000克，柠檬1个，黄油40克，面包粉30克，杏仁果酱40克，吐司片300克，黄油80克，肉桂粉少许。

杏仁沙司：杏仁果酱80克，苹果白兰地20毫升，水适量。

装饰料：草莓、薄荷叶、猕猴桃、雪梨等。

4. 制法

（1）吐司加工：先取3片吐司片切成和夏洛特模具一样口径的圆片，再根据夏洛特模具的

4

高度将剩下的吐司切成 3 毫米宽、1 厘米厚的长方片,抹上熔化的黄油备用。

(2) 夏洛特模具准备:将夏洛特模具内壁四周抹匀黄油,先放入吐司圆片垫底,再将吐司长片依次叠放于模具的内壁备用。

(3) 果酱制作:苹果去皮、去芯,抹匀柠檬汁,切成 2 毫米的薄片,放入熔化的黄油中煎炒。待苹果炒软后,加入杏仁果酱、面包粉、肉桂粉、白兰地和柠檬汁,炒匀后成苹果酱。

(4) 烤制:将(3)中的苹果酱倒入(2)中的模具内,压紧实后,送入 200 ℃的烤炉中,烤 40 分钟后取出,保温备用。

(5) 杏仁沙司:将杏仁果酱、苹果白兰地的适量水混匀后加热,煮沸后过滤,即成杏仁沙司。

(6) 装盘成菜:将(4)中烤好的夏洛特放入盘内,用毛刷刷上做好的杏仁沙司,盘边再淋上少许的杏仁沙司,用装饰料点缀即成。

5. 制作要领

(1) 吐司长片放于模具内壁时应叠放整齐、间隔均匀,这样成品的外观才会美观。

(2) 在向夏洛特模具内填装苹果酱时,应多装一些,填压紧实,以免中心有空气,烤制途中成品塌陷,影响成型美观。

(3) 为避免烤制时过火,可以在做好的夏洛特模具顶端放上一片大的吐司圆片,一同送入烤炉内烤制,效果更佳。

(4) 上菜前刷上杏仁沙司可以起到增亮、浓味的作用。

(5) 菜肴变化:这道菜肴有很多的变化类型,可以在本菜肴的基础上加葡萄干、杏仁、桃子或是把主料苹果换成雪梨,做出来的成品风味一样独特。

制作实例 7　法式皇后米饭布丁(riz à l'impératrice)

1. 菜肴知识

这是一道传统的法式甜点,impératrice 意指皇后。它是用牛奶煮大米制作而成,色彩清淡、高雅。

2. 成菜要求

布丁口感香甜、软糯宜人。

3. 原料

主料:牛奶 750 毫升,盐 5 克,米 150 克,香子兰香草 5 克。

沙司:牛奶 500 毫升,鸡蛋黄 4 个,糖粉 150 克,香子兰香草 5 克,明胶片 6 片,鲜奶油 300 毫升,罐装蜜汁水果 100 克,樱桃白兰地 40 毫升。

模具:明胶片 1 片,胶东汁 40 克。

新鲜水果酱:草莓 100 克,覆盆子 100 克,白糖 80 克,柠檬 1 个。

4. 制法

(1) 加工:罐装蜜汁水果切成小丁,加樱桃白兰地浸泡备用;明胶片(6 片)加热水软化后备用;鲜奶油放入不锈钢盆中,隔冰水搅打至发泡、定型后备用;将米洗净,放入冷水中煮沸,约 1 分钟后取出,沥水备用。

(2) 煮制:牛奶倒入锅中,加香子兰香草,煮沸后放入汆过水的米继续煮制。至奶汁微沸时,加盖送入 180 ℃的烤炉内烤 25 分钟。待米饭全熟后取出,装入不锈钢盆内,隔冰水迅速冷却备用。

(3) 英式奶油汁:先将蛋黄和糖粉放入盆中,搅打至发白、起泡时,倒入 1/3 的热牛奶(1),

4

搅拌均匀。再把混匀的蛋奶液倒入(1)中剩有 2/3 的热牛奶锅内,继续加热、搅拌,煮至蛋奶液浓稠、粘勺时,将汁过滤,加入化软的 6 片明胶片搅匀后,送入冰箱中冷藏备用。

(4) 模具准备:将胶冻汁加热融化,过滤后再加 1 片明胶片搅化。取梳夫利模具,把胶冻汁倒入模具中迅速冷却,至模具内壁的胶冻汁定型后,倒出余下的胶冻汁备用。

(5) 布丁馅:将煮好的米饭(2)和英式奶油汁(3)混合拌匀,加入浸泡的蜜汁水果丁,最后加入打发的鲜奶油拌匀即成。

(6) 装模:将布丁馅(5)装入(4)的模具内压紧实,送入冰箱中冷冻约 2 小时后备用。

(7) 果酱:将草莓和覆盆子洗净、去蒂、沥水后,放入搅拌器中搅打成水果酱,加白糖和柠檬汁拌匀后,送入冰箱中冷藏备用。

(8) 装盘:将(6)的布丁脱模后装入盘中,配上水果酱,上菜即成。

5. 制作要领

(1) 米要先氽水后再放入牛奶中煮制,增加香味。

(2) 可以把做好的水果酱先在模具底部倒入一部分,这样脱模后布丁的成型效果更美观。

(3) 水果酱是补充调味的,上菜时应该单独装在沙司汁斗中,和布丁一起上桌。

(4) 除了水果酱以外,也可以直接用英式奶油汁做沙司,简洁方便。

(5) 菜肴变化很多,除了米以外还可以用饼干、面包等等做布丁,种类繁多。

制作实例 8　甜酒梳夫利(soufflés à la liqueur)

1. 菜肴知识

soufflé 是法文单词,音译为梳夫利本意是指蛋奶酥,即用牛奶、鸡蛋和面粉制作出来的松泡、柔软的西式甜点。liqueur 是指甜味的烧酒,音译为利乔酒,这里我们可以用君度酒代替食用。

2. 成菜要求

梳夫利松软香甜、美味适口。

3. 原料

糕点奶油馅(crème pâtissière):牛奶 250 毫升,鸡蛋黄 2 个,白砂糖 65 克,面粉 35 克,君度酒 20 毫升,香子兰香草 1/2 支,糖粉 10 克。

装模(梳夫利):鸡蛋黄 1 个,鸡蛋白 4 个,君度酒 20 毫升。

抹油(梳夫利模具):黄油 10 克,糖粉 20 克。

4. 制法

(1) 加工:牛奶倒入锅中,加香子兰香草,加热煮沸 5 分钟后,离火备用。

(2) 糕点奶油馅:将 2 个蛋黄和白砂糖放入盆中,搅拌至发白、起泡时,加入已过筛的面粉,搅匀后倒入 1/3 的热牛奶,混合均匀。再将混匀的蛋奶液倒入(1)中剩有 2/3 的热牛奶的锅内,用小火边加热边搅拌,煮至蛋奶液沸腾、刚熟、不粘锅、勺时,离火加入君度酒 20 毫升,拌匀后将做好的糕点奶油馅倒入大的不锈钢方盆内,表面撒上 10 克糖粉,冷却备用。

(3) 抹油(梳夫利模具):将梳夫利模具内壁上抹黄油,撒上糖粉后备用。

(4) 制成菜:将 1 个蛋黄加入②糕点奶油馅中拌匀。取出 4 个蛋白放入盆中打发,加入白糖打至发泡凝固。将蛋泡小心地分次加入糕点奶油馅中,轻拌匀后,倒入③抹油的梳夫利模具中,用抹刀把表面抹平,用拇指沿内壁边缘划出一道坑纹,再送入 200 ℃的烤炉中烤 20～25 分钟。烤至表面金黄色、膨胀时取出,表面撒上糖粉,上桌即成。

5. 制作要领

(1) 在做糕点奶油馅的过程中,蛋奶液不宜煮制太久,一般沸腾后 2～3 分钟即可。

（2）梳夫利制作的关键是打蛋泡。打蛋泡的手法是先轻后重、先慢后快。蛋泡打发后,可以加适量白糖继续打,可以增加蛋泡的骨力,使蛋泡更持久。

（3）蛋泡拌入糕点奶油馅时手法宜轻,最好用胶刮铲,以插、切的方式拌和,效果最好,这样可以保持蛋泡完整不破碎,拷出来的梳夫利蓬松、软滑。

（4）烤制好后的梳夫利应立刻上菜。因为毕竟蛋泡的蓬松度不能持久,时间长了很容易塌陷。所以,梳夫利必须在刚出炉、蓬松柔软、热乎乎的时候上菜,效果最佳。

（5）在日常制作中,糕点奶油馅可以提前制作,冷藏备用。而蛋泡则必须现打现用。

（6）品种变化:咖啡梳夫利,在糕点奶油馅中加入粗咖啡粉即可;巧克力梳夫利,在糕点奶油馅中加入可可粉等。

◆ 拓展任务

通过图书或网络等途径查找当前社会比较流行且价格不菲的法国甜品"马卡龙"的配方和工艺方法,以小组合作的方式进行尝试制作,将自己的作品与市场售卖产品进行比较,找出不足之处,挖掘原因并不断改进,最终完成高品质马卡龙的制作。

◆ 知识测试

1. 焦糖布丁的制作流程、制作要领和成菜要求有哪些?

2. 草莓慕斯的制作流程、制作要领和成菜要求有哪些?

3. 提拉米苏的制作流程、制作要领和成菜要求有哪些?

◆ 思政拓展

中国的甜食文化

认知四　佐餐酒

认知目标

素养目标:培养学生的民族自豪感和荣誉感;培育学生对职业的忠诚度,形成良好的职业情怀。

知识目标:了解和认知西餐开胃酒、佐餐葡萄酒和餐后酒的分类和常见品牌。

能力目标:掌握佐餐酒搭配的技术要求,能够辨别烹饪中常用酒水。

认知重点

佐餐葡萄酒的分类和常见品牌。

一、开胃酒

(一)开胃酒的含义

开胃酒(aperitif)顾名思义,此酒的作用在于餐前饮用能增加食欲。开胃酒的品种很多,像香槟酒、金酒、威士忌、干白葡萄酒以及各种具有开胃功能的鸡尾酒。现代的开胃酒大多是调配酒,以葡萄酒和某些蒸馏酒为酒基的配制酒,像味美思、比特酒、茴香酒。

(二)开胃酒的分类及品牌

1. 味美思(vermouth)

味美思是以葡萄酒为基酒,加入植物、药材等物质浸制而成。酒度在 18 度左右。最好的产品是意大利的甜味美思和法国的干味美思。

(1)酿造工艺。味美思以干白葡萄酒作酒基,添加了像苦艾、大茴香、金鸡纳霜、豆蔻、生姜、芦花、桂皮、丁香、苦桔、百里香等各种各样的配制香料。再经过多次过滤和热处理,冷处理,经过半年左右的贮存等工序。

(2)味美思的分类。一般来说,味美思的分类方法包括按品种分类和按国家分类两种。

① 按品种分类:

干味味美思(vermouth dry or secco):干味味美思酒中的含糖量不超过 4%,酒精度在 18 度左右。根据生产国家的不同,颜色也有差异。意大利的干味味美思呈淡白、淡黄色;法国的味美思呈草黄或棕黄色。

白味美思(vermouth blanc or bianco):白味美思色泽微黄,香气浓,口味鲜美。含糖量在 10%~15% 之间,酒精度为 18 度左右。

红味美思（vermouth rouge or rosso）：红味美思含糖量 15% 左右，酒精度为 18 度左右，色泽黄中透红，香气浓郁，口味稍甜。

都灵味美思（vermouth de turin or torino）：都灵味美思酒精度为 16 度左右，调制用的香料较多，香气浓烈扑鼻，有桂香味美思、金香味美思、苦味味美思等。

② 按生产国家分类：

意大利味美思（vermouth Italian）：意大利的味美思以苦艾为主要调香原料，具有苦艾的特有芳香，香气强，稍带苦味。著名品牌有：cinzano（仙山露），martini（马提尼），gancia（干霞），carpano（卡帕诺），riccadonna（利开多纳）。

法国味美思（vermouth Francais）：法国型的味美思苦味突出，更具有刺激性。以干味味美思质量最优。干味味美思涩而不甜，口味清爽。著名的品牌有：香百丽（chambery），杜瓦尔（Duval），诺瓦利·普拉（Noilly Part）。

中国味美思：中国的味美思是在国际流行的调香原料以外，又配入我国特有的名贵中药，工艺精细，色、香、味完整。中国味美思是最早在张裕公司开始生产。早在 1915 年巴拿马评酒会上，张裕的味美思名声大振，获得了优质金奖。除张裕味美思以外，北京葡萄酒厂的桂花陈用上等的陈酿葡萄酒为酒基，选取苏杭地区金桂为配制香料精制而成，酒色金黄，酒味醇香，是中华鸡尾酒中广泛采用的中国味美思。

2. 比特酒（bitters）

比特酒也称苦酒或必打士，是用葡萄酒或某些蒸馏酒加入植物根茎和药材配制而成。酒精度在 18 度～45 度之间。味道苦涩。

（1）比特酒的分类。

比特酒种类繁多，有清香型，也有浓香型；有淡色，也有深色。但不管是哪种比特酒，苦味和药味是它们的共同特征。用于配制比特酒的调料主要是带苦味的草卉和植物的茎根与表皮。如阿尔卑斯草，龙胆皮，苦桔皮，柠檬皮等，著名的比特酒主要产自意大利、法国、特立尼达、荷兰、英国、德国、美国、匈牙利等国。

（2）比特酒的著名品牌。

① 金巴利（campari）。金巴利产于意大利的米兰，是由橘皮和其他草药配制而成，酒液呈棕红色，药味浓郁，口感微苦。苦味来自于金鸡纳霜，酒精度为 26 度。金巴利是酒吧中必备的酒品，有多种饮用方法。其中金巴利加橙汁、金巴利加苏打水最为流行。

② 杜本纳（dobonet）。该酒产于法国巴黎。以白葡萄酒、金鸡纳霜树皮及其他草药为原料配制而成，酒精度为 16 度，通常呈暗红色，药香明显，苦中带甜。有红白两种，以红色最为著名。美国也有杜本纳的生产。杜本内是用及其他香草配制而成。药香突出。杜卡本内无论纯饮加冰、或兑金酒均是上等饮品。

③ 西娜尔（cynar）。西娜尔产自意大利，它是用蓟和其他香草配制而成，呈琥珀色，蓟味浓，微苦，酒精度为 17 度，加冰或苏打水饮用。

④ 安哥斯特拉（angostura）。安哥斯特拉产于特拉尼达，以朗姆酒为酒基，以龙胆草主要原料配制而成，酒色褐红，药香悦人，口味微苦但十分爽适，酒精度为 44 度。起初是作为退热药酒，后来是作为鸡尾酒的辅料，丰富鸡尾酒的口味。另外，该酒可以作为解醉药酒。醉酒的客人饮用，可以减轻醉酒症状。

⑤ 菲奈特·布兰卡（fernet branca）。菲奈特·布兰卡产自意大利的米兰，是由多种草木、根茎植物为原料调配而成，味很苦，号称"苦酒之王"。但药用功效显著。尤其适用于醒酒和健

胃,酒精度为 40 度。

⑥ 亚玛·匹康(amer picon)。产于法国,配制原料主要有金鸡纳霜、橘皮和龙胆根等其他多种草药。酒液酷似糖浆,以苦著称,饮用时只用少许,再掺和其他饮料共进,酒精度为 21 度。

3. 茴香酒(anises)

茴香酒是由茴香油与蒸馏酒或食用酒精配制而成,加入大茴香、白芷根、苦扁桃、柠檬皮、胡荽等制作而成。茴香油中含有较多的苦艾素。浓度为 45% 的酒精可溶解茴香油,茴香油通常自八角茴香或青茴香中提取,八角茴香油多用作配制开胃酒,而青茴香油则多用于配制利口酒,茴香酒由于含有苦艾素,曾在许多国家一度遭禁。目前世界上著名的茴香酒,有含或不含苦艾素之分。

(1) 茴香酒的分类。茴香酒以法国的最为著名,有无色和染色之分,酒液视品种的不同呈现不同的颜色。一般颜色都比较鲜丽。茴香酒味很浓,刺激性强烈。酒精度在 25 度左右。

(2) 茴香酒的著名品牌。

① 力加(ricard)。力加茴香酒是法国马赛生产的,全球销量第一的开胃酒。酒精度为 45 度。

② 潘诺(培诺,pernod)。产于法国,酒精度为 40 度,含糖量为 10%。使用了茴香等 15 种药材。呈浅青色,半透明状,具有浓烈的茴香味,饮用时加冰加水呈乳白色。

此外,还有卡萨尼(casanis)、加诺(janot)、卡尼尔(granier)、巴斯的士(pastis)、白羊倌(Berger Blanc)等品牌。

二、佐餐葡萄酒

葡萄酒,是以葡萄为原料,经自然发酵、陈酿、过滤、澄清等一系列工艺流程所制成的酒精饮料。葡萄酒酒精度通常在 9 度～12 度。

(一)葡萄酒的起源与发展

知识链接

关于葡萄酒的起源,众说纷纭。其实,早在人类加工酿制葡萄酒之前,自然界中就已经有葡萄酒存在了,自然界中的野生葡萄成熟掉落而破裂,会自然产生发酵,酿成最早的葡萄酒。

至于人类究竟从何时开始酿造葡萄酒,仍无一致的说法。但是也有史料显示,葡萄酒的酿造始于公元前 9000 年—公元前 4000 年的新石器时代,最初产于扎格罗斯山区(今天的亚美尼亚及伊朗北部)。葡萄酒的酿造在这里得以实现,主要因为以下几个方面:野生的欧亚混种葡萄藤的出现;充足的谷物储备使这些酿酒的民族全部都无需为柴米之事发愁;大约在公元前 6000 年,人类发明了陶器,为人们酿酒、储酒、饮酒提供了便捷的器具。

希腊是欧洲最早开始种植葡萄与酿制葡萄酒的国家之一,早期的一些航海家从尼罗河三角洲带回了葡萄和酿造葡萄酒的技术。葡萄酒不仅是他们璀璨文化的基石,还是他们日常生活中不可缺少的一部分。在美锡人时代(公元前 1600—公元前 1100 年),希腊的葡萄种植已经很兴盛,葡萄酒的贸易范围扩大到埃及、叙利亚、西西里、黑海地区和意大利的南部。

公元前 6 世纪,希腊人把葡萄通过那赛港传入当时的高卢(现在的法国),并将葡萄栽培和葡萄酒酿造的技术传给了高卢人。1 世纪时,葡萄树的种植遍布整个罗纳河谷;2 世纪时,遍布整个勃艮第和波尔多;3 世纪时,遍布卢瓦尔河谷;4 世纪时,遍布了香槟区和摩泽尔河谷。

目前,葡萄酒产量仍然是欧洲最多,其中又以意大利为世界第一,意大利每年都有大量葡萄酒出口到法国、德国和美国,出口量居世界首位。

(二) 葡萄酒的分类

1. 按色泽分类

(1) 白葡萄酒(white wine)。白葡萄酒选择白葡萄或浅红色葡萄,经过皮汁分离,取其果汁进行发酵酿制而成。白葡萄酒的颜色分布在深金黄色至无色之间,包括浅黄、禾秆黄、淡黄、金黄等颜色。白葡萄酒外观澄清透明,果香芬芳,幽雅细腻,滋味微酸爽口,适合与鱼虾,海鲜及各种禽肉配合。

(2) 红葡萄酒(red wine)。红葡萄酒选择红葡萄为原料,把皮、渣与葡萄汁混合发酵制成,使果皮和果肉的色素被浸出,然后再将发酵的原酒与皮渣分离制成不同色调的葡萄酒。红葡萄酒多为红宝石色,此外还有深红、紫红、石榴红、棕红等颜色。酒体丰满醇厚,略带涩味,适合与口味浓重的菜肴配合。

(3) 桃红葡萄酒(rose wine)。桃红葡萄酒色泽介于红、白葡萄酒之间,酿造方法基本上同红葡萄酒,但是皮渣浸泡的时间短。桃红葡萄酒的颜色呈淡淡的玫瑰红色或粉红色,具有白葡萄酒的芳香清新,也有红葡萄酒的和谐丰满,可以在宴席间与各种菜式配合。

2. 按含糖量分类

(1) 干葡萄酒(dry wine)。干葡萄酒的含糖量小于 4 克/升,饮用时感觉不出甜味,酸味明显。

(2) 半干葡萄酒(semi-dry wine)。含糖量在 4～12 克/升之间的葡萄酒,有微弱的甜味、舒顺圆润的果香味。

(3) 半甜葡萄酒(semi-sweet wine)。含糖量在 12～50 克/升之间的葡萄酒,有明显的甜味和果香味。

(4) 甜葡萄酒(sweet wine)。含糖量在 50 克/升以上,具有浓厚的甜味和果香味。

3. 按是否含有二氧化碳分类

(1) 静止葡萄酒(still wine)。在 20 ℃时,二氧化碳的压力小于 0.05 MPa 的葡萄酒为静止葡萄酒。

(2) 起泡葡萄酒(sparkling wine)。葡萄原酒经密闭二次发酵产生二氧化碳,在 20 ℃时二氧化碳的压力大于或等于 0.35 MPa 的葡萄酒为起泡葡萄酒。起泡葡萄酒又分为:二氧化碳压力在 0.5～2.5 MPa 时,称为低起泡葡萄酒;当二氧化碳压力等于或大于 3.5 MPa 时,称为高起泡葡萄酒。

(三) 不同国家葡萄酒概况

1. 法国葡萄酒

法国的葡萄酒工业产值居本国工业总产值的第一位,这在世界上是少有的。法国葡萄酒不仅产量大、品种多,而且以其卓越的品质闻名于世。其出产世界上最好的红、白、玫瑰红葡萄酒和香槟酒。法国葡萄酒酒精度最低 8 度,这种葡萄酒属大众化的饮品;酒精度在 10 度～12 度属高级葡萄酒。法国最著名的葡萄酒产区是波尔多、勃艮第、香槟区等三个举世公认的著名葡萄酒产地,风行世界的优秀葡萄酒有半数生产于法国这些地区。

法国葡萄酒的质量等级划分极为严格。最优秀的葡萄酒是以原产地的名称作为商标,并享有"国家产地名称机构"(I.N.A.O.)授予的"产地名称管制"(A.O.C.)的使用资格。

4

在法国,葡萄酒被划分为以下四个等级。

（1）日常餐酒（vin de table）。日常餐酒用来自法国单一产区或数个产区的酒调配而成,产量约占法国葡萄酒总产量的38%。日常餐酒品质稳定,是法国大众餐桌上最常见的葡萄酒。此类酒最低酒精度数不得低于8.5度,最高则不超过15度。酒瓶标签标示为vin de table。

（2）地区餐酒（vin de pays）。地区餐酒由最好的日常餐酒升级而成。法国绝大部分的地区餐酒产自南部地中海沿岸。其产地必须与标签上所标示的特定产区一致,而且要使用被认可的葡萄品种。最后,还要通过专门的法国品酒委员会核准。酒瓶标签标示为vin de pays。

（3）优良地区餐酒（v.d.q.s）。优良地区餐酒等级位于地区餐酒和法定地区葡萄酒之间,产量只占法国葡萄酒总产量的2%。这类葡萄酒的生产受到法国原产地名称管理委员会的严格控制。酒瓶标签标示为appellation＋产区名＋qualite superiere。

（4）法定地区葡萄酒（简称a.o.c）。a.o.c是最高等级的法国葡萄酒,产量大约占法国葡萄酒总产量的35%。其使用的葡萄品种、最低酒精含量、最高产量、培植方式、修剪以及酿制方法等都受到最严格的监控。只有通过官方分析和化验的法定产区葡萄酒才可获得a.o.c证书。正是这种非常严格的规定才确保了a.o.c等级的葡萄酒始终如一的高品质。在法国,每一个大的产区里又分很多小的产区。一般来说,产区越小,葡萄酒的质量也会越高。酒瓶标签标示为appellation＋产区名＋controlee。

2. 意大利葡萄酒

意大利是欧洲最早得到葡萄种植技术的国家之一,2009年意大利葡萄酒的产量超过法国。意大利的葡萄酒,红酒占80%。大部分的意大利红酒含较高的果酸,口味强劲;意大利白酒大多是以清新口感和宜人果香为其特色。

意大利葡萄酒的等级划分为:一般日常酒（vino da tavola）、原产地区域管制酒（doc：denominazione di origine controllate）、原产地区域保证酒（docg：denominazione di origine controllate garantita）。

代表名品:姬燕蒂（chianti）、巴巴瑞斯可（barbaresco）、巴柔楼（barolo）、阿斯提气泡酒（asti spumante）、巴豆力诺（bardalion）、瓦波丽塞拉（valpplicella）、苏维（soave）等。

3. 德国葡萄酒

德国是世界著名的葡萄酒生产国,产品在世界上享有盛誉。德国出产的葡萄酒中,白葡萄酒占65%,剩余35%为红葡萄酒。德国葡萄酒的酿造特点是葡萄完全成熟后,放置一定时间再摘取,成品酒别具风格。德国的葡萄酒主要分为四个等级,即佐餐葡萄酒（tabel wein）、乡土葡萄酒（landwein）、特定地区优质佳酿（qualitfitsweinb.a 简称q.b.a）和带头衔优质佳酿葡萄酒（qualitatswein mit pradikat 简称q.m.p）。

代表名品:约翰尼斯博格白葡萄酒（johannisberger）、尼尔斯坦纳白葡萄酒（niersteiner）、布劳纳贝尔格白葡萄酒（brauneberger）、博恩卡斯特勒朗中酒（bernkasteler doktor）。

4. 西班牙葡萄酒

西班牙是世界上种植葡萄面积最大的一个国家,葡萄酒产量居世界第三位。产红、白、淡红葡萄酒,其中红葡萄酒质量较好。西班牙将葡萄酒分成2等,普通餐酒（table wine）和高档葡萄酒（quality wine）,这与欧盟的规定基本一致。

代表名品:皇家珍藏2003（reserva real 2003）、贝加西西利亚瓦堡拿5年2003（vega sicilia valbuena 5 2003）、黑牌玛斯拉普拉纳2002（mas la plana 2002）。

三、餐后酒

（一）甜食酒

1. 甜食酒的含义

甜食酒（dessert wine），又称餐后甜酒，是西餐餐后用甜点时饮用的酒品。通常以葡萄酒作为酒基，加入食用酒精或白兰地以增加酒精含量，故又称为加强葡萄酒，口味较甜。常见的有波特酒、雪莉酒、玛德拉等。甜食酒 17 度～21 度的高酒精含量使甜食酒的酒质比一般葡萄酒稳定，更能适应不同的贮存环境，搬运时也无需特别的照顾。

2. 甜食酒分类及品牌

常见的甜食酒有原产地在西班牙的雪莉酒（sherry），原产于葡萄牙的波特酒（port），原产于大西洋马德拉群岛的马德拉酒（madeira）以及产于意大利西西里岛的马萨拉酒（marsala）。

（1）雪莉酒。雪莉酒产于西班牙南部安达鲁西亚地区（Andalucia）。雪莉酒是最常见的甜食酒，主要用巴洛米诺葡萄为原料制成，这种葡萄含有丰富的天然糖分，使酿出的酒又黑又稠又甜。常见的雪莉酒有以下几种：

① 巴罗·高大多（palo corotado）。巴罗·高大多是雪莉酒中珍品。市场上很少供应。它的风格很像菲诺，但属于奥罗露索一类，人称"具有菲诺酒香的奥罗露索"。

② 阿莫露索（amoroso）。阿莫露索又称"爱情酒"，该酒是用奥罗露索甜酒勾兑而成的甜雪莉酒。它的颜色呈深红色，色泽丰富，有的近于棕红，是用添加剂配制而成的。

③ 乳酒型雪莉酒（cream），甜型。以晒干的 PX（perdo ximenez）葡萄发酵酿制而成浓黑雪莉酒，若将 PX 雪莉酒和 oloroso 雪莉酒混合，酿出的酒就称为 cream sherry。酒色深红，香气浓郁，口味甜润，常用于代替波特酒在餐后饮用。著名品牌有桑德曼（sandeman）、哈维丝（harvery's）、克罗夫特（croft）等。

知识链接

用于酿制雪莉酒的葡萄品种有巴洛米诺与佩德洛席梅涅兹两种。有 90％的雪莉酒是用巴洛米诺所酿造的，葡萄榨汁后置于新橡木桶内发酵，第一次发酵约 3～7 天，产生大量泡沫之后，再缓慢发酵持续约十周，这段时间，葡萄内所含的糖都会转变成酒精。在次年一月，酒渐澄清，沉淀物沉入桶底，二月，在毫无人工操作的情况下，部分酒的表面会产生一层白膜，称为"开花"（flor），是酵母菌的一种，它造就出了著名的"菲诺"（fino）；而开花很少或没有花的酒即形成"俄罗洛索"（oloroso），这是因大自然神奇而造就的两种雪莉。为助长"开花"茂盛发展，木桶盖要松开使空气流通，而且曝晒在艳阳之下，此过程是为了使葡萄糖产生变化，并赋予雪莉独特风味。大约三个月后，将雪莉冷却并贮存。雪莉酒最重要而异于其他葡萄酒的地方是其陈酒培育新酒的处理程序（solera）。这种处理程序使旧木桶永远保持一样品质的佳酿。至今已无 1888 年生产的酒，却可经由此程序而保持与 1888 年时相同的品质与水准。新酒在经过评鉴分级后，测试酒精含量，再加入白兰地提高酒精浓度。"菲诺"酒精浓度加强到 15 度，"俄罗洛索"酒精浓度为 12 度或 15 度。

（2）波特酒。波特酒是葡萄牙产的加强葡萄酒，用葡萄酒和白兰地兑和而成。在葡萄汁发酵的时候加入葡萄蒸馏酒精，因为酵母在高酒精度（超过 15 度）条件下就会被杀死，而波特酒中的酒精是 17 度～22 度的。由于葡萄汁没发酵完就终止了发酵，所以波特酒都是甜的。

知识链接

波特最早的名字叫 port，由于此名字被其他产酒国使用，近年来，葡萄牙酒商已经使用 porto 或者 oporto 来命名这类酒，而且只有葡萄牙多罗河地区出产的这种加强葡萄酒才可以使用 porto 的名字，其他国家和地区不得使用。

波特酒的制法是：先将葡萄捣烂，发酵，等糖分浓度在 10% 左右时，要添加酒精和白兰地终止发酵，这时酒精含量可达 20 度，但保持酒的甜度。发酵后的新酒装入橡木桶后陈酿 2～10 年，年限越长，酒的颜色越淡。最后按配方勾兑成不同的波特酒。

波特酒酒味浓郁芬芳，爵香和果香兼有。在世界上享有很高的声誉。波特酒也以陈化时间长为佳，通常在商标纸上标有陈化年份。

市场上常见的波特酒品牌有：烤克本（cookburn）、克罗夫特（croft）、道斯（dow's）、丰塞卡（fonseca）、西法尔（silva）、桑德曼（sandeman）、沃尔（warr）、泰勒（tayloy's）等。

（3）玛德拉酒。玛德拉酒，出产于大西洋上的玛德拉岛，长期以来为西班牙所占领。玛德拉葡萄酒多为棕红色，但也有干白葡萄酒。玛德拉酒是上好的开胃酒，也是世界上屈指可数的优质甜食酒。马德拉酒的产量不大，但酿造周期最长，也是世界上寿命最长的一种酒品。马德拉酒酒精度为 17° 左右。干型的马德拉酒冰冻后作饭前开胃酒；甜熟的马德拉酒常用作烹饪、调味或餐后酒。

常见的马德拉酒的品牌有：鲍尔日（borges）、巴贝图王冠（crown Barbeito）、利高克（leacock）、法兰加（franca）、马德拉酒（madeira wine）等。

（4）玛萨拉酒。玛萨拉酒产于意大利西西里岛西北部的玛萨拉一带。它是由葡萄和葡萄蒸馏酒勾兑而成的配制酒，最适合用作于甜食酒和开胃饮料。产于意大利西西里岛马萨拉地区的马萨拉酒是典型的甜食酒和开胃酒。它由葡萄酒与葡萄蒸馏酒勾兑而成。酒液呈金黄带褐色。陈酿的时间不同，该酒的风格和品质也有所差别。陈酿四个月的酒称为精酿（fine），两年的称为优酿（superiore），陈酿五年称为特精酿（verfine）。

比较常见的品牌有：厨师长（gran Chef）、佛罗里欧（florio）、佩勒克利诺（peliegrino）、拉罗（rallo）、史密斯·木屋（smith woodhouse）。

（5）马拉加酒（malaga）。马拉加酒产于西班牙南部安达卢西亚的马拉加地区，酿造方法颇似波特酒。酒精度在 14 度～23 度之间，此酒在餐后甜酒和开胃酒中比不上其他同类产品，但它具有显著的补益作用，较为适合病人和疗养者饮用。

比较有名的马拉加酒有以下品牌：弗罗尔·海马诺斯（flores hermanos）、黑交斯（felix）、菲利克斯（hijoe）、约赛（jose）、拉丽欧斯（larios）、马它（mata）等。

（二）利口酒

利口酒是英文 liquear 音译而来，我国港澳地区则称之为力娇酒。它是以蒸馏酒（白兰地、威士忌、朗姆酒、金酒、伏特加）为基酒加入各种水果果汁（如桔、梅、李、椹果、香蕉、柠檬等）以及各种具有芳香或疗效作用的植物（如茴香、核桃、咖啡、椰子、可可、玫瑰花的根、茎、叶、花、果实、种子等），经过浸泡、蒸馏工艺，并经过甜化处理的酒精饮料。具有高度和中度的酒精度，颜色娇美，气味芬芳独特，酒味甜蜜。因含糖量高，相对密度较大，色彩鲜艳，常用来增加鸡尾酒的颜色和香味，突出其个性，是制作彩虹酒不可缺少的材料。还可以用来烹调、烘烤，制作冰淇淋、布丁和甜点。

利口酒的颜色来源一部分是配制原料的天然色泽，另一部分是后来人工的增色。利口味道香醇,色彩艳丽柔软,基本酿造方法有蒸馏、浸渍、渗透过滤、香精混合等几种。然而单一方法配制的利口酒极少,大多数使用了两种以上方法。

(三)鸡尾酒

鸡尾酒是以一种或几种烈酒(主要是蒸馏酒和酿制酒)作为基酒,与其他配料如汽水、果汁等一起用一定方法调制而成的混合饮料。

知识链接

鸡尾酒起源于美洲,这是大部分史料所承认的,时间大约是 18 世纪末或 19 世纪初期。关于鸡尾酒一词的由来都是些无从考证的美丽传说。有人说鸡尾酒一词最先出现在美国独立战争时期的一个小客栈;有人说鸡尾酒是最先出现在 18 世纪美国水手的航行生涯中;有人说由于构成鸡尾酒的原料种类很多,而且颜色绚丽,丰富多彩,如同公鸡尾部的羽毛一样美丽;有人说鸡尾酒一词(cocktail)源于法语单词"coquetel",据说这是一种产于法国波尔多地区过去经常被用来调制混合饮料的蒸馏酒;有人说这个词是悄悄出现在上个世纪的斗鸡比赛中,因为当时每逢斗鸡比赛一定是盛况空前,获得最后胜利的公鸡的主人会被组织者授予奖品或者更确切地说是战利品——被打败的公鸡的尾毛。当人们向胜利者敬酒时,贺词往往会说:"On the Cock's Tail!"

第一次有关"鸡尾酒"的文字记载是在 1806 年,美国的一本叫《平衡》的杂志,记载了鸡尾酒是用酒精、糖、水(或冰)或苦味酒混合而成的饮料。

鸡尾酒非常讲究色、香、味、形的兼备,故又称艺术酒。鸡尾酒不仅具有酒的基本特性,而且还具有营养、保健的功能。鸡尾酒以其多变的口味、华丽的色泽、美妙的名称,特有的魅力而著称。没有任何一种饮料能像鸡尾酒那样适合任何场合,为大多数人所喜爱。

鸡尾酒的种类很多,人们习惯上按酒精含量、基酒、饮用时间和场合进行分类。

1. 按酒精含量分类

(1)短饮类(short drink)。意即短时间喝的鸡尾酒,在调好后 10～20 分钟饮用为好。基酒所占比重在 50% 以上,甚至 70%～80%,大部分酒精度数是 30 度左右。此种酒采用摇动或搅拌以及冰镇的方法制成,使用鸡尾酒杯。短饮酒精含量较高,香料味浓重,放置时间不宜过长,如马提尼(martini)、曼哈顿(manhattan)等。

(2)长饮类(long drink)。是调制成适于消磨时间休闲饮用的鸡尾酒。在调好后 30 分钟左右饮用为好。用烈酒、果汁、汽水等混合调制,基酒所占比重轻,酒精度数为 8 度左右,是一种温和的混合酒,可放置较长时间不变质,通常放在高杯中或柯林杯中饮用。长饮鸡尾酒是加冰的冷饮。

(3)热饮类(hot drink)。此类与其他混合饮料最大的区别是用沸水、咖啡或热牛奶冲兑,如托地(toddy)、热顾乐(grog)等。

2. 按鸡尾酒的基酒分类

(1)白兰地(brandy)类鸡尾酒。此类是以白兰地为基酒调制的各款鸡尾酒,如亚历山大(alexander)等鸡尾酒。

(2)威士忌(whiskey)类鸡尾酒。此类是以威士忌为基酒调制的各款鸡尾酒,如酸威士忌(whiskey sour)、曼哈顿(manhattan)等。

(3)金酒(gin)类鸡尾酒。此类是以金酒为基酒调制的各款鸡尾酒,如马提尼(martini)、红粉佳人(pink lady)等。

(4)朗姆酒(rum)类鸡尾酒。此类是以朗姆酒为基酒调制的各款鸡尾酒,如自由古巴(cube libra)等。

(5)伏特加(vodka)类鸡尾酒。此类是以伏特加为基酒调制的各款鸡尾酒,如咸狗(salty dog)、血玛丽(bloody mary)等。

(6)特基拉酒(tequila)类鸡尾酒。此类是以特基拉酒为基酒调制的各款鸡尾酒,如玛格丽特(margarite)等。

(7)香槟酒(champagne)类鸡尾酒。此类是以香槟酒为基酒调制的各款鸡尾酒,如香槟鸡尾酒(champagne cocktail)等。

(8)利口酒类鸡尾酒。此类是以利口酒为基酒调制的各款鸡尾酒,如彩虹鸡尾酒等。

(9)葡萄酒类鸡尾酒。此类是以葡萄酒为基酒调制的各款鸡尾酒,如凯尔等。

3. 按饮用时间和场合分类

按饮用时间和场合分餐前鸡尾酒、餐后鸡尾酒、晚餐鸡尾酒、派对鸡尾酒、夏日鸡尾酒等。绝大多数鸡尾酒和部分混合饮料都可作为开胃提神的餐前饮料。餐后饮品主要是指含糖较高的甜味饮品。

◆ 拓展任务

通过网络、图书等途径获取相关酒水鉴赏资源信息,以小组合作的方式加强酒水品鉴练习,不断提升酒水鉴赏水平,能够通过盲品的方式鉴别出常见品牌的佐餐酒。

◆ 知识测试

1. 西餐开胃酒的分类和品牌有哪些?
2. 西餐佐餐葡萄酒的分类和品牌有哪些?
3. 西餐餐后酒的分类和品牌有哪些?

◆ 思政拓展

中国的白酒文化

认知五　西餐宴会制作

　　西餐宴会是按照西方国家的礼仪习俗举办的宴会。其特点是遵循西方的饮食习惯，采取分餐制，以西餐为主，用西式餐具，行西方礼节，遵守西方习俗，讲究酒水与菜肴的搭配，突出西方的民族文化传统。由于举办宴会的目的、宴请的对象和人数的不同，西餐宴会的形式也有所差异。

一、西餐宴会的主要形式

（一）正式宴会

　　正式宴会通常是政府和团体等有关部门为欢迎应邀来访的宾客或来访的宾客为答谢主人而举行的宴会。这种宴会适宜招待规格较高、人数不是很多的客人。由于不同国家和民族的生活习惯不同，在菜点内容的安排上也有所不同。正式宴会有时要安排乐队奏席间乐，宾主按身份排位就座。许多西方国家的正式宴会十分讲究排场，在请柬上注明对客人服饰的要求。从服饰规定上来体现宴会的隆重程度，这是西餐宴会较突出的方面。另外，对餐具、酒水、菜肴道数、陈设以及服务员的装束、仪态都有严格的要求。

（二）冷餐酒会

　　冷餐酒会的特点是不排席位，既可在室内、院里，又可在花园里举行。菜点的品种丰富多彩，以冷食为主，可上热菜。菜肴提前摆在食品台上，酒水陈放在桌上，供客人自取，宾客可自由活动，多次取食，亦可由服务员端送。可设小桌、椅子，供宾客自由入座，也可以不设座位，站立进餐。根据宾主双方的身份，冷餐酒会的规格和隆重程度可高可低，举办时间一般在中午

12 时至下午 2 时或下午 6 时至 8 时。这种形式多为政府部门或企业界举行人数众多的盛大庆祝会、欢迎会、开业典礼等活动所采用。

(三)鸡尾酒会

鸡尾酒会是具有欧美传统的集会交往形式。鸡尾酒会以酒水为主,略备小吃食品,形式较轻松,一般不设座位,没有主宾席,个人可随意走动,便于广泛接触交谈。食品主要是三明治、点心、小串烧、炸薯片等,宾客用牙签取食。鸡尾酒和小吃由服务员用托盘端上,或部分置于小桌上。酒会举行的时间较为灵活,中午、下午、晚上均可,可作为晚上举行大型宴会的前奏活动;或结合记者招待会、新闻发布会、签字仪式等活动举办。请柬往往注明整个活动延续的时间,宾客可在其间任何时候到达或退席,来去自由,不受约束。鸡尾酒会以饮为主,以吃为辅,除饮用各种鸡尾酒外,还备有其他饮料,但一般不上烈性酒。

二、西餐宴会菜单

(一)西餐菜单的基本内容

关于西餐菜单的内容,有多种不同的说法,很难断定谁是谁非。综合来说,西餐菜单还是有一定的规律可循,以下将介绍传统及新式西餐菜单的编排项目。

1. 传统西餐菜单

根据瑞士出版的《烹饪技术》一书所记述,传统西餐菜单主要包括冷前菜、汤类、热前菜、鱼类、大块菜、热中间菜和冷中间菜、冰酒、炉烤菜附沙拉、蔬菜、甜点、开胃点心及餐后点心等 12 个项目。各个项目的具体情况说明如下。

(1)冷前菜。冷前菜也称开胃菜,因其开胃作用而被列为第一道菜。

(2)汤类。汤泛指用汤锅煮出来的食物,汤有清汤与浓汤之分,供客人自由选择。从用途上讲,汤也属于开胃品的一种。国内不少西餐厅习惯将面包随汤上桌的做法是不对的,实际上面包应和主菜一起食用,其用意如同东方人的米饭。而真正随汤而出的应是咸脆饼干。

(3)热前菜。热前菜主要用于正式宴会时放置于大盘菜旁的小盘菜,一般是指小盘中分量较小的热菜,诸如蛋、面或米类为主所制备的菜系。

(4)鱼类。鱼类的具体排序于家畜肉之前。具体内容除鱼类产品外,还包含虾、贝类等其他水产原料制作的食品。

(5)大块菜。大块菜主要指对整块的家畜肉加以烹调,并在客人面前进行切割分食的一类菜品。

(6)热中间菜和冷中间菜。这两类的做法相似,都是将材料切割成小块后再加以烹煮,烹调时都不受数量的限制。上菜顺序在大块菜与炉烤菜之间,并称为中间菜。中间菜是西餐的主菜,不可或缺。

(7)冰酒。冰酒是一种果汁加酒类的饮料,并在冷冻过程中予以搅拌,制成状似冰淇淋的冰冻物,相当于我们俗称的雪波或雪泥。冰酒的作用是可调节味觉,并让用餐者的胃稍作休息。

(8)炉烤菜附沙拉。炉烤菜是指以大块的家禽肉或野味为主的菜系,搭配沙拉上桌。炉烤菜可以算是大块菜的补充,有人认为它是全餐中味道最好的菜系。

(9)蔬菜。西餐中蔬菜一般都被当作主菜盘中的装饰菜,其目的是增加主菜的色香味,对于均衡营养、搭配主菜颜色也有很大的作用。

(10)甜点。甜点以甜食为主,冰淇淋也包含在内,所以有冷热之分。

（11）开胃点心。开胃点心属于英国式餐后点心，内容和热前菜相似，只是味道更浓，奶酪以及酒会常见的小点心等都属于此类。

（12）餐后点心。法文 dessert 的意思是指不服务了，此道菜系一出，就表示所有的菜已全部服务完毕。餐后点心仅限于水果或者是餐后奉送给客人的小甜点、巧克力糖而已。

2. 新式西餐菜单

由于用餐者对菜式质与量的改变和选择，使得西餐菜单的内容不断简化，从而将传统西餐菜单重新归类为 7 个项目，分别为前菜类、汤类、鱼类、主菜类或肉类、冷菜或沙拉、点心类及饮料。

（1）前菜类。前菜类也称为开胃菜、开胃品或头盘，是西餐中第一道菜。一般分量较少，味道清新，色泽鲜艳。前菜具有开胃、刺激食欲的作用。现代欧美常见的开胃菜有鸡尾酒开胃品、法国鹅肝酱、俄国鱼子酱、苏格兰鲑鱼片、各式肉冻、冷盘等。

（2）汤类。汤与其他菜的特性不同，故一直予以保留。汤具有增进食欲的作用，不吃开胃菜的客人往往都要先来一碗汤。

（3）鱼类。鱼类可视为汤类与肉类中间菜，味道鲜美可口，新式西餐菜单一直保留。

（4）主菜类或肉类。主菜类或肉类是西餐中重头戏，烹饪方法较为复杂，口味也最独特。制作材料通常为大块肉、鱼、家禽或野味。同时，以肉食为主的主菜必须搭配蔬菜，有两方面原因，一是减少油腻，二是增加盘中色彩。常用的配菜为各色蔬菜、土豆等。

（5）冷菜或沙拉。生菜可补充身体所需的植物纤维素和维生素，因此将生菜做成各式沙拉，符合节食及素食者的需要。冷菜或沙拉同时可当作主菜的装饰菜。

（6）餐后点心。美味香醇的甜点可进一步满足口舌之欲，餐后点心的主要项目包含各色蛋糕、西饼、水果及冰淇淋等。

（7）饮料。饮料主要以咖啡、果汁或茶品为主。需要说明的是，以前饮料供应多以热饮为主，随着人们消费习惯的变化，如今不少西餐厅同时供应热、冷两种饮料。

（二）西餐菜单分类

随着餐饮市场需求的多样化，国内外的西餐企业为了扩大销售，都采用了灵活的经营策略。根据西餐厅不同类型和菜式制作特点，并根据不同的销售地点和销售时间，西餐企业筹划和设计各种各样的菜单以促进菜品的销售。这些菜单大致可以归纳为三个类别。

1. 根据顾客用餐需求和供餐性质进行分类

为满足顾客对于菜系的不同购买方式、不同购买时间、不同的口味需求以及供餐性质而筹划和设计的菜单有以下几种。

（1）套餐菜单。套餐，是根据顾客需求，将各种不同的营养成分，不同的食品原料，不同制作方法，不同的菜式，不同的颜色、质地、味道及不同价格的菜系，合理地搭配在一起设计成的一套菜系，并制定出每套菜系的价格。因此，套餐菜单上的菜系品种、数量、价格是固定的，顾客选择的空间很小，只能购买整套菜系。套餐菜单的优点是，节省顾客点菜时间，价格比零点购买更优惠。

（2）零点菜单。零点菜单，是西餐厅或宴会厅推销产品的一种技术性菜单。A La Carte 一词源于法语，意思是零点。顾客根据菜单上列举的菜系品种，以单个购买方式自行选择，组成自己完整的一餐。零点菜单上的菜系是分别定价的。西餐零点菜单上销售品种的排列方法，常以人们进餐的习惯和顺序进行分类和排列，如开胃菜、汤类、沙拉、三明治、主菜、甜点等。

（3）宴会菜单。宴会菜单是西餐厅或宴会厅推销产品的一种技术性菜单。宴会菜单通常体现出饭店或西餐厅的经营特色,菜单上的菜系是该餐厅中比较有名的美味佳肴。同时,餐厅还根据不同的季节安排一些时令菜系。宴会菜单也经常根据宴请对象、宴请特点、宴请标准或宴请者的意见而随时调整。此外,宴会菜单还是餐厅推销自己库存食品原料的主要媒介。根据宴会的形式,宴会菜单又可分为传统式宴会菜单、鸡尾酒会菜单和自助式宴会菜单。

(4)节日菜单和混合菜单。节日菜单是根据一些地区和民族节日筹划的传统菜系。混合菜单是在套餐菜单的基础上,增加了某道菜系的选择性,这种菜单集中了零点菜单和套餐菜单的共同优点,其特点是在套餐的基础上加入了一些灵活性,如一个套餐定了三道菜,第一道是沙拉,第二道是主菜,第三道菜是甜品,其中每一道菜或者其中的两道菜中可以有数个可选择的品种,并将这些品种限制在最受顾客欢迎的那些品种上,而且固定其价格。因此,这种套餐菜单很受欧美人的欢迎,它既方便了顾客也有益于餐厅,还为餐厅减少了繁重而复杂的菜系制作工作和服务工作。

2. 根据西餐经营餐次进行分类

(1)早餐菜单。为早餐设计的各种菜系和点心的菜单,称为早餐菜单,由于现代人的生活节奏加快,人们不希望在早餐上花费许多时间,因此,早餐菜单的菜系和食品既要丰富又要简单,还要有服务速度快的特点。通常,咖啡厅供应的西式早餐约有 30 个品种,包括各式面包、黄油、果酱、鸡蛋、谷类食品、火腿、香肠、酸奶酪、咖啡、红茶、水果及果汁等。

早餐菜单通常有零点菜单、套餐菜单和自助餐菜单 3 种形式。

早餐的套餐可分为欧陆式早餐套餐和美式早餐套餐。

① 欧陆式早餐套餐。所谓欧陆式早餐套餐是最为简单清淡的早餐,主要包括各式面包、吐司、牛角面包、松饼、丹麦面包或饼干等,还包括黄油、果酱、蜂蜜、水果、果汁、咖啡或茶。

② 美式早餐套餐。美式早餐套餐内容比较丰富,主要包括以下一些内容。

开胃品:主要有果汁、新鲜水果等。

谷物类:如麦片粥热食或玉米酥片冷食等与牛奶搭配食用。

各种蛋类:如煎蛋、水煮蛋、荷包蛋等。

肉类:常见的是培根、火腿与香肠。

蔬菜类:常见的是番茄、芦笋及土豆等。

面包类:以吐司附奶油与果酱为主,也可以用薄煎饼代替。

奶酪类:种类有数百种。

饮料类:咖啡、茶、巧克力饮料或牛奶等。

需要说明的是,美式早餐套餐分量较多,以方便就餐者。菜单往往也有定餐套餐与散点零点之分,像蛋类、肉类及蔬菜类就可以同装一盘成为早餐的主菜。

(2)午餐菜单。午餐是维持人们正常工作和学习所需要热量的重要餐饮。午餐的销售对象是购物或旅游途中的客人,或午休中的企事业单位员工。因此,西餐中的午餐菜单一般都具有价格适中、上菜速度快、菜系品种实惠等特点。西餐午餐的菜系通常包括开胃菜、汤、沙拉、三明治、意大利面条、海鲜、禽肉、畜肉和甜点等。

(3)晚餐正餐菜单。人们习惯将晚餐称为正餐,不论是欧美还是国内的消费者非常重视正餐,大多数的宴请活动一般安排在正餐中进行。由于大多数顾客的正餐时间宽裕,所以,许多饭店和西餐厅都为正餐提供了丰富的菜系。由于正餐菜系的制作工艺比较复杂,制作和服务时间较长,因此,其价格也高于其他餐次。

传统的西餐正餐菜单包括以下几项：

① 开胃菜。包括各种由熏鱼、香肠、腌鱼子、生蚝、蜗牛、对虾、虾仁和鹅肝制作的冷菜。

② 汤。包括各种清汤、奶油汤、菜泥汤、海鲜汤及各种风味汤，如法国洋葱汤等。

③ 沙拉。包括各种蔬菜为主料制作的冷菜，有时配上熟肉或海鲜，配备调味汁。

④ 海鲜。包括使用炸、扒、水煮等方法制作的鱼、虾、龙虾和蟹等菜系，带有传统式和现代式的各种调味汁，配上蔬菜、淀粉类菜系，土豆、米饭或意大利面条和装饰品。

⑤ 烤肉。用烤和扒的方法烹调的畜肉、家禽等，配有各种调味汁，再配上蔬菜、淀粉类菜系。

⑥ 甜点。包括酥福来（souffe，烤制的蓬松小点心）、冷冻邦伯（bombe，冷冻的奶油点心）、各种水果冰淇淋、慕司（mousse，以奶油、蛋白与甜味剂制成的甜点心）。

⑦ 各种奶酪。奶酪是由牛奶或羊奶经过凝乳酶浓缩、凝固、熟化和加工成的奶制品。

（4）夜餐菜单。从经营时间上讲，西餐厅在晚上 10 点后供应的餐食称为夜餐。夜餐菜单，要求具有清淡、份额小等特点，菜系以风味小吃为主。西餐夜餐菜系，常安排开胃菜、沙拉、三明治、制作简单的主菜、当地小吃和甜品等 5～6 个类别，每个类别安排 4～6 个品种。

（5）其他菜单。许多西餐厅和咖啡厅还筹划了早午餐菜单和午茶菜单。早午餐一般是上午 10 点的一餐，一些旅游的顾客因起得晚没有来得及吃早餐，多会选择早午餐。早午餐菜单，通常具有早餐和午餐共同的特点。许多人在下午 3 点钟有喝午茶的习惯，人们喝午茶时会吃点甜点和水果，因此，午茶菜单都会突出甜点的特色。此外，还有一些专门展示某一类菜系的菜单，如冰淇淋菜单。

3. 根据西餐销售地点进行分类

不同的西餐经营地点对西餐内容的需求不同。咖啡厅菜单的内容需要大众化，扒房菜单的产品需要精细，宴会菜单讲究菜系的道数，客房用餐菜单需要清淡。

（1）咖啡厅菜单。方便、快速、简洁以及不需要太多的用餐时间为一般咖啡厅所具有共性特征，所以咖啡厅菜单上的菜式种类有限、售价相对较低、菜品用料较为平实。由于咖啡厅本身的策划、经营，与业主的心境和个人喜好有很大的关系，所以菜单的艺术性特征很容易得到淋漓尽致的体现。

（2）扒房菜单。扒房菜单的特点是比较庄重，选用高质量的纸张印刷，封皮选用暖色调。该类菜单一般是固定式零点菜单，内容包括开胃菜、汤、沙拉、海鲜、扒菜、甜点、各式奶酪及酒水等。扒房只销售午餐和正餐。

（3）快餐厅菜单。这里主要指西式快餐厅菜单。因快餐厅的宾客普遍要求经济、实惠、快捷，有自我服务的习惯，因此，这类菜单多采用一次性纸张式和固定放置的做法，后者尤为普遍，又称墙挂菜单。

（4）客房送餐菜单。客房送餐是旅馆餐饮的一大特色。由于客房输送的困难，客房送餐只提供有限的菜单内容。最常见的客房送餐菜单制作成牌形，悬挂于客房门把上，上面注明菜式内容及供应时间，由客人选定菜色并制定用餐时间后，再挂回门把，届时客房服务员会根据此卡制备、运送食物。

4. 根据西餐用餐服务方式进行分类

按照西餐的服务方式，西餐菜单还可分为传统式服务菜单和自助式服务菜单。

（1）传统式服务菜单。传统式服务菜单即一般餐桌式服务，表现形式多种多样，西餐厅中的大多数菜单都属于这一类型。

（2）自助式服务菜单。自助式服务菜单的出现源于自助餐本身的特点,自助餐因形式自由灵活、适应性强而深受广大顾客的欢迎。其特色是花色品种多、布置讲究、客人选择性强、形式自由灵活。冰雕摆件、黄油雕刻件、鲜花、水果或其他装饰常常使自助食品颜色缤纷、富丽堂皇。如果每天供应自助餐,消费者又是常客,必须经常改变菜单内容。因自助餐的各种食品均摆放在自助餐台上,所以餐厅一般不再为宾客提供专门的书面菜单,而只做供生产经营用的简易菜单。

（三）西餐上菜顺序

西餐在菜单的安排上与中餐有很大不同。以举办宴会为例,中餐宴会除近 10 种冷菜外,还要有热菜 6～8 种,再加上点心、甜食和水果,显得十分丰富。而西餐包括"一主六配",虽然看着有六七道,似乎很繁琐,但每道一般只有一种,下面我们就将其上菜顺序作一简单介绍。

1. 头盘

西餐的第一道菜是头盘,也称为开胃品。开胃品的内容一般有冷头盘或热头盘之分,常见的品种有鱼子酱、鹅肝酱、熏鲑鱼、鸡尾杯、奶油鸡酥盒、焗蜗牛等。因为是要开胃,所以开胃菜一般都具有特色风味,味道以咸和酸为主,而且数量较少,质量较高。

2. 汤

与中餐有极大不同的是,西餐的第二道菜就是汤。西餐的汤大致可分为清汤、奶油汤、蔬菜汤和冷汤等 4 类。品种有牛尾清汤、各式奶油汤、海鲜汤、美式蛤蜊周打汤、意式蔬菜汤、俄式罗宋汤、法式焗葱头汤。冷汤的品种较少,有德式冷汤、俄式冷汤等。

3. 副菜

鱼类菜肴一般作为西餐的第三道菜,也称为副菜。品种包括各种淡、海水鱼类、贝类及软体动物类。通常水产类菜肴与蛋类、面包类、酥盒菜肴品均称为副菜。因为鱼类等菜肴的肉质鲜嫩,比较容易消化,所以放在肉类菜肴的前面,叫法上也和肉类菜肴主菜有区别。西餐吃鱼菜肴讲究使用专用的调味汁,品种有鞑靼汁、荷兰汁、酒店汁、白奶油汁、大主教汁、美国汁和水手鱼汁等。

4. 主菜

肉、禽类菜肴是西餐的第四道菜,也称为主菜。肉类菜肴的原料取自牛、羊、猪、小牛仔等各个部位的肉,其中最有代表性的是牛肉或牛排。牛排按其部位又可分为沙朗牛排(也称西冷牛排)、菲利牛排、T 骨形牛排、薄牛排等。其烹调方法常用烤、煎、铁扒等。肉类菜肴配用的调味汁主要有西班牙汁、浓烧汁精、蘑菇汁、白尼斯汁等。

禽类菜肴的原料取自鸡、鸭、鹅,通常将兔肉和鹿肉等野味也归入禽类菜肴。禽类菜肴品种最多的是鸡,有山鸡、火鸡、竹鸡,可煮、可炸、可烤、可焖,主要的调味汁有黄油汁、咖喱汁、奶油汁等。

5. 蔬菜类菜肴

蔬菜类菜肴可以安排在肉类菜肴之后,也可以与肉类菜肴同时上桌,所以可以算为一道菜,或称之为一种配菜。蔬菜类菜肴在西餐中称为沙拉。与主菜同时服务的沙拉,称为生蔬菜沙拉,一般用生菜、西红柿、黄瓜、芦笋等制作。沙拉的主要调味汁有醋油汁、法国汁、千岛汁、奶酪沙拉汁等。

沙拉除了蔬菜之外,还有一类是用鱼、肉、蛋类制作的,这类沙拉一般不加调味汁,在进餐顺序上可以作为头盘食用。

还有一些蔬菜是熟食的,如花椰菜、煮菠菜、炸土豆条。熟食的蔬菜通常是与主菜的肉食类菜肴一同摆放在餐盘中上桌,称之为配菜。

4

6. 甜品

西餐的甜品是主菜后食用的,可以算作是第六道菜。从真正意义上讲,它包括所有主菜后的食物,如布丁煎饼、冰淇淋、奶酪、水果等等。

7. 咖啡、茶

西餐的最后一道是上饮料,咖啡或茶。饮咖啡一般要加糖和淡奶油。茶一般要加香桃片和糖。

(四)西餐宴会菜单实例

1. 法式晚宴菜单

法式黑鲈酿龙虾酱
french Micropterus with lobster paste

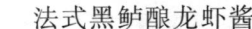

百里香顶级盖羊肉
the top Allaiton Lamb

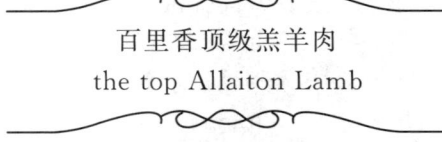

榛味黄油拌菠菜配酥点等
Hazelnut taste of butter spinach with pastry

时令小红莓焦糖鲜奶蛋糕和马鞭草冰淇淋
Seasonal cranberries and verbena ice cream caramel milk cake

咖啡与贝纳颂巧克力
Coffee and Bernachon chocolate

2. 美式晚宴菜单

缅因州水煮龙虾
Poached Maine lobster

法国梨配茴香山羊奶干酪
D'Anjou Pear Salad with Farmstead Goat Cheese Fennel Black walnuts and Wine Balsamic

脱脂奶酪酥洋葱配干式熟成肋眼牛排
Dry Aged Rib Eye with Buttermilk Crisp Onions

奶油菠菜配马铃薯
Double Stuffed Potatoes and Creamed Spinach

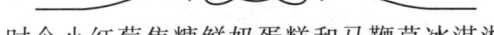

橘汁胡萝卜配黑蘑菇
Orange Glazed Carrotsand Black Trumpet Mushrooms

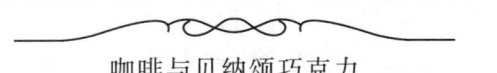

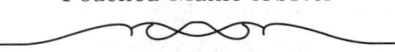

芝士梨沙拉
Cheese Pear Salad

柠檬冰糕、苹果派配香草冰淇淋
Old Fashioned Apple Pie Vanilla Ice Cream

3. 情人节套餐菜单

天鹅三文鱼泡芙配田园沙拉
Stuffing smoked Salmon with Garden Salad

金玉薯香汤配情人蜂蜜薄脆片
Corn and Sweet Potato Soup with Honey Tulip

澳洲牛柳配土豆,时令蔬菜,云南玫瑰及红酒汁
Beef Tenderloin with Potato, Vegetables, Rose and Red wine Sauce

意大利提拉米苏
Tiramisu

咖啡或茶配草莓口味巧克力
Coffee or Tea with Strawberry Chocolate

4. 圣诞节套餐菜单

烤火鸡配香梨沙拉
Turkey and Pear Salad

奶油蘑菇汤
Cream mushroom soup

蜜汁圣诞火腿配菠萝和蔓越莓汁
Honey Glazed Gammon Ham and Cranberry sauce

圣诞蛋糕
Christmas Cake

咖啡或茶配面包
Coffee or Tea with Strawberry Chocolate

5. 普通商务套餐菜单

香煎鹅肝草莓酱
goose liver with strawberry jam

芦笋浓汤
Asparagus soup

安格斯黑椒牛排
Angus steak with black pepper sauce

恺撒沙拉
Caesar salad

茄汁意大利面
Spaghetti with tomato sauce

芝士蛋糕
Cheese cake

水果鸡尾杯
Fruit cocktail

冰咖啡
Iced Coffee

三、西餐宴会气氛设计

西餐宴会的气氛是西餐宴会设计的一项重要内容。气氛设计的优劣直接影响宴会对顾客的吸引力。认真研究西餐宴会气氛的设计及其相关要素,对办好西餐宴会有一定的指导意义。

(一) 西餐宴会气氛概述

气氛是指一定环境中给人某种强烈感觉的精神表现与景象。西餐宴会的气氛就是举行西餐宴会时,顾客面对的整个西餐宴会厅的内环境,包括:餐厅的面积、餐桌位置摆放、花草景色、内部装潢、构造和空间布局等。

(二) 西餐宴会气氛的内容

1. 光线

光线是西餐宴会气氛设计应该考虑的最关键因素之一,因为光线系统能够决定西餐宴会厅的格调。西餐宴会使用的光线种类很多,如白炽灯、烛光及彩光等。白炽灯能够突出宴会厅的豪华气派,食品在这种灯光下看上去颜色最自然。烛光属于暖色,能调节餐厅的气氛,红色火焰能使顾客和食物都显得漂亮,适用于冷餐会、节日盛会、生日宴会等。彩光是光线设计时应该考虑的另一因素,恰当的彩光可以增加热情友好的气氛。

传统的西餐宴会的气氛特点是幽静、安逸、雅致,照明应偏暗、柔和,同时应使餐桌照明度稍强于宴会厅本身的明度,以使宴会厅空间在视觉上变小而产生亲密感。

2. 颜色

色彩是西餐宴会气氛中可视的重要因素。不同颜色对人的心理和行为有不同的影响,更重要的是颜色能够表达西餐宴会的主题思想。西餐宴会多用白色,是因为白色表示纯洁善良。

不同的餐厅色彩设计应有区别,一般豪华宴会厅宜使用较暖或明亮的颜色,晚宴灯光不宜过亮,可使用暗红或橙色。咖啡色、褐色、红色之类,色暖而深沉,可创造古朴稳重、宁静安逸的气氛;乳白、浅褐之类使环境明快,富有现代气息感。

3. 温、湿度和气味

一般西餐厅温、湿度和气味达到舒适程度的指标如下。

4

温度:冬季不低于 18 ℃,夏季不高于 22 ℃,用餐高峰客人较多时不超过 24 ℃。

湿度:相对湿度为 40%~60%。

空气质量:室内通风好,空气清新,可吸入颗粒物不超过 0.3 毫克/每立方米。

4. 家具

西餐厅的家具包括餐桌、餐椅、服务台、餐具台、花架等。家具设计应配套,以使其与餐厅其他装饰布置相映成趣,统一和谐。就艺术手段而言,围与透、虚与实的结合是环境布局常用的方法。"围"指封闭紧凑,"透"指空旷开阔。墙壁、天花板、隔断等能产生围的效果;开窗借景、布景箱、山水盆景等能产生透的感觉。餐厅如果有围无透,会令人感到压抑沉闷,但若有透无围,又会使人觉得空虚散漫。

5. 声音

声音是指噪音和西餐厅的背景音乐。噪声应尽量避免,背景音乐的音量应控制在 50 分贝以下。

6. 绿化

宴会前需对餐厅进行绿化布置,使就餐环境有一种自然情调,对宴会气氛的衬托起相当大的作用。

(三)西餐宴会台面的装饰方法

1. 用餐具装饰台面

以印有各种象征意义图案的台布铺台,组织拼摆小件餐具和其他物件,如杯、盘、碗、刀、叉、勺等,使整个台面协调一致,组成一个具有主题的象形或会意图案。

2. 用鲜花装饰台面

花是美的象征,它给人们带来愉悦、活力和希望。餐桌以花装饰,使人赏心悦目、食欲大增,烘托宴会气氛。高档宴会在选用花台进行装饰时,首先要确定花台的主题,选择花卉时要注意各民族的风俗习惯,颜色要能烘托宴会主题。

3. 用餐巾花装饰台面

餐巾花可以叠成形形色色的花卉植物和惟妙惟肖的实物造型,起到点缀美化席面的作用。可以根据餐巾和台布的颜色以及餐具的质地、形状、色泽等进行构思,使折出来的餐巾花同台面融为一体,给人以艺术上的享受。

4. 用水果装饰台面

根据季节变化将各种色彩和形状的水果,衬以绿色的叶子,切摆堆码成各种造型摆台,既可观赏,又可食用,简便易行。传统的西餐宴会摆台运用较多。

5. 关于国旗

在西餐宴会台面上国旗使用较多。一般国旗应摆放在上位席的左侧,国旗的摆放数量要根据桌子的长度而定,一处摆放时以餐桌中央为宜,两处摆放时要间隔相等。要注意的是桌花的高度要略低于国旗。

四、西餐宴会菜品制作和营养分析

(一)宴会菜品制作

以前文中普通商务套餐菜单为例,宴会菜品的制作,如表 4-5-1 所示。

4

表 4-5-1 　　　　　　　　　　　　　　宴会菜品制作

菜品名称	烹调方式和制作流程
香煎鹅肝草莓酱	① 将面包片用吐司炉 150 ℃烤 5 分钟,呈浅黄色表面稍有脆的口感,抹上草莓酱; ② 苹果切片放在涂抹草莓酱的面包片上; ③ 鹅肝片撒盐拍面粉后用色拉油 180 ℃煎 30 秒至成熟摆在苹果片上; ④ 松子 150 ℃烤 20 分钟,成熟后摆在鹅肝旁边装饰用
凯撒沙拉	① 面包片切 1 厘米见方的块,烤箱 160 ℃烤制 5 分钟,表面稍有脆感待用;培根用油在锅中约 170 ℃煎至成熟切碎末待用;蘑菇用水煮熟切片待用;鸡蛋凉水下锅,开锅后煮熟切薄片待用;圣女果洗净切片待用;罐装黑橄榄切薄片待用;罗马生菜用冰水加盐浸泡 20 分钟后洗净待用; ② 将罗马生菜、蘑菇片、圣女果片、鸡蛋片拌匀,上面撒上烤面包丁、培根碎、黑橄榄片、干酪粉; ③ 倒入凯撒汁佐餐用
芦笋浓汤	① 鸡骨与水 1∶3 比例,先将鸡骨洗净用水小火炖 3 小时以上,汤备用;面包切 1 厘米见方块,烤箱 160 ℃烤 5 分钟,表皮略有脆感备用; ② 培根用色拉油煎制,析出的油用来炒青菜; ③ 芦笋、青豆、土豆焯水后用培根油炒出香味,用鸡基础汤炖 10 分钟,软烂后用粉碎机粉碎细腻,再回到锅中煮开,最后用盐、胡椒粉调口; ④ 烤面包丁撒汤上面即可
安格斯黑椒牛排	① 西兰花用冰水加盐浸泡 20 分钟,用开水焯熟,用凉水投凉备用;玉米棒用水煮 15 分钟至成熟备用;土豆切成橘瓣形,用盐、黑胡椒粉腌制后烤箱 180 ℃烤 30 分钟,至表面金黄成熟备用; ② 安格斯牛肉用盐、黑胡椒、干红腌制,用扒炉 200 ℃高温将表皮迅速煎烤变成灰白色,然后用 65 ℃进行 90 分钟的低温慢烤至成熟; ③ 用黑椒沙司作为佐餐牛肉的调味酱汁,西兰花、土豆、玉米棒作为配菜食用
茄汁意大利面	① 番茄用开水稍微烫一下容易去皮,切碎备用;圆葱、胡萝卜、西芹切碎末备用;意大利斜管面用开水煮 8 分钟备用; ② 用油将圆葱末、胡萝卜末、西芹末、香叶、罗勒叶炒香,加入切碎的番茄末,加入鸡基础汤小火炖 30 分钟,用盐、胡椒粉调口制成番茄沙司备用; ③ 锅中加入橄榄油,将煮熟的意大利斜管面稍炒后,加入番茄沙司炒匀即可
芝士蛋糕	① 将奶酪用热牛奶(约 75 ℃)溶化后加入蛋黄和溶化的黄油,最后加入低筋面粉轻轻搅拌均匀; ② 蛋白加糖打至中度发泡(用手指挑出形状较稳定),分两次与上一步中做好的原料拌匀,倒入模具放到加水的烤盘中,进入上下火 165 ℃烤箱烤 40~50 分钟; ③ 冷藏 4 小时后切配食用
水果鸡尾杯	① 将香蕉、苹果、橙子、圣女果、猕猴桃切成小块备用; ② 将甜奶油与马乃司、浓缩橙汁混合搅拌均匀后,将切好的水果拌匀即可
冰咖啡	用一体式自动咖啡机将咖啡豆进行研磨并自动加热,倒入杯中加入打发的牛奶即可

(二) 烹调后菜品营养成分分析

完成菜品的精细制作后,对菜品的营养成分、满足人群需要程度及烹调方法的合理性进行分析研究(假定本套餐为午餐菜),具体研究内容如下。

4

1. 营养成分测定和能量计算

对西餐典型菜品香煎鹅肝草莓酱、什锦蔬菜沙拉、芦笋浓汤、安格斯黑椒牛排、芝士蛋糕、水果鸡尾杯、冰咖啡等品种的新鲜原材料进行营养成分测定和能量计算。

2. 套餐的营养价值评价

对套餐进行蛋白质、脂肪、碳水化合物、能量、维生素和矿物质的来源和分布进行分析,评价套餐的营养价值。

3. 套餐满足需求度评价

通过与不同人群的日营养素参考摄入量进行比较,评价套餐满足需求的程度。

(1) 将本套餐的营养素供给量与青壮年人群的膳食参考摄入量比较,分析满足需求的程度,如表 4-5-2 所示。

表 4-5-2　套餐营养素供给量与成年人群(18 岁~49 岁)膳食营养素参考摄入量比较

膳食营养素	套餐供给量(a)	男 性 膳食营养素日参考摄入量 (b)/($\frac{a}{b} \times 100\%$)			女 性 膳食营养素日参考摄入量 (b)/($\frac{a}{b} \times 100\%$)		
		轻体力劳动者	中体力劳动者	重体力劳动者	轻体力劳动者	重体力劳动者	重体力劳动者
能量(kcal)	1 167.44	2 400/48.64	2 700/43.24	3 200/36.48	2 100/55.59	2 300/50.76	2 700/43.24
蛋白质(g)	76	75/101.33	80/95.00	90/84.44	65/116.92	70/108.57	80/95.00
脂肪(g)	34.9	53.3~80/43.63~65.48	60~90/38.78~58.17	71.1~106.7/32.71~49.09	46.7~70/49.86~74.73	51.1~76.7/45.50~68.30	60~90/38.78~58.17
碳水化合物(g)	143.8	330~390/36.87~43.58	371.2~438.8/32.77~38.74	440~520/27.65~32.68	288.8~341.3/42.13~49.79	316.3~373.8/38.47~45.46	371.2~438.8/32.77~38.74
维生素 A(μg)	1972	800/246.5			700/281.71		
维生素 B$_1$(mg)	1.99	1.4/142.14			1.3/153.08		
维生素 B$_2$(mg)	3.28	1.4/234.29			1.2/273.33		
维生素 PP(mg)	19.19	14/137.07			13/147.62		
维生素 C(mg)	157.7	100/157.7			100/157.7		
钠(mg)	1804.36	2 200/82.02			2 200/82.02		
钙(mg)	379.22	800/47.40			800/47.40		
铁(mg)	20.046	15/133.64			20/100.23		

(2) 将本套餐的膳食营养素供给量与男性老年人群(50 岁~79 岁)的膳食参考摄入量进行比较,分析其满足老年人群膳食营养的需求情况,如表 4-5-3 所示。

(3) 将套餐营养素供给量与女性老年人群(50 岁~79 岁)膳食营养素参考摄入量比较,如表 4-5-4 所示。

根据中国营养学会给出的结论,人体一日三餐(早、中、晚)热量比为 3∶4∶3。其中蛋白质供能占 10%~15%,脂肪供能占 20%~30%,碳水化合物供能占 55%~65%。

4

表 4-5-3　套餐营养素供给量与男性老年人群(50 岁～79 岁)膳食营养素参考摄入量比较

膳食营养素日参考摄入量(b)/$\left(\dfrac{a}{b}\times100\%\right)$

膳食营养素	套餐供给量(a)	50~59 岁			60~69 岁		70~79 岁	
		轻体力活动	中体力活动	重体力活动	轻体力活动	中体力活动	轻体力活动	中体力活动
能量(kcal)	1 167.44	2 300/50.76	2 600/44.90	3 100/37.66	1 900/61.44	2 200/53.07	1 900/61.44	2 100/55.59
蛋白质(g)	76	75/101.33	80/95.00	90/84.44	75/101.33		75/101.33	
脂肪(g)	34.9	51.11~76.67/45.52~68.28	57.78~86.67/40.27~60.40	68.89~103.33/33.78~50.66	42.22~63.33/55.11~82.66	48.89~73.33/47.59~71.38	42.22~63.33/55.11~82.66	46.67~70/49.86~74.78
碳水化合物(g)	143.8	316.25~373.75/38.47~45.47	357.5~422.5/34.04~40.22	426.25~503.75/28.55~33.74	261.25~308.75/46.57~55.04	302.5~357.5/40.22~47.54	261.25~308.75/46.57~55.04	288.75~341.25/42.14~49.80
维生素 A(μg)	1 972				800/246.5			
维生素 B$_1$(mg)	1.99				1.4/142.14			
维生素 B$_2$(mg)	3.28				1.4/234.29			
维生素 PP(mg)	19.19				14/137.07			
维生素 C(mg)	157.7				100/157.7			
钠(mg)	1 804.36				2 200/82.02			
钙(mg)	379.22				800/47.40			
铁(mg)	20.046				15/133.64			

4

表 4-5-4　套餐营养素供给量与女性老年人群(50 岁～79 岁)膳食营养素参考摄入量比较

膳食营养素	套餐供给量(a)	50～59 岁			60～69 岁		70～79 岁	
		轻体力活动	中体力活动	重体力活动	轻体力活动	中体力活动	轻体力活动	中体力活动
能量(kcal)	1 167.44	1 900/55.59	2 000/58.37	2 200/53.07	1 800/64.86	2 000/58.37	1 700/68.67	1 900/55.59
蛋白质(g)	76	65/116.92	70/108.57	80/95.00	65/116.92		65/116.92	
脂肪(g)	34.9	42.22～63.33/55.11～82.66	46.67～70/49.86～74.78	48.89～73.33/47.59～71.38	40～60/58.17～87.25	44.44～66.67/52.35～78.53	37.78～56.67/61.58～92.38	42.22～63.33/55.11～82.66
碳水化合物(g)	143.8	261.25～308.75/46.57～55.04	247.5～292.5/49.16～58.10	302.5～357.5/40.22～47.54	247.5～292.5/49.16～58.10	275～325/44.25～55.29	233.75～276.25/52.05～61.52	261.25～308.75/46.57～55.04
维生素 A/μgRE	1 972				700/281.71			
维生素 B$_1$/mg	1.99				1.3/153.08			
维生素 B$_2$/mg	3.28				1.2/273.33			
维生素 PP/mg	19.19				13/147.62			
维生素 C/mg	157.7				100/157.7			
钠/mg	1804.36				2 200/82.02			
钙/mg	379.22				800/47.40			
铁/mg	20.046				20/100.23			

膳食营养素日参考摄入量(b)/ $\left(\dfrac{a}{b} \times 100\%\right)$

4

从表中可以看出,除了对于男性重体力劳动者来说能量和碳水化合物与参考午餐摄入量相比稍低以外,其余均满足了营养需求。但是套餐中蛋白质、脂肪的供给量太高,虽然就一餐来讲问题并不大,但如果作为套餐长期食用,则要酌情减少蛋白质和脂肪的摄入量,适当提高碳水化合物的摄入量。

考虑到老年人的生理特点,套餐中的蛋白质供给量偏高会加重其肝脏和肾脏的负担,能量和脂肪的摄入量也偏高,不利于老年人体重的控制。如果将本套餐提供给老年人的话,则要大幅度下调其中蛋白质、脂肪的供给量。

4. 维生素损失率判断

对于烹调中易损失的鹅肝中的维生素 A 和蔬菜中的维生素 C、B_1、B_2 进行测定,判断其烹调中的损失率,判断其烹饪方式的科学性。

(1)鹅肝烹调后维生素 A 的损失率。鹅肝是西餐中比较特色的菜品,也是本套餐中维生素 A 的主要供应源。将鹅肝表面拍面粉后于 180 ℃下煎 30 秒,冷却后测定维生素 A 的损失率,如表 4-5-5 所示。

表 4-5-5　　　　　　　　油煎后鹅肝的维生素 A 损失率

样　　本	平行样 1	平行样 2	平行样 3	$\bar{x}\pm s$
维生素 A 损失率(%)	38.25	36.77	39.88	38.30±1.56

论文《不同烹调方法对普通鹅肝中部分常量营养素的影响》(鞠美玲,扬州大学烹饪学报,2012 年第 1 期)曾对鹅肝的烹调中维生素 A 的损失情况作过研究,该研究中采用了低温烹调、水煮和油煎三种烹调方式,其中以油煎烹调方式损失为最大,达到了 98.72±1.22%,几乎全部损失。本次套餐制作鹅肝中维生素 A 损失率明显降低,推测由于鹅肝表面拍面粉起到了一定保护作用,避免鹅肝中过多的油脂因融入烹调用油中而损失;另外,由于加工温度为 180 ℃,加工时间仅为 30 秒,避免长时间的高温烹调导致维生素 A 因高温氧化而损失掉。因此这种高温短时间加热并外拍面粉的烹调方式更利于鹅肝中维生素 A 的保护。

(2)蔬菜烹调后维生素的损失率。在菜品中蔬菜的主要加工方式有油炒后炖煮、热烫后炖煮、焯熟和烤熟。由于蔬菜主要提供了膳食中的维生素 C、VB_1 和 VB_2,而这些维生素又比较容易受到加工的影响而损失掉。本研究对蔬菜加工后三种维生素的损失率进行了分析,如表 4-5-6 所示。

表 4-5-6　　　　　　　蔬菜烹调后 VC、VB_1 和 VB_2 的损失率

食　材	加工方式	VC 损失率(%)	VB_1 损失率(%)	VB_2 损失率(%)
土　豆	切橘子瓣样,180 ℃烤 30 min	32.65±2.41	28.93±1.77	38.71±2.09
芦　笋	油炒后炖 10 min	34.71±3.72	23.48±2.36	30.45±2.28
西兰花	焯熟	47.26±4.55	37.83±3.20	25.69±2.06
番　茄	热水烫后炖 30 min	37.29±2.24	28.57±3.98	22.39±3.17
圆　葱	油炒后炖 30 min	50.49±4.13	45.37±4.67	27.89±4.61
胡萝卜	油炒后炖 30 min	46.28±5.01	37.48±4.48	46.67±4.74
西　芹	油炒后炖 30 min	32.09±4.37	34.55±3.29	46.46±3.06

由上表可见,三种水溶性维生素在加工后均有所损失,由于食材原料中的含量恰好弥补了

4

这些损失,保证了摄入量。

5. 分析结论

(1) 套餐营养特点。套餐食物来源组成丰富,基本符合膳食宝塔的需求。套餐共提供能量 1 167.44 千卡;蛋白质 76 克,约占能量总量的 26%,以动物蛋白和豆类蛋白为主(74.5%);脂肪 32.9 克,约占总能量的 24.73%,主要来自于肉类;碳水化合物 143.8 克,约占总能量的 49.27%,主要来自于谷物食品。套餐的维生素 A、B_1、B_2、C 和钙、铁供给量充足,但钠的供给量偏高,应适当调整,具体如下:

① 原料构成丰富。从原料构成来看,本套餐中选择了罗马生菜、土豆、芦笋、西兰花、番茄、圆葱、胡萝卜、西芹等品种,都是西餐中常用的蔬菜,而且其中一些不仅口味丰富,还具有较高的营养和保健价值。如芦笋口味清爽香郁,肉质细嫩洁白,在我国传统医学中有暖胃、宽胸、利尿、益肾的功能。经常食用芦笋有辅助治疗心脏病、高血压、血管硬化以及抗癌的作用。所以芦笋在欧洲有"蔬菜大王"的美誉。

西兰花,又名绿菜花、青花菜,其食用部分为绿色幼嫩花茎和花蕾,营养丰富,含蛋白质、糖、脂肪、维生素和胡萝卜素,营养成分居同类蔬菜之首,有"蔬菜皇冠"之称。西兰花口味超群,脆嫩爽口,风味鲜美,清香,在西餐中主要用于制作配菜和沙拉,是蔬菜中的精品。

西芹,也称洋芹,是芹菜的一个变种,叶柄宽厚、实心,纤维少,味道清淡。因其茎叶中含有挥发性芳香油,能促进食欲。在西餐中可制作沙拉凉拌菜生吃,也可炖煮使用。西芹也是中草药,具有降血压、镇静、健胃、利尿等功能。本研究中用于制作番茄沙司,采用了切末炒香的烹饪方式。

动物性食品选择了牛肉、猪肉培根、鹅肝、牛奶、奶酪、干酪粉、甜奶油;水果选择了苹果、圣女果、香蕉、橙子、猕猴桃等,种类丰富,充分满足了人体对维生素、矿物质的需求。

② 烹调方式健康科学。如鹅肝,是西餐中上等的原料,其中含有丰富的维生素 A 和脂肪。烹调采用了两面拍面粉,然后油煎的方式,在一定程度上保护维生素 A 不随油脂溶出加热损失,也避免了高温加热损失脂肪而导致鹅肝口感干硬的问题。本套餐中水果的使用方式主要为生鲜食用,避免了水果中丰富的维生素和矿物质的损失。蔬菜有的是做沙拉生鲜食用,有的是经过加工(水焯、油炒、炖煮)食用的,本研究对加工后蔬菜的维生素损失情况进行了研究,对照国内的传统中餐烹调方式,损失率相对偏小。

③ 以动物性食品为主。本套餐因动物性食品量偏大,导致套餐的蛋白质和脂肪的总量相对偏高。肉制品选择了牛肉、培根和鹅肝,奶制品选择了牛奶、奶酪、干酪粉、甜奶油等。与我国成年人群的营养素需求相比较,若长期摄入而保持营养均衡的话,则需要调低蛋白质和脂肪的摄入量,适当升高谷物、鱼类的摄入量。

(2) 套餐适宜人群。套餐适宜大部分成年人群的需求,对于青壮年人群的轻体力劳动者能量偏高;对于 60 岁以上人群,孕妇和哺乳期妇女来讲,蛋白质和脂肪偏多,虽然作为普通一餐影响不大,但长期摄入易发生健康风险。

◆ 拓展任务

采取小组合作形式完成如下任务:

1. 进行主题宴会(节日宴会、生日宴会、婚礼宴会、商务宴请等)菜单设计,宴会主题和形式自选,要求中英文双语说明菜单名称、菜品原材料组成、制作流程、技术关键、成菜标准;说明菜品成本、营养特点、宴会主题、环境气氛布置和餐台摆放设计思路。

2.特殊体质人群食谱设计(高血压、心脏病、糖尿病、肥胖症、儿童、孕妇等)。根据不同体质人群膳食需要进行套餐菜单设计,中英文双语说明菜单名称、菜品原材料组成、制作流程、技术关键、成菜标准;分析其营养特点如何能够更好满足目标人群膳食需要;充分说明在进行菜单设计时如何解决菜品热量过高和营养失衡问题。

◆ **知识测试**

1.西餐菜单的基本内容有哪些?

2.西餐宴会的主要形式有哪些?

◆ **思政拓展**

筵席的由来

4

◎ 实训部分

模块一　分子料理品种制作

实训目标

素养目标:引导学生适当创新,倡导崇尚创新、鼓励探索、精益求精、与时俱进的进取意识。

知识目标:了解分子料理品种制作相关理论知识;掌握西餐常见分子料理菜品的制作要求和关键技术。

能力目标:能够独立制作跳跳糖巧克力、茴香酒马乃司、墨西哥泡沫咖啡、覆盆子鲜奶油、苹果甜菜茶冻、蛋黄慕斯软冻、珍珠绿茶。

实训重点

墨西哥泡沫咖啡、苹果甜菜茶冻。

任务一　跳跳糖巧克力

西文名:chocolat au sucre petillan
(1) 将 200 克巧克力以小火隔水加热,并不时搅拌使其溶化。
(2) 当巧克力完全溶化后,离火,用力搅拌至光滑为止。
(3) 静置冷却 5 分钟。
(4) 将 50 克跳跳糖分 2~3 次加到巧克力里,然后快速搅拌,为跳跳糖裹上一层巧克力。
(5) 将巧克力灌入矽胶小模型中,放在阴凉处使其变硬成形。

任务二　茴香酒马乃司

西文名:Mayonnaise au Pastis
(1) 将 1 个鸡蛋黄和白酒醋、盐、白胡椒粉混合。
(2) 一边搅拌一边慢慢加入沙拉油,开始时加入少许混合,等马乃司稠化后,再将剩下的油一次性加入。
(3) 加入茴香酒,搅拌到马乃司里即成。

任务三　墨西哥泡沫咖啡

西文名：cafe mexicain mousseux

（1）将 150 毫升的朗姆酒，100 毫升的咖啡利口酒，250 毫升的冷咖啡混合在一起。

（2）加入 4 克大豆卵磷脂后，用搅拌器搅打。

（3）将液体倒入奶油枪，入冰箱冷藏 30 分钟以上。

（4）将奶油枪装上氮气瓶，旋紧喷头，上下摇晃奶油枪，再轻压把手，将液体打进玻璃杯里即可。

任务四　覆盆子鲜奶油

西文名：chantilly framboise

（1）将 200 毫升的全脂鲜奶油，100 克覆盆子酱，20 克细糖混合均匀。

（2）水和冰块放在较大的容器里，再将装有覆盆子鲜奶油的容器浸在里面。一边冷却一边搅打即成。

任务五　苹果甜菜茶冻

西文名：cubes geees de the pomme-betterave

（1）将 10 克明胶片（5 片）泡入冷水使其软化。

（2）将 450 毫升的纯苹果汁加热浓缩到 150 毫升（约 30 分钟）。

（3）甜菜根去皮，切小块，加入开水一起，用果汁机打碎，过滤取 150 毫升的甜菜汁。

（4）将苹果汁和甜菜汁混合，煮开，放入茶包 2 袋，浸泡 3～4 分钟，下入白糖 30 克，煮开后，离火，加入泡软的明胶片，搅至完全融化。

（5）将茶汁倒入方形模具中，在室温下冷却，再放入冰箱中至少 2 小时。

（6）每个茶杯中，放入 3 块小茶冻，注入开水，搅拌后即可饮用。

任务六　蛋黄慕斯软冻

西文名：billes de jaune d'oeuf

（1）将 6 克明胶片（3 片）浸泡冷水中使其软化。

（2）将鸡高汤 150 毫升加热至沸，放入明胶片，搅拌至完全溶化。

（3）倒入在慕斯碗中，在室温下冷却 30 分钟，再放在冷水上，3 个蛋黄打散后直接滤在慕斯碗中，边倒边搅。

（4）放入冰箱冷藏 2 小时即可。

任务七　珍珠绿茶

西文名：the aux perles

（1）取一小锅，将 300 毫升的水和 150 毫升的薄荷糖浆一同加热，烧沸后，加入西米 40

克,以小火煮约 30 分钟,边煮边搅。

(2)煮熟成西米露后,用冷水冲透,并沥去水分。

(3)在每个茶杯中放入 2 勺薄荷西米露,2 块方糖,1 袋绿茶包,倒入开水,浸泡 4 分钟,取出茶包,放入吸管即可饮用。

石榴味鱼子酱   低温扇贝   法式鹅肝冻

黄金炒饭   坚果鹅肝配树莓饺子皮   提子酱鹅肝

芒果蛋黄

模块二　客前表演实训

素养目标：培养学生细心操作，持之以恒的工作态度，提升学生优秀的职业素质。

知识目标：了解和认知西餐烹调客前表演和切配表演的知识；掌握客前表演菜品的制作要求和关键技术。

能力目标：掌握客前表演代表性菜肴的制作工艺，能够根据客前实际情况做出调整，并达到其技术要求。

鞑靼牛排、肝批切配表演。

任务一　龙虾荷兰沙司

西文名：lobster with hollangaise sauce

烹调用具：切菜板1块，厨刀1把，酒精炉1个，主菜匙、主菜叉、洗手盅1个，餐盘1个，杂物盘1个，铺好餐巾的椭圆形盘1个。

食品原料：烹制好的龙虾1只，荷兰沙司适量，香菜嫩茎适量。

厨房准备：将龙虾烹制熟，连带锅中的调味汁一起放入一个可以加热的圆形无柄平底锅内。将荷兰沙司倒入盅内，待用。

表演程序：

（1）用服务匙和服务叉将龙虾从锅中取出，放在铺好餐巾的椭圆形餐盘上，使龙虾的汁浸在餐巾上，然后放到切菜板上，左手用口布按住龙虾，右手用厨刀切下龙虾腿，把切下的龙虾腿与虾身分开。

（2）用餐巾把虾头包住，从头下部把虾纵向切成两半，再把虾头纵向切成两半，用服务叉和服务匙取出龙虾头中部和背部的黑体与黑线。

（3）用服务叉和服务匙，从龙虾尾部将虾肉取出。用服务匙压住虾壳，用叉子取肉，并用厨刀切下头部的触角。

（4）左手用餐巾握住龙虾大爪，右手用厨刀背将大爪劈开，并用服务叉取出虾肉。

（5）用厨刀将龙虾头部的肉切整齐。

（6）把龙虾肉整齐地放在餐盘上，虾肉浇上荷兰沙司，盘中摆放些虾壳、小爪和香菜茎作装饰。

任务二 鞑靼牛排

西文名:steak tartare

表演用具:汤碟1个,服务匙1个。

食品原料:新鲜的嫩瘦牛肉末120克,生鸡蛋黄1个,洋葱末15克,酸黄瓜末15克,鳀鱼末5克,香菜末10克,续随子(caper)、大蒜、番茄酱、沙拉油、芥末酱、辣椒油、辣酱油、盐、胡椒粉各少许。

厨房准备:将新鲜的牛肉末制成1个圆形的饼子,放在中号的汤盘中。

表演程序:

(1) 把蛋黄放在汤碗里,加芥末酱,用服务匙慢慢搅拌,放沙拉油搅拌稠。加番茄酱、洋葱末、酸黄瓜末、大蒜末、续随子、鳀鱼末、香菜末,并用服务匙搅拌均匀。

(2) 加辣酱油、辣椒油,放牛肉末,用盐和胡椒粉调味。

(3) 用服务匙和服务叉将牛肉制成圆饼状,摆在餐盘的中部。

特点:生食,味道浓郁。

任务三 肝批切配表演

西文名:liver pate

表演用具:烫刀用的金属锅(精致的,带有锅盖子和提手,装上热水,专用)1口,主菜刀2把,服务匙1个,服务叉1把。

食品原料:鹅肝批1块(带模具一起放在服务桌上),切碎的海鲜冻少许,麦尔巴面包片(melba toast,烤得非常干的圆形薄面包片)6片。

知识链接:

肝批(liver pate)是以搅碎的动物肝脏为主要原料经调味品和黄油搅拌制成糊状,放入长方形的模具成型后,烘烤成熟的菜肴。"批"的含义是肉糕或肉饼。

表演程序:

(1) 在热水锅中温热餐刀,切1片鹅肝批后,将餐刀放在热水锅中烫一次。烫刀后,应用口布把刀上的水擦干。

(2) 用左手稳住鹅肝酱模具,用右手从模具的右边将鹅肝酱批切成片,然后沿着模具边的周围切一圈,使它与模具分离。

(3) 第1片鹅肝批应切得薄一些,这一片是贴在模具边沿的,因此,不要给顾客,放到一边。

(4) 再切1厘米厚的鹅肝批,然后用双手持两把主菜刀将鹅肝批片放入餐盘上,切去冻在批上的黄油,然后将海鲜冻放在鹅肝批的两边。用两片麦尔巴面包片做配菜。

任务四 苹果切配表演

西文名:apple

表演用具:水果刀1把,切水果用的盘子1个,主菜叉1把,餐盘1个。

4

食品原料:苹果 1 只。

表演程序:

(1)用水果刀挖去苹果上下两端,放在盘上,用刀尖从苹果底部切去一薄片,使它站立平稳,用叉子牢固地插入苹果上部空心处,固定住苹果。

(2)用水果刀沿着底部向叉子的方向削去苹果皮。

(3)把叉子插入苹果核中,使它保持平稳,用刀切成 4 块,平摆在餐盘中,将苹果核去掉,在苹果中部摆上苹果茎作装饰品。

德式芝士冷切拼盘

薄烧牛仔骨

蒜香河虾

4

模块三　甜食制作实训

　　素养目标:培养学生理论知识与实践技能相结合的综合应用能力;树立加强自身建设的意识。

　　知识目标:了解西餐甜品文化内涵;掌握甜食菜肴的制作要求和关键技术。

　　能力目标:能够独立制作焦糖布丁、草莓慕斯、提拉米苏。

　　焦糖布丁、草莓慕斯、提拉米苏。

任务一　焦糖布丁

西文名:crème renversée au caramel

主料:牛奶 500 毫升,鸡蛋 4 个,糖粉 100 克,香子兰香草(vanilla)1 只。

焦糖汁:糖粉 150 克,水 50 克。

装饰料:草莓、猕猴桃、薄荷叶等适量。

制作流程:

(1) 焦糖制作:把糖粉 150 克和 50 克水放入锅中,置于小火上加热。待糖浆由稀变稠,色泽由浅变深,出现棕红色糖浆后离火。将糖浆倒入圆形模具底部备用;

(2) 布丁制作:牛奶放入锅中,加香子兰香草,煮沸后冷却备用。将鸡蛋和糖粉放入盆中,搅打至发白时,分次加入牛奶,搅匀后过滤,呈布丁蛋奶浆汁。把浆汁缓缓倒入有糖浆的布丁模具内,再将布丁模放入有热水的烤盘中,一同送入 180 ℃的烤箱内加热。约 40 分钟后,取出;

(3) 装盘:用小刀沿模具内壁四周划一圈,将布丁趁热脱模,装入盘中。用切好的草莓、猕猴桃、薄荷叶等装饰即成。

制作要领:

(1) 制作棕色糖浆时火力应小,切忌焦煳。在糖汁刚好变成棕色时,就将锅离火。还可以加入少许沸水稀释糖稀,方便制作;

(2) 如果没有烤箱,也可以用蒸制的方法来制作这道布丁。蒸制时应用小火、敞气的方式加热。若火大则会使布丁质老形差。注意不能用微波炉来制作这道菜品。

成菜要求:形状美观、口感滑嫩、甜香适口。

任务二　草莓慕斯

西文名:mousse gacé aux fraises

主料:蛋黄 6 个,白糖 100 克,水 80 毫升,明胶片 3 克,鲜奶油 300 毫升,鸡蛋白 3 个,白糖 100 克。

辅料:草莓 125 克,君度酒 20 毫升,黄油适量。

装饰料:薄荷叶、草莓。

制作流程:

(1)加工:将明胶片加热水化软;草莓洗净、去蒂,倒入搅拌器中搅碎、过滤后,加君度酒拌匀,成草莓酱;蛋白加白糖打成雪花蛋泡;鲜奶油放入不锈钢盆中,隔冰水搅打至发泡、定型后备用;

(2)模具准备:将梳夫利模具的内壁抹上熔化的黄油,放入硬的塑料片,围成一个高出模具口 5～6 厘米的圆圈备用;

(3)油慕斯浆:把蛋黄和糖放入盆中,隔水加热(温度约 40 ℃),将其打泡,至色泽乳白、黏稠时,分别加入草莓酱、化软的明胶片和打发的鲜奶油拌匀,最后加入打发的雪花蛋泡,轻轻拌匀即成;

(4)脱模成型:将(3)装入(2)的模具中,用抹刀将表面抹平,送入冰箱中冷冻 2～4 小时。待凝固定型后取出,去掉塑料片,用薄荷叶、草莓装饰即成。

制作要领:

(1)模具准备时,塑料片在模具内壁贴紧,不要松散。装模时轻轻地抖动,去除多余的空气,使慕斯成型美观;

(2)在搅打蛋黄时,隔水加热的温度不宜太高(40 ℃为佳),否则会使蛋黄凝固,影响成品效果;

(3)菜肴变化:可以将辅料换成覆盆子、柠檬、樱桃、巧克力、咖啡,等等,变化风味。

成菜要求:形状美观,口感冰爽、润滑,香甜可口,带草莓的果香味。

任务三　提拉米苏

西文名:tiramisu

原料:鸡蛋黄 6 个,白砂糖 100 克,马氏卡彭(mascarpone)芝士 500 克,鲜奶油(whipping cream)250 毫升,意大利马莎拉酒(marsala)50 毫升,意大利浓缩咖啡(espresso)150 毫升,意大利手指蛋糕(ladyfinger)或海绵蛋糕 150 克,无糖可可粉 60 克。

制作流程:

(1)初加工:将马士卡彭芝士倒入碗内,用胶皮刮刀搅软,成黏稠的奶油状;鲜奶油放入不锈钢盆中,隔冰水打至发泡、定型后备用。

(2)制芝士奶油蛋黄浆:把蛋黄和糖放入盆中,隔水加热(温度约 40 ℃),将其打泡,至色泽乳白、黏稠时,分别加入已搅化的马士卡彭芝士、打发的鲜奶油和 20 毫升的意大利马沙拉酒

4

拌匀,成芝士奶油蛋黄浆。

（3）调咖啡酒汁：将意大利浓咖啡和剩下的意大利马沙拉酒混合均匀备用。

（4）成型：将意大利手指蛋糕蘸上咖啡酒汁,放入模具底部铺平。先淋上少许的咖啡酒汁,再淋上适量的芝士奶油蛋黄酱；然后又铺一层蘸有咖啡酒汁的意大利手指蛋糕,再淋上适量的芝士奶油蛋黄酱。重复这个步骤,直至模具装满。用保鲜膜密封住模具,送入冷冻室内,冷冻4小时以后取出,用刮刀抹平表面,撒满无糖的可可粉,上菜即成。

制作要领：

（1）经典的菜肴需要地道的原材料,可是很多时候意大利的原料不容易买到。所以,在不影响风味的前提下,有些原料也可以代替使用,如：没有意大利马士卡彭芝士,可以用奶油芝士和打发的鲜奶油混匀代替；没有意大利马沙拉酒,可以用朗姆酒或白兰地或君度酒或咖啡酒等代替；意大利手指蛋糕是在欧洲很普遍的长圆形、像手指一样的松脆饼,若平时没有也可以用切成 8 cm × 2.5 cm × 2 cm 的海绵蛋糕条代替。

（2）咖啡和酒都选择香浓、味厚的为好。

（3）咖啡煮好后,必须凉透了再放酒,否则酒的香味全挥发了；可以用速溶的咖啡粉,但用量要大些。

（4）在搅打蛋黄时,隔水加热的温度不宜太高（40 ℃为佳）,否则会使蛋黄凝固,影响成品效果。

（5）有的厨师为了增强成型的稳定性,会在"芝士奶油蛋黄酱"中加入适量打发的蛋白泡和少量的胶冻汁,使成菜后的口感更加细腻、滑润,效果也不错。

成菜要求：冰凉爽口,软滑、香甜,芝士、咖啡、巧克力和浓郁的酒香味巧妙地融合。

模块四　西餐宴会制作实训

任务一　主题宴会制作

1. 采取小组合作形式完成实训任务。

2. 根据认知环节完成的主题宴会菜单设计,完成原料采购、菜品制作和餐台布展。本环节重点考核学生专业知识技能的掌握运用能力,要求系列菜品要有鲜明的文化主题,营养合理,符合色、香、味、型、器、质、养、量、卫、温、涵、价等菜品质量要求。

儿童节宴会

3. 菜品完成后,对菜品原料构成(中英文)、工艺流程(中英文)、技术关键(中英文)、成菜标准(中英文)、文化主题、营养价值、成本控制定价等方面进行现场阐述,完成对菜品的推介模拟销售。本环节重点考核学生理论联系实际和产品销售等综合素质能力,要求体态端正,表情自然,声音适中,吐字清晰,表达流畅,迎合顾客心理。

情人节宴会

4. 上交一份书面报告,内容包括:宴会主题和形式确定、组内人员任务分工、菜单、原料、工艺流程、营养分析、成本核算、环境气氛布置和餐台摆放设计思路等,要附有宴席的照片资料。

任务二　特殊体质人群套餐制作

1. 采取小组合作形式完成实训任务。

2. 根据认知环节完成的特殊体质人群菜单设计,完成菜品制作出品。

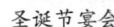

圣诞节宴会

3. 现场阐述其营养特点如何满足特殊体质人群需要。

4. 上交一份书面报告,内容包括:组内人员任务分工、菜单、原料、工艺流程、成本核算、营养分析等,要附有套餐的照片资料。

主要参考文献

［1］陈刚.世界技能大赛烹饪(西餐)技术规范手册[M].北京:中国商业出版社,2023.
［2］李晓.西餐制作工艺[M].北京:中国轻工业出版社,2020.
［3］陆理民.西餐工艺与实训[M].北京:中国旅游出版社,2013.
［4］亢亮.西餐教室Ⅱ[M].长春:吉林科学技术出版社,2018.
［5］李双琦.西式烹调师(高级)[M].北京:中国劳动社会保障出版社,2020.

教学资源服务指南

高等教育出版社

感谢您使用本书。为方便教学，我社为教师提供资源下载、样书申请等服务，如贵校已选用本书，您只要关注微信公众号"高职财经教学研究"，或加入下列教师交流QQ群即可免费获得相关服务。

高职财经教学研究

高等教育出版社 (上海) 教材服务有限...

上海

高等教育出版社旗下产品，提供高职财经专业课程教学交流、配套数字资源及样书申请等服务。›

资源下载：点击"**教学服务**"—"**资源下载**"，注册登录后可搜索相应的资源并下载。（建议用电脑浏览器操作）

样书申请：点击"**教学服务**"—"**样书申请**"，填写相关信息即可申请样书。

样章下载：点击"**教学服务**"—"**教材样章**"，即可下载在供教材的前言、目录和样章。

题库申请：点击"**题库申请**"，填写相关信息即可申请题库或下载试卷。

师资培训：点击"**师资培训**"，获取最新会议信息、直播回放和往期师资培训视频。

 联系方式

旅游大类QQ群：142032733

联系电话：（021）56961310　　电子邮箱：3076198581@qq.com